电磁辐射源目标识别理论与技术

黄渊凌　王桂良　甘文迓　著

科学出版社

北　京

内 容 简 介

本书系统阐述了电磁辐射源目标识别的理论和技术，具体包括辐射源目标识别的基本原理、基本过程和理论性能分析方法，基于信号表现形式和基于发射机畸变的辐射源特征提取技术，复杂信道下的辐射源特征提取技术，基于机器学习的辐射源特征提取、特征降维和分类器技术，辐射源目标识别的接收机设计方法，辐射源目标识别的系统设计和管理，以及辐射源目标识别实例，重点介绍了作者研究团队近十年在辐射源个体识别方面的研究成果。

本书适合从事通信工程、雷达工程和信号处理等相关专业的科研人员、教师和工程技术人员阅读参考。

图书在版编目(CIP)数据

电磁辐射源目标识别理论与技术/黄渊凌，王桂良，甘文迓著. —北京：科学出版社，2023.9

ISBN 978-7-03-076390-7

Ⅰ. ①电… Ⅱ. ①黄… ②王… ③甘… Ⅲ. ①电磁辐射–辐射源–自动识别 Ⅳ. ①O441.4

中国国家版本馆 CIP 数据核字(2023)第 177607 号

责任编辑：陈 静 高慧元/责任校对：胡小洁

责任印制：赵 博/封面设计：迷底书装

科 学 出 版 社 出版

北京东黄城根北街 16 号

邮政编码：100717

http://www.sciencep.com

三河市春园印刷有限公司印刷

科学出版社发行 各地新华书店经销

*

2023 年 9 月第 一 版 开本：720×1000 1/16

2025 年 1 月第三次印刷 印张：19 插页：3

字数：383 000

定价：188.00 元

前言

1887年，物理学家赫兹通过实验证明了电磁波的存在；1894年，意大利青年马可尼采用其发明的无线电报机，在其三楼实验室与1.7km之外的山丘之间成功实现了无线电报通信；1935年，瓦特和一批英国电机工程师成功研制了第一部探空雷达。时至今日，承载着各种通信和探测功能的电磁波辐射源已经遍布全球，形成了仍在日趋复杂的电磁环境，对辐射源目标认知的需求随之产生：人们不但希望掌握各种电磁辐射源所在的位置，还希望了解其目标属性。然而，对常规的非协作频谱监测而言，由于信息加密、身份码动态分配、信道动态分配、信号参数捷变、辐射终端移动等，电磁辐射源表现出很强的匿名性，造成非协作频谱监测中关键的目标属性要素的缺失。常规的基于通信内涵的辐射源目标识别方法已无法解决这一问题，基于电磁波测量和特征分析的辐射源目标识别技术成为打破这种匿名性的重要手段。

学术界对于辐射源目标识别技术的研究并不少，但相关研究和技术方法表现出依赖定性观察和盲试错的特点，迄今仍缺乏系统的理论建构以及建立在理论基础上的技术方法。本书系统阐述了辐射源目标识别的理论和技术，主要包括介绍辐射源目标识别的基本概念、内涵、研究发展情况；阐述辐射源目标识别的基本原理和基本过程；介绍辐射源目标识别的理论性能分析方法和分析结论；介绍基于信号表现形式的辐射源特征提取技术、基于发射机畸变的辐射源特征提取技术、复杂信道下的辐射源特征提取技术以及基于机器学习的辐射源特征提取和降维技术；介绍辐射源目标识别分类器的设计方法；介绍辐射源目标识别的接收机设计和校正方法；介绍辐射源目标识别的系统设计和管理技术；通过辐射源目标识别实例说明辐射源目标识别的具体实施方法和步骤。本书在全面介绍辐射源目标识别的基础理论、基本流程、基本处理方法的同时，重点阐述辐射源指纹特征提取技术，特别介绍了作者研究团队所提出来的基于发射机畸变机理的指纹特征提取方法，其突出的性能和适应性优势已在实用中得到验证，具有较高的工程应用参考价值。

本书的主要学术和技术特色如下：①系统介绍了辐射源目标识别的基本概念、基本内涵、基本原理和基本流程，此前相关领域存在繁多且不统一的概念，易造成认知上的混淆，本书尝试建立完整的概念体系，为各类科研人员提供参考；②提出了辐射源目标识别的两种理论性能分析模型和分析方法，突破了以往认为辐射源指纹识别需要高精度接收机的认知，可为算法和系统设计提供理论指导；

③全面总结了已有辐射源目标识别方法，分析了各类方法的优缺点和适用性，尤其是对该领域学术界热衷的域变换方法进行了评析，指出该类研究方法存在一定的盲目性；④基于对发射机畸变机理的研究和数学建模，提出了基于发射机畸变的辐射源指纹特征提取方法，相比其他方法具有高分辨力、高稳定性、强适应性等特点，摆脱了对高精度接收机的依赖，成为构建实用的辐射源目标识别系统的核心技术；⑤介绍了基于机器学习的辐射源目标特征提取技术，特别对机器学习在辐射源目标识别领域的应用提出了具体实施方法，对比分析了基于机器学习和基于发射机畸变机理的识别方法的优缺点和适用性；⑥介绍了辐射源目标识别系统的具体构建、实施和管理方法，包括接收机的设计和校正、样本和特征的构建和管理、系统的运行管理等，可为相关领域的工程实施提供参考。

本书所介绍的理论和技术方法可应用于电磁频谱监测、热点或非法辐射源/用户识别、通信网络安全防护等军用或民用领域。在非协作频谱监测中，辐射源目标识别技术主要用于对恶意辐射源的目标属性识别；对协作通信而言，采用辐射源指纹识别技术对无线通信网的非法接入和恶意辐射源的电磁伪装进行检测也具备独特优势。

本书由黄渊凌、王桂良和甘文迓合作撰写，其中：黄渊凌负责全书策划统稿工作，第1～第6、第11和第12章的全部编写工作，以及第7～第10章的部分编写工作；王桂良负责第7和第10章的主要编写工作，以及第8和第12章的部分编写工作；甘文迓负责第8和第9章的主要编写工作以及全书校对工作。

本书撰写工作得到了盲信号处理重点实验室游凌、陆路希、袁苑、万坚等领导的支持，朱中梁、陈鲸两位院士为本书提供了宝贵意见，实验室刘建、卓飞等同志也给予了帮助，在此一并致谢。

书中所述观点代表了作者团队对该领域的认识，疏漏之处，尚祈指正。

作　者

2023年2月

英文缩写对照表

ADC（analog-to-digital converter）	模数转换器
AR（autoregressive）	自回归
ARMA（autoregressive moving average）	自回归滑动平均
AWGN（additive white Gaussian noise）	加性高斯白噪声
CPM（continuous phase modulation）	连续相位调制
CZT（chirp Z-transform）	线性调频 Z 变换
DA（data-aided）	数据辅助
EMD（empirical mode decomposition）	经验模式分解
EVM（error vector magnitude）	误差矢量幅度
FDMA（frequency division multiple address）	频分多址
FFT（fast Fourier transform）	快速傅里叶变换
FIR（finite impulse response）	有限冲激响应
FSK（frequency shift keying）	频移键控
GMSK（Gaussian minimum frequency-shift keying）	高斯最小频移键控
ISI（inter-symbol interference）	符号间干扰
JMLE（joint maximum likelihood estimation）	联合最大似然估计
KNN（k-nearest neighbor）	k 近邻
LDA（linear discriminant analysis）	线性鉴别分析
LFM（linear frequency modulation）	线性调频
LRT（likelihood ratio test）	似然比检验
MA（moving average）	滑动平均
MLE（maximum likelihood estimation）	最大似然估计
MMI（maximization mutual information）	互信息最大化

NDA（non-data-aided）	非数据辅助
PA（power amplifier）	功率放大器
PCA（principle component analysis）	主成分分析
PDF（probability density function）	概率密度函数
PLL（phase-locked loop）	锁相环
PRI（pulse repetition interval）	脉冲重复间隔
PSK（phase shift keying）	相移键控
QAM（quadrature amplitude modulation）	正交调幅
RFF（radio frequency fingerprinting）	射频指纹识别
SDA（subclass discriminant analysis）	子类鉴别分析
SEI（specific emitter identification）	特定辐射源识别
SNR（signal-to-noise ratio）	信噪比
SVDD（support vector data description ）	支持向量数据描述
SVM（support vector machine）	支持向量机
TDMA（time division multiple address）	时分多址
UMOP（unintended modulation on pulse）	脉内无意调制

目 录

第 1 章　电磁辐射源目标识别技术概述

1887 年，物理学家赫兹(Hertz)通过实验证明了电磁波的存在；1894 年，意大利青年马可尼(Marconi)采用其发明的无线电报机，在其三楼实验室与 1.7km 之外的山丘之间成功实现了无线电报通信；1935 年，瓦特(Watt)和一批英国电机工程师成功研制了第一部探空雷达。时至今日，承载着各种通信和探测功能的电磁波辐射源已经遍布全球，形成了仍在日趋复杂的电磁环境，对辐射源目标认知的需求随之产生：人们不但希望掌握各种电磁辐射源所在位置，还希望了解其目标属性。

1.1　电磁辐射源目标识别的基本概念

本书所述的辐射源均特指电磁波辐射源。根据其功用上的差别，电磁辐射源可以分为通信辐射源和电子辐射源两大类：前者所辐射的信号上内含有调制信息，主要用于实现通信功能；后者所辐射的信号通常以短脉冲形式出现，脉内附加有固定调制或无调制，用于实现探测导航等功能。电磁辐射源本身以某种型号的电台或雷达发射机设备的形态存在，但其通常为某一特定用户或用户群所使用，并有可能安装在某一机动平台上(如车、舰、机)，辐射源与发射机、用户或者平台的固有关联使其很自然地产生了目标属性。

对辐射源目标认知的结果体现为给不同电磁辐射源关联上不同的目标标识。凡能对不同辐射源进行某种区分的属性均可作为目标标识，如发射机的型号和其唯一编号、辐射源所属平台的类型(如车型、舰型、机型等)、辐射源所归属的用户或用户群、辐射源所关联的平台的唯一编号或名称等，具体选用哪种标识取决于具体应用场景和应用需求。辐射源目标识别技术正是希望从电磁波中获取对应的辐射源标识信息。

要实现辐射源目标识别，需要对所接收的电磁波进行特性分析，提取与辐射源相关的特征。电磁波的特性由电磁波的设计、产生、传播和接收四个过程所决定。一般而言，对不同辐射源，这四个过程的具体实现和实施存在一定程度的差别，因而造成相应的电磁波特性的差异，体现在信号规格、信号内涵(调制信息)和信号波形等多个方面，这正是辐射源目标识别的特征来源。

因此可以对电磁辐射源目标识别做以下定义。

定义 1.1　电磁辐射源目标识别是通过对电磁辐射源所辐射的电磁波信号的

特征测量和分析实现对辐射源所关联的目标的类型、身份或其他标识属性的识别。

从标识属性的内容来看，辐射源目标识别可以是对辐射源类型的识别，如对不同品牌手机型号的识别。在某些应用中，对辐射源目标的识别希望精确到个体层面上，即使是对相同类型相同型号的辐射源也能够进行区分，这种辐射源目标识别称为辐射源个体识别，也称特定辐射源识别(specific emitter identification，SEI)。由于个体总是归属于某个类型，能够完成辐射源个体识别的特征也可作为辐射源类型特征的一部分实现辐射源类型识别。

对于通信辐射源而言，辐射源个体识别有可能依据信号内涵完成，即通过解译电磁波上的调制信息内容获得身份信息，但信息加密可能使这种方法不可行；而对电子辐射源，其所辐射的电磁波本身就不携带调制信息。这就迫使人们去寻求一种不依赖信号内涵的辐射源个体识别方法，辐射源指纹识别正是这样一种技术。

定义 1.2 辐射源指纹识别通过提取辐射源设备差异体现在射频信号外部结构上的个体特征，完成对辐射源发射机或其所关联的目标个体的识别。

辐射源指纹识别也称射频指纹识别(radio frequency fingerprinting，RFF)。如图 1.1 所示，辐射源指纹识别的概念借鉴了可对人类身份进行唯一关联的人类指纹，即将经过精细测量获得的信号特征构成描述辐射源目标身份的“指纹”。这些信号特征来源于辐射源发射机，体现了辐射源的设备差异。尽管不同辐射源设备之间的差异可能十分微小，但一定存在。“世界上不存在完全相同的两个发射机”这一论断在哲学上和物理上都具备合理性，发射机的个体差异也已经在对实际发射机的测试中得到证实[1]。

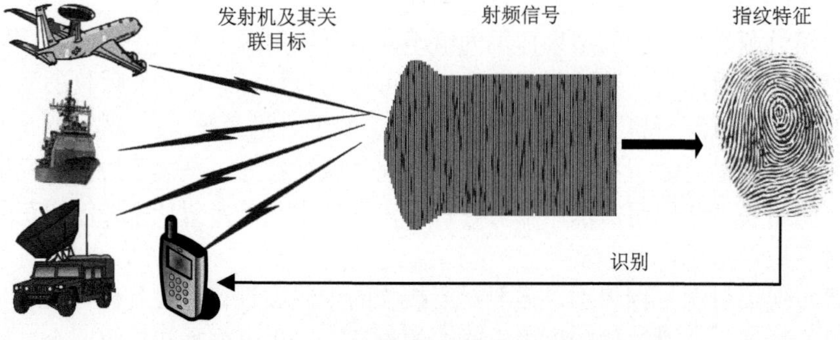

图 1.1 辐射源指纹识别概念示意图

根据上述介绍，辐射源目标识别、辐射源个体识别和辐射源指纹识别的概念层次如图 1.2 所示。需要说明的是，对于辐射源个体识别和辐射源指纹识别，学术界还提出了其他一些相关联的术语，如电台个体识别、雷达个体识别、发射机

个体识别、发射机指纹识别、细微特征提取、外部特征提取，但并未对这些术语进行严格定义。从其前后内容背景来看，这些术语与本书术语在含义上存在很大的交集，但在内涵和外延上又可能存在些许差异，本书不一一说明，将按照本书术语体系进行论述。

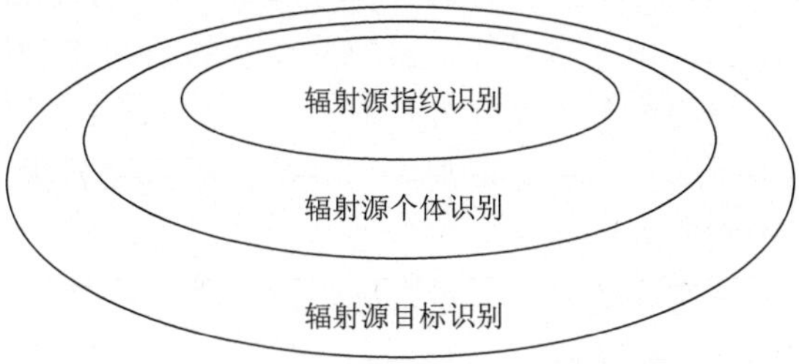

图 1.2　辐射源目标识别的概念层次

以下对本书所涉及的辐射源目标识别的术语进行定义和说明，以便后面内容论述。这些定义和说明均在本书所述辐射源目标识别背景下限定，不推广到其他领域。

(1) 辐射源特征：用以对辐射源进行区分性描述的标量或由一组特征标量组成的向量(即特征向量)，辐射源特征是对辐射源各种特性的描述。

(2) 辐射源个体特征：当辐射源特征可用于区分辐射源个体时，称为辐射源个体特征。

(3) 辐射源指纹特征：描述辐射源的辐射设备特性的辐射源个体特征。

(4) 特征提取：通过某种映射处理从原始数据向量中获得可描述数据特性的特征或特征向量的过程。特征提取的目的是获得能够有效描述感兴趣特性的特征向量。

(5) 样本：一个样本是指完成单次识别处理所需的一段信号或一个特征向量，分别称为信号样本或特征样本。样本是辐射源目标识别的基本对象单位。样本用于训练时，称为训练样本；用于测试时，称为测试样本；用于识别时，称为待识别样本。

(6) 信号样本：一个信号样本指的是用以进行一次特征提取的一段信号，可以是一个突发、一个脉冲或连续辐射信号中的任意一段。一个辐射源可以产生多个信号样本，但一个信号样本必须由单个辐射源产生。

(7) 特征样本：特征样本是从信号样本中提取的可描述辐射源的特征向量。广义上，也可以直接将信号样本作为特征样本。

(8) 标签：与样本关联的目标属性标识。标签在形式上体现为与样本关联的物理实体的名称或数字编号，如发射机的型号或编号、辐射源的归属用户或组织、辐射源所在平台的类型(如车型、船型、机型等)、平台的名称或编号等。

(9)特征降维：通过数学变换将高维特征向量转化为低维特征向量的处理过程，特征降维所得到的低维特征向量应尽可能保留原始高维特征的区分能力。特征降维也可以理解成是一种降维的特征提取。依据特征样本是否具备标签，可分为无监督特征降维(不具备标签)和有监督特征降维(具备标签)。

(10)训练：利用已标识样本对降维器或分类器的结构和参数进行优化的处理过程。对降维器的训练将得到一个降维映射用于特征降维；对分类器的训练将得到一个判决超平面用于对样本进行识别。训练是有监督机器学习的处理过程，是对未标识样本进行识别的处理前提。

(11)识别：在训练完成情况下，对未标识样本进行标签判定的处理过程。识别包括开集识别和闭集识别两种。

(12)开集识别：给定一有限个数的辐射源目标集合，判定待识别样本是否属于该集合中某一辐射源的识别称为开集识别。

(13)闭集识别：给定一有限个数的辐射源目标集合，在已知待识别样本属于该集合中某一辐射源的情况下，判定其属于哪个辐射源的识别称为闭集识别。

(14)盲分选：在未经训练的情况下，对一组未知类属样本判定其来源于几个辐射源，并将同源样本聚类的处理过程。盲分选是一种无监督处理。

(15)分类器：能进行识别或盲分选的一种数学映射或一套处理流程。需要说明的是，本书后面表述中将识别和聚类都归为分类，分类器也包含了开集识别分类器、闭集识别分类器和聚类处理算法。

1.2 电磁辐射源目标识别的应用需求

现代电磁环境正日趋复杂，有限的地理空间内分布着数目众多的辐射源，对辐射源及其所关联的用户和平台的识别就显得特别重要。常规的频谱监测主要依赖通信内涵或工作参数进行辐射源识别，但现代电磁辐射和通信技术的运用却使得辐射源表现出很强的匿名性，主要体现在以下几点。

对于雷达辐射源而言：①雷达信号本身不携带通信信息，无法根据信息内涵来分析辐射源目标的身份；②在复杂电磁环境下，同一地域范围内密集分布着众多的雷达辐射源，不同雷达辐射源的工作参数相同或相似的情况高概率出现，单纯利用工作参数很难区分这些雷达；③现代雷达的工作参数不再是固定不变的，脉冲重复间隔滑变/跳变、频率分集、脉宽跳变等技术的使用使得依靠工作参数进行目标识别不再稳定可靠。

对通信辐射源而言，对通信对象和用户的认识传统上依赖于信息解译，即通过对信号的解调译码、语义还原或协议分析来实现。然而现代通信技术的发展使得通过信息解译来实现辐射源目标识别越来越困难，主要体现在：①依靠特定标识码(电话号码、用户身份验证码等)进行识别对标识码动态分配或动态更换的辐射源对象可能失效；②从通信协议中往往可以解析出用户身份，然而如果对象网络采用未知的私有通信协议，则因其难以解析将导致依赖协议进行用户识别不可行；③通过通信内容分析获取目标的身份对通信信息的完整性提出了较高要求，而在非协作条件下可能难以获取完整的通信内容；④如果数据加密被采用，则将导致协议分析和内容分析难以进行。

辐射源的匿名性造成非协作频谱监测中关键的目标属性要素的缺失。要打破这种匿名性，只有采用辐射源目标识别技术通过对电磁波的测量和特征分析实现目标识别，因此辐射源目标识别技术在军事和民用领域均存在重要应用需求。

从军事应用的角度来看，从复杂电磁环境中发现和识别所关注的目标信号，并将其与辐射源目标及其载体平台和用户身份关联起来，对于战场指挥决策具有重要的参考价值，主要体现为：①可用于实现敌我识别，即对战场内匿名混杂的敌我辐射源进行判别，形成敌我分布态势；②可实现对战场区域内辐射源数目的判定，从而了解敌我双方规模；③可对辐射源目标的战术性质进行判定，例如，判定辐射源的威胁等级，判定哪些辐射源是重要指挥节点或高价值目标等；④可实现对辐射源关联平台的判别，从而获得其火力、机动性、防御能力等战术能力信息。

在民用领域，辐射源目标识别技术也有重要应用价值，包括：①可用于对特定非法辐射源进行识别，结合定位技术跟踪其通信出联活动，为打击违法犯罪活动提供信息支持；②可用于无线通信网的安全认证，即通过辐射源目标识别技术实现非法接入用户检测，提升无线网络安全防护能力，由于硬件指纹“克隆”十分困难，采用辐射源指纹识别技术对无线通信网的非法接入和恶意辐射源的电磁伪装进行检测尤其具备独特优势，在 20 世纪 90 年代，美国就采用类似技术实现对蜂窝电话非法接入的识别[2]。

总而言之，对目标的关注催生了辐射源目标识别的应用需求。在非协作频谱监测条件下打破辐射源的匿名性，是辐射源目标识别技术的发展追求。

1.3　电磁辐射源目标识别的研究发展

早期的辐射源目标识别可以追溯到二战时期对无线电报机的电台以及发报人的识别[3]，主要用于从大量无线电信号中找出感兴趣的军用电台。这时期的辐射源目标识别主要依赖人耳听，国内曾经热播的电视剧《暗算》形象地再现了这一过程，这实际上是通过人对电磁波信号进行测量和感知。随着无线电技术的进步，尤其是数字调制技术的出现，辐射源的数量越来越多，无线电波的制式也日益复杂，人对电磁波信号的直接感知变得越来越困难，采用机器对电磁波进行分析测量从而完成目标识别任务成为辐射源目标识别的研究方向。以美国为代表的欧美军事强国对该技术进行了长期持续研究，取得了一系列研究成果，使之成为一种实用的电磁频谱监测手段。

根据公开文献[3,4]，美国军方将其辐射源目标识别系统广泛装备在电子侦察卫星、EP-3 电子侦察飞机、P-3C 反潜机、各种指挥舰和地面固定侦察站上，截至2000 年，美国海军已经有 20 套此类系统研究成功。Northrop Grumman 公司为美国海军研发了 EP-3C 侦察机上装载的 ALR-95(V)I 型辐射源目标识别系统，可用于识别重要舰船上的特定辐射源。美空军、海军等多个部门联合组织研制的TechSat 系列卫星的 Copperfield 侦察载荷和 TechSat2 侦察卫星的 TIE 侦察载荷，也实现了在卫星平台上搭载辐射源目标识别装备完成对地面目标的识别。2006 年美国国防高级研究计划署(Defense Advanced Research Projects Agency，DARPA)启动了 Gandalf 研究计划，其目标是在手持便携设备上实现射频定位和特定发射机识别。在欧洲，德国研制的“欧洲鹰”无人机将计划具备同型号辐射源识别的能力，捷克的“维拉”系统也声称具备“精密的指纹识别能力”。

在民用领域，基于同一技术思路而以网络入侵检测和安全认证为目的的辐射源个体识别技术得到了关注。早在 20 世纪 90 年代，美国的 TRW 公司就研制了PhonePrint 指纹识别系统用于实现对蜂窝电话的非法接入识别[2]。21 世纪以来，辐射源目标识别技术在 WiFi 无线局域网、蓝牙系统、电信网络、超短波电台、无线传感器网络、认知无线电网络等的应用成为该领域的研究热点，相关的技术论文表明,其作为网络安全认证的第二道关卡的作用已经具备一定程度的可行性。

如前所述，依据所识别的辐射源类型，辐射源目标识别可分为电子辐射源目标识别和通信辐射源目标识别两大类。从技术发展的角度来看，二者的技术发展路线存在很大的相似之处，但具体的技术方法却存在一定的差别，以下分别阐述二者的技术发展历程。

1.3.1　电子辐射源目标识别的研究发展

早期电子辐射源目标识别主要针对雷达辐射源。从 20 世纪六七十年代开始到80 年代，对雷达辐射源的识别和信号分选的研究主要基于所谓的“脉冲描述字”(即到达角、脉冲宽度、到达时间、脉冲幅度和载频)和这些参数的统计模型[5]。随着雷达体制的日益复杂，仅仅采用这几个参数已不能完整且唯一地表述现代雷达的差异特性。1993 年 Langley 用商业雷达和导航雷达的实例数据，揭示了不同辐射源个体的脉内无意调制(unintended modulation on pulse，UMOP)的差异，指出脉内无意调制有助于实现雷达辐射源的个体识别[6]。脉内无意调制分析成为实现雷达辐射源目标识别的重要方法。

从特征提取的角度而言，目前电子辐射源目标识别的技术方法可以分为四类。

(1) 基于脉间参数精细测量的指纹特征提取方法。

尽管设计的标准脉间参数本身区分辐射源个体能力有限，但精细测量得到的实际脉间参数却可能体现出雷达辐射源的器件误差特性，从而具备个体识别能力。2006 年董晖等提出利用频率稳定度、脉冲重复间隔(pulse repetition interval，PRI)稳定度等脉间参数特性来实现雷达个体识别[7]，但也指出这需要较高的测量精度才可能达到个体识别要求；2011 年 Gupta 等提出在精细测量工作频率、脉冲重复间隔、脉冲宽度和天线扫描周期等特征后，采用回归分析、假设检验和鉴别分析的方法来解决参数漂移和多模(即多个工作频带和多个 PRI 模式)带来的问题[8]。脉间参数测量方法的问题在于需要获得同源的多个脉冲，这意味着首先就需要进行脉冲信号分选，但依赖脉冲描述字的脉冲信号分选方法对采用复杂重频体制或复杂频率体制的辐射源信号可能失效。

(2) 基于脉冲描述参数的特征提取方法。

脉冲描述参数是对脉冲的幅度、频率和相位特性的参数化描述。2004 年陈根全等提出采用脉冲的上升沿和下降沿作为特征参数，结合频率、PRI 和脉宽等参数实现对雷达辐射源的个体识别[9]。2009 年王宏伟等提出以脉冲包络前沿波形作为辐射源指纹实现辐射源个体识别[10]，并定义相像系数来刻画脉冲之间的区分度。更为全面的脉冲描述参数由 Kawalec 等提出[11-13]，主要包括脉冲的上升时间、下降时间、脉宽、上升角度、下降角度、调频角、调频幅度、调频斜率等参数特征，这些参数反映了脉内存在的无意调制特性。基于脉冲描述参数的特征提取方法依据脉冲信号的表现形式来总结和提取辐射源特征，可能存在稳定性和分辨率不足的问题。

(3) 基于变换域的脉内无意调制特征提取方法。

如何更完整地呈现脉内无意调制特征是基于 UMOP 的辐射源个体识别方法的关键所在。时频变换的时频表述能力使其成为众多研究者采用的工具。1996 年 Hippenstiel 等提出采用小波变换来获取辐射源指纹特征[14]；之后小波包技术也被用于构造辐射源指纹特征[15]；2000 年 Moraitakis 等分析了各种时频分析方法呈现雷达信号脉内特征的能力[16]，并指出平滑伪 Wigner-Ville 分布在低信噪比(signal-to-noise ratio，SNR)下具备较好的性能；之后 Gillespie 等提出按照有利于分类的准则设计优化的时频变换核来提取脉内无意调制特征[17-19]，摆脱了以往变换域设计和选择的盲目性，更有利于提升识别性能；2012 年 Pieniezny 等进一步对 Gillespie 的方法进行测试[20]，验证了其有效性；Pieniezny 等还提出采用高阶累量谱(如双谱)对脉冲信号提取特征来实现雷达辐射源识别的研究方法[21]。国内也出现了较多利用变换域来呈现辐射源无意调制特征的文献：1993 年魏东升等采用时频变换对脉内细微特征进行呈现[22]；李林等[23]和王磊等[24]在 Gillespie 方法的基础上，进一步提出采用模糊函数切片的方式来减小计算复杂度；陈昌云等提出从S 变换和循环平稳特性的角度来提取脉内特征[25,26]。变换域特征提取方法本质上仍然是依据信号在变换域的表现形式来提取辐射源特征，已有研究表现出很强的盲试错特性，因此仍可能存在稳定性和分辨率不足的问题。

(4)基于无意调制建模的特征提取方法。

此类方法试图给无意调制特性建模，通过模型特性参数来构造指纹特征。2008 年国防科技大学的许丹在其博士学位论文中对辐射源指纹机理做了较为深入的论述[3]，尤其是对磁控管和功率放大器(power amplifier，PA，简称功放)指纹的研究具有开创意义，并提出了依据功放机理模型的指纹特征提取方法。2009 年胡国兵等按照似然比检验(likelihood ratio test，LRT)方法对雷达脉冲波形按照标准模板识别其类属[27]，但标准模板样本在实际中并不容易得到。2012 年 Ye 等指出采用无意调相特征优于无意调频特征[28]，但事实上该结论仅限于高信噪比情况。2011 年，Aubry 等提出对脉内无意调制曲线提取其高阶累积量作为雷达个体指纹特征[29]，并展示了其可行性。

从分类器设计的角度看，早期的识别判决主要采用模板匹配或参数匹配方法，随着机器学习和模式识别技术的兴起，神经网络[30]、学习矢量量化分类器[31]、k 近邻(k-nearest neighbor，KNN)、支持向量机(support vector machine，SVM)等分类器技术被引入辐射源个体识别的分类判决过程中，不仅提高了识别性能，也提升了识别的智能化程度和适应性。

从以上列举的研究情况，可以总结电子辐射源目标识别技术的研究路线，即从脉冲描述字测量发展到脉冲参数测量再到脉内无意调制建模和变换域分析。这实际上是人们对特征的“指纹”性和复杂性的认识更加深刻的结果，也是现代电子辐射源设备一致性增强及电磁环境的复杂性对技术发展的要求所致。

1.3.2 通信辐射源目标识别的研究发展

从通信辐射源目标识别技术诞生至今，通信辐射源目标识别很大程度上是通过通信内容解译来实现的，但也由于之前所述的辐射源匿名性问题，人们一直在探寻不依赖于信息传输内容的通信辐射源目标识别方法。公开资料报道，20 世纪60 年代，美国政府就向 Northrop Grumman 公司提出发展特定辐射源识别(SEI)技术来实现对特定移动辐射源的跟踪识别[32]，该公司也进行了长达数十年的研究，并将 SEI 技术应用于包括 Inmarsat 系统和模拟移动电话系统(analog mobile phone system，AMPS)的 PhonePrint 系统等在内的多个任务系统的通信设备合法性认证，但这个时期同类技术研究仍然相对较少。从 20 世纪 90 年代以来，由于非协作频谱监测和无线网安全防护的需求，欧美国家对通信辐射源目标识别开展了大量技术研究，研究对象涵盖了超短波通信、移动通信和卫星通信等多个通信领域，国内也随之开展了相关技术研究。

以下从特征提取的角度对通信辐射源目标识别技术研究情况进行分类综述。

(1)基于信号规格参数测量的特征提取方法。

由于设备特性的差异，即使在设计上信号规格参数相同，不同通信辐射源信号的规格参数也将呈现差异，从而构成辐射源目标特征，但哪些参数可用于辐射源目标识别则往往需要信号分析人员的经验。2003年王伦文等总结了2FSK信号的频移间距、AM(amplitude modulation，调幅)信号的调幅度、FH(frequency hop，跳频)信号的跳速等信号参数特征[33]；2008年张浸等提出提取载波稳定性特征作为指纹特征[34]；2011年Oliveira等则提出采用高精度估计算法估计调制速率和符号定时，并由此构造辐射源目标特征[35]。

(2)基于暂态分析的特征提取方法。

这是目前为止报道最多的一类技术方法。

对超短波商用发射机，加拿大的Toonstra等[36]、Sun等[37]先后提出采用小波变换和分形维数的方法来检测暂态信号，并从中提取小波系数或分形维数作为描述发射机的指纹特征。2000年Serinken等提出采用信息维数和相关维数来描述暂态特征[38]。Tekbas等从暂态信号的瞬时幅度、瞬时相位等信号向量中提取方差分形维数[39]，再采用概率神经网络(probability neural network，PNN)进行识别，其最近的研究成果表明在信噪比大于15dB时，对超短波发射机的识别正确率达到80%以上。

在802.11 WiFi、802.16 WiMax和蓝牙等无线网络方面，加拿大的Hall等提出采用相位特性进行暂态信号检测[40]，并设计了时域的幅度、相位及其波动、小波域的系数、分段功率等多个特征作为发射机指纹[41]，对30个802.11b发射机的识别率达到了95%左右；Ureten等在其论文中指出对WiFi无线信号，采用贝叶斯斜变检测器进行暂态检测更合适[42]，对于特征提取则通过计算瞬时幅度和瞬时频率曲线，再采用主分成分分析(principle component analysis，PCA)方法降维得到指纹特征[43]；美国空军工程学院的Suski等[44]、Klein[45]和Williams等[46]先后对暂态信号提取其时域、频域和小波域的统计参数构成发射机指纹，再采用多重鉴别分析/最大似然方法完成识别，其试验取得了较好效果。

对于无线传感器网络，2007年Rasmussen等[47]从暂态信号中总结了暂态信号长度、归一化幅度方差、峰值个数、离散小波变换系数和归一化的峰均值差等特征对传感器节点进行识别，在15cm的距离上取得大于70%的平均识别正确率；Danev等[48,49]对暂态信号计算其快速傅里叶变换(fast Fourier transform，FFT)谱，再对频谱进行差分运算和Fisher特征提取，最后采用Mahalanobis匹配方法对无线传感器节点设备进行识别，该方法在40m距离的室内环境中取得99.76%的识别率。

(3)基于前导畸变特性的特征提取方法。

这类方法利用了前导调制内容固定的特性来避免随机调制对辐射源特征的影响。2008 年 Kennedy 等[50]指出暂态特征具有一些无可回避的缺陷，因此提出对 GSM 和 UMTS 蜂窝网络，提取稳态的随机接入信道(random access channel，RACH)前导信号的频域特征来进行发射机识别，该方法在 15dB 情况下对 8 个通用软件无线电外设(universal software radio peripheral，USRP)发射机的正确识别率超过 90%。2010 年 Kroon 等[51]在 Kenndy 工作的基础上，进一步阐述了“一对多”的特定移动终端识别方法。同年，美国空军工程学院的 Reising 等[52]针对 GSM 信号提取了近暂态(near-transient)和中导(midamble)信号段的瞬时相位的统计特征，在信噪比为 6dB 时对三个厂家的 GSM 手机进行识别，其正确识别率超过 90%。Williams 等[53]采用 Reising 的方法对不同型号和同种型号的 GSM 手机的识别性能进行测试，对四个不同型号的 GSM 手机的正确识别率在 12dB 时达到 90%，而对同型号 GSM 手机，在 20dB 时才能获得 90%的正确识别率，这一结果表明同型号设备个体识别的挑战性很大。

(4)基于稳态畸变特性的特征提取方法。

在稳态信号段上分析发射机各个模块器件的畸变特性并构造指纹特征是另一种被广泛采用的技术思路。Liu 等[54]指出对高阶正交频分复用(orthogonal frequency division multiplexing，OFDM)调制(16QAM)，可用无记忆多项式来描述功放的非线性效应，并把估计得到的多项式系数作为功放指纹；Dolatshahi 在其博士学位论文中采用 Volterra 级数模型来描述功放的非线性效应[55]，并设计了最小二乘方法估计 Volterra 系数以构造功放指纹；美国的 Brik 等[56]设计了一个被动射频器件验证系统(passive radiometric device identification system，PARADIS)用于 802.11 设备识别，其利用的特征来自调制域，对 138 个无线设备进行识别的正确识别率超过 80%，这是目前公开报道的最大规模的测试；2009 年 Edman 等[57]继承了 Brik 的方法，并加入差分相位的偏差作为指纹特征，而且进一步在实际接收条件下进行测试，达到了 87%的平均正确识别率；2010 年 Rubino 在其硕士学位论文中也采纳了 Brik 的识别系统和方法，并加入了相位噪声(简称相噪)参数丰富了指纹特征[58]。在国内，2006 年电子科技大学的任春晖在其博士学位论文中阐述了噪声特性、杂散特性、频谱对称畸变性等特征提取方法[5]；2008 年东南大学的袁红林[59]则试图从发射机的系统模型的角度来做辐射源细微特征提取，提出了自回归滑动平均(autoregressive moving average，ARMA)建模的思路，但模型过于理想，缺乏实际可操作性。

(5)基于域变换的特征提取方法。

同雷达辐射源一样，将信号变换到一个新的表示域上来呈现通信辐射源特性的技术思路也为很多学者所采用。2007 年华中科技大学的徐书华等提出采用矩形积分双谱提取 FSK（frequency shift keying，频移键控）的电台特征[60]，并测试了高阶矩（R 特征、J 特征）、分形维数（盒维数、信息维数）和积分双谱对调频（frequency modulation，FM）电台的识别性能[61]，认为积分双谱具备最佳的性能；2010 年 Xu 等提出通过经验模式分解（empirical mode decomposition，EMD）构造指纹特征[62]；2010 年宋春云等[63]提出了基于固有时间尺度分解（intrinsic time-scale decomposition，ITD）的电台暂态特征提取方法；Kim 等[64]在 2008 提出了利用谱相关特性进行设备指纹特征提取的思路。此外，利用小波变换和其他时频变换来表征暂态特性的技术方法也属于域变换范围，已在暂态特征提取方法部分介绍。

从以上介绍的研究情况来看，通信辐射源目标识别的研究呈现出重视暂态信号段的特点，并经历了从依赖经验参数到域变换再到畸变特性建模的发展过程。这也是人们探究辐射源目标特征产生机理及其表现形式的必然结果。

1.3.3　辐射源目标识别的技术发展路线

根据 1.3.2 小节阐述，辐射源目标识别技术的发展历程反映了人们对辐射源和电磁波的特性从经验性认知到数学描述再到物理本质的认识过程。此外，采用机器学习来实现对辐射源信号特性的认知也出现在辐射源目标识别的技术发展线上。图 1.3 给出了辐射源目标识别的技术发展路线及其发展水平的概略示意。

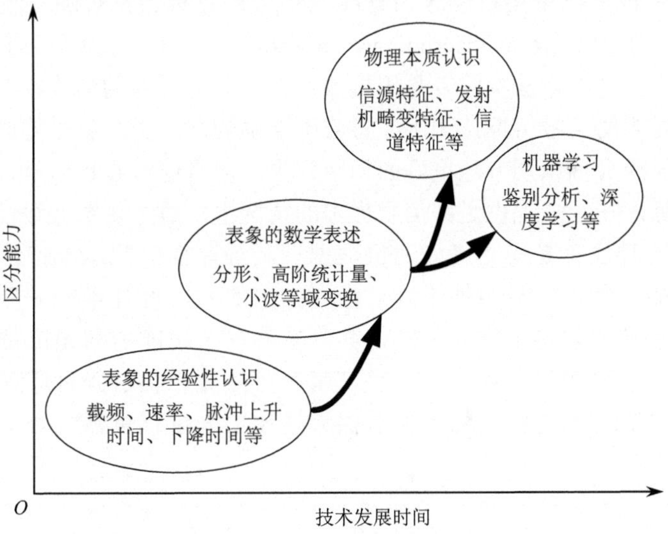

图 1.3　辐射源目标识别的技术发展路线

早期对辐射源信号的认识主要基于人们对信号表象特性和规格参数的观察，通过观察和经验总结得到可用以区分辐射源的信号特征，如信号载频、调制速率、脉冲的上升时间、下降时间、上升角度、下降角度、调频角、调频幅度、调频斜率等就是这类特征的典型。由于人对现象的描述总是基于某种可理解的物理参数，这种将观察转变为物理参数描述的过程造成了差异信息的损失。此外，由于人眼往往对细微特征不太敏感，对于偏态、峰态等高阶统计量特征则几乎丧失观察能力，因此尽管这些特征可能具备区分能力，却往往难以通过观察总结出来。

因此，学者随后试图用数学工具对所观测得到的信号特性进行描述，如高阶统计量、分形维数和域变换等特征提取技术正是这样一种处理思路。这类做法能够对信号中内蕴的辐射源特性进行发掘和表示，因此获得了更为丰富的辐射源目标特征。但是这类方法仍然从信号表现形式出发对信号特性进行描述，未触及辐射源特征的机理本质；而且这类方法通常还带有很大的尝试性质，如针对何种信号选用何种域变换可以有效地提取信号特征，并没有坚实的理论依据。

在第三个阶段，学者开始探寻辐射源信号特性的来源及其产生机理，由此构建辐射源信号产生的机理模型，通过模型参数估计来构造辐射源目标特征[65]，如信源特征、发射机畸变特征、信道特征等属于这一类。这类方法提取的信号特征能够更好地反映辐射源的物理本质特性，特征估计方法也具备较好的理论支持，因而其所获得的特征也就具备更强的区分能力。这类方法是目前辐射源目标识别最见成效的研究方向，本书后续章节介绍的辐射源目标识别方法多数属于这一类。

机器学习以往在辐射源目标识别中主要应用于分类和聚类算法设计上，但近些年来，学者也提出采用机器学习来实现辐射源目标特征提取，典型的如采用Fisher线性鉴别分析(linear discriminant analysis，LDA)方法从前导和暂态信号中提取信号特征。这类方法实际上是用机器代替人对辐射源的信号特性进行认知，在人们对辐射源的信号特性认识不完备或不准确的情况下，有可能取得比基于人类认知的辐射源目标识别方法更好的识别效果。但目前多数机器学习方法需要进行有监督训练，在无法提供足够信号样本的情况下，对于复杂非线性特征的提取能力较弱，同时很容易受到诸如随机数据调制等非辐射源本质特性的影响而导致特征分辨能力和识别稳定性下降。需要指出的是，近几年来，深度学习在语音和图像识别领域取得了巨大成功，其分层特征表达能力和无监督特征提取能力十分有利于辐射源目标特征提取，未来有可能成为辐射源目标识别的重要技术方法，但这类技术方法仍然需要提供大量样本来进行机器学习，其应用场合将会受到局限。

1.4 电磁辐射源目标识别的技术挑战

辐射源目标识别技术发展的最终目标是在非协作条件下打破辐射源的匿名性。然而现代无线电技术的发展却使得辐射源的匿名能力日益增强，辐射源目标识别(尤其是辐射源个体识别)面临严峻的技术挑战，主要体现在以下几个方面：

(1) 信息加密、信道资源动态分配、信号参数捷变等技术的发展使得传统的依赖信息内涵和常规信号参数的目标识别方法失效，辐射源目标识别必须寻求新的独立于信号内涵的特征和特征提取方法；

(2) 辐射源的器件制造工艺在不断提升，很多模拟器件已经被数字电路所替代，这使得辐射源的一致性在不断增强，设备之间的差异更加微小，所产生的辐射源信号的相似度也相应更高，这要求辐射源特征必须具备极高的分辨力；

(3) 由于抗截获、抗干扰和信道资源动态分配的需求，现代辐射源的工作参数可能是动态变化的，如果所提取的辐射源特征与工作参数相关，则会造成辐射源特征的不稳定，这意味着对辐射源特征提出了独立于可变工作参数的要求；

(4) 电磁波传播的信道特性与辐射源本身的特性在辐射源信号中相互作用，这使得所提取的信号特征同时受二者特性的影响，但如多径引起的衰落、多普勒引起的频移、辐射源位置变化引起的信道变化、信噪比的变化等信道特性却有可能是时变的，从而造成辐射源特征的不稳定，这意味着对辐射源特征提出了独立于时变信道特性的要求；

(5) 电磁波信号的接收过程会对其造成一定程度的畸变，如接收机的频率漂移、放大器畸变和滤波畸变都会对信号造成影响，且这种影响很难与辐射源的特性进行分离，这就造成辐射源特征与接收设备紧密关联，如果更换接收机，则特征也将发生变化，这意味着对辐射源特征提出了独立于接收机的要求；

(6) 对于通信辐射源而言，通常需要对传输信息进行伪随机化处理(如加扰)然后再将其调制到信号上，随机数据调制占据了信号的大部分能量，使得不同辐射源的信号特性对比失去基准，因而对辐射源特征提取造成很大的干扰，这就要求通信辐射源特征提取必须消除随机数据调制的影响。

由于以上的困难，尽管近十年来对辐射源目标识别技术开展了很多研究，但辐射源目标识别的理论基础仍不完整，依赖经验的问题仍然突出。多数已有的研究都侧重于实验室环境下的可行性验证，其仿真和试验的环境设置往往过于理想，如 Brik 等所进行的识别试验尽管对大规模目标实现了很高的正确识别率[56]，但在试验中其接收机距离发射机只有几十米，这导致了其信道为简单的静态信道，其信号质量较为理想(信噪比较高)。本书所阐述的辐射源目标识别方法将对以上这些挑战进行一定程度的回应，并提出将辐射源目标识别技术推广到实际电磁环境下应用的方法。

1.5　本书主要内容及结构组成

第 1 章为概述。

第 2 章介绍辐射源目标识别的基本原理，包括辐射源特征的基本性质、辐射源特征的来源、辐射源特征提取的基本思路和辐射源目标识别的基本过程。

第 3 章介绍辐射源的发射机畸变的机理及其表现形式，采用行为特性建模的思路详细分析了发射机各个功能模块可能存在的畸变特性，建立了其数学描述模型。

第 4 章对辐射源目标识别的理论性能进行分析，分别从信息论的角度和假设检验的角度阐述了辐射源目标识别的性能度量方法，给出了描述发射机差异、信道畸变和接收机畸变对辐射源个体识别性能影响的解析表达式。

第 5 章介绍基于信号表现形式的辐射源特征提取方法，包括经典的基于常规信号参数的辐射源特征提取方法、基于数学描述和拟合的辐射源特征提取方法以及基于域变换的辐射源特征提取方法，并对各类方法的适用性进行了分析。

第 6 章介绍基于发射机畸变的通信辐射源特征提取方法，阐述了通信辐射源特征提取预处理方法、各种发射机畸变特性提取方法以及发射机畸变特性联合估计方法，并对各类方法的性能和适用性进行了分析。

第 7 章介绍复杂信道下的辐射源特征提取方法，分析了多径和多普勒对辐射源个体识别性能的影响，给出了复杂信道情况下辐射源目标识别的可行性分析及对信号的要求，提出了多径衰落信道和多普勒效应下的辐射源特征提取方法。

第 8 章介绍基于机器学习的辐射源特征提取和降维方法，从机器学习的角度对辐射源特征提取进行再认识，阐述了基于互信息最大化(maximization mutual information，MMI)和鉴别分析的特征提取方法，并介绍了采用机器学习实现特征选择和降维的处理方法。

第 9 章介绍辐射源目标识别的分类器设计，从实际应用需求出发，分别介绍了闭集识别、开集识别和盲分选的分类器实现方法及其具体工作模式。

第 10 章介绍辐射源目标识别的接收机设计，分析了接收机畸变对辐射源特征的影响，提出了接收机设计和接收机畸变校正的具体方法，并给出了辐射源目标识别接收机的配置要求和操作规范。

第 11 章介绍辐射源目标识别的系统设计和管理，以一个实际辐射源目标识别系统的设计和实现为例，介绍了典型辐射源目标识别系统的软硬件组成、算法配置和样本管理、辐射源目标特征库的管理、特征质量监测。

第 12 章介绍辐射源目标识别应用实例，通过对典型通信信号和电子信号的辐射源目标识别实例描述介绍辐射源目标识别的实施步骤和方法，并展示其应用实效。

参考文献

[1] Remley K A, Grosvenor C A, Johnk R T, et al. Electromagnetic signatures of WLAN cards and network security[C]. IEEE International Symposium on Signal Processing and Information Technology, Athens, 2005: 484-488.

[2] Riezenman M J. Cellular security: Better, but foes still lurk[J]. IEEE Spectrum, 2000, 37(6): 39-42.

[3] 许丹. 辐射源指纹机理及识别方法研究[D]. 长沙: 国防科技大学, 2008.

[4] 梁国富, 陈思兴. 一种新型情报科目——浅谈国外射频测量与特征信号情报[J]. 电子科学技术评论, 2005, 5: 7-10.

[5] 任春晖. 通信电台个体特征分析[D]. 成都: 电子科技大学, 2006.

[6] Langley L E. Specific emitter identification (SEI) and classical parameter fusion technology[C]. Proceedings of WESCON'93, San Francisco, 1993: 377-381.

[7] 董晖, 姜秋喜. 基于多脉冲的雷达个体识别技术[J]. 电子对抗, 2006, 111(6): 12-18.

[8] Gupta M, Hareesh G, Mahla A K. Electronic warfare: Issues and challenges for emitter classification[J]. Defense Science Journal, 2011, 61(3): 228-234.

[9] 陈根全, 杨绍全. 特定辐射源识别方法的研究[J]. 航天电子对抗, 2004, 21(2): 31-34.

[10] 王宏伟, 赵国庆, 王玉军. 基于脉冲包络前沿波形的雷达辐射源个体识别[J]. 航天电子对抗, 2009, 25(2): 35-38.

[11] Kawalec A, Owczarek R. Radar emitter recognition using intrapulse data[C]. Proceedings of the 15th International Conference on Microwaves, Radar and Wireless Communications, Warsaw, 2004, 5: 435-438.

[12] Kawalec A, Owczarek R. Specific emitter identification using intrapulse data[C]. Radar Conference, Philadelphia, 2004: 249-252.

[13] Kawalec A, Owczarek R, Dudczyk J. Data modeling and simulation applied to radar signal recognition[J]. Molecular and Quantum Acoustics, 2005, 26: 165-173.

[14] Hippenstiel D R, Paya Y. Wavelet based transmitter identification[C]. Proceedings of the 4th International Symposium on Signal Processing and Its Application, Gold Coast, 1996: 740-743.

[15] Wilson A K. Signal source identification utilizing wavelet-based signal processing and associated method: US7120562B1[P]. 2006-10-10.

[16] Moraitakis I, Fargues M P. Feature extraction of intra-pulse modulated signals using time-frequency analysis[C]. Proceedings of the 21st Century Military Communications Conference, Los Angeles, 2000: 737-741.

[17] Gillespie B W, Atlas L E. Data-driven optimization of time and frequency resolution for radar transmitter identification[C]. Proceedings of the SPIE, San Diego, 1998: 91-98.

[18] Gillespie B W, Atlas L E. Optimization of time and frequency resolution for radar transmitter identification[C]. IEEE International Conference on Acoustics, Speech, and Signal Processing, Phoenix, 1999: 1341-1344.

[19] Gillespie B W, Atlas L E. Optimizing timing-frequency kernels for classification[J]. IEEE Transactions on Signal Processing, 2001, 49(3): 485-496.

[20] Pieniezny A, Kawalec A. Radar signals classification[C]. TCSET 2012, Lviv, 2012: 99-100.

[21] Pieniezny A, Kawalec A, Fornalik J. Pulse emitter identification by the use of higher order statistics[C]. IEEE Region 8 SIBIRCON, Irkutsk, 2010: 179-182.

[22] 魏东升，徐东晖，林象平. 雷达信号脉内细微特征的时频分析[J]. 电子对抗, 1993, 4: 7-13.
[23] 李林，姬红兵. 基于模糊函数的雷达辐射源个体识别[J]. 电子与信息学报，2009，31(11)：2546-2551.
[24] 王磊，姬红兵，李林. 基于模糊函数零点切片特征优化的辐射源个体识别[J]. 西安电子科技大学学报, 2010, 37(2): 285-289.
[25] 陈昌云. 基于脉内特征分析的辐射源识别方法研究[D]. 西安: 西安电子科技大学, 2010.
[26] 刘婷. 基于循环平稳分析的雷达辐射源特征提取与融合分析[D]. 西安: 西安电子科技大学, 2009.
[27]胡国兵，刘渝. 基于最大似然准则的特定辐射源识别[J]. 系统工程与电子技术, 2009, 31(2): 431-436.
[28] Ye H, Liu Z, Jiang W. Comparison of unintentional frequency and phase modulation features for specific emitter identification[J]. Electronics Letters, 2012, 48(14): 875-876.
[29] Aubry A, Bazzoni A, Carotenuto V, et al. Cumulants-based specific emitter identification[C]. IEEE International Workshop on Information Forensics and Security, Iguacu Falls, 2011: 1-6.
[30] Behrooz K P, Behzad K P, John C S. Automatic data sorting using neural network techniques: NRL/FR/5720-96-9803[R]. Washington: Naval Research Laboratory, 1996.
[31] Swiercz E. Automatic classification of LFM signals for radar emitter recognition using wavelet decomposition and LVQ classifier[J]. ACTA Physica Polonica A, 2011, 119(4): 488-494.
[32] Talbot K I, Duley P R, Hyatt M H. Specific emitter identification and verification[J]. Technology Review Journal, 2003, 11: 113-133.
[33] 王伦文，钟子发. 2FSK 信号“指纹”特征的研究[J]. 电讯技术, 2003, 3: 45-48.
[34] 张浸，王若冰，钟子发. 通信电台个体识别中的载波稳定度特征提取技术研究[J]. 电子与信息学报, 2008, 30(10): 2529-2532.
[35] Oliveira M, Bitmead R. High-fidelity modulation parameters estimation of non-cooperative transmitters: Baud-period and timing[J]. Digital Signal Processing, 2011, 2(5): 625-631.
[36] Toonstra J, Kinsner W. A radio transmitter fingerprinting system ODO-1[C]. Canadian Conference on Electrical and Computer Engineering, Calgary Alta, 1996: 60-63.
[37] Sun L, Kinsner W. Fractal segmentation of signal from noise for radio transmitter fingerprinting[C]. IEEE Canadian Conference on Electrical and Computer Engineering, Waterloo, 1998: 561-564.
[38] Serinken N, Ureten O. Generalised dimension characterization of radio transmitter turn-on transients[J]. Electronics Letters, 2000, 36(12): 1064-1066.
[39] Tekbas O H, Serinken N, Ureten O. An experimental performance evaluation of a novel radio-transmitter identification system under diverse environmental conditions[J]. Electronics Letters, 2004, 29(3): 203-209.
[40] Barbeau M, Hall J, Kranakis E. Detecting rogue devices in bluetooth networks using radio frequency fingerprinting[C]. Proceedings of the 3rd IASTED International Conference on Communications and Computer Networks, Lima, 2006: 108-113.

[41] Hall J, Barbeau M, Kranakis E. Radio frequency fingerprinting for intrusion detection in wireless networks[J]. IEEE Transactions on Dependable and Secure Computing, 2005: 1-35.

[42] Ureten O, Serinkin N. Bayesian detection of Wi-Fi transmitter RF fingerprints[J]. Electronics Letters, 2005, 41(6): 373-374.

[43] Ureten O, Serinken N. Wireless security through RF fingerprinting[J]. IEEE Canadian Journal of Electrical and Computer Engineering, 2007, 32(1): 27-33.

[44] Suski W C, Temple M A, Mills R F. Radio frequency fingerprinting commercial communication devices to enhance electronic security[J]. International Journal Electronic Security and Digital Forensics, 2008, 1(3): 301-322.

[45] Klein R W. Application of dual-tree complex wavelet transforms to burst detection and RF fingerprint classification[D]. Dayton: Dayton Air Force Institute of Technology, 2009.

[46] Williams M D, Munns S A, Temple M A, et al. RF-DNA fingerprinting for airport WiMax communications security[C]. Proceedings of the 4th International Conference on Network and System Security, Melbourne, 2010: 32-39.

[47] Rasmussen K B, Capkun S. Implications of radio fingerprinting on the security of sensor networks[C]. Proceedings of the 3rd International Conference on Security and Privacy in Communications Networks and the Workshops, Chennai, 2007: 1-10.

[48] Danev B, Capkun S. Transient-based identification of wireless sensor nodes[C]. International Conference on Information Processing in Sensor Networks, San Francisco, 2009: 25-36.

[49] Danev B, Capkun S. Physical-layer identification of wireless sensor nodes[EB/OL]. http://e-collection-library.ethz.ch/eserv/eth:4995/eth-4995-01.pdf[2013-09-16].

[50] Kennedy I O, Buddhikot M M, Nolan K E. Radio transmitter fingerprinting: A steady state frequency domain approach[C]. IEEE 68th Vehicular Technology Conference, Calgary, 2008: 1-5.

[51] Kroon B, Bergin S, Kennedy I O, et al. Steady state RF fingerprinting for identity verification: One class classifier versus customized ensemble[C]. AICS 2009, Berlin, 2010: 198-206.

[52] Reising D R, Temple M A, Mendenhall M J. Improved wireless security for GMSK-based devices using RF fingerprinting[J]. International Journal of Electronic Security and Digital Forensics, 2010, 3(1): 41-59.

[53] Williams M D, Temple M A, Reising D R. Augmenting bit-level network security using physical layer RF-DNA fingerprinting[C]. Proceedings of IEEE Globecom, Miami, 2010: 1-6.

[54] Liu M W, Doherty J F. Nonlinearity estimation for specific emitter identification in multipath environment[C]. IEEE Sarnoff Symposium, Princeton, 2009.

[55] Dolatshahi S. Information theoretic identification and compensation of nonlinear devices[D]. Amherst: University of Massachusetts Amherst, 2009.

[56] Brik V, Banerjee S, Gruteser M, et al. Wireless device identification with radiometric signatures[C]. ACM MobiCom, San Francisco, 2008.

[57] Edman M, Yener B. Active attacks against modulation-based radiometric identification[R]. Troy:

RPI Department of Computer Science, 2009.
[58] Rubino R. Wireless device identification from a phase noise prospective[D]. Padova: University of Padova, 2010.
[59] 袁红林. 一种用于无线发射机识别的特征矢量构造方法[J]. 无线通信技术, 2008, 4(1): 40-43.
[60] 徐书华. 基于信号指纹的通信辐射源个体识别技术研究[D]. 武汉: 华中科技大学, 2007.
[61] Xu S, Xu L, Xu Z, et al. Individual radio transmitter identification based on spurious modulation characteristics of signal envelope[C]. IEEE Military Communications Conference, Diego, 2008: 1-5.
[62] Xu J Y, Zhao H S, Liang T. Method of empirical mode decomposition in radio frequency fingerprint[C]. IEEE International Conference on Microwave and Millimeter Wave Technology, Chengdu, 2010: 1275-1278.
[63] 宋春云, 詹毅, 郭霖. 基于固有时间尺度分解的电台暂态特征提取[J]. 信息与电子工程, 2010, 8(5): 544-549.
[64] Kim K, Spooner C M, Akbar I, et al. Specific emitter identification for cognitive radio with application to IEEE 802.11[C]. IEEE Global Telecommunications Conference, New Orleans, 2008: 2099-2103.
[65] 黄渊凌. 基于发射机畸变的辐射源个体识别技术研究[D]. 成都: 盲信号处理重点实验室, 2013.

第 2 章　辐射源目标识别的基本原理

辐射源目标特征是辐射源目标识别的核心和基础。辐射源目标特征需要满足什么基本性质？特征的来源是什么？特征提取的基本考虑和基本思路为何？这些问题关系到特征的选择和特征提取算法的设计。本章将从回答以上几个问题入手，对辐射源目标识别的基本原理进行介绍。

2.1　辐射源特征的基本性质

并非所有信号特性差异都可以构成辐射源特征。许丹[1]和任春晖[2]在其博士学位论文中定义了辐射源指纹特征应该满足的几个性质[1,2]，主要包括普遍性、唯一性、独立性、稳定性和可测性。这些性质界定为辐射源指纹特征的选择提供了原则性指导，但对于辐射源目标识别的实际应用而言，却显得过于严苛。我们将综合考虑这些性质界定与实际应用需求，根据本书确定的辐射源目标识别概念体系，对辐射源目标特征的基本性质和各种性质的内涵重新界定。

我们认为，作为特征选择的标准，辐射源目标特征应当具备以下基本性质。

(1) 普遍性。

特征的普遍性定义在当前识别目标集上，指的是当前识别目标集中的所有辐射源都应具备该特征。辐射源目标识别总是针对特定的对象集合进行，对所有辐射源提出普遍性要求没有必要。举例说明，如果将一个四相移相键控(quaternary PSK，QPSK)辐射源和一个二进制相移键控(binary phase-shift keying，BPSK)辐射源作为识别目标集，则采用模拟电路实现 IQ 正交调制的 QPSK 辐射源将具有 IQ 增益失衡、正交畸变等特征，但对于 BPSK 辐射源则根本不具备这些特征，此时这些特征不具备识别集上的普遍性，不能作为辐射源目标特征；但如果仅将多个 QPSK 辐射源作为识别目标集，则这些特征具备普遍性，可以作为辐射源目标特征。

(2) 区分性。

区分性指的是特征或特征向量应能对不同辐射源目标进行某种程度上的区分，这种区分可以是对辐射源任一标识属性(发射机、平台或用户等)的区分，可以是对辐射源类型的区分，或是对辐射源个体身份的区分。当前数据集上特征的区分性决定了依据特征对当前数据集进行辐射源目标识别的正确率。

区分性在以往被描述为唯一性，即能对不同辐射源目标进行唯一性描述，这意味着不同辐射源对应的特征的取值范围应互不重叠。我们认为，即使是对辐射源个体识别，这一要求也显得过于严苛。这是因为，尽管某些特征不具备唯一性，而仅具备区分性，如仅能将识别集合中的某类目标与其他目标进行区分但不能区分所有目标，但这些特征如果与其他特征组合，仍有可能实现对集合中所有目标的区分。以图 2.1 为例，特征 1 对于类 2 和类 3 并不具备区分能力，特征 2 对于类 1、类 2 和类 3 也不具备区分能力，意味着这两个特征都不具备唯一性，但是特征 1 能将类 1、类 2 和类 3 区分开来，特征 2 能区分类 2 和类 3 的大多数样本，因而这些特征都具备区分性，将两个特征进行组合，可以将此三类中的绝大多数样本区分开来，因此特征 1 和特征 2 均适合构成辐射源特征。

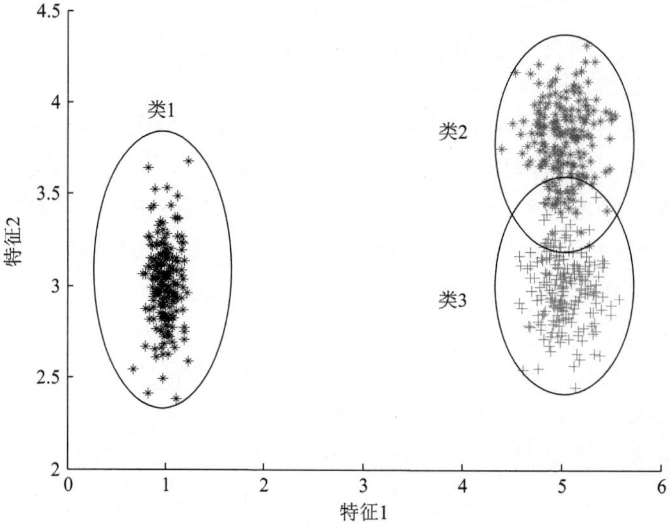

图 2.1　特征的区分性示意图

一般而言，唯一性应当作为对特征集的整体性质要求，即要求特征集作为一个整体应当具有对辐射源的唯一描述能力。但在实际应用中，这种要求仍然过于严苛，这是因为实际的辐射源目标识别算法并不是达到 100%的正确识别率才可用，大多数情况下，80%以上的正确识别率已经具备明显的应用价值，这意味着允许不同辐射源的特征集分布范围在高维空间中有一定的重叠。

(3) 稳定性。

稳定性指的是特征应在辐射源目标识别的时间周期内保持其各种模式的某种或某几种统计特性不发生显著变化，从而保证识别不发生原则性错误。稳定性本身描述了特征随时间变化的特性，变化的根源为某个或多个可变的因素(如信道变化、工作模式变化等)。

模式是针对特征的多模形态引入的概念。对应辐射源不同的工作模式(如BPSK 调制模式、QPSK 调制模式)或工作状态，同一个辐射源的特征在不同时间段内可能呈现不同的分布，将每一种分布称为一种模式，每种模式分布的均值称为模式均值，其方差称为模式方差。当只有一种模式时，模式均值就是特征的时间遍历均值，模式方差就是特征的时间遍历方差。

稳定性保证了辐射源目标识别在一定时间内不出现原则性错误。不同类型的识别对特征的稳定性要求的具体内涵不一样：①对于开集识别和闭集识别，稳定性要求特征在辐射源目标识别的时间周期内保持其模式均值特性不发生显著变化。如果特征不具备稳定性，即同一个目标的特征的模式均值在不同时间段内发生显著变化，则在长时范围内来看，特征将很可能不再具备区分性(不同目标的特征分布将可能严重交叠)，因而造成错误识别。②盲分选，稳定性要求特征在辐射源目标识别的时间周期内保持其模式均值和模式方差特性均不发生显著变化。

开集识别和闭集识别之所以不对模式方差特性提出稳定性要求，是因为其分类器的分类面通常由各类的样本均值或边缘分布特性(如 SVM)决定，模式方差的变化(由信噪比变化等因素引起)会引起识别性能的变化(有时还可能很严重)，但不会导致出现原则性错误(即将每类的中心区域的样本错误识别为其他类或新类)。但盲分选则对模式方差也提出了稳定性要求，这是因为当模式方差的变化导致各类重叠程度发生变化时，类别数的判定也会发生变化，而这是一种原则性错误。

图 2.2(a)展示了特征单模均值不变、方差变化的情况；图 2.2(b)展示了特征单模均值和方差均变化的情况；图 2.3(a)展示了特征双模均值不变、方差变化的情况；图 2.3(b)展示了特征双模均值和方差均变化的情况。对于开闭集识别，图 2.2(a)和图 2.3(a)所示特征可认为具备稳定性，图 2.2(b)和图 2.3(b)可认为不具备稳定性；对于盲分选，四种情况下的特征均不具备稳定性。

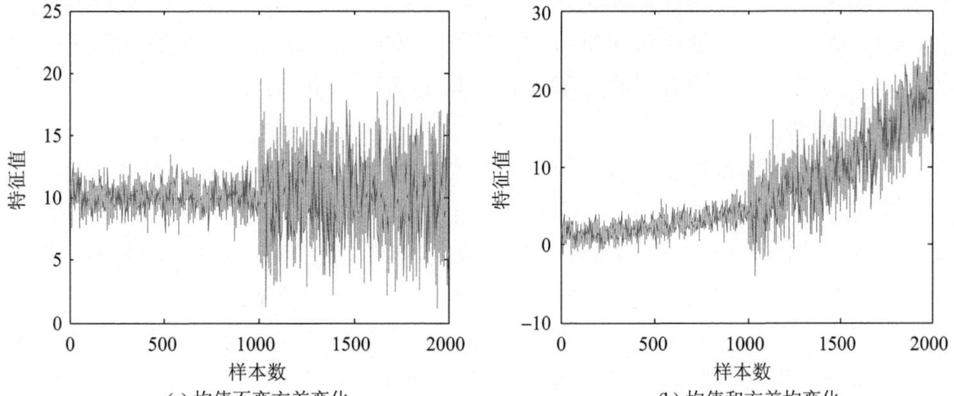

(a) 均值不变方差变化　(b) 均值和方差均变化

图 2.2　特征单模变化图

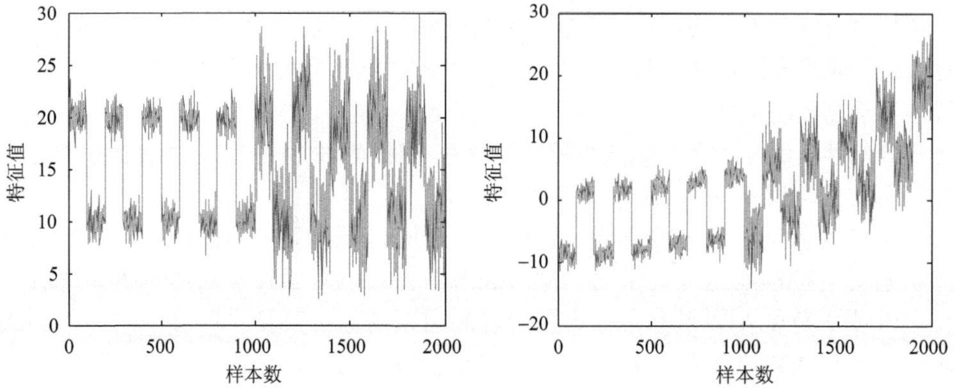

(a) 双模均值不变方差变化　　(b) 双模均值和方差均变化

图 2.3　特征双模变化图

(4) 独立性。

独立性指的是特征对非稳定因素的依赖程度。稳定性是对特征的时变特性的笼统描述，而独立性是对特征受非稳定因素影响程度的描述，由于非稳定因素随时间变化，实际上独立性是保证特征稳定性的一个前提性质。在接收方所获取的很多信号特性可能与辐射源的通信内容、工作模式和工作参数、位置和运动特性、信道特性以及接收通道特性等因素密切相关，而这些因素可能会随着时间发生变化，从而导致与这些信号特性相关的特征失去稳定性。这就要求所提取的信号特征应独立于这些可变因素，这也是辐射源目标特征提取的难点。

需要说明的是，独立性要求是对特定场合下的特定因素提出的，并不是说在任何场合下都要求特征都独立于以上所列的因素。如果某些因素在特定场合下是固定不变的，则特征与这些因素相关也不影响其稳定性。例如，载频特征不独立于运动特性，但如果辐射源位置固定或在辐射源目标识别的时间周期内运动特性不发生变化，则载频特性仍然可用。

独立性不仅对特征的可用性提出了要求，实际上也对特征的提取方法提出了要求，即要求在特征提取过程中必须消除可变因素的影响。

(5) 可测性。

可测性指的是特征应可测量。可测性要求特征所对应的特征测量和估计方法应当在实际应用条件下可行。理论上，不同发射机的任何元器件特性都存在差别，如不同发射机的电容、电感和电阻器件的特性参数必然存在差别，但是由于这些特性参数与发射机的其他元器件交互作用并以极其复杂的形式体现在电磁波信号上，再经过信道传播和接收机特性的作用，在接收端对这些特性参数的测量已基本上不可行，那么这些特性参数就不可能作为辐射源目标特征。

由以上描述可知，特征的基本性质是定义在具体的应用场景、应用方式、应用时段和应用对象上的，因此考察特征是否具备这些基本性质，应结合具体的应用场景、应用方式、应用时段和应用对象来进行。事实上，在某些情形下不具备这些基本性质的特征，在另外的情形下却可能具备这些基本性质；而要考察特征在具体情形下的基本性质，就要求对特征的来源和机理必须具备清晰的认识。

2.2　辐射源特征的来源

电磁波信号从设计产生到接收处理的全过程，如图 2.4 所示。信源产生是将通信业务信息转化为数字比特流或特定波形的数字电路处理过程(雷达辐射源可能缺少这一过程，但如果进行脉内调制，则也可以认为需要产生数字比特流或特定波形)。对于通信系统而言，这一过程通常需要依据系统中应用层、网络层、传输层和链路层等多层协议进行处理。信号产生是将数字比特流或特定波形转化为电磁波信号的模拟电路处理过程，这一过程需要按照特定的信号设计参数进行信道编码、载波调制、频率转换、滤波放大和发射控制等处理。电磁波信号经过信道传播到达接收端，并由接收方采用接收设备进行接收处理。探究辐射源特征的来源应从以上所述电磁波的设计、产生、传播和接收过程进行考察。

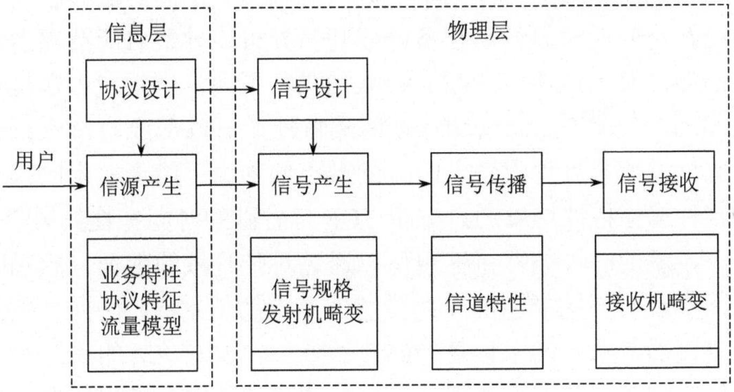

图 2.4　电磁波从设计产生到接收的全过程

2.2.1　信息层的辐射源特征

信源产生是对信息的处理过程，可视为信息层。在信息层中，通信内涵中的身份信息，如用户名称、IP 地址、MAC 地址、终端 ID 等，可直接对辐射源身份进行描述，但如第 1 章介绍，这种依赖内涵的目标识别方法可能面临加密、身份码动态更换等困难，可理解为特征的可测性较差，因此这里不再详述。即使不考虑内涵信息，不同辐射源在信息层的协议设计、信息处理软硬件、承载业务以及用户使用方式和规律等方面也可能存在差异。

在协议设计上，不同型号的辐射源可能采用存在少许差异的协议版本，其在网络接入方式、接入认证方式、建链和拆链方式、通信参数调整策略、数据封装格式等方面的差别有可能形成用以区别不同类型的辐射源的协议特征。典型的例子如下所示。

(1) 802.11 WiFi 设备具有数据链路层驱动指纹[3]，不同版本的网卡驱动在进行接入点扫描时，其探测帧的间隔周期将存在差异，提取这种特性可以区分不同的WiFi 接入设备，文献[4]也证实了 Cisco Aironet 340 和 D-Link DWL-G650 两种无线网卡在扫描帧周期上的差别。

(2) 不同类型的网卡采用的通信速率切换策略可能存在差别[5]，在评估信道质量以决定是否切换以及切换到何种速率时，不同的切换策略可能分别采用误帧率、吞吐率、确认(acknowledgement，ACK)帧率、重传率等作为评估指标，而且在具体实施评估和切换时，也可能采用不同的测试参数和决策门限，这些差别将体现在切换过程中的通信流量特性上，对不同速率的帧数按一定时间间隔进行统计构造一个时间序列，对此时间序列进行频谱分析就可以提取得到区分不同类型网卡的特征。

在信息处理的软硬件上，不同辐射源可能采用了不同的操作系统、不同版本的应用软件以及不同的信息处理设备，这些差异可能导致对应的辐射源的流量模型的差异。例如，对于前述的 WiFi 接入扫描，不同操作系统内在机制的差别将导致扫描帧间隔的差异[4]，通过统计帧间隔特性，可以形成与操作系统相关的辐射源特征。此外，信息处理设备上时钟的微小偏移也可能形成用以区分不同辐射源的特征，这种偏移特性可以通过分析 TCP 包时戳的时间特性获得[6]。在无线传感器网络中，设备的时钟偏移特性也可以通过对带时戳的数据包的时间特性的分析获得，从而实现对不同类型的无线传感器节点的识别[7]。这种时间偏移特性还可能在通信复接群数据中的子帧复接码速调整、信道竞争时的重复帧间隔、链路中的帧起始位置和帧长等得到体现，通过对这些特性的分析同样有可能获得辐射源特征。

对通信系统而言，不同的辐射源的业务特性也可能存在差别。通信网络中不同的辐射源因其设计和使用要求，可能会分别承担语音、图像、视频、电报、传真和其他数据业务。由于这些业务对信息传输速率的要求不同，其对应的传输参数(如调制阶数、带宽、占用时隙数和占用频点数)和流量模型就会有所差异，可以通过分析传输参数和流量模型的差别对辐射源的业务进行判定，从而识别所关联的辐射源。

最后，通信辐射源一般关联一个特定的用户或用户群。在某些情况下，用户和用户群在使用辐射源设备时，会按照一定的时间规律进行，如某些用户可能在特定的时间以特定的参数使用辐射源传输特定的业务。通过对不同用户的通联规律的分析可以获得特征，实现对与用户相关联的辐射源的区分。

通过以上分析可知，不考虑内涵信息特征，则信息层的辐射源特征主要来自于信息处理的协议特性、信息处理的软硬件环境特性、承载业务特性以及用户使用规律等方面，在辐射源信号数据上主要体现为流量模型、业务参数和出联时间特性上的差别。信息层特征虽然能在一定程度上实现辐射源目标类型或目标的识别，但存在以下问题：

(1) 流量分析需要大量同源数据包，而在非协作条件下，很难获取同一辐射源的大量数据包，也很难判定哪些数据包同源，即在可测性上存在困难；

(2) 无论协议特性分析、流量模型分析还是业务特性分析，往往都只具备类型区分能力，不足以对辐射源目标个体完成识别，即其区分性不足；

(3) 流量特性、业务特性和用户特性等所衍生的特征往往不具备长时稳定性，这是因为无论协议、操作系统还是业务类型和用户使用规律，都可能随着时间的推移而更换或变化，导致相应的特征与辐射源不能稳定关联，即其稳定性差；

(4) 信息层的辐射源特征提取方法往往具有很强的特殊性，只对特定情况下的特定对象有效，不具备普适性，如 WiFi 的扫描周期特性在卫星通信系统中无法体现。

由于存在以上问题，信息层辐射源特征提取和识别通常只针对特定对象在小范围内进行应用，本书将不再展开讨论。

2.2.2　物理层的辐射源特征

在物理层，辐射源的发射机将按照预定的信号设计参数生成电磁波，经过信道传播到达接收端。信号的设计规格、发射机的特性、信道的传播特性如果与辐射源固定关联，则将产生辐射源特征。

信号设计是制定信号规格参数的过程。信号规格参数是为了达成有效通信或有效探测所人为制定的技术参数，包括多址方式、调制方式、载频、调制速率、调制参数、成型脉冲、跳频间隔、跳频速率、独特码、时隙、帧长、帧周期、信道编码、雷达脉冲描述字等。由于不同辐射源所遂行的通信探测任务的差别以及互不干扰的需要，不同辐射源的信号规格参数在设计上就可能存在差别。例如，为了互不干扰，不同辐射源的辐射信号应在时频空间上互不重叠；为了最优地实施搜索和跟踪任务或实现对不同距离、不同大小的目标的探测，雷达辐射源的脉冲描述字也需要依据具体任务进行特别的设计。因此，对信号规格参数的高精度测量可以用于对辐射源的设备类型、网络类型或用户类型等进行判证，在某些情况下(对不同辐射源设计了不同的信号规格参数且与辐射源固定关联)，还可以实现辐射源的个体识别。

信号产生过程受发射机畸变的影响。发射机畸变指的是发射机特性与理想特性的偏移，这里畸变是相对理想特性而定义的，实际上发射机仍然正常工作。发射机畸变是由构成发射机的各种电子元器件的设计和制造容差及其工作环境造成的，一般源于发射机设计、制造和运行过程中的不可控的或无意的误差因素，这是因为，对于可控的误差因素，作为发射机生产者，通常会采取措施来消除；而有意差异则属于人为设计的信号规格参数差异，不称为畸变。由于畸变特性不可控或无意，因此不同发射机的畸变特性就不能做到整齐划一，这就意味着发射机畸变具有对辐射源的个体描述能力。发射机畸变会在信号产生过程中对信号造成细微的影响，而这正是辐射源指纹特征的本源之一。更为重要的是，发射机畸变特性相对比较稳定，仅会随着时间的推移发生极其缓慢的变化(通常以数月或年的时间单位来度量其变化)，因此发射机畸变是相对稳定的辐射源特征来源。

信号在其传播过程中将受信道特性的影响。信道特性包括多径衰落特性、多普勒特性、时延特性、来波方向以及卫星转发器特性等。多径衰落特性与辐射源和接收机之间的地形、地物和大气层有关，如果辐射源和接收机的位置固定，其中间的地形、地物和大气传播特性均不发生变化，则多径衰落特性将与辐射源固定关联，不同辐射源的多径衰落特性形成差别，且固定不变，此时多径衰落特性可形成描述辐射源目标的特征。但在多数情况下，辐射源可能是运动的，辐射源和接收机之间的地形、地物和大气传播特性也可能发生变化，这样多径衰落特性就是变化的，不仅不能成为辐射源特征，还可能对其他辐射源特征造成污染。多普勒特性与辐射源的运动相关，因此多普勒特性可以用于区分运动目标和静止目标，但是由于不同运动目标的运动速度通常会随着时间变化，因此在大多数情况下多普勒特性也会对其他辐射源特征造成污染。时延特性和来波方向与辐射源的地理位置特性相关，因此若辐射源位置固定，时延特性和来波方向可以构成辐射源目标特征。卫星转发器用于在卫星通信中转发地面辐射源信号，因此卫星转发器特性仅可以用来区分固定采用不同转发器的辐射源，通常不构成辐射源目标特征，反而也会对其他辐射源特征造成污染。总体而言，信道特性只有在特定情况下才可能构成辐射源目标特征，多数情况下反而对其他辐射源特征造成污染。

在接收端，辐射源信号经过接收天线、变频器、放大器、滤波器和模数转换器(analog-to-digital converter，ADC)变成数字信号。接收设备可以视为发射设备的逆系统，因此接收设备同样存在与发射机畸变类似的接收畸变。这些畸变特性将与电磁波信号上已经附加的辐射源特性混杂作用，并且难以分离。因此，一般而言，信号接收过程不仅不会产生辐射源特征，而且还会对辐射源特征造成不利影响。

综上，物理层的辐射源特征主要来源于信号设计和信号产生过程，在某些特殊情况下信号传播过程中也可能产生辐射源特征，但更可能造成特征污染，而接收处理则只会对辐射源特征造成污染。

2.3　辐射源特征提取的基本思路

根据前面对辐射源特征来源和基本性质的论述，在进行辐射源特征提取时，除了要考虑特征测量和估计的算法设计外，还需要考虑特征的校正和特征的综合。特征的校正是为了消除各种不稳定因素的影响，而特征的综合是为了得到区分效果更好、维数也更低的信号特征向量。

2.3.1　辐射源特征的测量和估计

如图 2.5 所示，特征测量和估计算法可以从特征产生过程的数学描述和物理描述两个方面进行设计：①数学描述，依据特征产生过程建立辐射源目标识别的理论性能度量模型，设计能够描述辐射源特征区分能力的目标函数，按照最大化目标函数的准则设计实现特征提取的数学映射；②物理描述，研究辐射源特征产生机理，分析发射机的各个模块的工作原理和输入输出响应形式，建立相应的系统响应描述模型，以各个模块的模型参数作为待估计的辐射源特征，并依据机理模型按照最优参数估计的方法获得模型参数估计值。

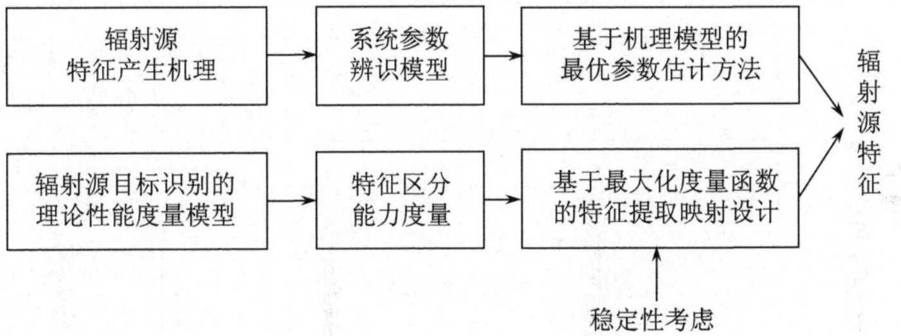

图 2.5　辐射源特征测量和估计的算法设计思路

在第一种设计思路中，由于数学描述缺乏对物理模型的认识，难以从物理意义上推定特征的稳定性，因此需要对该类方法的稳定性预做特别考虑。

本书第 3 章、第 6 章和第 7 章是对第一种设计思路的实践，第 4 章和第 8 章是对第二种设计思路的实践。

2.3.2　辐射源特征的校正

在 2.2 节已经提到，辐射源的接收过程会对辐射源特征造成畸变。如果接收设备更换，则辐射源特征也将随之发生变化。因此，为了使特征独立于接收设备并保持稳定性，需要对特征进行校正。

特征校正的设计思路可以从两个方面进行考虑：①提取前校正，通过分析接收机畸变的机理和具体形式，对接收后的数字信号进行校正处理，抵消接收机畸变对数字信号的影响；②提取后校正，如果对经过接收畸变后的特征将会产生的变化有清晰的认识，则可以根据特征畸变形式对提取的特征设计逆处理过程，消除畸变对特征的影响。前者是信号级校正，后者是特征级校正。

本书第 10 章专门介绍接收机畸变校正方法，是对第一种设计思路的实践。利用迁移学习等机器学习方法来实现特征校正，属于第二种设计思路。

2.3.3 辐射源特征的综合

为了取得更好的识别效果，辐射源目标识别应依据信息层和物理层的各类辐射源特征进行综合判证，因此需要进行特征综合。

辐射源目标特征综合过程如图 2.6 所示，在对接收信号分别进行信息层和信号层的特征测量和估计后，依据特征的可用性对所获得的特征分别进行特征筛选，然后将筛选所得特征整合成一个高维特征向量，再对此特征向量进行特征降维处理，以剔除不具备区分能力或区分能力极差的特征成分，得到一个低维特征向量作为综合特征。

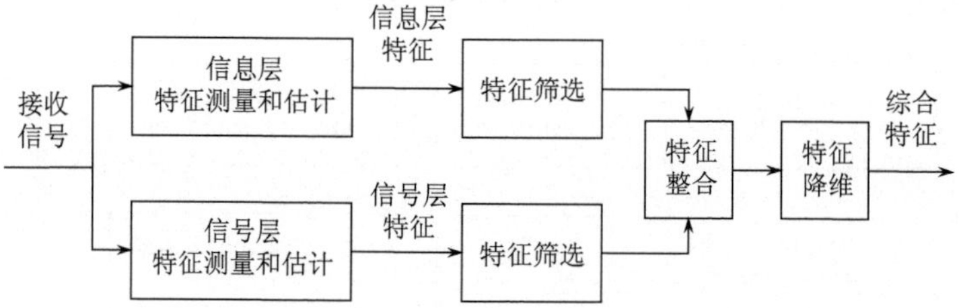

图 2.6 辐射源特征整合过程

特征整合的一般处理方法是对所有特征进行数值归整处理后，串接在一起形成特征向量，如式(2.1)所示：

$$\boldsymbol{f}=\left[\overline{\boldsymbol{f}}_1,\overline{\boldsymbol{f}}_2,\cdots,\overline{\boldsymbol{f}}_N\right] \tag{2.1}$$

其中，$\overline{\boldsymbol{f}}_1,\overline{\boldsymbol{f}}_2,\cdots,\overline{\boldsymbol{f}}_N$ 为数值规整后的各种特征向量。数值规整主要是对特征的取值进行平移和缩放，使得所有特征的取值范围基本一致，从而避免后续计算处理的数值精度问题。

在特征筛选过程中，应当根据具体应用场景、应用方式和应用对象对特征的 5 个基本性质进行分析，选用基本性质良好的特征。如前所述，在很多场景下，信息层辐射源特征在区分性、稳定性和可测性上均存在不足，因此应慎重筛选信息层辐射源特征。

特征降维可以通过特征选择或特征变换实现。特征选择与前述的特征筛选过程相似，但在此阶段主要依据特征的区分能力进行筛选，保留区分能力强的特征。特征变换则是通过对原始特征向量进行线性或非线性变换，构建新的特征向量，再从新特征向量中筛选区分能力强的特征。一般而言，特征变换的降维表达效率更高(即能以更低的维度获得更好的区分能力)。本书第 8 章将阐述特征降维的方法。

2.4　辐射源目标识别的基本过程

就辐射源识别的标识属性的内涵和层级而言，辐射源目标识别可以分为辐射源类型识别和辐射源个体识别。无论对发射机类型、用户类型还是平台类型的识别都属于辐射源类型识别，而对发射机个体、用户个体和平台个体的识别则属于辐射源个体识别。实际的辐射源目标识别一般采取分级识别的处理思路，即先进行辐射源类型识别，再对同一类型的辐射源信号进行辐射源个体识别。这样处理的好处在于，任何一级识别处理的辐射源集合都不会太过庞大，因而识别的难度和复杂度也相对较低。

基于以上设计思路，辐射源目标识别的基本过程如图 2.7 所示，主要包括信号接收及校正、网台识别或类型识别、同网/同类型信号筛选以及辐射源个体识别等步骤。信号接收及校正将电磁波信号转化为数字采样信号，包括对信号的变频、滤波、放大和采样等处理，并进一步对数字采样信号进行接收机畸变校正处理。对数字采样信号先进行网台识别或类型识别，判定信号属于哪个通信网络或属于

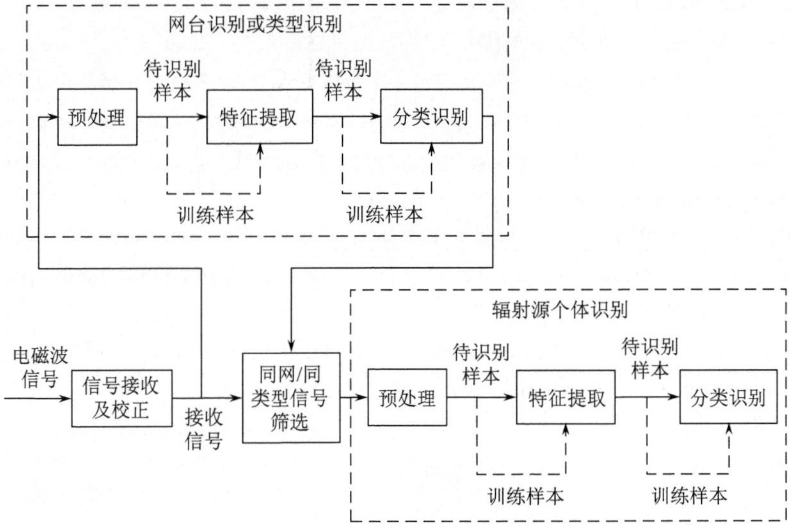

图 2.7　辐射源目标识别的基本过程

哪个目标群和目标类型。这一步骤的目的是将工作参数相近的信号样本分群归并，并通过同网/同类型信号筛选使得后续的辐射源个体识别处理仅针对各个群的信号样本分别进行，从而大幅度减小辐射源个体识别的规模，提高识别准确度和速度。辐射源个体识别只对同一群内的目标进行处理，最终给出辐射源信号的目标归属。

无论网台和类型识别还是辐射源个体识别，其处理都包含预处理、特征提取和分类识别三个步骤。预处理完成对信号的检测、样本的截取和构造、样本的对齐和同步处理以及必要的解调处理，这是为特征提取做准备。良好的预处理设计能够消除或减弱不稳定因素的影响，提高特征的稳定性和分辨力。特征提取是辐射源目标识别的核心处理步骤，主要完成特征测量和估计、特征筛选、特征整合、特征降维等处理，以得到一个具备稳定区分辐射源目标能力的低维特征向量。分类识别完成识别器的训练和对未知样本的识别，其设计目的是综合多维特征所包含的信息，给出准确的识别结果，并应考虑开集识别、闭集识别和盲分选的应用要求。

在以上处理流程中，特征提取和分类识别都可能包括训练和识别两条路径。训练通常采用具备先验标签知识的信号样本完成，训练结果包含了降维器和分类器的结构和参数以及降维后生成的辐射源特征，这些结果都将存储在辐射源特征数据库中；而识别是在训练完成后依据训练结果对未知辐射源信号进行判别。如果不存在可供训练的有标签信号样本，则只能进行盲分选处理。

参 考 文 献

[1] 许丹. 辐射源指纹机理及识别方法研究[D]. 长沙：国防科技大学，2008.

[2] 任春晖. 通信电台个体特征分析[D]. 成都：电子科技大学，2006.

[3] Franklin J, McCoy D, Tabriz P, et al. Passive data link layer 802.11 wireless device driver fingerprinting[C]. Proceedings of the 15th USENIX Security Symposium, Vancouver, 2006.

[4] Loh D C, Cho C Y, Tan C P, et al. Identifying unique devices through wireless fingerprinting[C]. WiSec'08, Alexandria, 2008: 46-55.

[5] Corbett C L, Beyah R A, Copeland J A. Passive classification of wireless NICs during rate switching[J]. EURASIP Journal on Wireless Communications and Networking, 2008, 2008(495070): 1-12.

[6] Kohno T, Broido A, Claffy K. Remote physical device fingerprinting[J]. IEEE Transactions on Dependable and Secure Computing, 2005, 2(2): 93-108.

[7] Hellerstein J M, Huang H Y, Wang C Y, et al. Clock skew based node identification in wireless sensor networks[C]. IEEE Global Telecommunications Conference, New Orleans, 2008: 1-5.

第 3 章　发射机畸变机理及其表现形式

3.1　引　　言

第 2 章已经阐明：发射机畸变将体现在发射机所产生的射频信号上，依据发射机畸变所提取的信号特征是相对稳定可靠的辐射源特征，并且往往还具备个体识别能力，可以构成辐射源指纹。但只有对发射机畸变的具体内涵、机理以及在射频信号上的具体表现形式具备清晰的认识，才能有效认识发射机畸变并设计算法实现发射机畸变特征的提取，因此有必要对发射机畸变机理及其表现形式开展研究。

对发射机畸变机理的研究价值还体现在：以往对辐射源目标识别（尤其是个体识别）算法性能的比较和衡量，只能通过对具体对象开展识别试验测试其识别率来实现，但试验对象的发射机差异特性却无法定制，这导致对算法的试验结果很难重现。建立一个可定制发射机差异特性的辐射源样本库可解决这一问题，这就要求在明确发射机畸变机理及其在射频信号上的表现形式的基础上，建立蕴含发射机畸变特性的辐射源信号生成模型。

早期对发射机畸变机理的研究并不被重视，人们对于不同发射机所产生的信号和信号参数所表现出来的差异虽能利用，但对其来源和机理的认识并不清晰，或仅能做定性描述。随着研究的深入，人们开始探究辐射源特征的本质及其产生原理。其中一类方法是对发射机的行为采用成熟的形态学或动力学激励模型进行描述，例如，采用分形理论来描述暂态现象[1,2]；采用相空间模型来描述发射机的非线性特性[3,4]；采用自回归滑动平均（ARMA）模型来描述从发射机基带到接收机基带的处理过程[5]。这些方法试图对发射机复杂的非平稳和非线性行为采用已有的数学模型来拟合，在一定程度上可反映发射机的特性，但由于未依据发射机的物理构造建模，模型的适用性和精确程度都存在疑问。另一类方法是研究发射机组成模块的畸变特性，根据模块畸变特性来研究辐射源特征的产生机理，例如，文献[6]～[9]分别对功放特性、调制器特性和频率源相位噪声特性进行了探讨。这类研究更切合实际情况，但要求对模拟电路特性具备准确的认识。此外，Agilent公司在发射机性能测量及故障诊断、信号特性高精度测量等方面具备丰富的研究成果[10,11]，尽管这些研究不以辐射源目标识别为研究目的，但对辐射源特征机理研究具有重要的借鉴意义。

从根本上而言，发射机畸变指的是构成发射机的各种电子元器件(如电容、电感、电阻等)的特性相对理想特性的偏差，然而对发射机畸变做元器件级别的分析并不现实也无必要：一方面，发射机作为一个系统是由大量元器件构成的，相应地，其畸变特性也是由各种元器件畸变的综合作用形塑的，因元器件数量众多且交互作用形式极为复杂，很难根据元器件的畸变特性来解析地描述发射机的整体畸变特性，也就是说，对发射机畸变特性的描述精确到元器件级别将极为困难；另一方面，从辐射源特征提取的角度来看，即使完成了元器件级别的畸变机理分析并构建了相应的系统模型，由于该模型极其复杂，也很难根据该模型求解得到元器件畸变特性构成辐射源特征，因而这种模型描述也就没有实用价值。因此，我们认为对发射机畸变机理的分析应在模块级进行，即对发射机按照系统组成进行功能模块分解，对各个模块分析其行为特性，给出模块输出与输入的关系的解析函数描述，并由此导出蕴含发射机畸变特性的辐射源信号的仿真生成模型[12]。

辐射源发射机的基本构成可用图 3.1 表示，其中，符号编码器等基带数字部分的误差特性不具备差异性；而采用模拟电路实现的基带调制器、频率源和混频器、滤波器和功放等模拟模块的特性具备差异性。这是因为数字电路产生的误差(如有限字长效应)特性是随机的，而模拟模块的特性与设计指标之间的差异是相对平稳的。以下各节将分别讨论发射机各模拟模块的畸变特性及其表现形式。

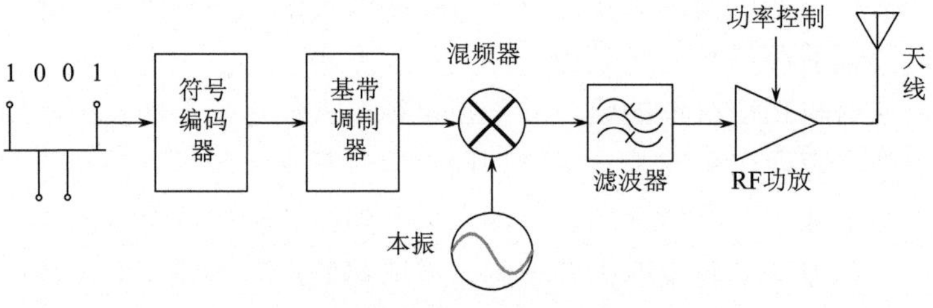

图 3.1　发射机畸变模块构成

3.2　调制器畸变及其表现形式

对于数字信号传输而言，为有效利用频带，应采用调制器将信息比特调制到某一形式的波形上。调制器如果采用模拟电路实现，则因元器件特性参数与设计指标无法完全一致，调制器的输出将产生调制畸变，这就可能构成用以区分不同辐射源的特征。

本节主要讨论三类调制器：IQ 正交调制器、压控振荡器(voltage controlled oscillator，VCO)直接调制器和 VCO 间接调制器，涵盖了常用的多重相移键控

(mutiple phase shift keying，MPSK)调制、多重正交幅度调制(mutiple quadrature amplitude modulation，MQAM)、幅相键控(amplitude phase shift keying，APSK)调制、频移键控(FSK)调制、最小频移键控(minimum frequency-shift keying，MSK)调制和高斯最小相移键控(Gaussian minimum frequency-shift keying，GMSK)调制等常用的数字调制方式。在这三类调制器之外，对于非连续相频键控(non-continuous phase frequency shift keying，NCP-FSK)，还存在一种频率源切换的调制电路实现方式。

3.2.1　IQ 正交调制器

MPSK、MQAM、APSK 等调制方式通常都采用 IQ 正交调制器，FSK、MSK 和 GMSK 等调制方式也可以采用 IQ 正交调制器。IQ 正交调制器的基本组成如图 3.2 所示，主要包括 I 路和 Q 路的基带滤波器、数模转换器(digital-to-analog converter，DAC)、I 路和 Q 路的放大器、本振源和混频器等模块。其中 DAC 之前的部分为数字电路，其误差特性不具备差异性；DAC 之后的模拟模块的畸变特性则可能构成辐射源特征。

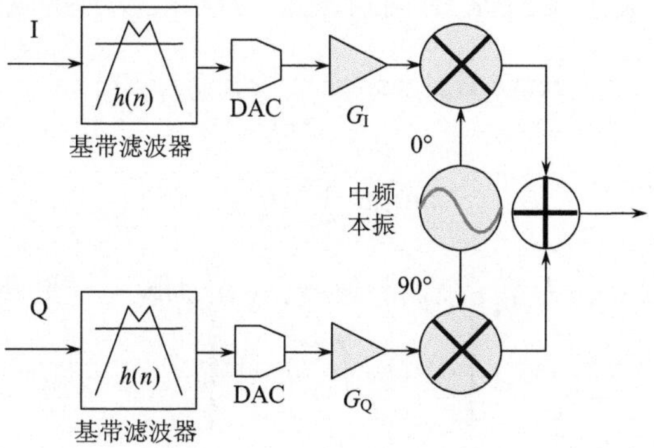

图 3.2　IQ 正交调制器构成

IQ 正交调制器的畸变因素包括：①IQ 增益失衡，这主要是由 IQ 两个通路上的元器件的增益特性差异造成的，在图 3.2 中表现为 $G_I \neq G_Q$；②IQ 直流偏置或载波泄漏，这主要是由 IQ 通路上的放大器产生的直流偏置和混频器产生的载波泄漏造成的；③IQ 时延失配，这主要是由 I、Q 两个通路上模拟元器件(放大器、混频器)的时延特性的不一致造成的；④IQ 正交错误，本振在产生相互正交的两路本地载波时由元器件的特性误差导致其相差不为 90°，即为正交错误。Agilent 公司的技术文档中详细介绍了对这些调制畸变的测量结果[10]，证实了其存在性。对于不同的发射机而言，这些畸变的特性将存在差异，从而形成用以描述发射机个体身份的指纹特征。

调制器畸变将会被带入其射频发射信号中，并在接收方造成解调星座图的畸变。参考图 3.2，对 IQ 正交调制器，令 $G_{IQ}=G_I/G_Q$，时延失配为 τ_D，I 路和 Q 路的偏置分别为 $O_I(t)$ 和 $O_Q(t)$，则 I 路和 Q 路产生的信号分别为

$$\tilde{I}(t)=G_{IQ}I(t)+O_I(t) \tag{3.1}$$

$$\tilde{Q}(t)=Q(t-\tau_D)+O_Q(t) \tag{3.2}$$

其中，$I(t)$ 和 $Q(t)$ 分别为 I、Q 两路经过基带滤波器后的信号，取决于不同的调制方式，具有不同的形式。对于 MPSK、MQAM 和 APSK 调制，$I(t)$ 和 $Q(t)$ 可以表示为

$$I(t)=\sum_{k=-\infty}^{\infty} I_k h\left(t-kT-\tau\right) \tag{3.3}$$

$$Q(t)=\sum_{k=-\infty}^{\infty} Q_k h\left(t-kT-\tau\right) \tag{3.4}$$

其中，I_k、Q_k 分别为符号编码器产生的 I 路和 Q 路符号序列；$h(t)$ 为成型滤波器；T 为符号周期；τ 为符号定时位置。

对于 FSK、MSK 和 GMSK 等调制方式，$I(t)$ 和 $Q(t)$ 可以表示为

$$I(t)=G_{IQ}\cos\left(\pi h\sum_{i=-\infty}^{\infty} d_i g(t-iT)\right) \tag{3.5}$$

$$Q(t)=\sin\left(\pi h\sum_{i=-\infty}^{\infty} d_i g(t-iT)\right) \tag{3.6}$$

其中，h 为调制指数；d_i 为第 i 个调制符号；$g(t)$ 为瞬时调制相位且可以表示为

$$g(t)=\int_{-\infty}^{t} q(\tau)\mathrm{d}\tau \tag{3.7}$$

式(3.7)中 $q(t)$ 为高斯脉冲：

$$q(t)=\frac{Q\left(2\pi B(t-T/2)\right)-Q\left(2\pi B(t+T/2)\right)}{\sqrt{\ln 2}} \tag{3.8}$$

其中，B 为高斯脉冲的带宽。再经过正交调制得到信号为

$$Z(t)=\tilde{I}(t)\cos(\omega_c t+\zeta/2)+\tilde{Q}(t)\sin(\omega_c t-\zeta/2) \tag{3.9}$$

其中，ω_c 载波频率；ζ 体现了正交错误。式(3.1)、式(3.2)和式(3.9)给出了 IQ 正交调制器的仿真生成模型。通常，偏置信号 $O_I(t)$ 和 $O_Q(t)$ 可视为常量，即 $O_I(t)\equiv O_I$，$O_Q(t)\equiv O_Q$。

对于 MPSK、MQAM 以及 APSK 调制信号，IQ 正交调制畸变将导致调制星座发生形变和位移，如对 QPSK 信号，将从正方形变为菱形，其对称中心位置也不在原点；对于 FSK、MSK 和 GMSK 等恒包络调制信号，其理想星座点应位于

正圆上，但 IQ 正交调制器的畸变将导致星座点位于发生形变和位移的非正圆上。

在仿真生成带调制畸变的辐射源信号时，可对不同的辐射源，分别设定 G_{IQ}、O_I、O_Q、ζ 和 τ_D 的数值，以体现不同辐射源之间的差异，然后按照式(3.1)、式(3.2)和式(3.9)生成仿真信号。表 3.1 给出了两个辐射源的增益失衡和正交错误的仿真参数；图 3.3 给出了相应的仿真信号的星座点畸变。从该图可以看到，两个辐射源的调制参数的差别，造成其生成信号的星座图发生了不同的形变和位移。

表 3.1　IQ 调制错误仿真的参数设置

参数	辐射源	
	T_1	T_2
G_{IQ}	1.0235	1.0101
ζ/rad	0.0319	0.0446

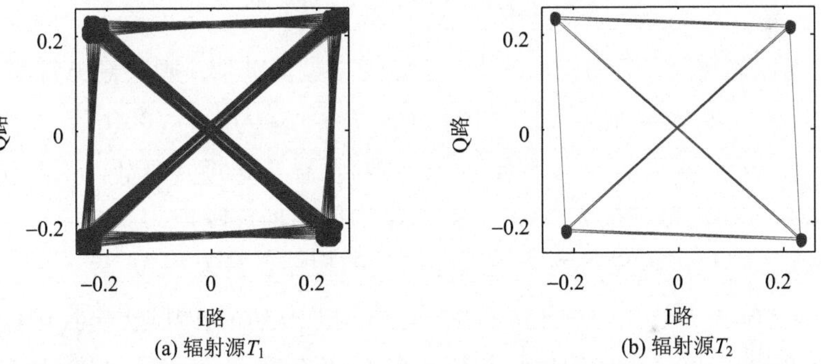

图 3.3　增益失衡和正交错误引起的星座点畸变

3.2.2　VCO 直接调制器

VCO 直接调制器是将调制输入直接作用到 VCO 上实现频率调制。在具体实现时，根据是否存在锁相环(phase-locked loop，PLL)，可以分为开环 VCO 直接调制器和闭环 VCO 直接调制器。

1. 开环 VCO 直接调制

一些连续相位调制(continuous phase modulation，CPM)器采用开环调制结构[13,14]，当需要发短突发信号时，先断开调制而闭合锁相环让环路处于稳定状态以避免载频漂移，然后断开环路进行开环调制。VCO 直接调制器是将基带脉冲成型信号在做数模转换后，作为被调制信号加到压控振荡器上，由其产生 CPM 信号，如图 3.4 所示。

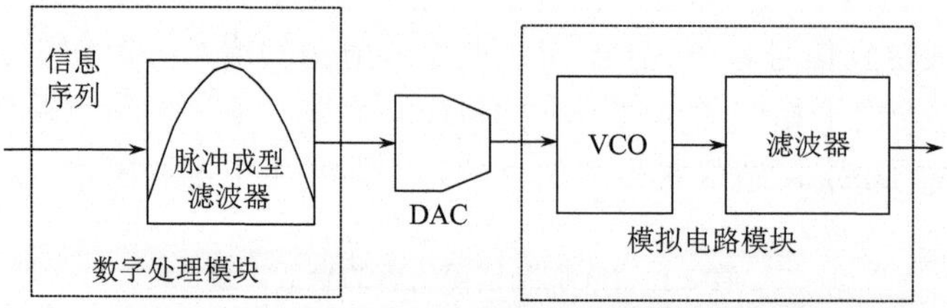

图 3.4 基于 VCO 直接调制的连续相位调制器

VCO 对调制信号的畸变主要体现在其非线性特性和漂移特性。由于开环调制结构一般应用于短突发信号，因此短时间内频率漂移比较小，可视为一个小的常数，可等效到中心频率。VCO 的非线性特性可用泰勒(Taylor)级数来描述表示，如果 VCO 输入频率为

$$q(t)=\sum_i d_i g(t-iT) \tag{3.10}$$

其中，d_i 为调制符号；T 为符号周期；$g(t)$ 为成型滤波器；则其输出频率可表示为

$$q_{\mathrm{O}}(t)=a_0+a_1q(t)+a_2q(t)^2+\cdots+a_Mq(t)^M+c_{\mathrm{V}}\delta_{\mathrm{V}}(t) \tag{3.11}$$

其中，a_0 为 VCO 输出的中心频率(包括漂移)；M 为多项式阶数；$c_{\mathrm{V}}\delta_{\mathrm{V}}(t)$ 为 VCO 产生的频率抖动，可建模为方差为 c_{V}^2 的零均值高斯白噪声。

根据式(3.11)，可以得到离散采样信号的相位差分方程为

$$\left(\phi_{\mathrm{V}}(n)-\phi_{\mathrm{V}}(n-1)\right)/T_s=a_0+a_1q(n)+a_2q(n)^2+\cdots+a_Mq(n)^M+c_{\mathrm{V}}\delta_{\mathrm{V}}(n) \tag{3.12}$$

其中，$\phi_{\mathrm{V}}(n)$ 为 VCO 输出的信号相位。令 $b_i=a_iT_s$，$\lambda_V=c_{\mathrm{V}}T_s$，则式(3.12)可重写为

$$\phi_{\mathrm{V}}(n)-\phi_{\mathrm{V}}(n-1)=b_0+b_1q(n)+b_2q(n)^2+\cdots+b_Mq(n)^M+\lambda_{\mathrm{V}}\delta_{\mathrm{V}}(n) \tag{3.13}$$

再考虑到 $\phi_{\mathrm{V}}(n)=2\pi f_0nT_s+\theta(n)$，其中 f_0 为中心频率；$\theta(n)$ 为调制器产生的调制相位，则式(3.13)可写成

$$\theta(n)-\theta(n-1)=b_0+b_1q(n)+b_2q(n)^2+\cdots+b_Mq(n)^M+\lambda_{\mathrm{V}}\delta_{\mathrm{V}}(n) \tag{3.14}$$

不同辐射源的调制畸变特性的差异将主要体现在$\{b_0,b_1,\cdots,b_M,\lambda_{\mathrm{V}}\}$等参数的差别上，并导致频率调制曲线(即 $\theta(n)\sim\theta(n-1)$)和相应的相位调制曲线 $\theta(n)$ 的差异，从而有可能构成描述辐射源个体身份的指纹特征。

2. 闭环 VCO 直接调制

另一种对 VCO 直接调制的发射机，是将 VCO 直接调制嵌入一个锁相环路

中[15]，从而提升载频的稳定性，避免 VCO 的频率漂移，其相位模型如图 3.5 所示。

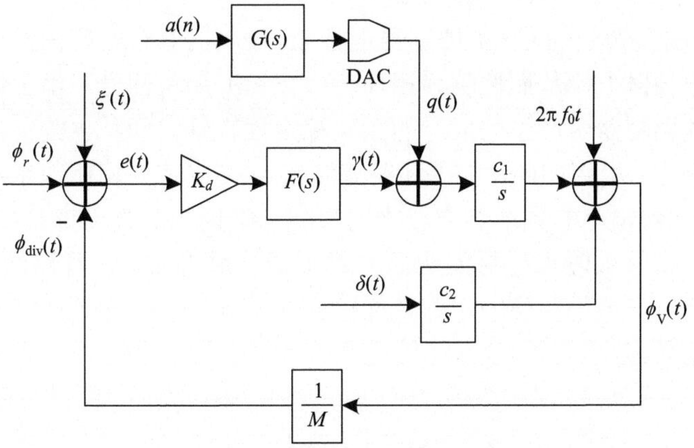

图 3.5　基于 VCO 直接调制的锁相频率合成实现方式

该模型中：$\xi(t)$ 表示参考源、相频检测器、分频器和环路滤波器的等效相位噪声；$\delta(t)$ 为 VCO 的相位噪声源，将通过 c_2/s 的传递函数产生 VCO 相位噪声；$F(s)$ 为环路滤波器，K_d 为相频检测器增益，c_1/s 为 VCO 的传递函数；$M=f_0/f_r$ 为平均分频数，其中 f_0 为 VCO 的输出信号的中心频率，f_r 为参考频率；$q(t)$ 为调制频率信号，其定义可参考式(3.10)。

入锁后的线性相位模型为

$$s\phi_V(t)=c_1q(t)+c_1K_dF(s)\big(\phi_r(t)-\phi_{\text{div}}(t)/M+\xi(t)\big)+c_2\delta(t)+2\pi f_0 \tag{3.15}$$

考虑到 $\phi_r(t)=2\pi f_r t$，$\phi_V(t)=2\pi f_0 t+\theta(t)$，其中 $\theta(t)$ 为去除中心频率后的信号相位，而且在频率锁定后有 $f_0=Mf_r$，因此有

$$s\theta(t)=c_1q(t)+c_1K_dF(s)\big(\xi(t)-\theta(t)/M\big)+c_2\delta(t) \tag{3.16}$$

相应的离散信号模型为

$$(1-z^{-1})\theta(n)=c_1\Big(q(n)-K_dF(z^{-1})\theta(n)/M\Big)+\zeta(n) \tag{3.17}$$

其中，$\zeta(n)$ 为调制电路产生的相位噪声综合：

$$\zeta(n)=c_1K_dF(z^{-1})\xi(n)+c_2\delta(n) \tag{3.18}$$

不同辐射源的环路滤波器 $F(z^{-1})$、鉴相增益 K_d 以及 VCO 增益 c_1、c_2 等特性参数可能存在差别，从而造成频率调制曲线(即 $(1-z^{-1})\theta(n)$ 及其相应的相位调制曲线 $\theta(n)$ 的差异，构成可描述辐射源个体身份的指纹特征。

3.2.3　VCO 间接调制器

为降低 VCO 畸变特性的影响，可以采用 ΣΔ 调制的分数 N 锁相环来实现

MSK、GMSK、连续相频键控(continuous phase frequency shift keying，CP-FSK)等 CPM 调制[16,17]，实现 VCO 间接调制。

对 VCO 间接调制的 CPM 调制器是将 ΣΔ 调制的基带数字信号作用到锁相频率合成器的分频器上，从而控制锁相环产生 CPM 调制信号。由于锁相环路的锁相特性，这种调制器所产生的信号的频率稳定性较好，而且也没有调制数据引起的残差抖动问题。尽管如此，由于环路滤波器、VCO 特性相比理想特性总存在一定的误差，调制器输出的频率响应相比理想的频率调制曲线仍将存在一定的误差，在调频曲线斜率较大时误差更为明显。对不同发射机而言，环路滤波器和 VCO 特性将存在差异，使得环路的跟踪特性也存在差异，从而导致调制器的瞬时频率畸变特性的差异。

参考频率信号往往由自由振荡器产生，其相位噪声模型可用维纳过程进行建模：

$$\alpha_{\text{ref}}(n)=\alpha_{\text{ref}}(n-1)+\phi(n) \tag{3.19}$$

其中，$\phi(n)$ 为零均值高斯白噪声，方差为 $4\pi\beta$，β 为以采样频率归一化的相位噪声谱的 3dB 带宽。式(3.19)表明自由振荡器输出的相位噪声可视为一种自回归过程。

采用 ΣΔ 调制的频率合成器的相位信号线性模型可用图 3.6 表示[18-20]。该模型中 $\xi(n)$ 表示参考源、相频检测器、分频器和环路滤波器的等效相位噪声；$\delta(t)$ 为 VCO 的相位噪声源，将通过 c_2/s 的传递函数产生 VCO 相位噪声；$F(s)$ 为环路滤波器；K_d 为相频检测器增益；c_1/s 为 VCO 的传递函数；T_r 为参考源的周期；$M=f_0/f_r$ 为平均分频数，其中 f_0 为 VCO 的输出信号的中心频率，$f_r=1/T_r$ 为参考源频率；$q(n)$ 为调制频率信号，且 $q(n)=\sum_i d_i g(n-iT)$，其中 d_i 为调制符号；T 为符号周期；$g(t)$ 为成型滤波器；$\varepsilon(n)$ 为 ΣΔ 调制产生的量化噪声。

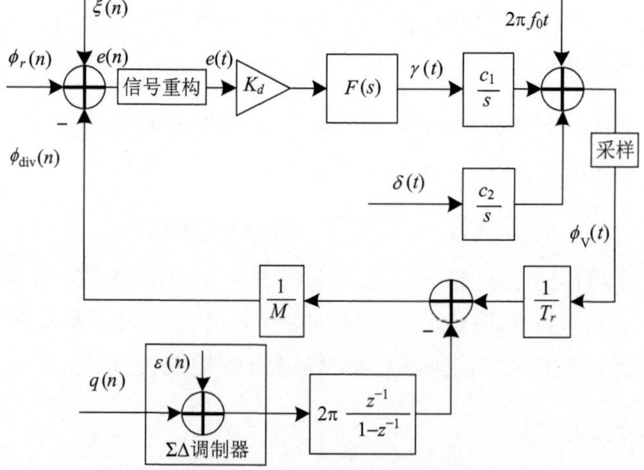

图 3.6　采用 ΣΔ 调制的频率合成器信号模型

依据该模型，并将模型中的连续信号处理部分用离散形式来表示，可得到以下差分方程：

$$\left(1-z^{-1}\right)\phi_{\mathrm{V}}(n)=c_1K_dF(z^{-1})\left(\phi_r(n)-\frac{\phi_{\mathrm{V}}(n)}{M}+\frac{2\pi z^{-1}}{M(1-z^{-1})}\left(q(n)+\varepsilon(n)\right)\right)+c_1K_dF(z^{-1})\xi(n)+c_2\delta(n)+2\pi M \tag{3.20}$$

将式(3.20)的噪声成分和信号成分进行分离，可进一步写成

$$\begin{aligned}\left(1-z^{-1}\right)\phi_{\mathrm{V}}(n)&=G(z^{-1})\left(\phi_r(n)-\frac{\phi_{\mathrm{V}}(n)}{M}+\frac{2\pi z^{-1}}{M(1-z^{-1})}q(n)\right)\\&+\frac{G(z^{-1})}{M}\left(\frac{2\pi z^{-1}}{1-z^{-1}}\varepsilon(n)+\xi(n)\right)+c_2\delta(n)+2\pi M\end{aligned} \tag{3.21}$$

其中，$G(z^{-1})=c_1K_dF(z^{-1})$。令

$$\zeta(n)=\frac{G(z^{-1})}{M}\left(\frac{2\pi z^{-1}}{1-z^{-1}}\varepsilon(n)+\xi(n)\right)+c_2\delta(n) \tag{3.22}$$

$$p(n)=\frac{2\pi z^{-1}}{1-z^{-1}}q(n) \tag{3.23}$$

则式(3.21)可写成

$$\left(1-z^{-1}\right)\phi_{\mathrm{V}}(n)=G(z^{-1})\left(\phi_r(n)-\frac{\phi_{\mathrm{V}}(n)-p(n)}{M}\right)+\zeta(n)+2\pi M \tag{3.24}$$

考虑到$\phi_r(n)=2\pi n$，$\phi_{\mathrm{V}}(n)=2\pi f_0nT_r+\theta(n)=2\pi Mn+\theta(n)$，其中 $\theta(n)$为去除中心频率后的相位，则有

$$\left(1-z^{-1}\right)\theta(n)=\frac{G(z^{-1})}{M}\left(p(n)-\theta(n)\right)+\zeta(n) \tag{3.25}$$

由以上模型可知，这种调制器的调制畸变特性主要体现在$G(z^{-1})$等参数所塑造的瞬时频率曲线(即$(1-z^{-1})\theta(n)$)及其相应的相位调制曲线$\theta(n)$，而不同辐射源的调制曲线特性的差异就可能构成辐射源特征。

在仿真生成带调制畸变的频率调制辐射源信号时，可分别为不同辐射源设定不同的模型参数数值，以体现不同辐射源之间的差异，然后按照以上所述模型生成仿真信号。图 3.7 给出了仿真生成的两个 FSK 辐射源信号的瞬时频率曲线。

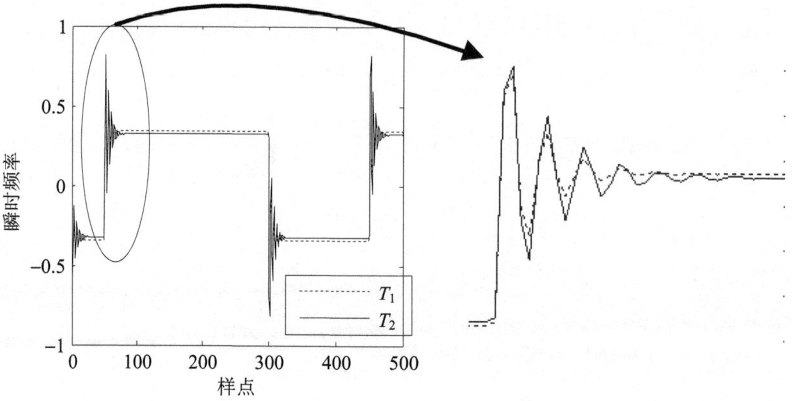

图 3.7　带调制畸变的 FSK 仿真信号

3.2.4　频率源切换调制器

非线性相位 FSK 调制可以通过频率源切换来实现，即采用待调制信号控制多个频率信号的通断，使得输出信号在频率信号间切换，这种方法得到的 FSK 信号的相位存在不连续的现象，因而称为 NCP-FSK 信号。

对于 NCP-FSK 调制器而言，其畸变特性主要体现在频率切换时造成的幅度暂态效应。由于电路中各种电容电感等储能元器件的存在，频率信号幅度的衰减和增长都不可能即时完成，因而导致在频率切换处的信号波形为两个频率信号的暂态波形的加权和。由于元器件特性的差异，这种暂态畸变特性也会存在差异，从而构成辐射源特征。但从整体波形上看，并不存在调制信号幅度的变化，调制信号仍为稳态信号。暂态畸变特性隐藏在各个频率信号上，只有频率间隔较大时，这种畸变特性才可以通过分离各个频率信号观察到。

对 NCP-FSK 调制器，设多级频移键控(multi-frequency shift keying，MFSK)调制频点集合为$\{\omega_k|k=0,\cdots,M-1\}$，相应的频率信号为$s_k(t)=\cos(\omega_k t+\varphi_k)$，$k=0,\cdots,M-1$。由于储能元件的存在，所有频率信号的幅度在频率切换过程中都将经历通和断的暂态过程。通断的暂态过程可用二阶低通 RC 模型来描述其系统响应：

$$H_{\mathrm{RC}}(s)=\frac{c}{(s+a)(s+b)} \tag{3.26}$$

对任一频率信号 $s_k(t)$，设通断控制信号为 $u_k(t)$。$u_k(t)$为单极性矩形脉冲波形，其具体形状由 FSK 调制符号决定：当其幅度为 1 时，信号被调制到 ω_k 频点上；当其幅度为 0 时，信号被调制到其他频点上。$u_k(t)$在通过储能元件电路时将产生暂态效应，其输出拉氏变换可表示为

$$G_k(s)=H_{\mathrm{RC}}(s)U_k(s) \tag{3.27}$$

由此可以得到 NCP-FSK 调制器的输出为

$$y(t)=\sum_{k=0}^{M-1} g_k(t)s_k(t) \tag{3.28}$$

其中，$g_k(t)$ 为 $G_k(s)$ 的时域形式。特别地，对于非连续 2FSK 调制，有

$$y(t)=\cos(\omega_1 t+\theta_1)\sum_{k=-\infty}^{\infty} a_k h(t-kT_s)+\cos(\omega_2 t+\theta_2)\sum_{k=-\infty}^{\infty}(1-a_k)h(t-kT_s) \tag{3.29}$$

其中，a_k 取值为 0 或者 1。

式(3.26)～式(3.29)即为 NCP-FSK 调制器的仿真模型，其中，$H_{\mathrm{RC}}(s)$ 反映了调制信号的瞬态畸变，而 a、b、c 等参数的数值决定了瞬态畸变的特性；ω_k 与理想频点的误差则反映了各个频率分量信号的频率漂移。

3.3　频率源畸变及其表现形式

发射机在产生射频信号的过程中，必须采用本地频率源产生载波信号对调制信号进行变频处理。锁相频率合成器是发射机较常采用的频率源，其组成结构如图 3.8 所示。晶体管或其他器件的输入和输出阻抗的变化、电路元件间分布电容的变化、负载电抗参数的变化以及设备周围的各种电磁场的影响等因素都会造成鉴相器、环路滤波器和压控振荡器(VCO)等模块特性的变化，从而造成频率信号的畸变。

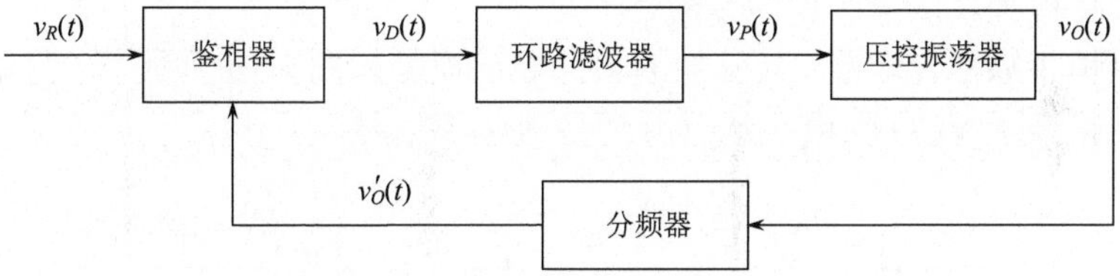

图 3.8　锁相频率合成器结构框图

从频率信号畸变的产生原因来看，可将频率信号畸变分为确定性畸变和随机性畸变。确定性畸变主要指的是由环境因素(如温度、湿度、电源电压变化)或元器件老化所引起的频率漂移和杂散，这种畸变通常是慢变的。随机性畸变是由电路内部噪声等随机性因素所引起的相位抖动，这种抖动是快变的。相位噪声可以描述频率信号中的随机性相位抖动特性。

锁相环路中的噪声有两种来源：一种是从外部加入到环路上，如随参考信号 $v_R(t)$ 一起加入环路输入端的噪声；另一种是环路内部产生，如 VCO 产生的噪声。这些噪声作用到环路输出信号上，统称为相位噪声。相位噪声将影响频率合成器

输出频率的纯度。如图 3.9 所示，相位噪声将造成输出信号功率谱密度的畸变，即在纯正弦波谱线两侧造成噪声成分。由于不同发射机的频率合成器中电路模块(如环路滤波器、VCO 等)及其工作环境的差异，相位噪声特性将存在差异，从而构成辐射源特征。

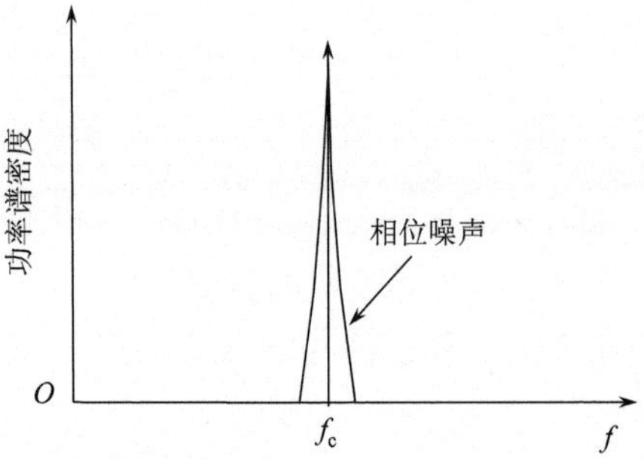

图 3.9　相位噪声功率谱密度

如果频率源采用自由振荡器，则所产生的信号除了相位噪声畸变以外，还容易产生频率漂移。频率漂移是电路元件特性随环境变化而产生的，其特性同样可能构成辐射源特征。但频率漂移容易受环境和信道影响(如多普勒相对运动)，其特性可能并不稳定。

频率源的这些畸变对发射信号的影响体现在两个方面：①调制速率的偏移和抖动；②载频的偏移和抖动，在相移键控(phase shift keying，PSK)调制信号的星座图上则体现为星座点的切向发散。

对于锁相频率合成器，其等效的相位噪声模型如图 3.10 所示[21]。其中，$\delta(n)$ 对应的支路表示 VCO 噪声，$\alpha_{\text{ref}}(n)$ 为参考频率信号。

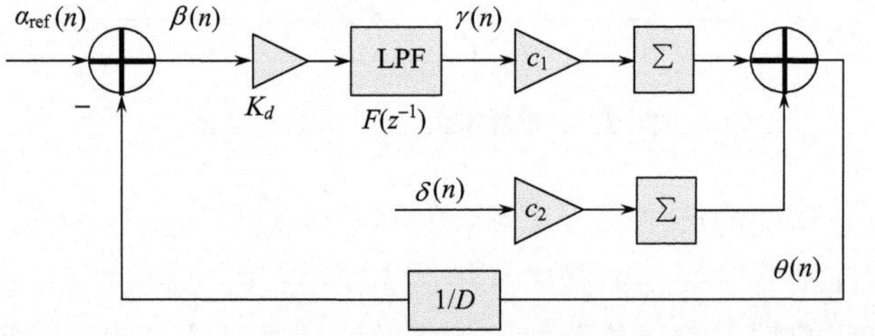

图 3.10　锁相环相位噪声模型

参考频率信号往往由自由振荡器产生，其相位噪声模型可用维纳过程进行建模：

$$\alpha_{\text{ref}}(n) = \alpha_{\text{ref}}(n-1) + \phi(n) \tag{3.30}$$

其中，$\phi(n)$ 为零均值高斯白噪声，方差为 $4\pi\beta$，β 为采样频率归一化的相位噪声谱的 3dB 带宽。式(3.30)表明自由振荡器输出的相位噪声可视为一种自回归过程。

根据相位噪声模型和式(3.30)，锁相频率合成器输出的相位噪声满足

$$\theta(n)-\theta(n-1)=-H(z^{-1})\theta(n)/D+H(z^{-1})/(1-z^{-1})\phi(n)+c_2\delta(n) \tag{3.31}$$

其中，$H(z^{-1})=c_1K_dF(z^{-1})$。如果环路滤波器为一阶滤波器，则可令

$$H(z^{-1})=c_1K_dF(z^{-1})=\frac{b_0+b_1z^{-1}}{1+a_1z^{-1}} \tag{3.32}$$

由此，频率合成器输出的频率信号可表示为

$$l(n)=A\cos\left(\omega_c n+\theta(n)\right) \tag{3.33}$$

相位噪声畸变特性主要由 $H(z^{-1})$ 的参数 b_0、b_1、a_1 以及 c_2 等参数决定，因此只需对这些参数设定不同的数值，再根据式(3.31)～式(3.33)即可仿真产生不同畸变特性的频率信号。

3.4　功放畸变及其表现形式

功放设计的目的是对输入信号进行线性放大，但由于器件制约，功放模块对输入信号的放大呈现出非线性特性。当输入信号功率较大时，功放器件的非线性效应将比较明显。图 3.11 给出了功放非线性示意图。

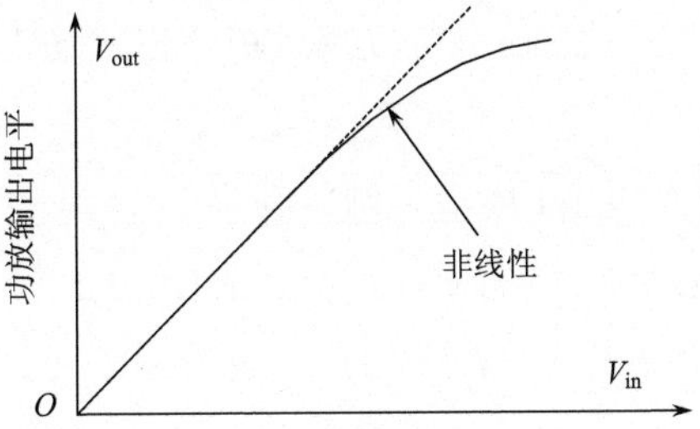

图 3.11　功放非线性示意图

从放大效应上看，功放非线性将产生幅度调制-幅度调制(AM-AM)压缩效应和幅度调制-相位调制(AM-PM)转换效应[22]，前者体现为输入信号的高电平幅度在放大时被压缩，而后者体现为产生附加相位；从信号成分的角度来看，功放非线性将导致倍频信号的出现；从调制的角度看，功放非线性将导致产生加性的寄生调制。但应该注意的是，如果发射机在射频末端再进行滤波或接收机采用单通道窄带接收，则倍频信号将被消除。

放大器在中频部分和射频部分都存在，但由于射频级功放需要较大的放大倍数，通常射频功放的非线性效应更为显著。由于构成功放的元器件的差异，不同辐射源的功放非线性特性不一致，因而可构成辐射源特征。

根据输入信号对象的不同，对功放的建模存在两种方式：对窄带输入信号，采用泰勒级数模型；对宽带输入信号，采用 Volterra 级数模型。

对于窄带信号，可认为功放无记忆(即功放输出只跟当前输入有关系)，此时可采用泰勒级数模型对功放进行建模[3]。设输入信号为

$$x(n)=A(nT_s)\cos(\omega_c nT_s+\varphi(nT_s)+\phi) \tag{3.34}$$

其中，$A(nT_s)$ 为正常辐射源信号的幅度调制；$\varphi(nT_s)$ 为相位调制。功放输出信号可表示为

$$y(n)=\sum_{k=0}^{\infty}\lambda_k x^k(n) \tag{3.35}$$

对式(3.35)，可只取前 M 阶近似。将式(3.34)代入式(3.35)后计算可知，功放畸变将产生倍频信号，同时造成基频信号的畸变。

如果功放输入信号为宽带信号，则功放存在记忆性，泰勒级数模型已不足以描述功放特性，此时采用 Volterra 级数模型更为合适。文献[7]介绍了该模型，采用记忆长度为 M 的 L 阶 Volterra 级数模型，则功放输出信号可表示为

$$y(n)=\sum_{l=1}^{L}\sum_{m_1=0}^{M}\cdots\sum_{m_L=0}^{M}h_l(m_1,m_2,\cdots,m_L)\prod_{i=1}^{l}x(n-m_i) \tag{3.36}$$

其中，h_l 为 Volterra 级数。式(3.36)可以写成矩阵形式如下：

$$\boldsymbol{Y}=\boldsymbol{X}_{L,M}\boldsymbol{H}_{L,M} \tag{3.37}$$

以记忆长度为 1 的 2 阶 Volterra 模型为例，则

$$\boldsymbol{X}_{2,1}=\begin{bmatrix} x(n) & x(n-1) & x^2(n) & x^2(n-1) & x(n)x(n-1) \\ x(n-1) & x(n-2) & x^2(n-1) & x^2(n-2) & x(n-1)x(n-2) \\ \vdots & \vdots & \vdots & \vdots & \vdots \\ x(n-N+1) & x(n-N) & x^2(n-N+1) & x^2(n-N) & x(n-N+1)x(n-N) \end{bmatrix} \tag{3.38}$$

$$\boldsymbol{H}_{2,1}=\left[h(0),h(1),h(0,0),h(1,1),h(0,1)\right]^{\mathrm{T}} \tag{3.39}$$

因此，功放畸变的生成模型可由式(3.34)、式(3.35)或式(3.37)来描述。仿真产生带功放畸变的辐射源信号时，先定义各个辐射源功放对应的特性参数$\{\lambda_0, \lambda_1,\cdots,\lambda_M\}$或 $\boldsymbol{H}_{L,M}$ 的数值，然后依据上述各式生成辐射源信号。表 3.2 给出了对两个发射机功放的仿真参数设置，图 3.12 给出了所产生的畸变信号的功率谱。由图

可见功放非线性导致了倍频信号的产生，并造成了通带内信号的畸变。

表 3.2　功放非线性仿真的参数设置

功放	参数			
	λ_1	λ_2	λ_3	λ_4
T_1	1.0	0.0597	0.0051	0.0045
T_2	1.0	0.1384	0.0087	0.0028

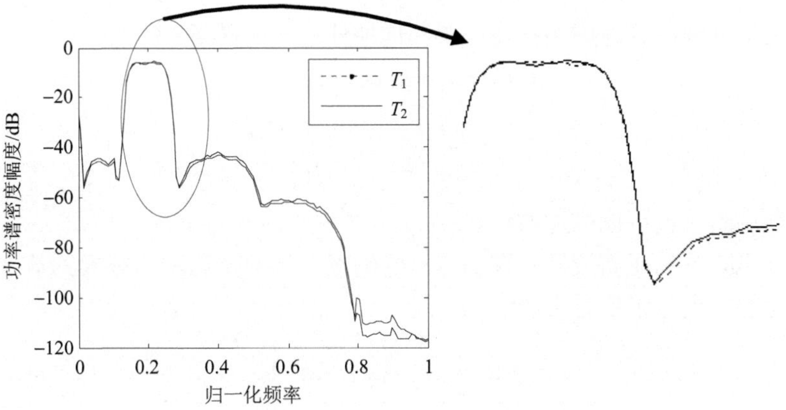

图 3.12　功放非线性畸变仿真结果

3.5　发射通路滤波器畸变及其表现形式

在发射机的整个发射通路上，通常存在中频带通滤波器和射频带通滤波器，这些滤波器被设计用来滤除带外干扰成分。这些滤波器如果采用模拟电路实现，则可能产生细微的畸变。理想的带通滤波器在整个发射频带内应表现为：频率响应的幅度和群延迟为常数。但实际模拟滤波器的频率响应却可能在带内产生倾斜或波纹，其群延迟也随着频率而变化，如声表面波(surface acoustic wave，SAW)滤波器可能因其内部反射导致其频率响应出现细微的波纹抖动[10]。此外，发射通路(从中频滤波器到天线)上器件的阻抗失配也会造成类似的效应。滤波器的这些畸变与其内部电路元器件的特性密切相关，因而不同发射机的滤波器畸变特性可能存在差异，从而构成辐射源特征。

对这些滤波器畸变，可采用傅里叶级数形式来描述其特性[23]。设 $H(f)$ 为理想的发射机带通滤波器的频率响应，则畸变滤波器 $g(t)$ 的频域形式可以表示为

$$G(f)=H(f)A(f)\mathrm{e}^{\mathrm{j}\phi(f)} \tag{3.40}$$

其中，$A(f)$ 和 $\phi(f)$ 分别表示滤波器频率响应的幅度畸变和相位畸变，且可以进一步用傅里叶级数形式表示为

$$A(f)=a_0+\sum_{k=1}^{\infty}a_k\cos\left(2\pi kf/T_A\right) \tag{3.41}$$

$$\phi(f)=2\pi b_0 f+\sum_{k=1}^{\infty}b_k\sin(2\pi kf/T_\phi) \tag{3.42}$$

其中，T_A 为幅度波纹的基本周期，T_ϕ 为相位抖动的基本周期。对上述两式取特定阶次做近似处理，并考虑到描述倾斜和周期性波纹的需要，可得

$$A(f)=a_0+a_k\cos\left(2\pi\alpha_k f\right) \tag{3.43}$$

$$\phi(f)=2\pi b_0 f+b_k\sin(2\pi\beta_k f) \tag{3.44}$$

其中，$\alpha_k=k/T_A$；$\beta_k=k/T_\phi$。取决于 T_A 与 $H(f)$ 带宽的相对大小，式(3.43)既可以描述倾斜，也可以描述波纹。

以下再考虑畸变滤波器对调制信号的影响。将畸变滤波器等效到基带，则发射机产生的等效基带信号可表示为

$$\rho(t)=\sum_{k=-\infty}^{\infty}c_k g\left(t-kT\right) \tag{3.45}$$

其中，$c_k=I_k+\mathrm{j}Q_k$ 为复调制符号。为进一步观察畸变滤波器的效应，对 $g(t)$ 进行分解：

$$\begin{aligned}
g(t)&=\int_{-\infty}^{\infty}H(f)\left(a_0+a_k\cos\left(2\pi\alpha_k f\right)\right)\mathrm{e}^{\mathrm{j}(2\pi b_0 f+b_k\sin(2\pi\beta_k f))}\mathrm{e}^{\mathrm{j}2\pi ft}\mathrm{d}f\\
&=\int_{-\infty}^{\infty}\left(a_0H(f)+\frac{a_k\left(\mathrm{e}^{\mathrm{j}(2\pi\alpha_k f)}+\mathrm{e}^{-\mathrm{j}(2\pi\alpha_k f)}\right)}{2}H(f)\right)\mathrm{e}^{\mathrm{j}\phi(t)}\mathrm{d}f\\
&=a_0\int_{-\infty}^{\infty}H(f)\mathrm{e}^{\mathrm{j}\phi(t)}\mathrm{d}f+\frac{a_k}{2}\int_{-\infty}^{\infty}H(f)\mathrm{e}^{\mathrm{j}\phi(t+\alpha_k)}\mathrm{d}f+\frac{a_k}{2}\int_{-\infty}^{\infty}H(f)\mathrm{e}^{\mathrm{j}\phi(t-\alpha_k)}\mathrm{d}f
\end{aligned} \tag{3.46}$$

其中，$\phi(t)=2\pi(b_0+t)f+b_k\sin(2\pi\beta_k f)$。对 $\mathrm{e}^{\mathrm{j}\phi(t)}$ 中包含的 $\mathrm{e}^{\mathrm{j}b_k\sin(2\pi\beta_k f)}$ 做 Bessel 展开：

$$\mathrm{e}^{\mathrm{j}b_k\sin(2\pi\beta_k f)}=J_0(b_k)+\sum_{i=1}^{\infty}J_i(b_k)\left(\mathrm{e}^{\mathrm{j}(i\sin(2\pi\beta_k f))}+(-1)^i\,\mathrm{e}^{-\mathrm{j}(i\sin(2\pi\beta_k f))}\right) \tag{3.47}$$

当 $2\pi\beta_k f$ 很小时，有 $\mathrm{e}^{\mathrm{j}(i\sin(2\pi\beta_k f))}\approx\mathrm{e}^{\mathrm{j}(i2\pi\beta_k f)}$，将其代入式(3.47)，再将式(3.47)代入式(3.46)，可得

$$
\begin{aligned}
g(t) \approx\, & a_0 J_0(b_k) h(t+b_0) + a_0 J_1(b_k)\big(h(t+b_0+\beta_k) - h(t+b_0-\beta_k)\big) \\
& + \frac{a_k}{2}\Big(J_0(b_k) h(t+b_0+\alpha_k) + J_1(b_k)\big(h(t+b_0+\alpha_k+\beta_k) - h(t+b_0+\alpha_k-\beta_k)\big)\Big) \\
& + \frac{a_k}{2}\Big(J_0(b_k) h(t+b_0-\alpha_k) + J_1(b_k)\big(h(t+b_0-\alpha_k+\beta_k) - h(t+b_0-\alpha_k-\beta_k)\big)\Big)
\end{aligned} \tag{3.48}
$$

其中，$h(t)$为$H(f)$的时域响应。由式(3.48)和式(3.45)可知，畸变滤波器带来了载波上的寄生调制，等效到成型脉冲上，则体现为成型脉冲的畸变(类似多径的延迟叠加，即成型脉冲在时间上被展宽)，在 PSK 或正交调幅(quadrature amplitude modulation，QAM)调制信号的解调星座点上则表现为符号间干扰。

要产生带滤波器畸变的仿真信号，只需在设定a_0、α_k、b_0、b_k和β_k的数值后，依据式(3.40)、式(3.43)、式(3.44)和式(3.45)进行仿真即可。

3.6　寄生谐波和载波泄漏

寄生谐波是振荡器和其他各种有源器件(如混频器、功放)等所产生的各种谐波信号混频的结果。寄生谐波信号的频率如果位于信号通带范围内，则不会被滤除，将伴随正常的辐射源调制信号被发射出去。如果寄生谐波的频率等于载频，则称为载波泄漏。由于各器件特性的差异，寄生谐波的频率和幅度将可能存在差异，从而构成辐射源特征。

如果寄生谐波直接伴随发射信号发射出去，且其频率落在带内，则带寄生谐波和载波泄漏的发射信号可表示为

$$
r(t) = (A(t) + \xi_{\text{dc}})\cos\big(\omega_0 t + \varphi(t)\big) + A_{\text{spur}}\cos(\omega_{\text{spur}} t + \varphi_{\text{spur}}) \tag{3.49}
$$

或用等效的复信号表示为

$$
r(t) = (A(t) + \xi_{\text{dc}})\exp\big(\mathrm{j}(\omega_0 t + \varphi(t))\big) + A_{\text{spur}}\exp\big(\mathrm{j}(\omega_{\text{spur}} t + \varphi_{\text{spur}})\big) \tag{3.50}
$$

其中，ω_0为载波频率；A_{spur}为寄生谐波的幅度；ω_{spur}为寄生谐波的频率；φ_{spur}为寄生谐波相位；ξ_{dc}为载波泄漏。因此带寄生谐波的辐射源信号的生成可在定制A_{spur}、ω_{spur}和ξ_{dc}的数值后，根据式(3.50)仿真完成。

如果信号为 PSK 调制或 QAM 调制，在接收方对信号进行解调，则接收方星座点可以表示为

$$
y(kT) = c_k + \tilde{A}_{\text{spur}} \mathrm{e}^{\mathrm{j}\left((\omega_{\text{spur}} - \omega_0)kT + \varphi_{\text{spur}}\right)} + \tilde{\xi}_{\text{dc}} \tag{3.51}
$$

其中，c_k为标准星座点；$\tilde{A}_{\text{spur}}$为经过接收处理后的寄生谐波幅度；$\tilde{\xi}_{\text{dc}}$为经过接收处理后的载波泄漏。可见其效应为在理想星座点上叠加一个以星座点为圆心旋转

的小向量，而载波泄漏则表现为星座点原点偏移，其效应和 IQ 调制器直流偏置相同。

3.7 暂态过程特性

在发射机开关机或功率控制(通常在射频功放部分完成)过程中，信号的功率将经历从无到有、从小到大或相反的过程，同时信号的频率也将迅速调整到预定工作频率上去。然而，在存在模拟器件的发射机中，由于各种电容和电感的存在，突发或脉冲电压的直上直下和载波频率的即时稳定都是不可能做到的，这就导致了过渡形态的暂态过程。事实上，从避免邻道干扰的角度来看也要求设计渐近过渡的升降沿波形来形成突发或脉冲。但暂态过程不仅仅存在于开关机和功率控制过程中，信号(如 FSK 调制信号和跳频信号)工作频率的切换过程中也会产生暂态现象。影响暂态特性的发射机模块包括振荡器、频率源锁相环路、功放的功率控制模块等。由于不同发射机中各种模拟元器件特性的差异，暂态信号的形态也会产生与之相应的差异，从而具备表征发射机个体身份的能力。

早期的暂态特性研究主要针对开机瞬态，但实际上对于连续工作的辐射源，其开机暂态信号很难捕获到。暂态更普遍地产生于突发或脉冲构造、功率控制和频率转换等过程中，其存在形式可划分为幅度暂态和相位(频率)暂态。开机过程以及突发或脉冲构造过程中的功率控制将导致幅度暂态；相位暂态产生于频率转换过程(如晶振的起振和锁相环的捕获跟踪过程)中。图 3.13 和图 3.14 分别给出了一个实际采集的突发 FSK 调制信号的时域波形图和时频谱图，由图可见该突发信号的幅度和频率都存在明显的暂态过程。

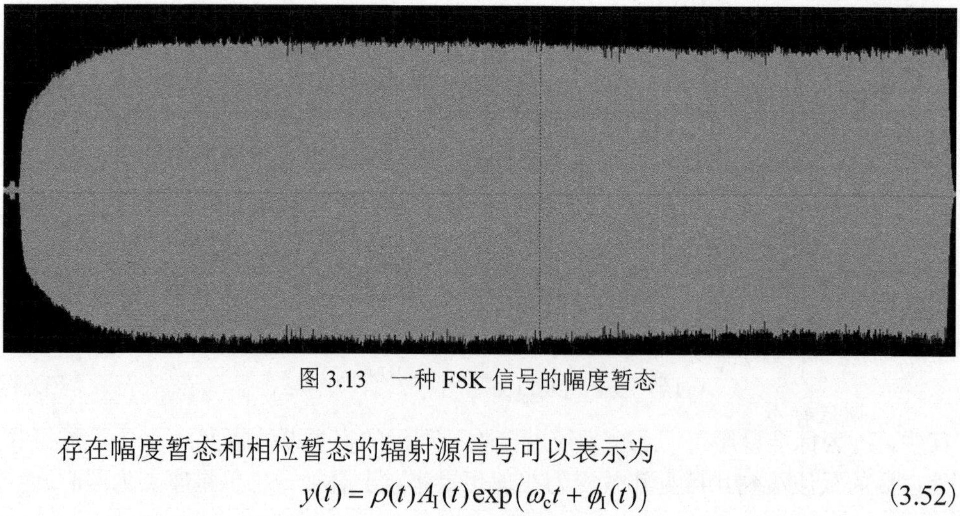

图 3.13　一种 FSK 信号的幅度暂态

存在幅度暂态和相位暂态的辐射源信号可以表示为

$$y(t) = \rho(t) A_{\mathrm{I}}(t) \exp\left(\omega_{\mathrm{c}} t + \phi_{\mathrm{I}}(t)\right) \tag{3.52}$$

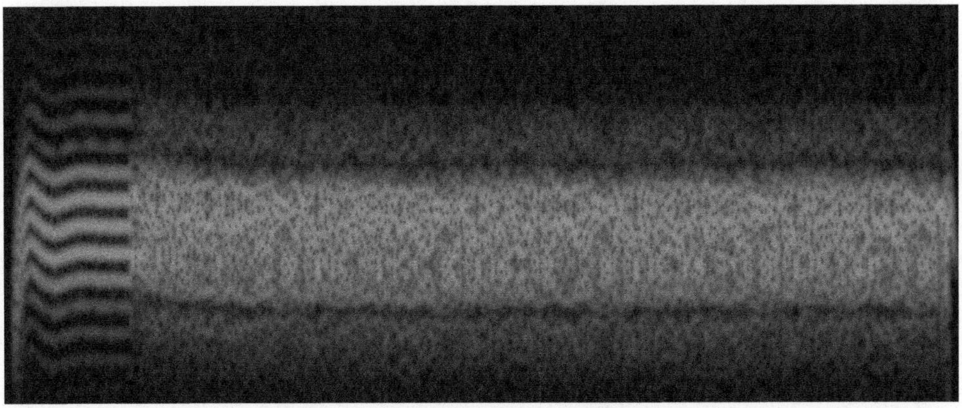

图 3.14　一种 FSK 信号的频率(相位)暂态

其中，$\rho(t)$ 为复基带数字调制信号；$A_{\mathrm{I}}(t)$ 为瞬态幅度信号；$\phi_{\mathrm{I}}(t)$ 为瞬态相位信号。以下分别对幅度暂态和相位暂态进行建模。

1. 幅度暂态

尽管造成突发瞬态响应的电容或电感可能并不只有单个器件，但其总的效果通常可以用一阶或二阶 RC 模型来描述[24]。为了更具一般性，采用二阶低通 RC 模型来描述瞬态效应。设 $H_A(s)$ 为暂态电路的系统响应，则

$$H_A(s) = \frac{c}{(s+a)(s+b)} = \frac{c}{a-b}\left(\frac{1}{s+a} - \frac{1}{s+b}\right) \tag{3.53}$$

其中，a 和 b 可以取实数，也可以取复数，但取复数时，一定是共轭对。

设功率控制波形为 ΔA 的阶跃，则系统输入可表示为 $U(s)=\Delta A/s$，故系统输出为

$$A(s) = H_A(s)U(s) = \frac{c}{s(s+a)(s+b)} = \frac{c}{a-b}\left(\left(\frac{1}{a} - \frac{1}{b}\right)\frac{1}{s} + \frac{1/b}{s+b} - \frac{1/a}{s+a}\right) \tag{3.54}$$

相应的幅度暂态的时域表达式为

$$A_{\mathrm{I}}(t) = \frac{c}{a-b}\left(\frac{1}{a}(1-\mathrm{e}^{-at}) - \frac{1}{b}(1-\mathrm{e}^{-bt})\right)u(t) \tag{3.55}$$

其中，$u(t)$ 为阶跃函数。因此对幅度暂态，只需要设计不同的 a、b、c 参数，即可得到不同特性的幅度暂态信号，其中 a、b 参数决定了暂态包络的具体形状。

2. 相位暂态

假设发射机采用的锁相频率合成器为二阶频率合成器，则其系统响应函数可

表示为[25]

$$H_{\Phi}(s)=\frac{2\varsigma\omega s+\omega^2}{s^2+2\varsigma\omega s+\omega^2} \tag{3.56}$$

设暂态产生过程中的系统输入为$\Delta\omega$的频率阶跃，则输入相位信号的拉氏变换可表示为 $\Phi(s)=\Delta\omega/s^2$，因此暂态系统输出为

$$F_r(s)=H_{\Phi}(s)\Phi(s)=\frac{\Delta\omega(2\varsigma\omega s+\omega^2)}{s^2(s^2+2\varsigma\omega s+\omega^2)}=\frac{\Delta\omega}{s^2}-\frac{\Delta\omega}{(s^2+2\varsigma\omega s+\omega^2)} \tag{3.57}$$

由此可得暂态相位的时域表示为

$$\phi_1(t)=\begin{cases}\Delta\omega\left(t-\dfrac{1}{\omega}\left(\dfrac{1}{\sqrt{1-\varsigma^2}}\sin\left(\sqrt{1-\varsigma^2}\,\omega t\right)\right)\mathrm{e}^{-\varsigma\omega t}\right), & \varsigma<1\\ \Delta\omega\left(t-\dfrac{1}{\omega}(\omega t)\mathrm{e}^{-\omega t}\right), & \varsigma=1\\ \Delta\omega\left(t-\dfrac{1}{\omega}\left(\dfrac{1}{\sqrt{1-\varsigma^2}}\sinh\left(\sqrt{1-\varsigma^2}\,\omega t\right)\right)\mathrm{e}^{-\varsigma\omega t}\right), & \varsigma>1\end{cases} \tag{3.58}$$

描述瞬态相位的参数集合为$\{\omega,\varsigma,\Delta\omega\}$，其中$\omega$和$\varsigma$决定了暂态相位的形状。

根据以上讨论，在仿真生成辐射源暂态信号时，应先确定对象信号是否存在幅度暂态或相位(频率)暂态，然后按照暂态幅度和暂态相位的生成模型生成暂态幅度和暂态相位信号，最后根据式(3.52)生成辐射源暂态信号。

以下给出对发射机暂态特性的仿真。表 3.3 给出了发射机暂态畸变参数的仿真设置，图 3.15 给出了相应的幅度暂态和相位暂态，注意相位暂态给出的是起振后的相位跟踪误差。

表 3.3 发射机暂态畸变参数设置

参数	发射机				
	T_1	T_2	T_3	T_4	T_5
a(复数)	0.03+0.092j	0.055+0.096j	0.080+0.100j	0.105+0.104j	0.130+0.108j
b(复数)	0.03 − 0.092j	0.055 − 0.096j	0.080 − 0.100j	0.105 − 0.104j	0.130 − 0.108j
ω	0.4	0.7	1.0	1.3	1.6
ς	0.16	0.18	0.20	0.22	0.24

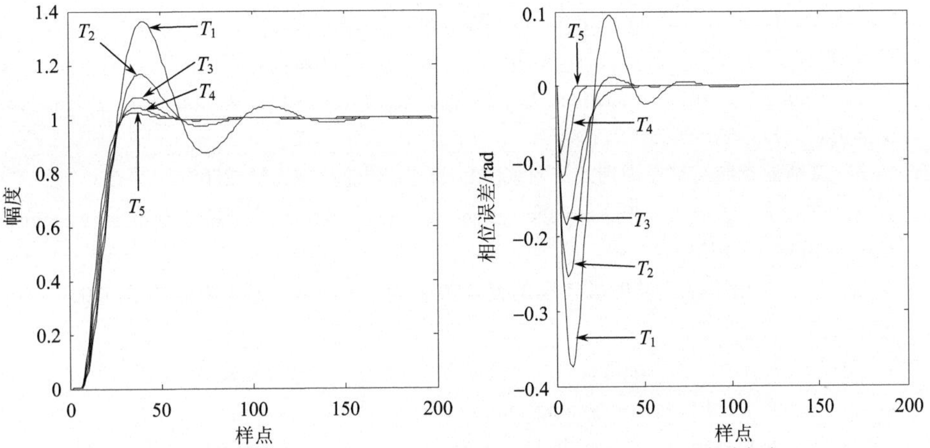

(a) 幅度暂态　　(b) 相位暂态

图 3.15　暂态特性仿真结果图

3.8　本 章 小 结

本章指出辐射源特征的一个重要来源是发射机制造和运行过程中的不可控的无意的畸变，并介绍了调制器、频率源、功放和发射通路滤波器的畸变特性以及寄生谐波、载波泄漏和暂态过程等畸变现象，建立了描述这些畸变特性的信号模型，最后给出了包含畸变特性的辐射源信号的仿真生成方法。这些论述不仅揭示了辐射源特征的来源，阐明了其机理，而且为特征提取的算法设计提供了模型依据，同时为辐射源个体识别算法的性能测试和比较提供了畸变特性可定制的仿真数据支持。

以上论述均基于现有的发射机设计和测试理论。由于目前发射机电路设计理论已较为完备，对发射机进行特性测量和故障诊断的技术方法也已较为成熟，如 Agilent 公司对于各种发射机畸变现象有详细的实测记录[10]，因此对畸变特性建模是具备理论基础和实测数据支持的。需要说明的是，在现代发射机中，以上提及的电路模块有可能采用数字电路来实现(如数字基带调制器、直接数字频率合成器和各种数字滤波器)，此时这些电路模块不再产生可用于区分不同辐射源的畸变特征。但就目前而言，至少射频模块(如功放、射频滤波器和射频功率控制模块)一般采用模拟电路来实现，这些模块应是稳定的特征来源。

参 考 文 献

[1] Toonstra J, Kinsner W. A radio transmitter fingerprinting system ODO-1[C]. Canadian

Conference on Electrical and Computer Engineering, Calgary Alta, 1996: 60-63.

[2] Sun L, Kinsner W. Fractal segmentation of signal from noise for radio transmitter fingerprinting[C]. IEEE Canadian Conference on Electrical and Computer Engineering, Waterloo, 1998: 561-564.

[3] 许丹. 辐射源指纹机理及识别方法研究[D]. 长沙: 国防科技大学, 2008.

[4] Carroll T L, Rachford F J. Phase space method for identification of driven nonlinear systems[J]. Chaos, 2009, 19(033121): 1-9.

[5] 袁红林. 一种用于无线发射机识别的特征矢量构造方法[J]. 无线通信技术, 2008, 4(1): 40-43.

[6] Liu M W, Doherty J F. Nonlinearity estimation for specific emitter identification in multipath environment[C]. IEEE Sarnoff Symposium, Princeton, 2009.

[7] Dolatshahi S. Information theoretic identification and compensation of nonlinear devices[D]. Amherst: University of Massachusetts Amherst, 2009.

[8] Brik V, Banerjee S, Gruteser M, et al. Wireless device identification with radiometric signatures[C]. ACM MobiCom, San Francisco, 2008.

[9] Rubino R. Wireless device identification from a phase noise prospective[D]. Padova: University of Padova, 2010.

[10] Agilent Technologies. Testing and troubleshooting digital RF communications transmitter designs: Wireless test solutions application note 1313[EB/OL]. http://cp.literature.agilent.com/litweb/pdf/5968-3578E.pdf[2021-07-01].

[11] Agilent Technologies. RF testing of WLAN products. Application note 1380-1[EB/OL]. http://cp.literature.agilent.com/[2021-07-01].

[12] 黄渊凌, 郑辉. 通信辐射源指纹产生机理及其仿真[J]. 电信技术研究, 2012, 371(1): 1-12.

[13] Vincent C B, Lakhdar Z, Wenceslas R, et al. A fully integrated 2.45-GHz frequency synthesizer and FSK modulator[C]. Proceedings of the 13th IEEE International Conference on Electronics, Circuits and Systems, Nice, 2006: 1208-1211.

[14] Bas G, Beaupre V C, Zaid L, et al. A 2.4-GHz frequency synthesizer with open loop FSK modulator for WPAN applications[C]. IEEE Northeast Workshop on Circuits and Systems, Montreal, 2007: 1453-1456.

[15] Seong H C, Anantah P C. A 6.5GHz CMOS FSK modulator for wireless sensor applications[C]. Symposium on VLSI Circuits Digest of Technical Papers, Honolulu, 2002: 182-185.

[16] Lofu N, Avitabile G, Bisanti B, et al. Direct sigma delta GMSK modulator modeling and design for 2.5 G TX applications[C]. International Symposium on Circuits and Systems, Vancouver, 2004: IV193-IV196.

[17] Hyokjae C, Sangho S, Yeonwoo K, et al. A 4.9mW 270MHz CMOS frequency synthesizer/FSK modulator[C]. IEEE Radio Frequency Integrated Circuits (RFIC) Symposium, Philadelphia, 2003: 443-446.

[18] Tsang K S H, Ng T S. Straightforward transient & noise analysis for $\Sigma\Delta$ PLL-based

synthesizers of multiple feedback and feedforward structures[C]. IEEE Radio Frequency Integrated Circuits (RFIC) Symposium, Philadelphia, 2003: 57-60.

[19] Jiang S, You F, He S H. A wideband sigma-delta PLL based phase modulator with pre-distortion filter[C]. International Conference on Microwave and Millimeter Wave Technology, Shenzhen, 2012: 1-4.

[20] Perrott M H, Trott M D, Sodini C G. A modeling approach for $\Sigma\Delta$ fractional-*N* frequency synthesizers allowing straightforward noise analysis[J]. IEEE Journal of Solid-State Circuits, 2002, 37(8): 1028-1038.

[21] Zhang W, Zhang X J, Zhou S D, et al. Analysis and mitigation of phase noise in centralized/de-centralized MIMO systems[J]. MIMO Systems, Theory and Applications, 2011: 335-349.

[22] Raich R, Zhou G T. On the modeling of memory nonlinear effects of power amplifiers for communication applications[C]. Digital Signal Processing Workshop and 2nd Signal Processing Education Workshop, Pine Mountain, 2002: 7-10.

[23] 徐书华. 基于信号指纹的通信辐射源个体识别技术研究[D]. 武汉: 华中科技大学, 2007.

[24] Yoon S W. Static and dynamic error vector magnitude behavior of 2.4GHz power amplifier[J]. IEEE Transactions on Microwave Theory and Techniques, 2007, 55(4): 643-647.

[25] 董在望. 通信电路原理[M]. 北京: 高等教育出版社, 2002.

第 4 章　辐射源目标识别的理论性能分析

对某一具体的辐射源目标识别算法或系统而言，通常采用识别率来衡量其性能。然而此前对识别率的计算不存在理论性能的解析表达式，只能通过测试试验获得，这就无法说明在某一给定的环境条件和接收条件下，对于指定的某个辐射源对象集合，识别的性能界限是多少，算法和系统的设计是否已经达到最优。此外，识别率指标也无法度量信道和各个处理环节对性能的影响，因而也就无法确定识别性能瓶颈所在，也无法讨论辐射源目标识别在给定条件下的可行性问题。反过来说，对于指定的某个辐射源对象集合，要达到某一识别性能，对环境条件和接收条件有何种要求。这些问题要求从理论上分析辐射源目标识别的性能：一方面，在给定辐射源差异和信道条件下，分析辐射源目标识别系统理论上能够达到的最佳识别性能；另一方面，从系统设计和算法设计的角度，寻找度量来衡量各处理环节对识别性能的影响。

长期以来，辐射源目标识别的研究焦点在特征提取上，探讨辐射源目标识别理论性能的文献较少。辐射源目标识别可以视为一个模式识别问题，而在模式识别领域，采用信息论来指导机器学习的研究思路已被提出[1]，因而可以借鉴信息论思想来对辐射源目标识别进行性能模型构建和分析[2]；另外，辐射源目标识别又可以视为一个假设检验问题，因而采用假设检验的性能分析的方法，可从另一个角度对辐射源目标识别的理论性能进行探讨。

4.1　辐射源目标识别的信息论描述

本节将从信息论的角度对辐射源目标识别的各个过程进行度量，建立辐射源个体识别的信息论描述模型，并采用互信息来描述理论识别性能。

4.1.1　辐射源目标识别的信息论模型

对辐射源目标识别，从辐射源发射带有源差异信息的信号到接收端进行信号接收、特征提取和分类识别的全过程，可用图 4.1 描述。

在辐射源端，定义向量 $\boldsymbol{s}$ 为与辐射源 c 一一对应且包含了所有辐射源差异信息的源差异向量，则有

$$p(\boldsymbol{s}) = p(c) \tag{4.1}$$

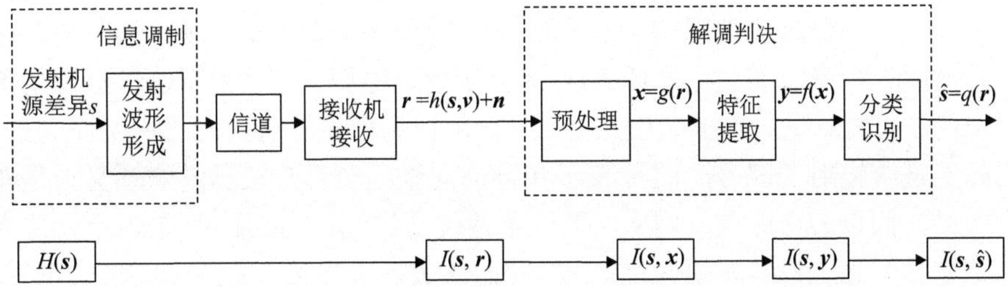

图 4.1　辐射源个体识别的信息论描述

注意，此处辐射源的源差异向量 $\boldsymbol{s}$ 被定义为包含了辐射源的所有源差异信息，这就意味着不存在任何辐射源出现概率的先验信息，因此辐射源 c 是等概率出现的，也就是说辐射源的出现概率 $p(c)$ 为常数。

发射机将包含差异信息的信号按照某种调制波形发射出去，经过信道到达接收端。接收端经过接收处理，得到信号向量 $\boldsymbol{r}=h(\boldsymbol{s},\boldsymbol{v})+\boldsymbol{n}$ 。这里函数 $h(\cdot)$ 表示发射端波形形成、信道和接收机处理的作用；随机向量 $\boldsymbol{v}$ 表示环境、信道和接收处理过程中的随机因素，如温度和湿度等因素引起波形变化、信道的衰落、接收机的时钟抖动等不理想因素； $\boldsymbol{n}$ 为在信道和接收端引入的加性噪声。

从接收端起，辐射源个体识别的基本流程可表示为：接收处理—预处理—特征提取—分类识别。预处理的目的是方便特征提取或使特征提取过程尽快收敛。特征提取定义为某种降维变换 $\boldsymbol{y}=g(\boldsymbol{x})$ 。特征提取的目的在于获得具有区分能力的低维特征向量。分类识别是依据所提取的特征对当前样本进行类属判证。

根据上述过程描述，辐射源个体识别可理解成一种无意通信过程，即在正常的通信或雷达波形之上，无意中传输了辐射源的源差异信息。该信息被调制到发射波形上，经过信道传输，到达接收机，接收机在进行接收处理后，通过预处理、特征提取、分类识别等步骤进行信号解调判决，如图 4.1 中虚线框所示。信息论可用于衡量通信系统理论性能，因而也可用信息论来描述辐射源个体识别的理论性能。

对某一随机变量或随机向量 $\boldsymbol{s}$，其香农熵定义为

$$H(\boldsymbol{s})=-\int p(\boldsymbol{s})\log_2\left(p(\boldsymbol{s})\right)\mathrm{d}\boldsymbol{s} \tag{4.2}$$

其中， $p(\boldsymbol{s})$ 为 $\boldsymbol{s}$ 的概率密度函数(probability density function，PDF)。源差异向量 $\boldsymbol{s}$ 与辐射源 c 的互信息定义为

$$I(\boldsymbol{s},c)=H(c)-H(c\mid\boldsymbol{s})=H(c)=H(\boldsymbol{s}) \tag{4.3}$$

根据互信息的含义， $2^{I(\boldsymbol{s},c)}$ (即 $2^{H(\boldsymbol{s})}$ 或 $2^{H(c)}$)表示根据源差异向量 $\boldsymbol{s}$ 可无差错识别的辐射源的个数。理论上，由于“不存在两个完全一样的辐射源”， $\boldsymbol{s}$ 应该是一个连续随机向量，故 $H(\boldsymbol{s})$ 为无穷大，根据 $\boldsymbol{s}$ 可以识别的辐射源的数目是无穷的。但

实际上，由于测量精度的限制，$\boldsymbol{s}$ 的取值只能为一些离散值，$p(\boldsymbol{s})$ 为一离散等概率分布的随机向量分布。这时候 $H(\boldsymbol{s})$ 为有限值，根据 $\boldsymbol{s}$ 可以识别的辐射源的数目是有限的。从信息量等价的角度来看，$\boldsymbol{s}$ 也可视为标识辐射源的二进制序列向量，这实际上是给辐射源编号。这种表示和特征向量的表示在信息量的意义上是等价的。例如，假设 $H(\boldsymbol{s})=2$，则 $\boldsymbol{s}$ 也可以用两位二进制比特 $[a_0, a_1]$ 来表示，二者在表示源差异信息上没有本质区别。当然，两种表示会导致 $h(\boldsymbol{s},\boldsymbol{v})$ 函数形式不一样。

在接收端通过接收处理后所能获取的关于辐射源的差异信息可以用互信息 $I(\boldsymbol{s},\boldsymbol{r})$ 来表示：

$$I(\boldsymbol{s},\boldsymbol{r})=H(\boldsymbol{r})-H(\boldsymbol{r}\,|\,\boldsymbol{s})=\sum p_{\boldsymbol{s}}(\boldsymbol{s})\int p_{\boldsymbol{r}}(\boldsymbol{r}\,|\,\boldsymbol{s})\log_2\frac{p_{\boldsymbol{r}|\boldsymbol{s}}(\boldsymbol{r}\,|\,\boldsymbol{s})}{p_{\boldsymbol{r}}(\boldsymbol{r})}\mathrm{d}\boldsymbol{r} \tag{4.4}$$

与对通信过程的信息论描述类似，$I(\boldsymbol{s},\boldsymbol{r})$ 表示通过信道传输和接收机处理后的辐射源差异信息的信息量。由于源差异信息可认为是辐射源编号，$2^{I(\boldsymbol{s},\boldsymbol{r})}$ 实际上表示通过接收随机矢量 $\boldsymbol{r}$ 理论上能够无差错识别的辐射源数目。根据式(4.4)，显然有 $I(\boldsymbol{s},\boldsymbol{r})\leqslant H(\boldsymbol{s})$，这意味着源差异信息经过信道和接收处理后存在信息损失，这是信道畸变、噪声和接收机不理想等因素造成的。

对预处理过程，如果 $\boldsymbol{x}=g(\boldsymbol{r})$ 是可逆变换，根据信息论理论，有 $H(\boldsymbol{x})=H(\boldsymbol{r})+\varDelta$，$H(\boldsymbol{x}\,|\,\boldsymbol{s})=H(\boldsymbol{r}\,|\,\boldsymbol{s})+\varDelta$，其中 $\varDelta$ 为可逆变换带来的熵变化。因此

$$I(\boldsymbol{s},\boldsymbol{x})=H(\boldsymbol{x})-H(\boldsymbol{x}\,|\,\boldsymbol{s})=I(\boldsymbol{s},\boldsymbol{r}) \tag{4.5}$$

即经过预处理后没有信息损失。但有时为了去除非本质特征，$g(\cdot)$ 不是可逆变换，此时 $I(\boldsymbol{s},\boldsymbol{x})\leqslant I(\boldsymbol{s},\boldsymbol{r})$，即存在信息损失。

特征提取是辐射源个体识别的关键环节。由于特征提取可视为一种降维变换（$D_{\boldsymbol{y}}\leqslant D_{\boldsymbol{x}}$），在特征提取过程中是存在信息损失的。经过特征提取后可获取的源差异信息可用 $I(\boldsymbol{s},\boldsymbol{y})$ 表示，且 $I(\boldsymbol{s},\boldsymbol{y})\leqslant I(\boldsymbol{s},\boldsymbol{x})$。$2^{I(\boldsymbol{s},\boldsymbol{y})}$ 表示通过 $\boldsymbol{y}$ 理论上可无差错识别的辐射源数目，而 $\Delta I_{\boldsymbol{y}}=I(\boldsymbol{s},\boldsymbol{x})-I(\boldsymbol{s},\boldsymbol{y})$ 反映了特征提取造成的信息损失。

分类识别的输出 $\hat{\boldsymbol{s}}$ 是对辐射源标识(或二进制序列) $\boldsymbol{s}$ 的估计。$I(\boldsymbol{s},\hat{\boldsymbol{s}})$ 表示由 $\hat{\boldsymbol{s}}$ 所能获取的 $\boldsymbol{s}$ 的信息，$2^{I(\boldsymbol{s},\hat{\boldsymbol{s}})}$ 表示辐射源个体识别系统可无差错识别的辐射源的个数。

信息论描述的意义在于，辐射源个体识别的理论极限性能和各个流程所造成的性能损失都得到了数学描述。由于发射端和信道是非协作方所不能控制的，辐射源个体识别系统设计的着力点在接收机及其以后的过程。在给定接收机情况下，辐射源个体识别的极限性能可用 $I(\boldsymbol{s},\boldsymbol{r})$ 表示，而在辐射源个体识别算法设计完成后，整个系统的性能由 $I(\boldsymbol{s},\hat{\boldsymbol{s}})$ 表示。辐射源个体识别算法设计的目的就是要让 $I(\boldsymbol{s},\hat{\boldsymbol{s}})$ 尽可能接近 $I(\boldsymbol{s},\boldsymbol{r})$。这正是信息论描述指导辐射源个体识别算法设计的基本依据。

4.1.2　互信息性能度量及其计算

1. 互信息与识别率的关系

根据辐射源个体识别的信息论描述，可以采用互信息来度量系统和算法的性能，但互信息是从“可无差错识别的辐射源的个数”的角度来描述性能的，与识别率这一更为常见的性能度量之间尚存在差距。

互信息与识别率并不存在一一对应的关系，这是因为识别率与样本和特征的具体概率密度函数有关，而互信息仅与分布的离散度有关。但互信息与贝叶斯错误概率 P_e 之间存在上下限关系[3,4]：

$$\frac{1}{2}\big(H(c)-I(c,\boldsymbol{x})\big)\leqslant P_e\leqslant\frac{H(c)-I(c,\boldsymbol{x})-1}{\log_2(C)} \tag{4.6}$$

其中，C 为类别数；c 为类标签。显然，当 $I(c,\boldsymbol{x})$ 增大时，上下限都减小，这意味着互信息越大，贝叶斯错误概率越小。因而即使从识别率的角度来看，采用互信息作为性能度量也是具备合理性的。文献[5]证明了零信息损失(zero information loss，ZIL)模型下(意味着存在降维的可逆线性映射，即不损失分类信息)，互信息最大化等效于贝叶斯最优(即贝叶斯错误概率最小)。

2. 互信息的计算

辐射源个体识别的信息论描述给出了一个在理论上较为完备的数学模型，在已知辐射源个体识别相关的各个随机因素的概率密度函数(PDF)的情况下，可准确计算出各个阶段的互信息，从而指导各个环节的设计，评估其性能优劣。但在实际工作环境下，往往无法直接了解各随机向量的 PDF，从而使互信息计算存在困难。本小节提出一种基于球化 Parzen 窗核函数 PDF 估计的互信息估计方法以解决这一困难。

Parzen 窗核函数法估计一个 PDF 的公式如下：

$$\hat{p}(\boldsymbol{x})=\frac{1}{N}\sum_{i=1}^{N}G(\boldsymbol{x}-\boldsymbol{x}_i,\boldsymbol{\Sigma}) \tag{4.7}$$

其中，$G(\cdot,\boldsymbol{\Sigma})$ 是协方差为 $\boldsymbol{\Sigma}$ 的零均值多变量高斯分布；$\boldsymbol{x}_i$ 为服从 $p(\boldsymbol{x})$ 分布的 $D\times 1$ 维样本点；N 为样点个数。核参数 $\boldsymbol{\Sigma}$ 的选择严重影响 PDF 估计的性能。为此，可以采用最大似然交叉验证的方法来确定核参数[6]：

$$\boldsymbol{\Sigma}^{\text{Opt}}=\underset{\boldsymbol{\Sigma}}{\operatorname{argmax}}\left\{\sum_i\log_2\frac{1}{N-1}\sum_{j\neq i}G(\boldsymbol{x}-\boldsymbol{x}_i,\boldsymbol{\Sigma})\right\} \tag{4.8}$$

当限制 $\boldsymbol{\Sigma}$ 为球化对角阵时，有

$$G(\boldsymbol{x}-\boldsymbol{x}_i,\boldsymbol{\Sigma})=(2\pi)^{-\frac{D}{2}}\sigma^{-D}\exp\left(\frac{-\|\boldsymbol{x}-\boldsymbol{x}_i\|^2}{2\sigma^2}\right) \tag{4.9}$$

此时，只需要确定σ参数即可以确定$\boldsymbol{\Sigma}$。通过计算式(4.8)的梯度，可得σ^2的最大似然迭代计算方法为

$$\sigma_{l+1}^2=\frac{1}{N(N-1)D_x}\sum_i\frac{1}{\hat{p}(\boldsymbol{x}_i,\sigma_l)}\sum_{j\neq i}\|\boldsymbol{x}_i-\boldsymbol{x}_j\|^2 G(\boldsymbol{x}_i-\boldsymbol{x}_j,\sigma_l^2) \tag{4.10}$$

当$\boldsymbol{\Sigma}$为一般矩阵时，也存在最大似然迭代计算方法，但当维数D较大时，其迭代计算缓慢，且可能存在“过拟合”问题，故选用$\boldsymbol{\Sigma}$为球化对角阵的形式。

为满足核参数为球化对角阵形式的要求，样本数据必须先进行“球化”变换：

$$\boldsymbol{Z}=\boldsymbol{XA} \tag{4.11}$$

其中，$\boldsymbol{X}=[\boldsymbol{x}_1,\cdots,\boldsymbol{x}_N]$；$\boldsymbol{A}$为球化变换矩阵，将使得$\boldsymbol{ZZ}^{\mathrm{T}}=\sigma^2\boldsymbol{I}$。$\boldsymbol{A}$可通过特征值分解计算获得。根据$\boldsymbol{Z}$估计出来的PDF相对原始数据PDF存在一个因子差异：

$$p_{\boldsymbol{z}}(\boldsymbol{z})=p_{\boldsymbol{x}}(\boldsymbol{x})|\boldsymbol{A}|^{-1} \tag{4.12}$$

故熵$H(\boldsymbol{x})$的计算公式为

$$H(\boldsymbol{x})=H(\boldsymbol{z})-\log_2|\boldsymbol{A}| \tag{4.13}$$

现假设有C类(C个辐射源)样本$\left\{\boldsymbol{x}_j^i \mid i=1,\cdots,C;j=1,\cdots,N_i\right\}$，$N_i$为第$i$类样本的个数。当不区分其类别时，表示为$\{\boldsymbol{x}_i \mid i=1,\cdots,N\}$，$N$为总样本数。相应的球化变换后的样本为$\left\{\boldsymbol{z}_j^i \mid i=1,\cdots,C;\ j=1,\cdots,N_i\right\}$以及$\{\boldsymbol{z}_i \mid i=1,\cdots,N\}$。根据式(4.13)有

$$I(\boldsymbol{s},\boldsymbol{x})=H(\boldsymbol{x})-H(\boldsymbol{x}\mid\boldsymbol{s})=H(\boldsymbol{z})-H(\boldsymbol{z}\mid\boldsymbol{s})=I(\boldsymbol{s},\boldsymbol{z}) \tag{4.14}$$

利用式(4.14)和先验概率$p_{\boldsymbol{s}}(i)\approx N_i/N$，并注意到$p_{\boldsymbol{x}}(\boldsymbol{x})=\sum_{\boldsymbol{s}=1}^{C}p_{\boldsymbol{x}}(\boldsymbol{x}\mid\boldsymbol{s})p_{\boldsymbol{s}}(\boldsymbol{s})$，可得互信息计算公式为

$$\begin{aligned}I(\boldsymbol{s},\boldsymbol{x})&=I(\boldsymbol{s},\boldsymbol{z})=\sum p_{\boldsymbol{s}}(\boldsymbol{s})\int p_{\boldsymbol{z}|\boldsymbol{s}}(\boldsymbol{z}\mid\boldsymbol{s})\log_2\frac{p_{\boldsymbol{z}|\boldsymbol{s}}(\boldsymbol{z}\mid\boldsymbol{s})}{p_{\boldsymbol{z}}(\boldsymbol{z})}\mathrm{d}\boldsymbol{x}\\&\approx\frac{1}{N}\sum_{i=1}^{C}\sum_{j=1}^{N_i}\log_2\frac{\dfrac{1}{N_i}\sum_{k=1}^{N_i}G(\boldsymbol{z}_j^i-\boldsymbol{z}_k^i,\sigma_i)}{\dfrac{1}{N}\sum_{s=1}^{C}\sum_{k=1}^{N_i}G(\boldsymbol{z}_j^i-\boldsymbol{z}_k^s,\sigma_s)}\end{aligned} \tag{4.15}$$

其中，σ_i为利用第i类样本估计第i类PDF所采用的核宽。式(4.15)即为互信息的估计公式。

需要注意的是，该方法在小样本高维数的情况下对互信息的估计会出现偏差。

图 4.2 给出了不同维数情况下，三类高斯样本与类标签的互信息的估计情况。“重叠高斯”表示三类样本的高斯分布完全重叠(因此理论上互信息为 0)；“孤立高斯”表示三类样本的高斯分布互相远离(理论上互信息接近 $\log_2 3$bit)。由图 4.2 可见，互信息比较大的时候，该方法估计较准确；但当互信息较小时，如果维数大于 20，估计出现明显偏差。如果维数小于 5，互信息估计较为准确。

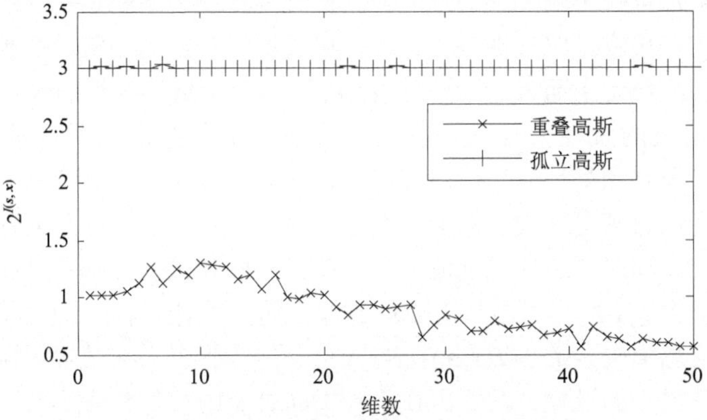

图 4.2　不同维数的三类高斯样本与类标签的互信息估计

为进一步验证算法的可行性，采用实际辐射源信号进行互信息计算。所采集的信号为某时分多址(time division multiple access，TDMA)通信系统的突发信号，来自 3 个辐射源。用 MATLAB 代码人为添加噪声到样本上，以构成不同信噪比的信号环境，然后计算相应的互信息 $I(\boldsymbol{s},\boldsymbol{r})$，其结果如表 4.1 所示。显然，14dB 信噪比的信号 $I(\boldsymbol{s},\boldsymbol{r})$ 小于 20dB 信噪比的信号 $I(\boldsymbol{s},\boldsymbol{r})$，这符合预期，表明 $I(\boldsymbol{s},\boldsymbol{r})$ 用以度量信道噪声对辐射源个体识别性能的影响是合适的。需要注意的是，按照信息论描述，20dB 时可无差错识别的接收机数目为 $2^{1.8494}$=3.60 个辐射源，这超出了实验条件限定的 3 个辐射源。这是由于 $\boldsymbol{r}$ 的维数过高导致了对 $I(\boldsymbol{s},\boldsymbol{r})$ 估计的偏差。但是从信噪比条件下的互信息对比来看，互信息的相对大小符合预期，这表明了互信息作为性能度量的可用性。

表 4.1　不同信噪比对互信息的影响

信噪比	互信息 $I(\boldsymbol{s}, \boldsymbol{r})$/bit
14dB	1.3358
20dB	1.8494

4.1.3　辐射源目标识别的信息论指导

利用前述的信息论描述，可为辐射源个体识别系统设计提供理论指导，其基本原则是尽可能使得各环节输出与源标签的互信息最大。从信息论的角度而言，任何处理环节总可能构成信息损失，除非处理是可逆的。因此，在具体实施上应：①尽可能减少处理环节，尤其是会带入随机畸变因素的环节和不可逆的处理环节；②尽可能选择可逆处理。

对接收机而言，其天线增益、时钟抖动、模数转换器(ADC)量化噪声、器件非线性等因素都可能影响 SEI 的性能。一般来说，时钟精度越高，接收增益越大，量化位数越多，接收通路线性特性越好，接收机所带入的随机畸变因素对性能的影响就越小。从理论上而言，互信息 $I(\boldsymbol{s},\boldsymbol{r})$ 可用于衡量接收机的优劣。

预处理模块的设计目标是在剔除非本质特征的同时，尽可能地使互信息 $I(\boldsymbol{s},\boldsymbol{x})$ 最大。因此预处理应尽可能选择可逆变换，或保证差异要素不被模糊。

对特征提取器和分类器，可以互信息最大(即 $\max I(\boldsymbol{s},\hat{\boldsymbol{s}})$)为准则合并设计和训练。理论上，辐射源个体识别流程中的特征提取和预处理都不是必要的，只需要设计分类器令 $I(\boldsymbol{s},\hat{\boldsymbol{s}})$ 尽可能接近 $I(\boldsymbol{s},\boldsymbol{x})$ 即可达到设计目标，加入特征提取过程反倒造成了信息损失($\Delta I_y = I(\boldsymbol{s},\boldsymbol{x}) - I(\boldsymbol{s},\boldsymbol{y})$)。但实际上大多数辐射源个体识别算法都具备特征提取的过程，其原因在于：①向量 $\boldsymbol{x}$ 中往往包含了有意调制，而有意调制符号序列往往是随机的，这就造成互信息的准确计算极为困难，因此需要通过特征提取消除有意调制带来的不利影响；② $\boldsymbol{x}$ 维数较高而样本数目不够多时，分类器的“过学习”情况非常严重；③如果 $\boldsymbol{x}$ 维数较高，直接对 $\boldsymbol{r}$ 进行分类处理将导致分类器的设计异常复杂，训练时间过长。另外，Hild 等指出，同时设计和训练特征提取和分类器并不能取得最佳的分类性能[7]，同时训练可能导致收敛性和收敛速度问题。因此，对特征提取和分类器以分别设计和训练为佳。

由于 $2^{I(\boldsymbol{s},\boldsymbol{y})}$ 表示通过 $\boldsymbol{y}$ 理论上可无差错识别的辐射源数目，实际上意味着 $I(\boldsymbol{s},\boldsymbol{y})$ 可用于度量特征的区分能力。对特征提取而言，由于此过程必然存在信息损失，应该选取信息损失最小即互信息 $I(\boldsymbol{s},\boldsymbol{y})$ 最大的特征提取算法，这也意味着所得到的特征的区分能力较大。第 8 章将详述此类方法。

4.2 基于似然比检验的理论性能分析

信息论描述可以对辐射源个体识别系统和算法设计进行指导，并提供了互信息这一性能度量，但互信息的准确计算需要大量的样本。与互信息相比，识别率是更为直观的性能衡量指标。为了获得给定条件下的识别率性能计算公式，本节将从假设检验的角度采用似然比方法对辐射源个体识别的贝叶斯性能进行分析。需要说明的是，由于实际条件下往往不具备似然比检验(LRT)所需的先验知识，因而似然比检验分析的性能实际上为假设检验意义上的理论性能上限。

影响辐射源个体识别性能的主要因素包括信道畸变、信道噪声和接收机畸变等。本节暂不考虑信道畸变的影响，而主要关注信道噪声和接收机畸变的影响。

对于接收机，确定性畸变因素虽会对辐射源信号造成畸变，但这种畸变对所有辐射源是一致的，并未改变辐射源之间的差异；只有随机性的畸变因素才会影响性能，如接收机频率源的相位噪声、模数转换器(ADC)的量化噪声和孔径抖动以及采样时钟抖动等。以下主要以这些随机性因素为对象进行建模分析。

4.2.1　信号模型

1. 接收机相位噪声建模

信号进入接收机以后，应采用本振信号将信号变到中频以便后续处理。采用带相位噪声的本振信号对接收信号下变频并进行滤波处理，得到中频信号的复表示如下：

$$y(t)=s(t)\mathrm{e}^{\mathrm{j}\theta(t)} \tag{4.16}$$

其中，$s(t)$ 为理想中频信号的复表示，相位噪声的效应体现在乘性因子 $\alpha(t)=\mathrm{e}^{\mathrm{j}\theta(t)}$ 上。因此以下主要讨论 $\alpha(t)$ 的统计特性。

接收机的本振信号是通过频率合成器产生的。接收机频率源的可能存在形式包括两种：①自由振荡器；②锁相频率合成器。

自由振荡器的相位噪声可视为零均值高斯白噪声激励的维纳过程，称为维纳相位噪声[8]：

$$\theta(t)=\int_0^t \phi(\tau)\mathrm{d}\tau \tag{4.17}$$

其中，$\phi(t)$ 为零均值高斯白噪声，方差为 $4\pi\beta$ 。$\theta(t)$ 具备以下统计特性：

$$E\{(\theta(t)-\theta(t+\tau))^2\}=4\pi\beta|\tau|,\quad E\{(\theta(t)+\theta(t+\tau))^2\}=4\pi\beta(4t+2\tau-|\tau|)$$

因此根据其特征函数，如果令 $\alpha(t)=\mathrm{e}^{\mathrm{j}\theta(t)}$ ，则

$$E\{\alpha(t)\}=\mathrm{e}^{-E\{\theta^2(t)\}/2}=\mathrm{e}^{-2\pi\beta t} \tag{4.18}$$

$$E\{\alpha(t)\alpha^*(t+\tau)\}=E\left\{\mathrm{e}^{\mathrm{j}(\theta(t)-\theta(t+\tau))}\right\}=\mathrm{e}^{-E\left\{(\theta(t)-\theta(t+\tau))^2\right\}/2}=\mathrm{e}^{-2\pi\beta|\tau|} \tag{4.19}$$

$$E\{\alpha(t)\alpha(t+\tau)\}=E\left\{\mathrm{e}^{\mathrm{j}(\theta(t)+\theta(t+\tau))}\right\}=\mathrm{e}^{-E\left\{(\theta(t)+\theta(t+\tau))^2\right\}/2}=\mathrm{e}^{-2\pi\beta(4t+2\tau-|\tau|)} \tag{4.20}$$

其功率谱为 $S_\alpha(f)=1\Big/\left(\pi\beta\left(1+(f/\beta)^2\right)\right)$，$\beta$ 为相位噪声谱的单边 3dB 带宽。在后续推导过程中，$E\{\alpha(t)\}$、$E\{\alpha(t)\alpha^*(t+\tau)\}$ 和 $E\{\alpha(t)\alpha(t+\tau)\}$ 将起到重要作用，假定 0 时刻相位同步准确完成，则各统计量的 N 点离散形式为

$$\boldsymbol{\mu}_\alpha = [1, \mathrm{e}^{-2\pi\beta T_s}, \cdots, \mathrm{e}^{-2\pi\beta(N-1)T_s}]^{\mathrm{T}} \tag{4.21}$$

$$\boldsymbol{R}_\alpha = E\left\{\boldsymbol{\alpha}\boldsymbol{\alpha}^{\mathrm{H}}\right\} = \begin{bmatrix} 1 & \mathrm{e}^{-2\pi\beta T_s} & \cdots & \mathrm{e}^{-2\pi\beta(N-1)T_s} \\ \mathrm{e}^{-2\pi\beta T_s} & 1 & \cdots & \mathrm{e}^{-2\pi\beta(N-2)T_s} \\ \vdots & \vdots & & \vdots \\ \mathrm{e}^{-2\pi\beta(N-1)T_s} & \mathrm{e}^{-2\pi\beta(N-2)T_s} & \cdots & 1 \end{bmatrix} \tag{4.22}$$

$$\boldsymbol{U}_\alpha = E\left\{\boldsymbol{\alpha}\boldsymbol{\alpha}^{\mathrm{T}}\right\} = \begin{bmatrix} 1 & \mathrm{e}^{-2\pi\beta T_s} & \cdots & \mathrm{e}^{-2\pi\beta(N-1)T_s} \\ \mathrm{e}^{-2\pi\beta T_s} & \mathrm{e}^{-2\pi\beta 4T_s} & \cdots & \mathrm{e}^{-2\pi\beta NT_s} \\ \vdots & \vdots & & \vdots \\ \mathrm{e}^{-2\pi\beta(N-1)T_s} & \mathrm{e}^{-2\pi\beta NT_s} & \cdots & \mathrm{e}^{-2\pi\beta 4(N-1)T_s} \end{bmatrix} \tag{4.23}$$

其中，$\boldsymbol{R}_\alpha$ 为协方差矩阵；$\boldsymbol{U}_\alpha$ 为关系矩阵；T_s 为采样间隔。

锁相频率合成器输出的相位噪声可建模为平稳的零均值高斯过程[9]，但通常在时间上不是相互独立的，称为高斯相位噪声。设其方差为 σ_θ^2，则其协方差矩阵为[9]

$$\boldsymbol{R}_\theta = \sigma_\theta^2 \begin{bmatrix} 1 & w & \cdots & w^{N-1} \\ w & 1 & \cdots & w^{N-2} \\ \vdots & \vdots & & \vdots \\ w^{N-1} & w^{N-2} & \cdots & 1 \end{bmatrix} \tag{4.24}$$

其中，$w = \mathrm{e}^{-2\pi\beta T_s}$，$\beta$ 为单边带 3dB 锁相环环路带宽。由此可得

$$E\left\{(\theta(m) - \theta(m+k))^2\right\} = \boldsymbol{R}_\theta(m,m) + \boldsymbol{R}_\theta(m+k,m+k) - 2\boldsymbol{R}_\theta(m,m+k) \tag{4.25}$$

$$E\left\{(\theta(m) + \theta(m+k))^2\right\} = \boldsymbol{R}_\theta(m,m) + \boldsymbol{R}_\theta(m+k,m+k) + 2\boldsymbol{R}_\theta(m,m+k) \tag{4.26}$$

根据特征函数的性质，可以计算得到

$$\boldsymbol{\mu}_\alpha = E\{\boldsymbol{\alpha}\} = \mathrm{e}^{-\sigma_\theta^2/2}\mathbf{1}_{N\times 1} \tag{4.27}$$

$$\boldsymbol{R}_\alpha = E\left\{\boldsymbol{\alpha}\boldsymbol{\alpha}^{\mathrm{H}}\right\} = \exp\left(\boldsymbol{R}_\theta - \mathrm{diag}\{\boldsymbol{R}_\theta\}\mathbf{1}_{1\times N}\right) \tag{4.28}$$

$$\boldsymbol{U}_\alpha = E\left\{\boldsymbol{\alpha}\boldsymbol{\alpha}^{\mathrm{T}}\right\} = \exp\left(-\boldsymbol{R}_\theta - \mathrm{diag}\{\boldsymbol{R}_\theta\}\mathbf{1}_{1\times N}\right) \tag{4.29}$$

其中，$\mathbf{1}_{N\times 1}$ 为全 1 的 N 维列向量；$\mathbf{1}_{1\times N}$ 为全 1 的 N 维行向量。

2. ADC 采样信号模型

ADC 影响信号质量的两个关键因素为采样抖动和量化噪声。ADC 的量化噪声由量化范围和量化位数决定；而采样抖动由 ADC 自身的孔径抖动和采样时钟抖动共同决定。

考虑对中频信号采样，假设采样抖动为 $\varsigma(n)=J_{\text{Clk}}(n)+J_{\text{ADC}}(n)$，即由采样时钟抖动 $J_{\text{Clk}}(n)$ 和 ADC 的孔径抖动 $J_{\text{ADC}}(n)$ 共同造成的，$J_{\text{Clk}}(n)$ 的统计特性与频率源相位噪声的特性是一致的，而 $J_{\text{ADC}}(n)$ 可假设为独立同分布的随机噪声。设中频信号为

$$r_{\text{IF}}(t)=\text{Re}\{(s_{\text{b}}(t)+v_{\text{b}}(t))\text{e}^{\text{j}(2\pi f_{\text{c}}t+\xi)}\} \tag{4.30}$$

其中，f_{c} 为载波频率；ξ 为载波初相；$s_{\text{b}}(t)$ 为基带调制信号；$v_{\text{b}}(t)$ 为基带等效噪声。将基带信号进行傅里叶级数展开，则中频采样信号可表示为

$$\begin{aligned} r_{\text{IF}}(n) &= r_{\text{IF}}(nT_s+\varsigma(n)) \\ &= \text{Re}\left\{\text{e}^{\text{j}(2\pi f_{\text{c}}nT_s+2\pi f_{\text{c}}\varsigma(n)+\xi)}\sum_{k=-K}^{K}\left(c_s(k)+c_v(k)\right)\text{e}^{-\text{j}(2\pi kf_1nT_s+2\pi kf_1\varsigma(n))}\right\} \\ &= \text{Re}\left\{\sum_{k=-K}^{K}\left(c_s(k)+c_v(k)\right)\text{e}^{\text{j}(2\pi f_{\text{c}}nT_s+2\pi f_{\text{c}}\varsigma(n)+\xi-2\pi kf_1nT_s-2\pi kf_1\varsigma(n))}\right\} \end{aligned} \tag{4.31}$$

其中，$c_s(k)$ 和 $c_v(k)$ 分别为 $s_{\text{b}}(t)$ 和 $v_{\text{b}}(t)$ 的傅里叶系数；kf_1 为基带信号的最大频率（或等于接收滤波器的半边带宽）。基带信号带宽通常远小于中频频率，故 $kf_1\ll f_{\text{c}}$，因此可以忽略采样抖动对基带信号的影响，即

$$\begin{aligned} r_{\text{IF}}(n) &\approx \text{Re}\left\{\text{e}^{\text{j}(2\pi f_{\text{c}}nT_s+2\pi f_{\text{c}}\varsigma(n)+\xi)}\sum_{k=-K}^{K}\left(c_s(k)+c_v(k)\right)\text{e}^{-\text{j}2\pi kf_1nT_s}\right\} \\ &= \text{Re}\left\{\text{e}^{\text{j}(2\pi f_{\text{c}}nT_s+2\pi f_{\text{c}}\varsigma(n)+\xi)}\left(s_{\text{b}}(nT_s)+v_{\text{b}}(nT_s)\right)\right\} \end{aligned} \tag{4.32}$$

可见采样抖动的影响可等效为附加如式(4.33)所示的相位噪声：

$$\chi(n)=2\pi f_{\text{c}}\varsigma(n)=\chi_{\text{Clk}}+\chi_{\text{ADC}} \tag{4.33}$$

其中，$\chi_{\text{Clk}}=2\pi f_{\text{c}}J_{\text{Clk}}(n)$；$\chi_{\text{ADC}}=2\pi f_{\text{c}}J_{\text{ADC}}(n)$。

再考虑量化的影响，假定采用均匀量化，则量化误差可以等效为加性噪声：

$$y(n)=r_{\text{IF}}(n)+\varDelta(n) \tag{4.34}$$

如果 ADC 采用 M bit 均匀量化，量化范围为 $(-V,V)$，输入不发生过载，则 $\varDelta$ 服从 $[-\delta_{\varDelta},\delta_{\varDelta}]$ 内的均匀分布，其中 $\delta_{\varDelta}=2^{-M}V$，量化噪声的方差为

$$\sigma_{\varDelta}^2=\delta_{\varDelta}^2/3=\frac{V^2}{3\times 2^{2M}} \tag{4.35}$$

3. 辐射源指纹信号接收模型

为方便描述信道噪声和接收机不理想对识别性能的影响，做以下假定：①所有辐射源信号的调制信息完全相同(如前导)，或者可去除；②所有辐射源信号变频到同一中频。则经过下变频、ADC 采样和量化后，信号可表示为

$$y_c(n)=A_c u_c(n)\mathrm{e}^{\mathrm{j}(\theta(n)+\chi_{\mathrm{Clk}}(n)+\chi_{\mathrm{ADC}}(n))}+\varDelta_n+v_n,\quad 0\leqslant n\leqslant N-1;\ 0\leqslant c\leqslant C \tag{4.36}$$

其中，$u_c(n)$ 为第 c 个辐射源的包含指纹信息的信号，即辐射源之间的差异体现在 $u_c(n)$ 上；A_c 为幅度因子，决定了辐射源信号的功率。功率归一化后 N 点向量形式表示为

$$\boldsymbol{y}_c=\boldsymbol{D}\boldsymbol{u}_c+\boldsymbol{\varDelta}/A_c+\boldsymbol{v}/A_c=\boldsymbol{D}\boldsymbol{u}_c+\overline{\boldsymbol{\varDelta}}_c+\overline{\boldsymbol{v}}_c \tag{4.37}$$

其中，$\boldsymbol{D}=\mathrm{diag}\{\boldsymbol{\alpha}\}$，$\boldsymbol{\alpha}=\mathrm{e}^{\mathrm{j}(\theta+\chi_{\mathrm{Clk}}+\chi_{\mathrm{ADC}})}$；$\boldsymbol{u}_c=[u_c(0),\cdots,u_c(N-1)]^{\mathrm{T}}$；$\overline{\boldsymbol{\varDelta}}_c=\boldsymbol{\varDelta}/A_c$；$\overline{\boldsymbol{v}}_c=\boldsymbol{v}/A_c$。

对接收机的畸变特性做以下设定：①频率合成器的相位噪声 $\theta(n)$ 对应的随机向量 $\boldsymbol{\alpha}_\theta$ 的均值为 $\boldsymbol{\mu}_\theta$，协方差矩阵为 $\boldsymbol{R}_\theta$，关系矩阵为 $\boldsymbol{U}_\theta$；②ADC 时钟抖动造成的相位噪声 $\chi_{\mathrm{Clk}}(n)$ 对应的随机向量 $\boldsymbol{\alpha}_{\chi_{\mathrm{Clk}}}$ 的均值为 $\boldsymbol{\mu}_{\chi_{\mathrm{Clk}}}$，协方差矩阵为 $\boldsymbol{R}_{\chi_{\mathrm{Clk}}}$，关系矩阵为 $\boldsymbol{U}_{\chi_{\mathrm{Clk}}}$；③ADC 孔径抖动造成的相位噪声 $\chi_{\mathrm{ADC}}(n)$ 为独立同分布的零均值高斯噪声，其方差为 σ_{ADC}^2，对应的随机向量 $\boldsymbol{\alpha}_{\chi_{\mathrm{ADC}}}$ 的均值为 $\boldsymbol{\mu}_{\chi_{\mathrm{ADC}}}=\mathrm{e}^{-\sigma_{\mathrm{ADC}}^2/2}\boldsymbol{1}_{N\times1}$，协方差矩阵 $\boldsymbol{R}_{\chi_{\mathrm{ADC}}}$ 的对角线元素为 1，其余元素为 $\mathrm{e}^{-\sigma_{\mathrm{ADC}}^2}$，关系矩阵 $\boldsymbol{U}_{\chi_{\mathrm{ADC}}}$ 的对角线元素为 $\mathrm{e}^{-2\sigma_{\mathrm{ADC}}^2}$，其余元素为 $\mathrm{e}^{-\sigma_{\mathrm{ADC}}^2}$；④ADC 量化噪声 $\varDelta(n)$ 服从均匀分布，$\overline{\boldsymbol{\varDelta}}$ 的均值为 $\boldsymbol{\mu}_{\overline{\varDelta}}=\boldsymbol{0}_{N\times1}$，协方差矩阵为 $\boldsymbol{R}_{\overline{\varDelta}}=(\sigma_\varDelta^2/A_c^2)\boldsymbol{I}$；⑤加性高斯白噪声 (additive white Gaussian noise，AWGN) $\overline{\boldsymbol{v}}$ 的均值为 $\boldsymbol{\mu}_{\overline{v}}=\boldsymbol{0}_{N\times1}$，协方差矩阵为 $\boldsymbol{R}_{\overline{v}}=(\sigma_v^2/A_c^2)\boldsymbol{I}$。

如果 ADC 时钟与中频本振同源，则 $\boldsymbol{\mu}_{\chi_{\mathrm{Clk}}}=\boldsymbol{\mu}_\theta$，$\boldsymbol{R}_{\chi_{\mathrm{Clk}}}=\boldsymbol{R}_\theta$，$\boldsymbol{U}_{\chi_{\mathrm{Clk}}}=\boldsymbol{U}_\theta$，ADC 孔径抖动与时钟独立，因此 $\boldsymbol{\alpha}$ 的统计特性满足 $\boldsymbol{\mu}_\alpha(i)=\boldsymbol{\mu}_\theta(i)^4\boldsymbol{\mu}_{\chi_{\mathrm{ADC}}}(i)$，$\boldsymbol{R}_\alpha(i,j)=\boldsymbol{R}_\theta(i,j)^4\boldsymbol{R}_{\chi_{\mathrm{ADC}}}(i,j)$，$\boldsymbol{U}_\alpha(i,j)=\boldsymbol{U}_\theta(i,j)^4\boldsymbol{U}_{\chi_{\mathrm{ADC}}}(i,j)$；如果 ADC 时钟与中频本振独立，则 $\boldsymbol{\mu}_\alpha(i)=\boldsymbol{\mu}_\theta(i)\boldsymbol{\mu}_{\chi_{\mathrm{Clk}}}(i)\boldsymbol{\mu}_{\chi_{\mathrm{ADC}}}(i)$，$\boldsymbol{R}_\alpha(i,j)=\boldsymbol{R}_\theta(i,j)\boldsymbol{R}_{\chi_{\mathrm{Clk}}}(i,j)\boldsymbol{R}_{\chi_{\mathrm{ADC}}}(i,j)$，$\boldsymbol{U}_\alpha(i,j)=\boldsymbol{U}_\theta(i,j)\boldsymbol{U}_{\chi_{\mathrm{Clk}}}(i,j)\boldsymbol{U}_{\chi_{\mathrm{ADC}}}(i,j)$。

4.2.2 似然比检验性能推导

如果不考虑接收机畸变的影响，则辐射源个体识别可视为加性高斯白噪声下的多元假设检验问题，此时，似然比检验是一种贝叶斯最优的检验方法。因此可以似然比检验的性能作为辐射源个体识别的理论性能。

在 AWGN 模型下，将样本 $\boldsymbol{y}$ 识别为辐射源 l 的似然比检验准则为

$$z_{l:k}(\boldsymbol{y})\geqslant 0,\qquad k=1,\cdots,l-1,l+1,\cdots,C \tag{4.38}$$

其中

$$z_{l:k}(\boldsymbol{y})=\|\boldsymbol{y}-\boldsymbol{u}_k\|^2\gamma_k-\|\boldsymbol{y}-\boldsymbol{u}_l\|^2\gamma_l+N\ln(\gamma_l/\gamma_k) \tag{4.39}$$

其中，$\gamma_l=\sigma_v^2/A_l^2$，即信噪比。

第 l 个辐射源的误识别率为

$$p_e(l)=1-p(z_{l:1}(\boldsymbol{y}_c)\geqslant 0,\cdots,z_{l:l-1}(\boldsymbol{y}_c)\geqslant 0,z_{l:l+1}(\boldsymbol{y}_c)\geqslant 0,\cdots,z_{l:C}(\boldsymbol{y}_c)\geqslant 0\mid c=l) \tag{4.40}$$

要计算式(4.40)，需在高维空间中积分，难以得到解析结果，但可计算其上下限。

对辐射源 l，设误识别事件为 $E_l=\bigcup\{E_{k|l},k=1,\cdots,C,k\neq l\}$，其中 $\bigcup$ 为并集符号，$z_{l:k}<0$ 的事件集合为 $E_{k|l}$。因此

$$\max_k\left\{p(E_{k|l})\right\}\leqslant p(E_l)\leqslant\sum_{k=1,\cdots,C,k\neq l}p(E_{k|l}) \tag{4.41}$$

其中，$p(E_{k|l})$ 称为成对误识别率：

$$p(E_{k|l})=p(z_{l:k}(\boldsymbol{y}_l)<0)=\int_{-\infty}^{0}f(z_{l:k}(\boldsymbol{y}_l))\mathrm{d}z_{l:k}(\boldsymbol{y}_l) \tag{4.42}$$

由此，平均误识别率满足

$$p_{e,L}\leqslant p_e\leqslant p_{e,U} \tag{4.43}$$

其中

$$p_{e,U}=\sum_{l=1}^{C}p_c(l)\sum_{k=1,\cdots,l-1,l+1,\cdots,C}p(E_{k|l}) \tag{4.44}$$

$$p_{e,L}=\sum_{l=1}^{C}p_c(l)\max_{k=1,\cdots,l-1,l+1,\cdots,C}\left\{p(E_{k|l})\right\} \tag{4.45}$$

其中，$p_c(l)$ 为第 l 个辐射源出现的概率。

现考察当 $\boldsymbol{y}$ 为第 l 个辐射源的样本时 $z_{l:k}$ 的概率密度函数。一般情况下，较难推导得到该 PDF 的解析表达式。此时可以采用式(4.38)和式(4.39)进行蒙特卡罗仿真来评估 LRT 的性能，由于在各辐射源先验概率相同的情况下，LRT 是一种贝叶斯最优算法，可采用 LRT 算法的性能来评估辐射源个体识别的理论性能。

为了方便推导得到解析表达式，假设各辐射源的信噪比相同，即对任何 l 和 k，有 $\gamma_l\equiv\gamma_k$，则

$$z_{l:k}(\boldsymbol{y})=\mathrm{Re}\left\{\boldsymbol{y}^{\mathrm{H}}(\boldsymbol{u}_l-\boldsymbol{u}_k)\right\}+0.5(\boldsymbol{u}_k^{\mathrm{H}}\boldsymbol{u}_k-\boldsymbol{u}_l^{\mathrm{H}}\boldsymbol{u}_l) \tag{4.46}$$

当 $\boldsymbol{y}$ 为第 l 类样本时，根据式(4.36)，$z_{l:k}$ 可写成

$$z_{l:k}(\boldsymbol{y}_l)=\eta_{l:k}+\varepsilon_{l:k}+0.5(\boldsymbol{u}_k^{\mathrm{H}}\boldsymbol{u}_k-\boldsymbol{u}_l^{\mathrm{H}}\boldsymbol{u}_l) \tag{4.47}$$

其中，$\eta_{l:k}=\mathrm{Re}\{(\boldsymbol{D}_{\boldsymbol{u}_l}\boldsymbol{\alpha})^{\mathrm{H}}(\boldsymbol{u}_l-\boldsymbol{u}_k)\}$，$\boldsymbol{D}_{\boldsymbol{u}_l}=\mathrm{diag}\{\boldsymbol{u}_l\}$；$\varepsilon_{l:k}=\mathrm{Re}\{(\bar{\boldsymbol{\Delta}}+\bar{\boldsymbol{v}})^{\mathrm{H}}(\boldsymbol{u}_l-\boldsymbol{u}_k)\}$。根据中心极限定理，$\eta_{l:k}$ 和 $\varepsilon_{l:k}$ 可近似为高斯分布且相互独立。$\eta_{l:k}$ 的均值和方差分别为

$$\mu(\eta_{l:k})=E\{\eta_{l:k}\}=\mathrm{Re}\left\{\boldsymbol{\mu}_{\alpha}^{\mathrm{H}}\boldsymbol{D}_{\boldsymbol{u}_l}^{\mathrm{H}}(\boldsymbol{u}_l-\boldsymbol{u}_k)\right\} \tag{4.48}$$

$$\sigma^2(\eta_{l:k}) = 0.5(a+b) \tag{4.49}$$

其中

$$a = (\boldsymbol{u}_l - \boldsymbol{u}_k)^{\mathrm{H}} \boldsymbol{D}_{\boldsymbol{u}_l} \left(\boldsymbol{R}_\alpha - \boldsymbol{\mu}_\alpha \boldsymbol{\mu}_\alpha^{\mathrm{H}}\right) \boldsymbol{D}_{\boldsymbol{u}_l}^{\mathrm{H}} (\boldsymbol{u}_l - \boldsymbol{u}_k) \tag{4.50}$$

$$b = \mathrm{Re}\left\{(\boldsymbol{u}_l - \boldsymbol{u}_k)^{\mathrm{H}} \boldsymbol{D}_{\boldsymbol{u}_l} \left(\boldsymbol{U}_\alpha - \boldsymbol{\mu}_\alpha \boldsymbol{\mu}_\alpha^{\mathrm{T}}\right) \boldsymbol{D}_{\boldsymbol{u}_l}^{\mathrm{T}} (\boldsymbol{u}_l - \boldsymbol{u}_k)^*\right\} \tag{4.51}$$

$\varepsilon_{l:k}$ 的均值为 0，方差为

$$\sigma^2(\varepsilon_{l:k}) = 0.5\left(\sigma_\Delta^2 + \sigma_v^2\right)\|\boldsymbol{u}_l - \boldsymbol{u}_k\|^2 / A^2 \tag{4.52}$$

因 $\eta_{l:k}$ 和 $\varepsilon_{l:k}$ 相互独立，$z_{l:k}(c=l)$ 近似服从均值为 $\mu(z_{l:k}) = \mu(\eta_{l:k}) + 0.5(\boldsymbol{u}_k^{\mathrm{H}}\boldsymbol{u}_k - \boldsymbol{u}_l^{\mathrm{H}}\boldsymbol{u}_l)$，方差为 $\sigma^2(z_{l:k}) = \sigma^2(\varepsilon_{l:k}) + \sigma^2(\eta_{l:k})$ 的高斯分布。定义 $\bar{\sigma}_\Delta^2 = \sigma_\Delta^2/A^2$，$\bar{\sigma}_v{}^2 = \sigma_v{}^2 / A^2$，则

$$\frac{\mu(z_{l:k})}{\sigma(z_{l:k})} = \frac{\mathrm{Re}\left\{\boldsymbol{\mu}_\alpha^{\mathrm{H}} \boldsymbol{D}_{\boldsymbol{u}_l}^{\mathrm{H}} (\boldsymbol{u}_l - \boldsymbol{u}_k)\right\} + 0.5(\boldsymbol{u}_k^{\mathrm{H}}\boldsymbol{u}_k - \boldsymbol{u}_l^{\mathrm{H}}\boldsymbol{u}_l)}{\sqrt{0.5\left(\bar{\sigma}_\Delta^2 + \bar{\sigma}_v^2\right)\|\boldsymbol{u}_l - \boldsymbol{u}_k\|^2 + 0.5(a+b)}} \tag{4.53}$$

因此成对误识别率 $p(E_{k|l}) = 1 - Q\left(-\mu(z_{l:k}) / \sigma(z_{l:k})\right)$，其中 $Q(\cdot)$ 为标准正态分布的右尾函数。从而可计算误识别率的上下限为

$$p_{e,U} = \sum_{l=1}^{C} p_c(l) \sum_{k=1,\cdots,C,k\neq l} \left(1 - Q\left(\frac{-\mu(z_{l:k})}{\sigma(z_{l:k})}\right)\right) \tag{4.54}$$

$$p_{e,L} = \sum_{l=1}^{C} p_c(l) \max_k \left\{\left(1 - Q\left(\frac{-\mu(z_{l:k})}{\sigma(z_{l:k})}\right)\right)\right\} \tag{4.55}$$

在 C=2 时，上下限相等，平均误识别率为

$$p_e = p_c(1)\left(1 - Q\left(\frac{-\mu(z_{1:2})}{\sigma(z_{1:2})}\right)\right) + p_c(2)\left(1 - Q\left(\frac{-\mu(z_{2:1})}{\sigma(z_{2:1})}\right)\right) \tag{4.56}$$

如果不考虑相位噪声的影响，并假定：各个辐射源等概率出现；各辐射源间等距，即对 $l = 1,\cdots,C$，$k = 1,\cdots,C$，且 $l \neq k$，有 $\|\boldsymbol{u}_l - \boldsymbol{u}_k\|^2 \equiv \bar{\sigma}_u^2$，则式(4.54)可写成

$$p_{e,U} = (C-1)\left(1 - Q\left(\frac{-\bar{\sigma}_u}{\sqrt{2\left(\bar{\sigma}_\Delta^2 + \bar{\sigma}_v^2\right)}}\right)\right) \tag{4.57}$$

式(4.55)可以写成

$$p_{e,L} = 1 - Q\left(\frac{-\bar{\sigma}_u}{\sqrt{2\left(\bar{\sigma}_\Delta^2 + \bar{\sigma}_v^2\right)}}\right) \tag{4.58}$$

$\bar{\sigma}_u$ 实际上定义了一个辐射源之间差异的度量。通过式(4.57)和式(4.58)可知：辐射源识别的误识别率并不直接与接收信号的信噪比相关，更本质的因素是辐射源信号差异的信噪比 $S_F = \sigma_u^2 / (\bar{\sigma}_v^2 + \bar{\sigma}_\Delta^2)$，可命名为指纹信噪比。

4.2.3　仿真结果

为验证理论推导公式的正确性，通过仿真产生辐射源信号，再按照似然比检验方法进行识别，统计识别率并与理论计算结果进行比较。

根据第 3 章对辐射源指纹产生机理的研究结果，模拟发射机产生辐射源指纹信号的过程，生成包含相位噪声、功放非线性、调制错误、寄生谐波等个体差异要素的辐射源信号，仿真参数如表 4.2 所示。信号调制类型为 QPSK，调制信息相同。

表 4.2　辐射源指纹信号仿真生成的参数设置

参数	发射机				
	T_1	T_2	T_3	T_4	T_5
f_oT_s	0.994×10^{-3}	0.997×10^{-3}	1×10^{-3}	1.003×10^{-3}	1.006×10^{-3}
$f_{sp}T_s$	1.994×10^{-3}	1.997×10^{-3}	2×10^{-3}	2.003×10^{-3}	2.006×10^{-3}
A_{sp}	0.0196	0.0198	0.02	0.0202	0.0204
G_{IQ}	0.98	0.99	1	1.01	1.02
$\varsigma/(°)$	−1.0	−0.5	0	0.5	1
ξ_{dc}	0.0025+0.0076j	0.0029+0.0086j	0.0032+0.0095j	0.0035+0.0105j	0.0038+0.0114j
λ_3	0.0942+0.0014j	0.0995+0.0015j	0.1047+0.0016j	0.1099+0.0017j	0.1152+0.0018j
λ_1	1.0	1.0	1.0	1.0	1.0
(a_1,α_kT)	(0.03, 4)	(0.04, 4)	(0.06, 4)	(0.073, 4)	(0.085, 4)
(b_1,β_kT)	(0.0302, 4)	(0.0295, 4)	(0.0290, 4)	(0.0310, 4)	(0.0313, 4)

对接收方各要素：接收方相位噪声根据前述信号模型产生；ADC 采样抖动与相位噪声同源；ADC 孔径抖动采用高斯白噪声模型产生；ADC 量化噪声采用均匀分布噪声模型产生；信道噪声采用高斯白噪声模型产生。

图 4.3 给出了对 2 个辐射源和 5 个辐射源进行识别的性能与信噪比(SNR)/指纹信噪比(图中 FNR)的关系。由于辐射源之间不等距，图中指纹信噪比是以 T_1 和 T_2 两个辐射源的指纹信噪比进行计算的，即 $S_F = \|\boldsymbol{u}_1 - \boldsymbol{u}_2\|^2 / (\bar{\sigma}_v^2 + \bar{\sigma}_\Delta^2)$。由图可见在 2 个辐射源情况下，理论性能上下界与仿真结果基本一致；在 5 个辐射源情况下，仿真性能在理论上界和下界之间，性能越好，上、下界越接近。在误识别率为 0.2 时，上、下界距离约为 0.05。由于实际应用要求的误识别率在 0.2 以下，

因此通过上、下界来描述识别性能是具备一定合理性的。另外，从图中也可看到，指纹信噪比较常规信噪比要小很多，这是辐射源个体识别需要较高信噪比的内在原因。

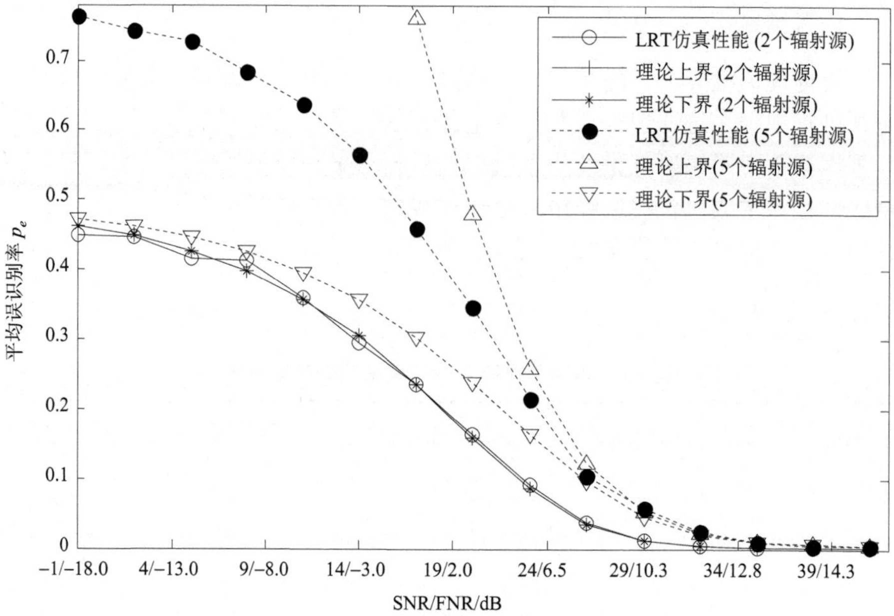

图 4.3　辐射源个体识别的性能与信噪比/指纹信噪比的关系

4.3　本 章 小 结

本章分别从信息论的角度和假设检验的角度对辐射源目标识别的理论性能进行了分析。基于互信息的辐射源目标识别描述可对辐射源目标识别系统和算法设计提供指导，尤其是给出了可对特征区分能力进行度量的数学量，从而为特征提取算法的设计提供数学指导，但作为性能评估，互信息指标不如识别率更贴近实际；基于似然比检验的理论性能分析从贝叶斯最优的角度给出了辐射源个体识别的理论识别性能的上、下界，并将识别性能与信道噪声和接收机畸变关联起来，提出了指纹信噪比的概念，并指出一般情况下指纹信噪比较常规信噪比要小很多，而这正是辐射源个体识别需要较高信噪比的内在原因。这些结果为辐射源目标识别系统和算法的性能评估提供了基准，同时也指导了算法设计和接收机设计，有助于分析辐射源个体识别的瓶颈所在。

参 考 文 献

[1] Principe J C, Xu D X, Fisher J W. Information-Theoretic Learning[M]. New York: Wiley, 2000.

[2] 黄渊凌，郑辉，万坚．特定辐射源识别的信息论描述[J]．西安电子科技大学学报，2012, 39(6): 124-129.

[3] Hellman M E, Raviv J. Probability of error, equivocation and the chernoff bound[J]. IEEE Transactions on Information Theory, 1970, 16: 368-372.

[4] Fano R M. Transmission of Information: A Statistical Theory of Communications[M]. New York: Wiley, 1961.

[5] Petridis S, Perantonis S J. On the relation between discriminant analysis and mutual information for supervised linear feature extraction[J]. Pattern Recognition, 2004, 37: 857-874.

[6] Leiva-Murillo J M, Artes-Rodriguez A. A fixed-point algorithm for finding the optimal covariance matrix in kernel density modeling[C]. IEEE International Conference on Acoustics, Speech and Signal Processing, Phoenix, 2006: V705-V708.

[7] Hild K E, Erdogmus D, Torkkola K, et al. Feature extraction using information-theoretic learning[J]. IEEE Transactions on Pattern Analysis and Machine Intelligence, 2006, 28(9): 1385-1392.

[8] Darryl D L, Ryan A P, Teng J L, et al. Optimal OFDM channel estimation with carrier frequency offset and phase noise[C]. IEEE Wireless Communications Networking Conference, Las Vegas, 2006: 1050-1055.

[9] Sridharan G. Phase noise in multi-carrier systems[D]. Toronto: University of Toronto, 2002.

第 5 章　基于信号表现形式的辐射源特征提取

为了从接收信号上区分不同辐射源，一个最直接的方法就是对不同辐射源产生的信号进行对比观测，考察其信号表现形式存在的差异，如在空域、时域、频域或调制域分别表现出的特性，然后根据信号的表现形式总结某些信号参数作为辐射源特征。更进一步，通过对信号的表现形式进行数学描述或拟合来获取辐射源特征，如采用特定的数据模型对信号特性进行拟合，或采用特定的数学工具对信号特性进行描述，或采用特定的域变换对信号特性进行更清晰地展现，通过这些处理获得的特征参数将具备更丰富的辐射源特性描述能力和区分能力。本章将这些方法统称为基于信号表现形式的辐射源特征提取方法，对其具体内涵和实现方法进行介绍，并分析其适用性。

5.1　基于常规信号参数的辐射源特征提取

这类技术方法将辐射源之间的差异归结到常规信号参数的差别上，其特征设计通常依赖于对信号参数的经验性观察、总结和定性分析，而特征提取则通过信号参数估计来实现。

5.1.1　通用常规信号参数

通用常规信号参数是指大多数通信和电子(雷达)信号均具备的信号参数。表 5.1 列出了可能构成辐射源特征的通用常规信号参数及其典型的估计方法、适用范围和局限性。这些信号参数包括载频、载频偏差、载频波动方差、信号功率/信噪比、到达时间偏差或到达时差、来波方向/到达角等。无论通信辐射源还是电子(雷达)辐射源都可提取这些信号特征。

表 5.1　通用常规信号参数

信号参数	典型估计方法	适用范围和局限性
载频	乘方谱+CZT	(1) 适用短时分选或静止辐射源识别； (2) 通常要求接收机采用高精度频率源； (3) 辐射源更换载频时失效
载频偏差	乘方谱+CZT	(1) 适用短时分选或静止辐射源识别； (2) 通常要求接收机采用高精度频率源

续表

信号参数	典型估计方法	适用范围和局限性
载频波动方差	乘方谱+CZT 锁相频率误差	(1) 适用短时分选或静止辐射源识别； (2) 受信噪比变化影响将不稳定； (3) 通常要求接收机采用高精度频率源
信号功率/信噪比	二阶矩和四阶矩 (M2M4)	(1) 随距离、发射功率等变化； (2) 受接收机噪声和信道噪声变化影响； (3) 可用于短时分选
到达时间偏差/ 到达时差	能量检测或 相关检测	(1) 适用短时分选或静止辐射源识别； (2) 随距离、卫星摄动等变化将不稳定
来波方向/到达角	测向	(1) 适用短时分选或静止辐射源识别； (2) 信号密集时测向精度不足以区分

载频特性包含载频、载频偏差和载频波动方差等特征。

(1) 载频特征可用以区分采用不同载频或载频存在偏移的辐射源目标，对于数字调制信号，典型的载频估计方法是对信号进行乘方处理[1]，然后通过线性调频 Z 变换(chirp Z-transform，CZT)计算其乘方谱，依据乘方谱上的谱线极值完成载频估计，该特征要求目标在固定的载频上进行信号发射，否则就会因为换频造成特征不稳定。

(2) 载频偏差特征指的是当前接收信号的载频估计值与预设值的差值，原理上不要求目标在固定的载频上进行信号发射，但要求目标采用不同载频时的偏差特性一致，这通常也难以满足，因此通常也要求目标在固定载频上做信号发射。

(3) 以上所述两个特征反映的是载频的长期偏移特性，而载频的波动方差则反映了载频的短期抖动特性。

需要指出的是，对载频特性的估计，往往要求接收机采用高稳定度和高精度的频率源，以避免接收机频率源对辐射源特征的模糊。为了提高估计精度往往还需要较长的信号数据。最后，还需要注意目标运动可能导致载频特征和载频偏差特征发生变化，信号信噪比的变化会导致载波波动方差特征发生变化。因此，这类信号特征通常对静止辐射源所产生的连续信号比较有效，而对短突发信号或运动辐射源信号则可能失效。

信号功率或信噪比反映了辐射源的发射功率和位置的差异。典型的估计方法为基于二阶矩和四阶矩(M2M4)的方法[2]。该特征将随着辐射源发射功率、辐射源与接收机相对位置以及传播路径的变化而变化，因此通常是不稳定的，仅在对辐射源信号进行短时分选时有意义。

到达时间偏差指的是突发或脉冲信号到达接收机的时间相对某一基准时间的

差值。对 TDMA 通信信号或固定重频的雷达信号而言，突发或脉冲信号是按照一定的时间序列规则进行发射的，但是由于控制信号发射的时钟的偏差和抖动以及辐射源与接收机的传播时延，实际到达时间序列相对标准时间序列往往存在一定的偏差，如图 5.1 所示。在接收方确定某一基准时间后，计算脉冲或突发信号到达时间相对基准时间的距离，即构成到达时间偏差序列，对此序列计算均值或方差就得到到达时间偏差特征。突发或脉冲信号的到达时间可以通过能量检测或数据辅助(data-aided，DA)的相关检测来获得。

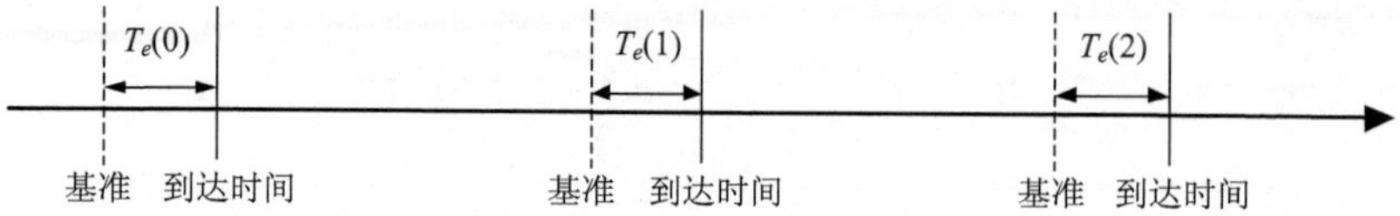

图 5.1 到达时间偏差序列

到达时差指的是同一信号经过不同路径到达同一接收机或多个接收机之间的时差，这种时差与辐射源的位置有关，实际上反映了辐射源的位置特性(时差定位即基于此原理)，因此如果辐射源位置固定，可以通过这种时差来区分不同的辐射源。时差的计算可以通过信号相关来完成。

到达时间偏差或到达时差的问题在于，易受辐射源运动、距离变化、卫星摄动(如果经过卫星转发或采用卫星接收)等因素的影响而发生变化，从而导致稳定性问题，但仍然可用于在短时间内对不同位置的辐射源信号进行分选。

信号的来波方向/到达角可以通过测向给出，但不适合用于对高速运动辐射源的识别或信号分选。此外，由于测向精度的限制，在同一方向上信号较密集时该特征也会失效。

5.1.2 通信辐射源的常规信号参数

表 5.2 列出了可能构成辐射源特征的通信辐射源的常规信号参数及其典型的估计方法、适用范围和局限性。这些信号参数包括调制方式、调制速率、调制速率偏差、调制速率波动方差、突发上升时间/下降时间、突发上升斜率/下降斜率、调制指数(含调频、调相、调幅指数)、频谱对称性、FSK 频差、跳频(FH)信号跳速、FH 频率切换时间、帧长/突发长、信号发射周期、特殊码字等。

对于采用不同调制类型的辐射源，可以通过调制类型识别完成辐射源识别。典型的数字调制识别方法主要基于谱线特征和星座特征。调制类型不能区分采用相同调制类型的辐射源目标。

表 5.2　通信辐射源的常规信号参数

信号参数	典型估计方法	适用范围和局限性
调制方式	谱线特征和星座特征等	(1) 适用不同调制类型的辐射源的识别； (2) 无法区分相同调制类型辐射源
调制速率	平方谱/包络谱+CZT	(1) 通常差异极小，区分效果差； (2) 辐射源更换调制速率时失效； (3) 通常要求接收机采用高精度频率源
调制速率偏差	平方谱/包络谱+CZT	(1) 通常差异极小，区分效果差； (2) 通常要求接收机采用高精度频率源
调制速率波动方差	平方谱/包络谱+CZT	(1) 通常差异极小，区分效果差； (2) 通常要求接收机采用高精度频率源
突发上升时间/下降时间	突发升降沿检测和估计	(1) 要求信噪比较高，否则不易估准； (2) 不适用时变多径情况
突发上升斜率/下降斜率	突发升降沿检测和估计	(1) 要求信噪比较高，否则不易估准； (2) 不适用时变多径情况
调制指数	调频/调相/调幅指数估计	(1) 辐射源更换调制指数时失效； (2) 模拟信号调制指数难以估计
频谱对称性	谱估计和对称性估计	(1) 需要大量数据累积平滑谱； (2) 不适用模拟调制辐射源
FSK 频差	CZT	(1) 适用非连续相位 MFSK(NCP-MFSK)调制辐射源识别； (2) 对连续相频键控(CP-FSK)估计精度较差，区分效果差
跳频(FH)信号跳速	基于跳频检测的跳速估计	(1) 限 FH 信号； (2) 需要具备多跳同源信号样本
FH 频率切换时间	频率切换时间	(1) 需要等待频率切换发生； (2) 需要确知切换前后信号同源
帧长/突发长	能量检测	(1) 辐射源更换帧长或突发长失效； (2) 不容易检测准确
信号发射周期	信号发射周期估计	(1) 要求辐射源的发射周期固定； (2) 不容易估计准确，区分效果差
特殊码字	特殊码检测	(1) 要求辐射源存在独特码或特殊码差异； (2) 通常只能做类型识别而非个体识别

调制速率特性包含调制速率、调制速率偏差以及调制速率波动方差等特征。调制速率特征可用以区分不同调制速率的辐射源，典型数字调制信号的调制速率估计方法为平方谱或包络谱的 CZT 方法，调制速率特征在辐射源更换调制速率时失去稳定性。调制速率偏差是计算当前接收信号的调制速率的估计值与标准调制速率的差值。调制速率波动方差则反映了调制速率的短期抖动特性。需要指出的

是，由于调制速率通常远小于射频载波频率，且控制调制速率的时钟源所经历的处理环节也较少，调制速率的偏差或波动一般远小于载频的偏差或波动，甚至往往无法用于区分不同辐射源。调制速率特性的估计要求接收机采用高稳定度和高精度的 ADC 采样时钟，以避免采样时钟抖动或漂移造成特征估计精度下降。此外，调制速率的精估算法还需要较长的信号数据来提高估计精度。

突发上升时间指的是突发信号功率从低到高的过渡时间，下降时间指的是突发信号功率从高到低的过渡时间。通常以一定的功率门限作为突发上升沿和下降沿的起止检测门限，从而计算得到突发上升时间 t_r 和下降时间 t_f ，如图 5.2 所示，P_u 为突发检测幅度下门限，P_l 为突发检测幅度上门限，该图描述通信辐射源的突发信号升降沿特性。突发上升斜率和下降斜率描述了突发功率上升和下降的陡峭度，这两个参数也可以用上升角 θ_r 和下降角 θ_f 来替代描述。这些特征在低信噪比情况下估计精度比较低，影响其区分能力。另外，多径将改变突发的包络特性，从而使得这些参数发生变化，因此这些特征在时变多径信道情况下会变得不稳定。

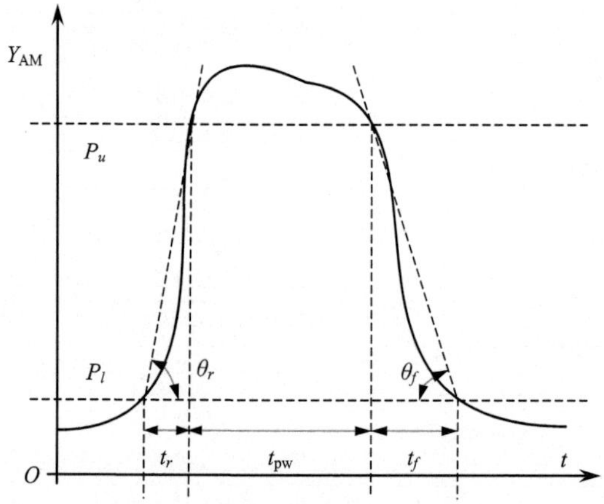

图 5.2　突发(脉冲)包络参数特征

调制指数特征包含调频、调相和调幅指数。由于设计差异或调制电路畸变的影响，不同辐射源的调制指数可能存在差别，从而构成辐射源特征。但对模拟调制信号而言，因其调制内容为模拟信号，其调制指数估计较为困难。

频谱对称性反映了不同辐射源的信道特性(含发射和接收滤波器)。如果辐射源发射机的发射滤波器的频域特性未能做到对称，则其发射信号的频谱对称性可能构成区分不同辐射源的特征。估计频谱对称性时需要大量数据以获得较平滑的信号谱；另外，对于模拟调制辐射源该特征不适用，这是因为模拟调制的调制内容(如语音)本身的频谱就极有可能不对称且时变，调制内容的变化会导致频谱对称性发生变化。

FSK 频差指的是 FSK 调制频率集之间的差值。对于非连续相位 MFSK (NCP-MFSK) 而言，由于信号频率在几个不同的频率源之间切换，频率源的偏移特性将导致调制频率之间的频差与标准频差存在差异，从而构成 FSK 辐射源特征。这种频差在信号谱上就能得到较好的体现，而且与多普勒频移无关，具备一定的鲁棒性。但是对于连续相频键控 (CP-FSK) 辐射源而言，其调制频率的高精度估计较为困难，估计精度往往不足以区分不同的辐射源。

对于跳频信号而言，跳速和频率切换时间可能构成辐射源特征。由于控制跳速的时钟源的漂移特性，不同辐射源的跳速可能存在一定的差别，从而构成辐射源特征。当跳频辐射源从一个频率切换到另一个频率时，由于其频率切换电路的畸变特性，不同辐射源的频率切换时间也可能存在一定的差别，从而构成辐射源特征。这两个参数的局限性在于，实现参数估计需要获取 2 个以上的同源跳频突发信号。

帧长或突发长特征指的是辐射源发射一个数据帧或一个突发的时间长度。由于协议设计或控制帧长或突发长的模拟电路畸变，不同辐射源的帧长或突发长有可能存在差别，从而构成辐射源特征。这些特征在估计时通常受信号检测方法的检测精度限制而导致估计精度不高。此外，这些特征在辐射源更换帧长或突发长时将失效。

如果辐射源按照设计的周期进行信号发射，则由于协议设计以及控制信号发射周期的电路的畸变，不同辐射源的信号发射周期可能存在差异，从而构成辐射源特征。信号发射周期同样可能受信号起止点检测方法的检测精度限制而导致估计精度不高，而且在辐射源改变发射周期时会失效。

如果不同辐射源在形成数据突发时，采用不同的独特码进行同步或嵌入固定的特殊码字，则这些特殊码字可以构成辐射源特征。但通常独特码和特殊码仅能用来做不同类型的辐射源的区分，不能用以实现辐射源个体识别。

5.1.3　电子辐射源的常规信号参数

表 5.3 列出了可能构成辐射源特征的电子辐射源的常规信号参数及其典型的估计方法、适用范围和局限性。这些信号参数包括：脉冲重复间隔 (PRI)、脉冲宽度、脉冲上升时间/下降时间、脉冲上升角/下降角、扫描周期、脉内调制方式、脉内调制参数等。

脉冲重复间隔的特性与信号规格设计以及发射机时钟的偏差和抖动有关，如果不同电子辐射源所设计的脉冲重复间隔不同，或者控制脉冲重复间隔的发射机时钟存在不同的偏差和抖动，则脉冲重复间隔特性构成辐射源特征。但当辐射源改变其脉冲重复间隔或采用 PRI 滑变或捷变策略时，该特征将因不稳定而失效。

表 5.3 电子(含雷达)辐射源的常规信号参数

信号参数	典型估计方法	适用范围和局限性
脉冲重复间隔	脉冲序列 CZT	(1) 适用 PRI 固定的辐射源识别; (2) 无法区分 PRI 滑变或捷变的辐射源
脉冲宽度	能量检测	(1) 适用脉宽固定的辐射源识别; (2) 无法区分脉宽滑变或捷变的辐射源
脉冲上升时间/ 下降时间	脉冲升降起止点检测	(1) 要求信噪比较高，否则不易估准; (2) 不适用时变多径情况
脉冲上升角/ 脉冲下降角	脉冲上升下降角估计	(1) 要求信噪比较高，否则不易估准; (2) 不适用时变多径情况
扫描周期	连续功率测量	(1) 要求获取整个扫描周期的脉冲数据; (2) 当辐射源改变扫描周期时失效
脉内调制方式	脉内调制识别	(1) 适用区分不同调制类型的辐射源; (2) 辐射源改变调制方式时失效
脉内调制参数	调频斜率估计 相位编码码型	(1) 适用特定调制参数的辐射源; (2) 辐射源改变调制参数时失效

脉冲包络的形状特征包括脉冲的上升时间 t_r 、上升角 θ_r 、脉冲宽度 t_{pw} 、下降时间 t_f 和下降角 θ_f ，如图 5.2 所示。这些参数的估计都需要较高信噪比，否则估计精度不高，而且受多径影响明显，在时变多径情况下变得不稳定。

雷达辐射源通常需要旋转扫描以实现全向目标搜索。当不同电子辐射源采用不同的扫描周期或因其机械控制或数字控制的细微差别导致扫描周期存在细微差别时，扫描周期也构成辐射源特征。扫描周期可以通过对信号功率的连续测量来估计，但必须获取整个扫描周期的脉冲数据。当辐射源改变扫描周期时，该特征也会失去稳定性。

如果不同电子辐射源的脉内调制不一样，则脉内调制方式也构成辐射源特征。但脉内调制方式通常只能用于区分不同类型的辐射源，无法实现辐射源个体识别。而且，当辐射源改变脉内调制方式时，该特征失去稳定性。

不同辐射源的脉内调制参数，如调频斜率、相位编码码型等，因设计差异或调制电路畸变特性的差异，也可能存在差别，从而构成辐射源特征。脉内调制参数特征同样要求辐射源不能改变脉内调制方式，否则将造成特征不可测或不稳定。

以上所述的信号参数特征构成了常用的进行辐射源区分的特征集，这些特征分析起来比较直观，实施起来相对简单，针对一些早期的通信或雷达辐射源往往也能取得较好的识别效果，但对于新型辐射源，则因其一致性高或参数捷变可能会失效。另外需要说明的是，以上仅列出相对较为通用的信号参数，对于具体的辐射源信号而言，还可能列出很多与特定信号规格和协议相关的辐射源信号参数特征，也可在一定程度上区分不同辐射源，但因其过于庞杂且特殊性太强，这里不一一列举。

5.2　基于数学描述和拟合的辐射源特征提取

这类方法试图采用数学工具对信号表现形式进行更准确的描述或拟合，以获得更为准确和全面的辐射源特征。对暂态的数学描述和拟合是这类方法的研究热点。

5.2.1　暂态特性的统计描述

对于通信暂态信号，Klein 提出对包含前导在内的暂态信号，提取其瞬态量的统计特征作为辐射源特征[3]：

$$\boldsymbol{F}=\begin{bmatrix}\boldsymbol{m} & \boldsymbol{\sigma} & \boldsymbol{\gamma} & \boldsymbol{\kappa}\end{bmatrix}^{\mathrm{T}} \tag{5.1}$$

其中

$$\boldsymbol{m}=\begin{bmatrix}m(a) & m(\phi) & m(f)\end{bmatrix}^{\mathrm{T}} \tag{5.2}$$

$$\boldsymbol{\sigma}=\begin{bmatrix}\sigma(a) & \sigma(\phi) & \sigma(f)\end{bmatrix}^{\mathrm{T}} \tag{5.3}$$

$$\boldsymbol{\gamma}=\begin{bmatrix}\gamma(a) & \gamma(\phi) & \gamma(f)\end{bmatrix}^{\mathrm{T}} \tag{5.4}$$

$$\boldsymbol{\kappa}=\begin{bmatrix}\kappa(a) & \kappa(\phi) & \kappa(f)\end{bmatrix}^{\mathrm{T}} \tag{5.5}$$

分别表示瞬时幅度（a）、瞬时相位（ϕ）和瞬时频率（f）的四个统计值：均值 m、标准差 σ、偏态 γ 和峰度 κ。其中，偏态 $\gamma(x)$ 定义为

$$\gamma(x)=m_3\big/m_2^{3/2} \tag{5.6}$$

峰度 $\kappa(x)$ 定义为

$$\kappa(x)=m_4\big/m_2^2 \tag{5.7}$$

而 $m_k=E\left\{x^k\right\}$ 为 x 的 k 阶矩。这些瞬态特征统计量的计算既可在时域进行，也可在小波域进行。如果将暂态信号划分为 N 段，并对每段分别计算这些统计量，就能得到 $4\times 3\times N$ 的特征向量。

以上统计量都是高阶矩统计量，其计算结果受高斯噪声影响明显，高阶累积量具有理论上不受高斯噪声影响的优点，因而也被提出作为辐射源特征[4]。一阶累积量和二阶累积量分别等于均值和方差，三阶累积量定义为

$$c_3(x)=m_3-3m_3m_1+2m_1^2 \tag{5.8}$$

当阶数大于 2 时，理论上高斯噪声的高阶累积量为 0，因此高阶累积量可以较好地描述信号的统计特性。但在实际计算时，只有采用足够的数据计算，高阶累积量受噪声的影响才容易被平滑减弱。

此外，基于二阶矩(M_2)和四阶矩(M_4)的 R 特征和 J 特征也可以描述暂态包络的起伏特性：

$$R=\left|\frac{M_4}{M_2^2}-1\right| \tag{5.9}$$

$$J=\frac{\left|M_4-2M_2^2\right|}{\left(4P_s\right)} \tag{5.10}$$

其中，P_s 为调制信号的功率，需要通过信噪比估计获得。

统计特征能够对暂态的瞬时量的概率分布特性进行描述，但忽略了瞬时量的时序关系和时间关联特性，更严重的问题在于，统计特征的计算受信号长度和信噪比影响较大，当信噪比变化或信号长度变化时，统计特征将不稳定。

5.2.2　暂态特性的分形描述

分形特征用以描述暂态信号的结构特性，其具体特征包括分形维数、信息维数和相关维数等[5]，其定义为

$$D^{(q)}=\lim_{\varepsilon\to 0}\frac{\lg C^q(\varepsilon)}{\lg\varepsilon} \tag{5.11}$$

其中

$$C^q(\varepsilon)=\frac{1}{N}\sum_i\left(\frac{1}{N}\sum_j\Theta\left(\varepsilon-\left|x_i-x_j\right|\right)\right)^q \tag{5.12}$$

其中，x_i 为暂态信号样点；N 为信号向量维数；ε 为分形盒的大小；$\Theta(\varepsilon)$ 为阶跃函数(即大于 0 取 1，否则取 0)，该函数用以计算落入分形盒的样点个数。当 q 等于 0、1、2 时，$D^{(q)}$ 分别为分形维数、信息维数和相关维数。在实际计算时，$D^{(q)}$ 是通过对一系列不同的 ε 值，分别计算相应的 $\lg C^q(\varepsilon)$ 的值，然后按照最小二乘方法对 $\lg\varepsilon$ 和 $\lg C^q(\varepsilon)$ 构成的两个时间序列拟合其斜率获得。

分形特征能对信号波形结构进行几何意义描述，但是分形特征的估计受信噪比影响较大，因而在信噪比变化时将变得不稳定。

5.2.3　暂态特性的多项式拟合

为了描述暂态包络的上升和下降特性，可以采用多项式对暂态包络的升降沿进行拟合。设采用 P 阶多项式对上升沿或下降沿进行拟合，则上升沿或下降沿信

号可表示为

$$y(n) = a_0 + a_1 n + a_2 n^2 + \cdots + a_P n^P + \xi(n) \tag{5.13}$$

其中，$\xi(n)$ 为拟合误差；$a_0, a_1, a_2, \cdots, a_P$ 为多项式系数。方程(5.13)写成向量形式如下：

$$\boldsymbol{y} = \boldsymbol{B}\boldsymbol{a} + \boldsymbol{\xi} \tag{5.14}$$

其中，$\boldsymbol{y} = \left[y(0), \cdots, y(N-1)\right]^{\mathrm{T}}$；$\boldsymbol{a} = \left[a_0, a_1, \cdots, a_P\right]^{\mathrm{T}}$；$\boldsymbol{B} = \left[\boldsymbol{b}_0, \boldsymbol{b}_1, \cdots, \boldsymbol{b}_{N-1}\right]$，$\boldsymbol{b}_n = \left[1, n, n^2, \cdots, n^P\right]$；$\boldsymbol{\xi} = \left[\xi(0), \cdots, \xi(N-1)\right]^{\mathrm{T}}$。

对式(5.14)按照最小二乘求解，可得

$$\hat{\boldsymbol{a}} = \left(\boldsymbol{B}^{\mathrm{T}}\boldsymbol{B}\right)^{-1}\boldsymbol{B}^{\mathrm{T}}\boldsymbol{y} \tag{5.15}$$

求解得到的 $\hat{\boldsymbol{a}}$ 即可作为辐射源特征。

多项式拟合的方法也可以应用于对载频变化特性、调制速率变化特性、雷达方向图特性、电子脉冲包络特性等参量变化特性的描述，拟合所得到的多项式系数即构成相应类型的辐射源特征。

多项式拟合的暂态包络特征可以对参量的变化特性进行一定的数学描述，但仍是从表现形式上进行拟合，并未揭示参量变化形态的内在机理，因而可能存在较大的模型拟合误差，导致估计得到的特征分辨力不足。

5.3　基于域变换的辐射源特征提取

域变换技术将原始信号样本变换到一个新的表示域上，以充分体现样本中内蕴的差异特性，或者使得非线性特征得以通过线性特征提取方法进行提取(线性可分)。图 5.3 给出了通过某种域变换将非线性特征变为线性可分的示意图(为了可视化仅以二维和三维为例)。域变换技术通常具备坚实的理论背景，应用于辐射源特征提取，却仍是一种基于信号表现形式的处理方法，只不过是从新的表示域上观测信号的表现形式，而并不能对辐射源差异进行定量和解析形式的描述。很多域变换得到的特征维数比原始特征维数更大，但并不意味着域变换能得到新的辐射源差异信息，事实上，根据 4.1 节论述，域变换后特征所表征的辐射源差异信息不可能大于变换前特征所表征的辐射源差异信息。尽管如此，变换域却具有较好的特征呈现能力(如使特征从线性不可分变为线性可分)，可以显著降低后续分类器的设计和训练复杂度，例如，变换后可采用简单的线性分类器或系数稀疏的非线性分类器，既减小计算复杂度，也提升小样本性能，因而基于变换域的特征提取对于辐射源目标识别仍具有一定意义。

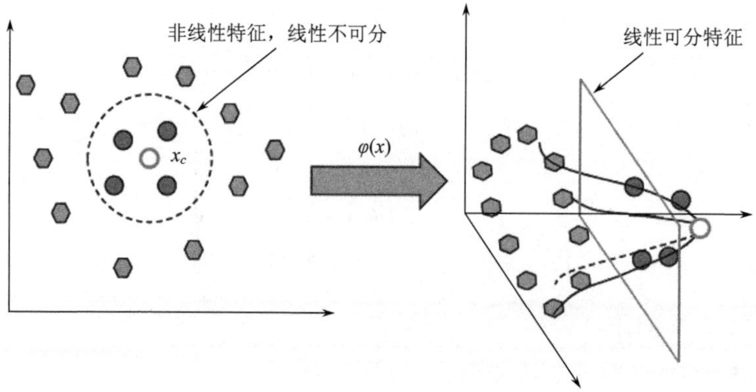

图 5.3　域变换呈现非线性特征的示意图

域变换本身通常并不能直接得到低维的特征向量，还需要做进一步的特征选择或降维处理，因而域变换在某种意义上可以理解为特征提取的预处理，但从另一个角度而言，域变换输出的向量尽管维数很高，仍可在广义上视为特征向量，因而本书将其视为一种特征提取方法。不同的表示域将表现出不同的特征呈现能力，不存在一个通用的变换域可以对所有的信号对象都表现出优秀的特征呈现能力。以下介绍几种常用的域变换方法。

5.3.1　时域表示

时域是原始信号样本所在的表示域。广义上而言，原始信号样本就是一种特征向量。为了在较低采样率上进行特征处理以减小计算量和存储量，通常将接收信号变频到基带，以基带信号作为信号样本。

基带信号的时域表示可采用复信号形式，转换到实数域上则存在两种形式，即 I 路和 Q 路向量串联的 IQ 表示形式：

$$\boldsymbol{F}_t = [\boldsymbol{I}, \boldsymbol{Q}] \tag{5.16}$$

以及幅度与相位串联的 AP 表示形式:

$$\boldsymbol{F}_t = [\boldsymbol{a}, \boldsymbol{\phi}] \tag{5.17}$$

从信息论上来看，这两种变换都是可逆变换，因而不存在信息损失。

如果忽略初相，从 AP 表示形式还可以导出幅度与频率串联的 AF 表现形式：

$$\boldsymbol{F}_t = [\boldsymbol{a}, \boldsymbol{f}] \tag{5.18}$$

由于噪声对频率计算的影响大于对相位计算的影响，一般而言 AF 表示的抗噪性能不如 AP 表示的。另外，相位计算总是将样点相位折叠到$(-\pi, \pi]$区间，因此 AP 表示需要对相位进行展开处理。

在设计相位展开算法时，必须考虑减小噪声的影响。对于本书所述的基带信号，相位展开的具体步骤如下。

(1) 计算每个样本的反正切相位 $\arctan\phi(n)$。

(2) 逐点计算相邻两点间的相位差 $\Delta\phi(n)$，并将 $\Delta\phi(n)$ 折叠到区间 $[-\pi, \pi]$，得

$$\Delta\varphi(n)=\begin{cases}\Delta\phi(n)-2\pi, & \Delta\phi(n)\geqslant\pi \\ \Delta\phi(n)+2\pi, & \Delta\phi(n)<-\pi \\ \Delta\phi(n), & \Delta\phi(n)\in[-\pi,\pi)\end{cases} \tag{5.19}$$

(3) 逐点计算 $\delta(n)=\Delta\varphi(n)-\Delta\phi(n)$，得到相位展开操作对相邻样点相位差的纠正量 $\delta(n)$。

(4) 利用纠正量 $\delta(n)$ 对每个样点的相位进行展开纠正，即得到展开相位：

$$\phi_u(n)=\phi(n)+\sum_{k=0}^{n-1}\delta(k),\quad n=1,\cdots,N-1 \tag{5.20}$$

显然，在低信噪比情况下，噪声可能造成 2π 量级的相位展开错误，而且这种错误在后续相位展开中还会累加，造成严重影响。下面讨论减小噪声对相位展开的不利影响的具体措施。

对于连续相位信号，设无噪信号两点间相位差为 $\Delta\phi_{\mathrm{s}}$，噪声引起的相位差为 $\Delta\phi_{\mathrm{n}}$，则样本的相邻样点间相位差 $\Delta\phi=\Delta\phi_{\mathrm{s}}+\Delta\phi_{\mathrm{n}}$。根据式(5.19)，不造成错误展开的 $\Delta\phi_{\mathrm{n}}$ 的最大允许值为 $\pi-|\Delta\phi_{\mathrm{s}}|$，因此 $|\Delta\phi_{\mathrm{s}}|$ 越小，则相位展开的抗噪声能力越强。这意味着，采样率越高(则无噪信号相邻两点间相位差越小)，相位展开抗噪声能力越强。

AF 表示采用瞬时频率取代瞬时相位，一般通过相位差分来计算瞬时频率。由于相位差分处理造成噪声积累，瞬时频率的信噪比要低于瞬时相位的信噪比。然而，在低信噪比情况下，瞬时相位的展开计算可能导致相位展开错误的积累，而瞬时频率的计算仅当前时刻受噪声影响可能产生折叠错误，因此瞬时频率表示具有更高的抗噪声性能。

对于非连续相位信号(存在突变，如 PSK 调制)，若相邻点相位跳变绝对值超过 π，则即使无噪声，也不可能恢复原始相位曲线；若相位跳变绝对值不超过 π，则可能恢复原始相位曲线，但跳变值越大越容易受噪声影响出现错误展开，此种情况下采用 AP 表示容易出现较大的跳变误差。即使采用 AF 表示，由于相邻相位差与瞬时频率仅存在量纲差别，频率计算也易受噪声影响出现跳变。因此对于非连续相位信号，采用 IQ 表示更好。

一般来说，时域表示适用于辐射源差异直接体现在信号的 IQ 路波形或者信号的幅度、相位和频率的信号对象，对于复杂的非线性特征(如功放非线性)和频域特性(如滤波器带内起伏)的刻画能力要差一些。其中，IQ 表示更有利于呈现两路信号随时间变化的情况，而 AP 和 AF 表示更有利于呈现信号的包络变化和相

位变化或频率变化特性。更进一步，对于连续相位信号而言，在低信噪比情况下适合采用 AF 表示，在中高信噪比情况下更适合采用 AP 表示；而对非连续相位信号而言，AF 表示和 AP 表示都容易受噪声影响产生较大的跳变误差，因而更适合采用 IQ 表示。

对于时域表示数据，可以进一步进行特征选择或降维处理，如通过对时域信号分段统计提取统计特征，或采用机器学习方法进行特征降维。

5.3.2 频域表示

频域表示是通过傅里叶变换获得信号样本的频谱。对于频谱可采用 AP 表示：

$$\boldsymbol{F}_{\omega}=[\boldsymbol{a}_{\omega},\boldsymbol{p}_{\omega}] \tag{5.21}$$

其中，$\boldsymbol{a}_{\omega}$ 为频谱幅度向量；$\boldsymbol{p}_{\omega}$ 为频谱相位向量。为了避免信号功率变化造成特征不稳定，可以计算前导信号的归一化功率谱密度[6]：

$$\bar{a}_{\omega}(k)=\frac{\left|a_{\omega}(k)\right|^{2}}{\sum_{k=1}^{K}\left|a_{\omega}(k)\right|^{2}} \tag{5.22}$$

其中，$a_{\omega}(k)$ 为信号的离散傅里叶变换。

频域变换对于时间平稳信号能够较好地呈现其频谱成分特性。如果仅仅采用频谱幅度数据，则由于时移仅仅体现在频域相位上，频谱幅度数据对时移不敏感，意味着时间对齐的误差不会影响特征提取和分类的性能，当然这是以损失时延信息为代价的(意味着时间差异不作为特征)。频域数据的另一个优势在于，带外噪声能量与信号能量被分离开来，因而可以仅选择需要的频域区间的数据构成特征集，这有利于提升特征提取的信噪比性能。频域表示的缺点在于无法刻画信号的局部变化特性，因而不适宜描述非平稳信号。

对于频域表示数据，可以进一步进行特征选择或降维处理，例如，通过对频谱划分子带，统计每个子带内频谱乘方的均值作为频谱特征[7]，也可以对频域数据直接采用机器学习方法进行特征降维。

5.3.3 线性时频域表示

线性时频表示是通过线性时频变换来表示信号。短时傅里叶变换(short time Fourier transform，STFT)、小波变换以及 Gabor 变换都是线性时频变换，它们使用时间和频率的联合线性变换函数描述信号的频谱成分随时间变化的情况。

短时傅里叶变换的定义如下：

$$\mathrm{STFT}(t,f)=\int_{-\infty}^{\infty}x(u)g^{*}(u-t)\mathrm{e}^{-\mathrm{j}2\pi fu}\mathrm{d}u \tag{5.23}$$

可以理解为信号 $x(u)$ 在分析时间 t 附近的加窗(即窗函数 $g(u)$)傅里叶变换，其特点是在任何时频位置的时间分辨率和频率分辨率都是固定的。

小波分析具有在时频域自适应表征非平稳信号的局部特性的能力，即对低频部分能以相对较低的时间分辨率和相对较高的频率分辨率来表示信号，而在高频(high frequency，HF)部分以相对较低的频率分辨率和相对较高的时间分辨率来表示信号。因此，小波变换被很多文献用于辐射源信号的特征提取[8-11]。

信号 $s(t)$ 的小波变换定义如下(离散小波变换(discrete wavelet transform，DWT))：

$$W_s(a,b)=\int_{-\infty}^{+\infty}s(t)\Psi_{a,b}(t)\mathrm{d}t \tag{5.24}$$

其中，$\Psi_{a,b}(t)$ 为母小波且 $\Psi_{a,b}(t)=|a|^{-1/2}\Psi((t-b)/a)$，$b$ 为时延，a 为尺度。在实际使用时，采用 Mallat 算法实现离散小波变换[12]，其原理如图 5.4 所示。图中 H 和 G 为一组子带分解滤波器，其中 H 为高通滤波器，滤波输出为尺度(粗糙像)系数，G 为低通滤波器，滤波输出为小波系数(细节)，小波变换的结果为 $[\boldsymbol{d}_{-1},\boldsymbol{d}_{-2},\cdots,\boldsymbol{d}_{-P},\boldsymbol{c}_{-P}]^{\mathrm{T}}$ (P 为小波变换尺度个数)，该组系数即构成信号的小波域表示。

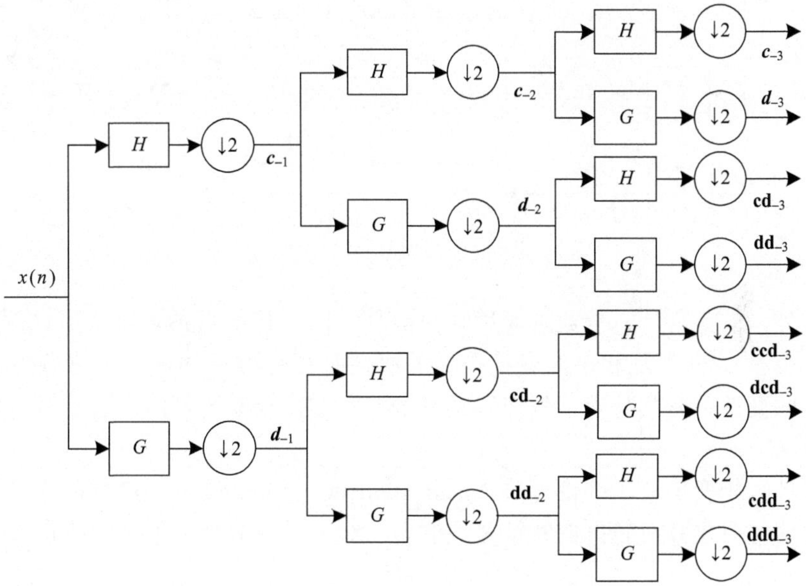

图 5.4　小波变换及小波包处理技术

小波变换对于细节部分不再进一步分解，因而在某些特性展示方面可能存在欠缺。小波包技术对信号的细节部分同样做子带分解，从而展示更多的信号特性信息。图 5.4 中 $[\boldsymbol{d}_{-1},\boldsymbol{c}_{-1},\mathbf{dd}_{-2},\mathbf{cd}_{-2},\boldsymbol{d}_{-2},\boldsymbol{c}_{-2},\cdots]^{\mathrm{T}}$ 就是通过小波包变换获得的各个尺度的子带系数，这就是信号的小波包表示。小波包表示将导致数据维数的扩张。

小波变换不具备时移不变性，而双树复小波变换(dual tree complex wavelet transform，DT-CWT)是一种具备近似时移不变性的改进形式的小波变换，文献[3]提出采用 DT-CWT 来进行辐射源特征提取，其处理流程如图 5.5 所示，包括两个小波变换结构，其中小波变换滤波器的设计可参考文献[3]。在完成变换处理后，可以构造复小波系数：

$$s_{-i}(n) = I_{-i}(n) + \mathrm{j}Q_{-i}(n) \tag{5.25}$$

复小波系数构成的向量即构成信号的 DT-CWT 表示。

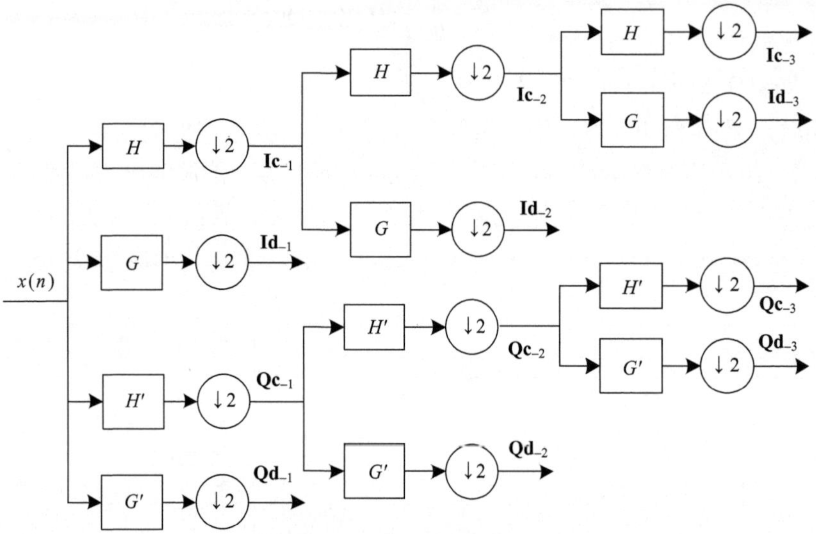

图 5.5　双树复小波变换

此外，S 变换[13]、分数阶傅里叶变换[14]，以及基于 Gabor 原子和 Chirp 原子的时频变换[15]也都是和小波变换类似的线性时频变换，均可用于信号的时频表示。这些变换各有其特点，但在时频表示能力上并无本质差别，这里不再详述其实现方法。

线性时频变换对于线性调频(linear frequency modulation，LFM)和暂态信号等非平稳信号对象具有较好的特征呈现能力，对于平稳信号则不如频域表示更加稳定和精确。

线性时频变换的输出通常需要再次进行特征选择和降维。例如，可以选择特定节点的小波变换系数或特定时频位置的变换系数构成特征向量，当然也可以采用机器学习的方法对变换后向量进行降维处理。

5.3.4　二次时频域和模糊函数表示

二次时频域可以描述信号的二次形能量特征。二次时频域最具代表性的是

Wigner-Ville 分布(WVD)，其定义为

$$W_s(t,\omega)=\int_{-\infty}^{+\infty}s(t+\tau/2)s^*(t-\tau/2)\exp(-\mathrm{j}\omega\tau)\mathrm{d}\tau \tag{5.26}$$

WVD 与模糊函数是一种正反二维傅里叶变换的关系。模糊函数定义如下：

$$A_s(\tau,\nu)=\int_{-\infty}^{+\infty}s(t+\tau/2)s^*(t-\tau/2)\exp(-\mathrm{j}\nu t)\mathrm{d}t \tag{5.27}$$

WVD 可以通过对模糊函数的二维傅里叶变换获得。

$$W_s(t,\omega)=\frac{1}{2\pi}\int_{-\infty}^{+\infty}\int_{-\infty}^{+\infty}A_s(\tau,\nu)\mathrm{e}^{-\mathrm{j}(\omega\tau+\nu t)}\mathrm{d}\tau\mathrm{d}\nu \tag{5.28}$$

WVD 变换描述了信号在时频二维平面上的能量分布情况，对于以时频能量分布为特征的信号(如寄生调制、二次耦合型杂散输出)具备较好的特征呈现能力；模糊函数则表示了信号不同时延和频偏的关联关系，在雷达信号分析里则体现了脉冲的时间分辨力和频率分辨力。

为了提升 WVD 的时频聚集性能和交叉项抑制性能，学者提出了很多种 WVD 的改进形式，这些形式大多为 Cohen 类分布：

$$C_z(t,\omega)=\int_{-\infty}^{+\infty}\int_{-\infty}^{+\infty}A_s(\tau,\nu)\phi(\tau,\nu)\mathrm{e}^{-\mathrm{j}(\omega\tau+\nu t)}\mathrm{d}\tau\mathrm{d}\nu \tag{5.29}$$

其中，$\phi(\tau,\nu)$为核函数，是一种时频二维窗函数，因此 Cohen 类分布等效于对模糊函数的二维加窗傅里叶变换。不同的核函数将产生具有不同的时频聚集性能和交叉项抑制能力的二次时频变换。

WVD 和模糊函数的优势不仅仅在于提供了一种表示信号时变特性的方法，更重要的是，它们对时延和频移都不敏感！这意味着时间对齐和频率对齐的误差不会影响特征提取的性能。当然这其实是以损失时延信息和频移信息为代价的(意味着时间差异和频率差异不作为特征)。WVD 及其改进形式以及模糊函数等二次时频变换的缺点在于将原样本的维数做了平方率扩展，导致存储和计算的复杂度过高，因此对二次时频变换的结果，也应进行特征选择或降维处理。

Gillespie 等提出按照有利于分类的准则设计优化的时频变换核来实现特征降维[16]，他们提出采用 Fisher 鉴别距离来构造时频变换核 $\phi(\tau,\nu)$，即计算以下函数：

$$\mathrm{FDR}(\eta,\tau)=\frac{\sum_{i=1}^{C}\sum_{j=i+1}^{C}\left(\frac{1}{N_i}\sum_{p=1}^{N_i}A_i^p(\eta,\tau)-\frac{1}{N_j}\sum_{q=1}^{N_j}A_j^q(\eta,\tau)\right)^2}{\sum_{c=1}^{C}\left(\frac{1}{N_c}\sum_{p=1}^{N_c}\left|A_i^p(\eta,\tau)\right|^2-\left|\frac{1}{N_c}\sum_{p=1}^{N_c}A_i^p(\eta,\tau)\right|^2\right)} \tag{5.30}$$

其中，$A_i^p(\eta,\tau)$为第 i 个辐射源的第 p 个样本的模糊函数；N_i 为第 i 个辐射源的样本个数；N_c 为总样本个数；C 为辐射源个数。取模糊域(时延–频移)上 $\mathrm{FDR}(\eta,\tau)$

值最大的 K 个位置，令这些位置对应的 $\phi(\tau,\nu)$ 值为 1，其余位置的 $\phi(\tau,\nu)$ 值为 0，则构造得到了所需的时频变换核。采用该核对模糊函数进行筛选(即取 $\phi(\tau,\nu)$ 值为 1 的模糊函数点)即可实现模糊函数的特征选择；也可以采用该核函数根据式(5.29)计算 Cohen 类时频分布，再对时频分布进行特征选择或降维，如选择二维平面上的某些切片构建辐射源特征向量。

5.3.5 Hilbert-Huang 变换域表示

希尔伯特-黄变换(Hilbert-Huang transform，HHT)是一种新的时频分析技术[17]，它能有效地将信号的各种频率成分以固有模态函数(intrinsic mode function，IMF)的形式从时间曲线中分离出来，并构建精确的时频谱。

HHT 首先要对信号做经验模式分解(EMD)，即构建固有模态函数。一个函数称为固有模态函数，必须满足以下要求：①局部极值点的个数与过零点的个数相同或至多相差 1；②由所有局部极大值点确定的上包络和所有局部极小值点确定的下包络的均值总为零。

EMD 的执行过程如下：对待处理信号 $x(t)$，分别计算其局部极大值点序列和局部极小值点序列，并对这两个序列进行三次样条插值，得到信号的上下包络线 $u(t)$ 和 $l(t)$，然后计算包络的平均值得到趋势曲线：

$$m_{1,1}(t) = (u(t) + l(t)) / 2 \tag{5.31}$$

将原信号减去趋势曲线，得到

$$h_{1,1}(t) = x(t) - m_{1,1}(t) \tag{5.32}$$

用 $h_{1,1}(t)$ 代替 $x(t)$，重复上述过程 k 次直到所得到的 $h_{1,k}(t)$ 为 IMF，则完成第一次筛分过程，得到第一个 IMF：

$$c_1(t) = h_{1,k}(t) \tag{5.33}$$

从 $x(t)$ 中减去 $c_1(t)$，得到

$$x_2(t) = x(t) - c_1(t) \tag{5.34}$$

用 $x_2(t)$ 代替 $x(t)$ 再次做相同处理，得到第二个 IMF $c_2(t)$。重复以上步骤得到新的 IMF 分量，直到剩余分量 $x_k(t)$ 为单调分量或值极小为止。

假设分解 K 次，则原始信号可以表示为各个 IMF 分量和剩余趋势分量 $x_K(t)$ 的和：

$$x(t) = \sum_{k=0}^{K-1} c_k(t) + x_K(t) \tag{5.35}$$

对每个 IMF 分量 $c_k(t)$ 进行希尔伯特(Hilbert)变换，得到复解析信号：

$$z_k(t) = c_k(t) + \mathrm{j}H(c_k(t)) = a_k(t)\exp(\mathrm{j}\theta_k(t)) = a_k(t)\exp(\mathrm{j}\int \omega_k(t)\mathrm{d}t) \tag{5.36}$$

其中，$a_k(t)$ 为复解析信号的瞬时幅度；$\theta_k(t)$ 为复解析信号的瞬时相位；$\omega_k(t)$ 为复解析信号的瞬时频率。由此可得

$$x(t)=\mathrm{Re}\left\{\sum_{k=0}^{K-1}a_k(t)\exp(\mathrm{j}\int\omega_k(t)\mathrm{d}t)\right\}+x_K(t) \tag{5.37}$$

式(5.37)表明可以计算信号在时间和频率二维平面上任一点的信号幅度。令

$$H_k(\omega,t)=\begin{cases}a_k(t), & \omega=\omega_k(t)\\ 0, & \omega\neq\omega_k(t)\end{cases} \tag{5.38}$$

则信号幅度在时间和频率二维平面上可以表示为

$$H(\omega,t)=\sum_{k=0}^{K-1}H_k(\omega,t) \tag{5.39}$$

这就是 Hilbert 谱。如果将 Hilbert 谱对时间进行积分，可以得到 Hilbert 边缘谱：

$$h(\omega)=\int H(\omega,t)\mathrm{d}t \tag{5.40}$$

以上将经验模式分解(EMD)与希尔伯特变换结合的处理过程就是 Hilbert-Huang 变换(HHT)。

EMD 根据信号特性自适应产生分解基，不同的信号会产生不同的基函数，其截止频率和带宽自适应变化，构成一组自适应的滤波器。经过 EMD 和希尔伯特变换得到的 Hilbert 谱是对信号能量时频分布的精确表示，因此可对信号非线性和非平稳变化特性进行有力的刻画。HHT 的问题在于可能发生模态混叠，产生虚假频率成分，导致 Hilbert 谱的物理意义无法解释，呈现虚假特征。作为 EMD 的改进，一种称为固有时间尺度分解(ITD)的时频分析方法也被用于构造瞬态信号特征[18]，但 ITD 同样存在模态混叠和虚假成分等问题，并不具备明显的优势。

HHT 产生的 Hilbert 时频谱相比原信号也发生了维数的平方率扩张，因此后续也需要特征选择和筛选处理才能构造有意义的辐射源特征。

5.3.6　累量函数和累量谱表示

累量定义为第二特征函数的泰勒展开系数：

$$c_n\left(x_1^{k_1},x_2^{k_2},\cdots,x_n^{k_n}\right)=(-\mathrm{j})^n\left.\frac{\partial\Psi(\omega_1,\omega_2,\cdots,\omega_n)}{\partial\omega_1^{k_1}\partial\omega_2^{k_2}\cdots\partial\omega_n^{k_n}}\right|_{\omega_1=\omega_2=\cdots=\omega_n=0} \tag{5.41}$$

其中

$$\Psi(\omega_1,\omega_2,\cdots,\omega_n)=\ln\left(\Phi(\omega_1,\omega_2,\cdots,\omega_n)\right) \tag{5.42}$$

为第二特征函数，而 $\Phi(\omega_1,\omega_2,\cdots,\omega_n)$ 为第一特征函数。对于一个随机过程信号，其累量函数为

$$c_n\left(\tau_1,\tau_2,\cdots,\tau_{n-1}\right)=c_n\left(x_t,x_{t-\tau_1},\cdots,x_{t-\tau_{n-1}}\right) \tag{5.43}$$

相应的累量谱为

$$C_n(\omega_1,\omega_2,\cdots,\omega_{n-1})=\int_{\tau_1}\int_{\tau_2}\cdots\int_{\tau_{n-1}} c_n(\tau_1,\tau_2,\cdots,\tau_{n-1})\mathrm{e}^{-\mathrm{j}(\omega_1\tau_1+\omega_2\tau_2+\cdots+\omega_{n-1}\tau_{n-1})}\mathrm{d}\tau_1\mathrm{d}\tau_2\cdots\mathrm{d}\tau_{n-1} \tag{5.44}$$

比较典型的累量函数为三阶累积量 $c_3(\tau_1,\tau_2)$ 和四阶累积量 $c_4(\tau_1,\tau_2,\tau_3)$，相应的高阶累积量谱为双谱 $C_3(\omega_1,\omega_2)$ 和三谱 $C_4(\omega_1,\omega_2,\omega_3)$。由于四阶累积量和三谱有三个计算维度，其数据量会非常大，因此通常采用三阶累积量和双谱对辐射源信号进行特征表示。根据式(5.41)，信号 $x(t)$ 的三阶累积量为

$$\begin{aligned}c_3(\tau_1,\tau_2)=&E\{x(t)x(t+\tau_1)x(t+\tau_2)\}-E\{x(t)\}E\{x(t+\tau_1)x(t+\tau_2)\}\\&-E\{x(t+\tau_1)\}E\{x(t)x(t+\tau_2)\}-E\{x(t+\tau_2)\}E\{x(t)x(t+\tau_1)\}\\&+2E\{x(t)\}E\{x(t+\tau_1)\}E\{x(t+\tau_2)\}\end{aligned} \tag{5.45}$$

三阶累积量反映了随机过程 $x(t)$ 偏离正态或高斯性的程度，高斯噪声的三阶累积量恒等于 0，因此三阶累积量非常有利于描述加性高斯噪声中的信号。三阶累积量还具有关于其变元对称的性质，非常有利于减小计算复杂度和存储负担。

对三阶累积量进行二维傅里叶变换，就得到双谱。双谱的计算也可以直接采用周期图方法：

$$B(\omega_1,\omega_2)=X(\omega_1)X(\omega_2)X^*(\omega_1+\omega_2) \tag{5.46}$$

其中，$X(f)$ 为信号序列的离散时间傅里叶变换。

双谱的优点在于同时保留了信号的幅度和相位信息，能区别自身固有频率和由非线性二次相位耦合引起的信号杂散输出频率，有利于体现杂散幅度调制等细微特征，而且对加性高斯噪声不敏感。但双谱同样面临维数的平方率扩张问题，需要进一步对其进行特征选择或降维。有很多文献提出对双谱做积分处理以降低数据维数[19,20]，但如果积分路径选择不佳将导致鉴别信息的严重丢失。

5.3.7 循环自相关函数和循环谱表示

循环自相关函数定义为

$$R_x(\alpha,\tau)=\lim_{T\to\infty}\frac{1}{T}\int_{-T/2}^{T/2}x(t+\tau/2)x^*(t-\tau/2)\mathrm{e}^{-\mathrm{j}2\pi\alpha t}\mathrm{d}t \tag{5.47}$$

循环自相关函数反映了信号的周期平稳特性。相应的循环谱的定义为

$$S_x(\alpha,f)=\int_{-\infty}^{+\infty}R_x(\alpha,\tau)\mathrm{e}^{-\mathrm{j}2\pi f\tau}\mathrm{d}\tau \tag{5.48}$$

循环谱反映了信号不同频带之间的相关特性，因此也称为谱相关函数。

通信信号和雷达信号往往具备循环平稳性，即在循环谱的非零循环频率处具备较大的非零值，而平稳噪声的循环谱能量主要集中在零循环频率处，因此循环

自相关函数或循环谱具备一定的抗平稳噪声能力。文献[21]～[23]都提出了采用循环自相关函数或循环谱来构造辐射源特征的研究思路。循环自相关或循环谱同样会产生二维数据，因此在构造辐射源特征时，也应进行特征选择或降维。对此，可以通过 Fisher 判别准则来选取最具备鉴别能力的循环谱样点[21]，这种思路和模糊函数的 Fisher 核的构造是一样的。

5.3.8　变换域方法评述

域变换技术是辐射源目标识别中被广泛研究的特征提取方法，几乎所有的信号域变换都曾经被用于辐射源目标识别，而且相关的研究文献仍在不断出现。域变换对于呈现辐射源信号差异无疑具有积极意义，在某些场合下对一些实际信号的辐射源目标识别应用中也取得了一定效果。但是当前对于域变换特征提取技术的研究带有很大的盲目性，多数研究停留于“拿来主义”和“试试看”的表层工作，未对技术的作用机理和局限性进行原理性分析，存在着为了追逐新的信号处理技术而滥用的现象。事实上，域变换技术具有很大的局限性，而这些局限性并未得到足够重视。

首先，域变换是基于信号表现形式来提取辐射源特征的，它回避了辐射源差异的产生机理，很多域变换特征提取方法仅仅定性地声称能够提取辐射源的某些特性，但对于辐射源的这些特性如何表现在变换域上，却缺乏解析形式的描述，这意味着域变换仍是一种基于信号表现形式的特征提取技术。所导致的问题包括：一方面，无法从理论上清楚地说明域变换是否能够有效地提取辐射源差异特性，通过域变换所获得的辐射源特征相比其他方法是否具备更好的区分能力也就存在疑问；另一方面，这使得变换域的选择带有很大的经验性或尝试性质，到底对于哪种辐射源的哪种特性，采用哪种域变换能够有效地提取，缺乏明晰的理论指导，这也是众多域变换被应用于辐射源目标识别，却少有文献能清楚地说明各种域变换的优劣和适用性的原因所在。

域变换的另一个问题在于，几乎所有的变换域的处理结果都受随机调制数据的影响，这意味着，任何两个带随机数据调制的信号样本，无论其是否来自同一个辐射源，其域变换结果都可能存在随机差异。由于同类型辐射源差异十分微小，这种随机差异有可能掩盖辐射源的本质差异特性，对辐射源特征造成干扰。对此，只有采用大量数据累积平滑的方法来减小随机调制数据的影响，但这又要求信号样本必须足够长。因此，域变换通常只适合不存在随机数据调制的辐射源信号（如暂态信号、前导信号、CW 信号或固定调制类型和调制参数的电子脉冲信号）以及常在连续信号。

最后，域变换通常也无法适应信号工作参数的变化，信噪比、调制方式、调制速率等的变化都可能使得域变换所得到的特征发生变化，这意味着其稳定性并不好。因而域变换最好在工作参数固定的场合进行应用。

在实际使用中，域变换较适合作为非机理类特征提取方法的预处理。如果将域变换技术与第 8 章所介绍的基于机器学习的辐射源特征提取方法相结合，在一定场合和条件下可以取得较好的辐射源识别效果。

5.4 基于脉内无意调制曲线的电子辐射源特征提取

理想情况下，雷达脉冲信号的包络为标准矩形；对于简单调制脉冲，其调频曲线为一常量，调相曲线为斜率等于载频的直线；对于线性调频脉冲，其调频曲线为斜率等于调频斜率的直线，调相曲线为抛物线。然而受发射机各类器件的充放电特性及非线性特性的影响，实际电子脉冲信号的包络曲线、调频曲线及调相曲线往往会偏离理想形状，可以理解为在有意调制之外，脉内还存在无意调制，因此称这些调制曲线为脉内无意调制曲线。

脉内无意调制曲线是电子辐射源个体识别的重要特征，常用的脉内无意调制曲线包括脉内无意调幅(unintentional amplitude modulation on pulse，UAMOP)、脉内无意调频(unintentional frequency modulation on pulse，UFMOP)和脉内无意调相(unintentional phase modulation on pulse，UPMOP)。一般来说，脉内无意调制曲线在采用真空管放大器的电子辐射源中体现较为明显，但在有源相控阵类型的电子辐射源中往往不明显。

脉内无意调制曲线的提取需要准确判断脉冲的起止时刻，常用基于时域能量检测的方法，首先对输入信号下变频到基带，按照待检测信号带宽进行滤波，消除带外干扰信号的影响，然后通过取模值提取信号包络，最后采用检测算法获取脉冲信号的起止时刻，其处理流程如图 5.6 所示。

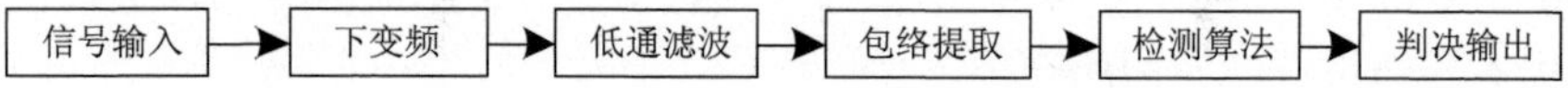

图 5.6　电子脉冲起止点检测流程

在准确判断脉冲起止时刻并实现脉冲时间对齐的基础上，可对脉冲进行无意调幅、无意调相及无意调频曲线的提取。其具体流程如下：

(1) 将接收信号变频到基带，得到信号复基带表示 $\boldsymbol{r}$；

(2) 计算复信号模值，得到信号包络 $\boldsymbol{s}$；

(3) 对信号包络进行归一化，得到无意调幅曲线 $\boldsymbol{y} = \boldsymbol{s} / \mathrm{norm}(\boldsymbol{s})$；

(4) 计算复基带信号 $\boldsymbol{r}$ 的反正切相位(arctan)，并进行相位展开，获得脉内调相曲线 $\boldsymbol{\varphi}$；

(5) 对脉内调相曲线做线性拟合(简单调制脉冲)或二次拟合(线性调频脉冲)，

根据拟合结果重构有意相位调制曲线 $\boldsymbol{\theta}$ ；

(6) 计算脉内无意调相曲线 $\boldsymbol{\rho}=\boldsymbol{\varphi}-\boldsymbol{\theta}$ ；

(7) 计算脉内无意调频曲线 $\boldsymbol{\xi}=\boldsymbol{\rho}(2:N)-\boldsymbol{\rho}(1:N-1)$ 。

图 5.7～图 5.9 给出了六部雷达脉内无意调幅、无意调相和无意调频曲线。由图可见，相比无意调相及无意调频曲线，无意调幅曲线区分度较小，且在实际环

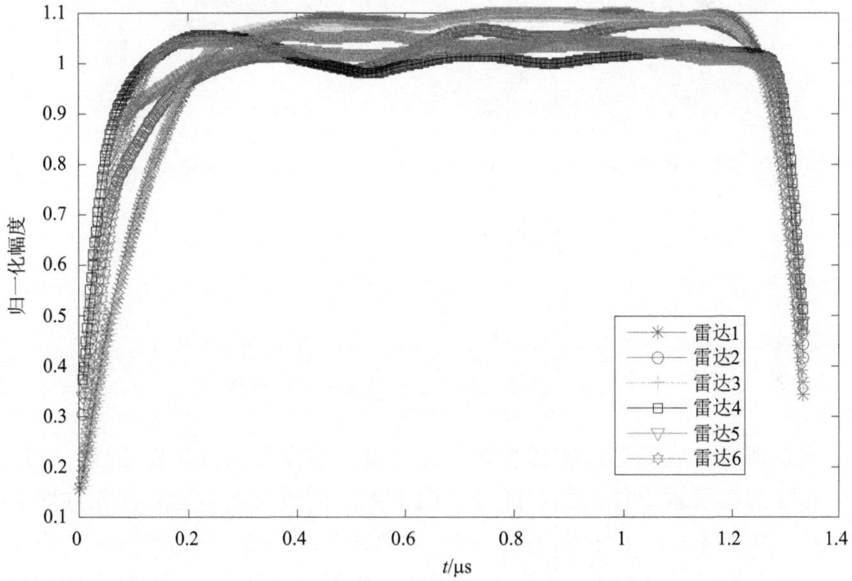

图 5.7　六部实际雷达脉内无意调幅曲线

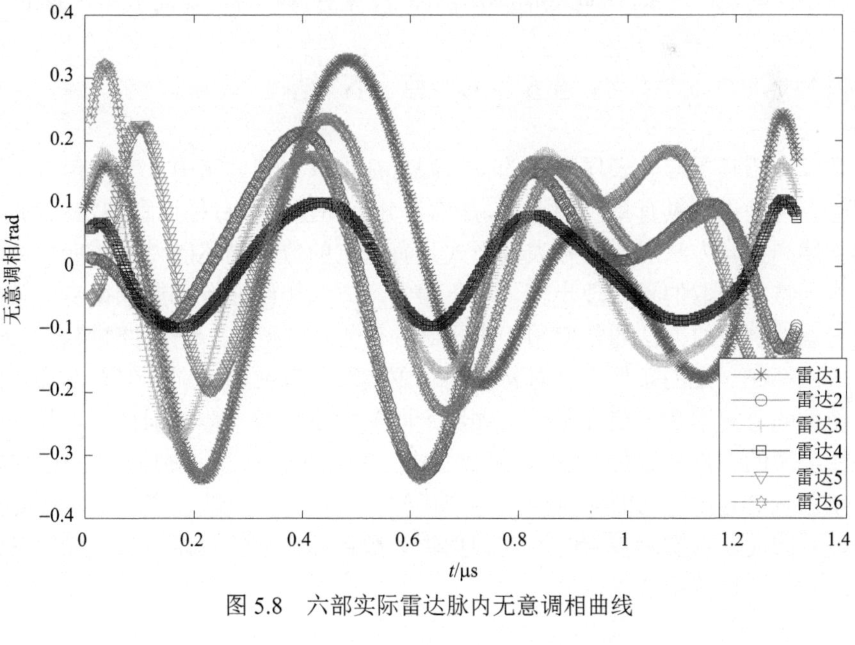

图 5.8　六部实际雷达脉内无意调相曲线

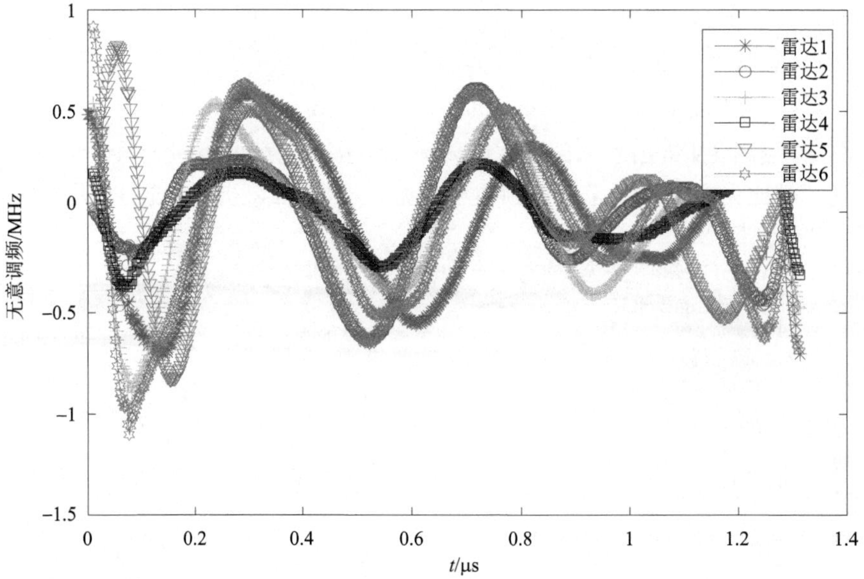

图 5.9　六部实际雷达脉内无意调频曲线

境中，无意调幅曲线受多径传播影响十分严重，不具备长时间稳定性，一般较少应用于实际的辐射源个体识别。此外，由于无意调频曲线由无意调相曲线差分获得，而差分操作增大了无意调频曲线中噪声的影响，因此在高信噪比的条件下无意调相特征优于无意调频特征。但在低信噪比条件下，由于无意调相特征中相位展开过程存在误差累积现象，因此低信噪比条件下，无意调频特征要优于无意调相特征。

5.5　本 章 小 结

本章介绍基于信号表现形式的辐射源特征提取方法。其中，常规信号参数对于辐射源类型识别具有重要的意义，是信号分析和辐射源目标识别中常用的方法；数学描述和拟合方法对于信号表现形式具有一定的数学描述能力；域变换方法较适合作为特征提取的预处理步骤，与机器学习方法相结合有可能取得良好效果；脉内无意调制曲线方法通常应用于电子脉冲信号，实际上也是一种时域表示方法。这些方法都在一定的条件下针对特定的对象实现了辐射源识别，但普遍存在的问题是特征的分辨率和稳定性不足，如用于同类型辐射源个体识别往往容易失败，而在辐射源的工作参数(如载频、调制方式、调制速率等)、调制内容、地理位置、运动状态或信号质量(如信噪比)发生变化时，特征往往也随之变化，从而导致识别失败。因此，在实际使用时，应根据辐射源目标应用的具体需求、应用条件和方法本身的特性慎重选用。

参 考 文 献

[1] 杨琳, 许小东, 路友荣, 等. 常见数字通信信号的谱线特征分析[J]. 电子与信息学报, 2009, 31(5): 1067-1071.

[2] Gao P, Tepedelenlioglu C. SNR estimation for non-constant modulus constellations[C]. IEEE Wireless Communications and Networking Conference, Atlanta, 2004: 24-29.

[3] Klein R W. Application of dual-tree complex wavelet transforms to burst detection and RF fingerprint classification [D]. Dayton: Air Force Institute of Technology, 2009.

[4] Aubry A, Bazzoni A, Carotenuto V, et al. Cumulants-based specific emitter identification[C]. IEEE International Workshop on Information Forensics and Security, Iguacu Falls, 2011: 1-6.

[5] Serinken N, Ureten O. Generalised dimension characterization of radio transmitter turn-on transients[J]. Electronics Letters, 2000, 36(12): 1064-1066.

[6] William C S, Michael A T, Michael J M, et al. Using spectral fingerprints to improve wireless network security[C]. IEEE Global Telecommunications Conference, New Orleans, 2008: 1-5.

[7] Kennedy I O, Buddhikot M M, Nolan K E. Radio transmitter fingerprinting: A steady state frequency domain approach[C]. IEEE 68th Vehicular Technology Conference, Calgary, 2008: 1-5.

[8] Hippenstiel D R, Paya Y. Wavelet based transmitter identification[C]. Proceedings of the 4th International Symposium on Signal Processing and Its Application, Benawa, 1996: 740-743.

[9] Wilson A K. Signal source identification utilizing wavelet-based signal processing and associated method: US7120562B1[P]. 2006-10-10.

[10] Barbeau M, Hall J, Kranakis E. Detecting rogue devices in bluetooth networks using radio frequency fingerprinting[C]. Proceedings of the 3rd IASTED International Conference on Communications and Computer Networks, Lima, 2006: 108-113.

[11] Williams M D, Munns S A, Temple M A, et al. RF-DNA fingerprinting for airport WiMax communications security[C]. Proceedings of the 4th International Conference on Network and System Security, Melbourne, 2010: 32-39.

[12] 张贤达. 现代信号处理[M]. 2 版. 北京: 清华大学出版社, 2002.

[13]李春艳. 雷达辐射源信号检测与脉内细微特征提取方法研究[D]. 西安: 西安电子科技大学, 2011.

[14] 陆满君. 通信辐射源个体识别与参数估计[D]. 哈尔滨: 哈尔滨工程大学, 2010.

[15] 田波. 雷达辐射源信号无意调制研究[D]. 成都: 西南交通大学, 2007.

[16] Gillespie B W, Atlas L E. Data-driven optimization of time and frequency resolution for radar transmitter identification[C]. Proceedings of the SPIE, San Diego, 1998: 91-98.

[17] Huang N E, Shen Z, Long S R, et al. The empirical mode decomposition and the Hilbert spectrum for nonlinear and non-stationary time series analysis[J]. Proceedings of the Royal Society of London A, 1998, 454(1971): 903-995.

[18] 宋春云，詹毅，郭霖. 基于固有时间尺度分解的电台暂态特征提取[J]. 信息与电子工程，2010, 8(5): 544-549.

[19] 徐书华. 基于信号指纹的通信辐射源个体识别技术研究[D]. 武汉：华中科技大学, 2007.

[20] Xu S, Xu L, Xu Z, et al. Individual radio transmitter identification based on spurious modulation characteristics of signal envelope[C]. IEEE Military Communications Conference, Diego, 2008: 1-5.

[21] 陈昌云. 基于脉内特征分析的辐射源识别方法研究[D]. 西安：西安电子科技大学, 2010.

[22] 刘婷. 基于循环平稳分析的雷达辐射源特征提取与融合分析[D]. 西安：西安电子科技大学, 2009.

[23] Kim K, Spooner C M, Akbar I, et al. Specific emitter identification for cognitive radio with application to IEEE 802.11[C]. IEEE Global Telecommunications Conference, New Orleans, 2008: 2099-2103.

第 6 章　基于发射机畸变的通信辐射源特征提取

基于信号表现形式的辐射源特征提取技术是从现象上建立对辐射源差异的认识，缺乏对辐射源特征产生机理的精确认识，因此不能完整而准确地得到反映辐射源本质差异的特征集，所产生的特征的区分力和稳定性也就存在不足。本章将从发射机畸变机理出发，介绍基于发射机畸变特性的通信辐射源特征提取方法。

6.1　引　　言

从本源上而言，辐射源特征来源于构成发射机的各元器件特性以及其工作环境等因素的差异，表现在发射机所产生的射频信号上。发射机的畸变特性决定了辐射源特征在发射信号上的表现形式，从这个意义上而言，可将发射机畸变特性视为辐射源特征的“DNA”，而所产生的射频信号上的辐射源特征是由“DNA”决定的表现形式。

信号自发射机产生，再经过信道传输到达接收机的过程可以表示为

$$\boldsymbol{y}_i = g(\boldsymbol{\chi}_i, \boldsymbol{d}_i, \boldsymbol{v}), \quad i = 1, \cdots, C \tag{6.1}$$

其中，$\boldsymbol{d}_i$ 为第 i 个发射机传输的有意调制信息；$\boldsymbol{\chi}_i$ 为第 i 个发射机的“DNA”参数组(如电感和电容对标准值的偏移等)构成的“DNA”参数向量；$\boldsymbol{y}_i$ 为第 i 个发射机所产生的射频信号；$g(\cdot)$ 表示发射机产生射频信号并经过信道传播的处理过程；$\boldsymbol{v}$ 为信号发射和接收过程中的随机噪声；C 为待识别辐射源个数。

理想情况下，辐射源特征应依据接收信号 $\boldsymbol{y}_i$ 精确估计发射机“DNA”参数 $\boldsymbol{\chi}_i$ 来构造，即

$$\hat{\boldsymbol{\chi}}_i = f_g(\boldsymbol{y}_i, \boldsymbol{d}_i), \quad i = 1, \cdots, C \tag{6.2}$$

该模型中关键的问题是 f_g 形式的确定，这依赖于对辐射源特征产生机理的数学化描述。然而如果以发射机元器件参数作为“DNA”参数，那么 $g(\cdot)$ 的形式将异常复杂，而且很难给出具体的解析表达式，更难以据此反演得到 f_g 的形式。如果考虑模块级建模，以构成发射机的各个模块的特性参数作为“DNA”参数，则相应的生成函数的形式将变得相对简单，不妨表示成

$$\boldsymbol{y}_i = \Phi(\boldsymbol{s}_i, \boldsymbol{d}_i, \boldsymbol{v}), \quad i = 1, \cdots, C \tag{6.3}$$

其中，$\boldsymbol{s}_i$ 为发射机模块特性参数。发射机各个模块的特性参数是其所包含的各个元器件和环境特性综合作用的结果，因此其中显然包含了可用以识别发射机个体

的信息。相应的反演估计表示式为

$$\hat{\boldsymbol{s}}_i = f_{\Phi}(\boldsymbol{y}_i, \boldsymbol{d}_i), \quad i = 1, \cdots, C \tag{6.4}$$

此过程可用图 6.1 表示。

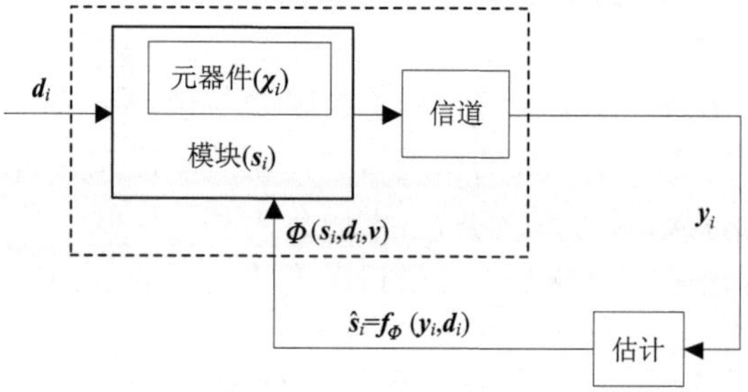

图 6.1　基于机理模型的辐射源指纹特征提取原理示意图

第 3 章已对辐射源指纹产生机理进行了数学化描述，即 $\Phi(\cdot)$ 的形式已可明确。剩下的问题即如何根据信号模型设计算法完成对模块特性参数 $\boldsymbol{s}_i$ 的估计，即指纹特征提取。本章将以辐射源畸变机理模型为依据，设计相应的特征提取算法。

在阐述特征提取方法之前，有必要介绍特征提取之前的接收机处理和信号处理，如图 6.2 所示。在信号到达接收机以后，先进行下变频到中频，然后对中频信号采样量化，再通过数字下变频(digital down converter，DDC)将信号变换到基带。对此基带信号做时间同步(定时)、频率同步和相位同步，再依据同步后信号完成特征提取，所得到的特征即送到分类器完成识别。

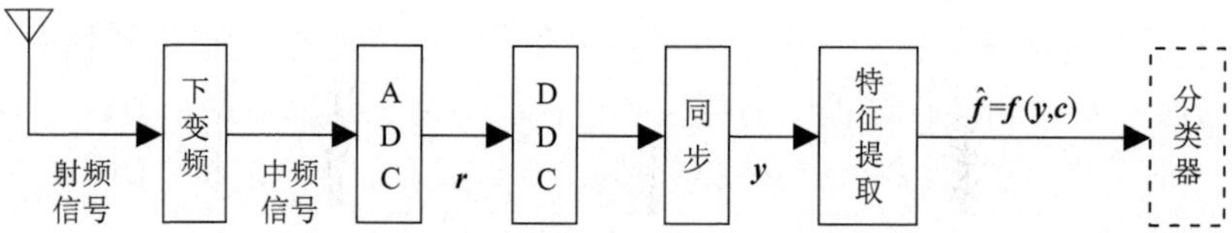

图 6.2　基于发射机畸变的辐射源目标识别流程

6.2　特征提取预处理

特征提取预处理完成对信号样本的截取和构造、样本的对齐和同步等处理，这是为特征提取做准备。良好的预处理设计能够消除或减弱不稳定因素的影响，提高特征的稳定性和分辨力。

辐射源信号传播和接收过程中可能存在的不稳定因素包括：信道变化、辐射源位置变化、辐射源运动变化、接收机变化、接收采集时间差异等。这些因素将对不同时间采集的不同辐射源的信号样本造成如下影响：功率(幅度)变化、信号时延变化、中心频率变化、样本初相变化等。这些影响一方面造成不同辐射源所产生的信号之间的差异，但这种差异可能并不稳定；另一方面造成同一辐射源所产生的信号的特性不稳定。预处理的设计正是为了解决这些问题。

6.2.1　样本构造

样本是辐射源目标识别的基本处理单位。样本可以是一个突发、一个脉冲或一段连续信号。对于连续信号，样本构造只需要截取一段指定长度的信号样本即可；但对于突发信号或脉冲信号，必须通过突发检测或脉冲检测才能截取突发或脉冲信号构成样本。

突发和脉冲的提取可以采用能量算法完成，即在将信号变频到基带并滤除带外噪声后，通过检测信号能量的变化来检测突发和脉冲。为了避免决策门限受信号传输功率的影响，可以采用双窗功率比方法进行检测，如图 6.3 所示。双窗功率比作为检测量避免了信号功率的影响，同时也使得检测门限更容易设置，例如，设突发起点检测门限(上门限)为 3，突发终点检测门限(下门限)为 0.33，可适应多数信噪比情况。此外应注意的是，窗口长度应该尽可能取较大值才能取得较好的检测效果，但不应大于最小间隙(噪声)长度和最小突发长度。

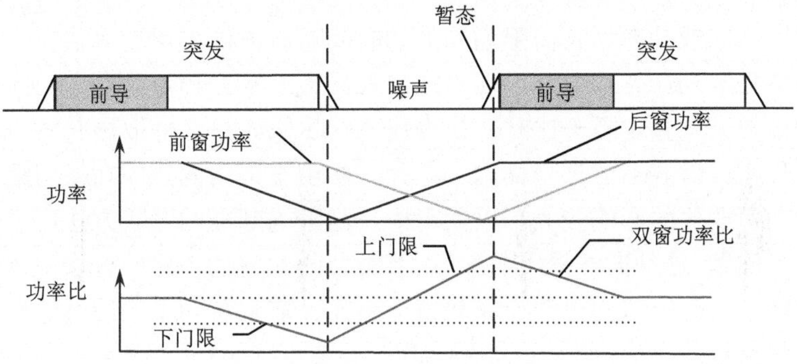

图 6.3　基于双窗功率比的突发(脉冲)信号检测

当突发间隙较短或信噪比较低时，双窗功率比检测算法性能较差。如果突发前部或内部存在固定码元调制(如前导码或同步码)，则可以采用相关检测方法。为了避免频偏对相关结果产生影响，可以采用多重差分相关检测方法[1]：

$$\Lambda(\boldsymbol{r})=\sum_{i=1}^{N-1}\left|\sum_{k=i}^{N-1}r_k^*c_k r_{k-i}c_{k-i}^*\right|^2\Bigg/\sum_{i=1}^{N-1}\sum_{k=i}^{N-1}\left|r_k r_{k-i}\right|^2 \tag{6.5}$$

其中，*表示共轭；r_k 为当前位置的复基带信号；c_k 为固定调制符号。当 $\Lambda(\boldsymbol{r})$ 大于某一门限时，认为检测到突发信号。由于 $\Lambda(\boldsymbol{r})$ 为归一化形式的检测量，其检测门限与信号功率无关，一般可在 0.4～0.6 的区间内设置。

6.2.2 同步对齐

同步对齐是在时间上、频率上、相位上和幅度上对样本信号进行一致化处理，包含时间对齐、频率对齐、相位对齐和幅度对齐四个步骤。

对齐并非必要，如果在特定条件下，时延、载频、初相和幅度能够构成辐射源特征(如对于静止辐射源产生的经静态信道传播的辐射源信号)，则不必对辐射源信号样本进行对齐处理，而应估计这些特性参数构成辐射源特征。需要指出的是，以下阐述的对齐方法包含了对这些特性参数的估计方法，因此即使不需要对齐，也可以利用以下所述方法提取相应的辐射源特征。

1. 时间对齐

辐射源与接收机位置的变化、信道的变化、接收采集时间的变化等因素都可能导致不同信号样本的时延特性不一致。如果时延特性不构成稳定的辐射源特征，就必须进行时间对齐以消除时延特性不一致对后续特征提取的不利影响。时间对齐是将所有构造的信号样本以一定的时间基准进行对齐。时间对齐的基准可以是一定的功率门限或功率增长门限对应的样本位置，也可以是同步码在样本中的位置。

以功率门限或功率增长门限为基准的时间对齐方法采用功率估计来实现。采用一定的窗长滑动计算信号功率，当功率首次大于某一预定的功率门限或达到信号最大功率的某一预定百分比时，认为找到样本起始点，截取该起始点以后一定长度的信号构成对齐后的信号样本。这种方法由于采用固定的功率门限，对齐性能受信号功率变化的影响较大。以功率增长门限为基准的对齐方法可以一定程度上解决这一问题。这种方法采用与 6.2.1 节类似的双窗功率比的方法来进行时间对齐，即在样本对齐窗口内滑动计算双窗功率比，取双窗功率比最大值对应的位置作为样本起点。

如果信号样本中存在同步码字，可以采用多重差分相关方法以同步码位置为基准进行时间对齐。多重差分相关检测量为

$$\Lambda(\boldsymbol{r})=\sum_{i=1}^{N-1}\left|\sum_{k=i}^{N-1} r_k^{*} c_k r_{k-i} c_{k-i}^{*}\right|^2 \tag{6.6}$$

在窗口内滑动计算，取最大值对应的位置为样本起点。

通常以能量门限和能量增长门限为基准的时间对齐准确度不高，视信噪比和信号特性的不同，其对齐精度在几个至几十个符号周期之间，而以同步码位置为基准的时间对齐的精度较高，一般在一个符号以内。因此，如果存在同步码，通

常以同步码为基准进行对齐。另外，以上方法事实上包含了对时延的估计，在适当场景下可用以构建辐射源时延特征。

2. 载波对齐

不同的辐射源可能工作在不同的频率上，但其工作频率是可以变化的，此时工作频率不可以作为辐射源特征。此外，如果辐射源在运动，则其载频还会发生漂移，这种漂移同样是不稳定的。信号样本的初相与信号的载频、接收机与辐射源的距离以及接收时间等因素有关，通常也是不稳定的。载波对齐是对所有信号样本，将其中心频率对齐到某一频率基准上，将其初始相位对齐到某一相位基准上，从而减小载波参数的不稳定对于后续特征提取的不利影响。

设第 i 个信号样本为

$$z_i(n) = A_i \mathrm{e}^{\mathrm{j}(2\pi f_i n + \phi_i)} \rho_i(n) + v_j(n) \tag{6.7}$$

其中，f_i 为第 i 个信号样本的工作频率；ϕ_i 为其初相；$\rho_i(n)$ 为基带调制信号；$v_j(n)$ 为信道噪声。载波对齐的目标是估计出 f_i 和 ϕ_i 的值，再消除其影响。

如果调制为 MPSK，则频率的估计可以采用“M 次方+ CZT(chirp Z-transform)”精确估计，即先做 M 次方运算：

$$y_i(n) = z_i(n)^M \tag{6.8}$$

再对 $y_i(n)$ 做 CZT，搜索谱极值点对应的频率，再除以 M 得到频率估计值 $\hat{f}_i$。

对初相的估计可采用数据辅助(DA)或非数据辅助(non-data-aided，NDA)方法。DA 方法利用已知的同步码序列重构基带调制信号 $\rho_i(n)$，设重构结果为 $\tilde{\rho}_i(n)$，则

$$\hat{\phi}_{\mathrm{DA},i} = \arg\left\{\sum_{n=0}^{N-1}\left(z_i(n)\mathrm{e}^{-\mathrm{j}2\pi\hat{f}_i n}\right)\tilde{\rho}_i^*(n)\right\} \tag{6.9}$$

NDA 方法基于载频估计结果，如对 M 次方后的信号依据载频估计结果去载频，然后计算出现相位：

$$\hat{\phi}_{\mathrm{NDA},i} = \arg\left\{\sum_{n=0}^{N-1}\left(y_i(n)\mathrm{e}^{-\mathrm{j}2\pi M\hat{f}_i n}\right)\right\}\Big/ M \tag{6.10}$$

完成对中心频率和初相的估计以后，即可以去除中心频率和初相：

$$\hat{z}_i(n) = \mathrm{e}^{-\mathrm{j}(2\pi\hat{f}_i n + \hat{\phi}_i)} z_i(n) \tag{6.11}$$

从而完成频率和相位的对齐。

以上方法事实上包含了对频率和初相的估计，在适当场景下可用以构建辐射源的载频和相位特征。

3. 幅度对齐

接收信号的功率与辐射源发射功率以及辐射源与接收机的相对位置有关，在长时间内会发生变化，这意味着幅度特征通常不是稳定的辐射源特征，应对信号幅度进行对齐处理，以避免其对后续特征提取的影响。幅度对齐通常是将信号幅度进行归一化处理。

在进行幅度对齐时，应当首先进行幅度估计或信噪比估计。幅度估计同样存在 DA 方法和 NDA 方法。DA 方法利用已知的同步码序列重构同步码基带调制信号 $\rho_i(n)$，并据此来估计信号幅度：

$$\hat{A}_{\mathrm{DA},i} = \frac{1}{N}\sum_{n=0}^{N-1}\left(z_i(n)\rho_i^*(n)\right) \tag{6.12}$$

如果要进一步估计信噪比，则有

$$\mathrm{SNR}_{\mathrm{DA},i} = \hat{A}_{\mathrm{DA},i}^2 \Big/ \left(\frac{1}{N}\sum_{n=0}^{N-1} z_i^{\,2}(n) - \hat{A}_{\mathrm{DA},i}^2\right) \tag{6.13}$$

NDA 方法可采用基于二阶矩和四阶矩(M2M4)的信噪比估计[2]：

$$\mathrm{SNR}_{\mathrm{NDA},i} = \frac{1-2M_2^2/M_4 - \sqrt{(2-a)\left(2M_2^4/M_4^2 - M_2^2/M_4\right)}}{aM_2^2/M_4 - 1} \tag{6.14}$$

其中，$M_4 = \frac{1}{N}\sum_{n=0}^{N-1}\left|z_i(n)\right|^4$；$a = \sum_{i=1}^{Q} p_i a_i^4$，$a_i$ 为调制幅度；p_i 为该调制幅度的出现概率，Q 为调制幅度个数。完成信噪比估计后，就可以得到信号平均幅度为

$$\hat{A}_{\mathrm{NDA},i} = \sqrt{M_2 \mathrm{SNR}_{\mathrm{NDA},i} / (1+\mathrm{SNR}_{\mathrm{NDA},i})} \tag{6.15}$$

完成幅度估计后，即可进行幅度归一化处理：

$$\hat{z}_i(n) = z_i(n) \big/ \hat{A} \tag{6.16}$$

以上方法涉及的信号幅度和信噪比的估计方法，在适当场景下可用于构成辐射源幅度特征，但应特别注意其是否具备稳定性。

6.3　暂态畸变特征提取

暂态信号指纹特征提取的研究很早就被人们所重视，然而几乎所有的研究都只关注暂态信号的外在表现特征。由于未能探究暂态信号产生的机理本质，这些方法所提取的特征未能充分反映辐射源之间的暂态差异，且可能带入不稳定因素，影响特征的稳定性。因此，有必要以暂态产生机理为基础，建立暂态生成模型、

设计模型参数估计算法来实现暂态畸变特征提取。

由于暂态特性可分解为幅度暂态和相位(频率)暂态，以下分别从幅度和相位两方面阐述暂态指纹特征提取方法。首先阐述其信号模型，然后介绍模型参数估计算法。

6.3.1　幅度暂态指纹特征提取

1. 幅度暂态信号模型

考虑 AWGN 信道，则在接收端下变频后得到的基带暂态采样信号可表示为

$$r(n)=A_{\mathrm{r}}(n)\exp\left(\mathrm{j}(\omega_{\mathrm{o}}n+\varphi(n)+\phi(n)+\vartheta(n))\right)+v(n) \tag{6.17}$$

其中，$A_{\mathrm{r}}(n)$ 为幅度暂态信号；ω_{o} 为频偏；$\varphi(n)$ 为有意相位调制；$\phi(n)$ 为相位暂态信号；$\vartheta(n)$ 为发射端和接收端的相位噪声；$v(n)$ 为方差为 σ_v^2 的加性高斯白噪声。需要注意的是，$A_{\mathrm{r}}(n)$ 中可能包含有有意的幅度调制信息(如高阶 QAM 调制)。如果提取信号幅度，则在信噪比较大时，幅度计算模型为

$$y_{\mathrm{A}}(n)=|r(n)|\approx A_{\mathrm{r}}(n)+v(n) \tag{6.18}$$

根据 3.7 节描述，幅度暂态可视为理想幅度控制信号激励一个二阶低通 RC 系统的输出结果，但接收方滤波器的作用同样将影响幅度暂态的形态。不妨将接收方滤波器视为一等效的基带低通滤波器 $H_{\mathrm{RA}}(s)$，则根据 3.7 节式(3.53)，幅度暂态信号的拉氏变换可表示为

$$A_{\mathrm{r}}(s)=A_{\mathrm{I}}(s)H_{\mathrm{A}}(s)H_{\mathrm{RA}}(s)=\frac{cA_{\mathrm{I}}(s)H_{\mathrm{RA}}(s)}{(s+a)(s+b)} \tag{6.19}$$

其中，$A_{\mathrm{I}}(s)$ 为理想幅度控制信号的拉氏变换，其效应不仅包括功率控制，也可能包含有意幅度调制。对于开机暂态或突发起始暂态，$A_{\mathrm{I}}(s)$ 就是阶跃响应。将式(6.19)改写成离散采样信号的 z 变换形式，可得

$$A_{\mathrm{r}}(z^{-1})=\frac{c(\mathrm{e}^{-aT_s}-\mathrm{e}^{-bT_s})}{a-b}\frac{z^{-1}}{1-(\mathrm{e}^{-aT_s}+\mathrm{e}^{-bT_s})z^{-1}+\mathrm{e}^{-aT_s}\mathrm{e}^{-bT_s}z^{-2}}A_{\mathrm{I}}(z^{-1})H_{\mathrm{RA}}(z^{-1}) \tag{6.20}$$

其中，T_s 为采样周期；$A_{\mathrm{I}}(z^{-1})$ 为理想幅度控制信号的 z 变换；$H_{\mathrm{RA}}(z^{-1})$ 为接收滤波器的 z 变换，不妨以 M 阶 FIR(finite impulse response，有限冲激响应)滤波器表示，则有

$$H_{\mathrm{RA}}(z^{-1})=z^{M/2}\left(\lambda_0+\lambda_1z^{-1}+\cdots+\lambda_Mz^{-M}\right) \tag{6.21}$$

令 $a_1=-(\mathrm{e}^{-aT_s}+\mathrm{e}^{-bT_s})$，$a_2=\mathrm{e}^{-aT_s}\mathrm{e}^{-bT_s}$，$d=c(\mathrm{e}^{-aT_s}-\mathrm{e}^{-bT_s})/(a-b)$，则式(6.20)可表示为

$$A_{\mathrm{r}}(z^{-1})=z^{M/2}\frac{c_1z^{-1}+\cdots+c_{M+1}z^{-(M+1)}}{1+a_1z^{-1}+a_2z^{-2}}A_{\mathrm{I}}(z^{-1}) \tag{6.22}$$

其中，$c_i = d\lambda_{i-1}$，i=1,⋯,M+1。

根据式(6.22)和式(6.18)，幅度暂态信号满足

$$y_A(n-\frac{M}{2})=\frac{c_1z^{-1}+\cdots+c_{M+1}z^{-(M+1)}}{1+a_1z^{-1}+a_2z^{-2}}A_I(n)+v(n-\frac{M}{2}) \tag{6.23}$$

剩下的问题就是根据模型估计参数$\{a_1, a_2, c_1, c_2, \cdots, c_{M+1}\}$。由于$c_i$中包含了接收滤波器的效应，如果要求识别对接收机变化也保持稳定，则指纹参数应该只选择$\{a_1, a_2\}$。

2. 幅度暂态信号模型参数求解

由于$v(n)$为高斯白噪声，方程(6.23)的求解可采用最小二乘方法完成。令

$$\boldsymbol{\theta}=[a_1,a_2,c_1,\cdots,c_{M+1}]^{\mathrm{T}} \tag{6.24}$$

$$\boldsymbol{x}(n)=\left[-y_A(n-\frac{M}{2}-1),-y_A(n-\frac{M}{2}-2),A_I(n-1),\cdots,A_I(n-M-1)\right]^{\mathrm{T}} \tag{6.25}$$

则有

$$y(n)=\boldsymbol{x}(n)^{\mathrm{T}}\boldsymbol{\theta}+v(n-\frac{M}{2}) \tag{6.26}$$

其中，$y(n)=y_A(n-\frac{M}{2})$。由此可得$\boldsymbol{\theta}$的最小二乘解为

$$\hat{\boldsymbol{\theta}}=\left(\boldsymbol{X}^{\mathrm{T}}\boldsymbol{X}\right)^{-1}\boldsymbol{X}^{\mathrm{T}}\boldsymbol{y} \tag{6.27}$$

其中，$\boldsymbol{X}=[x(0),\cdots,x(N-1)]^{\mathrm{T}}$；$\boldsymbol{y}=[y(0),\cdots,y(N-1)]^{\mathrm{T}}$；$N$为信号样点个数。如果信号采样点个数很多导致计算困难，可以采用迭代最小二乘方法[3]。

需要说明的是，在信噪比较低时，式(6.18)所表示的模型具有较大的模型误差，此时噪声不再是零均值高斯白噪声，将影响最小二乘估计的准确性。

6.3.2 相位暂态指纹特征提取

1. 相位(频率)暂态信号模型

对式(6.17)的信号模型考虑相位暂态时，应注意区分频率调制暂态和频率源启动/转换暂态。频率调制暂态是在有意相位(频率)调制时，相位(频率)转换过程中产生的暂态；而频率源启动/转换暂态是在频率源启动时或其工作频率转换时产生的暂态。对于频率源持续工作且不发生工作频率转换的情况，启动/转换暂态不存在，应主要考虑频率调制暂态；而对在频率源启动或工作频率转换时捕获的信号，则还应考虑频率源暂态。调制暂态特征提取将在 6.5 节中阐述，本小节主要

介绍频率源启动/转换暂态。

如果信噪比足够高，则根据式(6.17)，有

$$\begin{aligned} r(n) &= (A+\tilde{v}(n))\exp\left(\mathrm{j}(\omega_{\mathrm{o}}n+\varphi(n)+\phi(n)+\vartheta(n))\right) \\ &= \tilde{A}\left(\frac{A+\tilde{v}_{\mathrm{I}}(n)}{\tilde{A}}+\mathrm{j}\frac{\tilde{v}_{\mathrm{Q}}(n)}{\tilde{A}}\right)\mathrm{e}^{\mathrm{j}(\omega_{\mathrm{o}}n+\varphi(n)+\phi(n)+\vartheta(n))} \\ &\approx \tilde{A}\mathrm{e}^{\mathrm{j}\frac{\tilde{v}_{\mathrm{Q}}(n)}{\tilde{A}}}\mathrm{e}^{\mathrm{j}(\omega_{\mathrm{o}}n+\varphi(n)+\phi(n)+\vartheta(n))} \\ &= \tilde{A}\mathrm{e}^{\mathrm{j}(\omega_{\mathrm{o}}n+\varphi(n)+\phi(n)+\frac{\tilde{v}_{\mathrm{Q}}(n)}{\tilde{A}}+\vartheta(n))} \end{aligned} \tag{6.28}$$

其中

$$\tilde{A}=\sqrt{(A+\tilde{v}_{\mathrm{I}}(n))^2+\tilde{v}_{\mathrm{Q}}(n)^2} \tag{6.29}$$

而 $\tilde{v}_{\mathrm{I}}(n)=\mathrm{Re}\{\tilde{v}(n)\}, \tilde{v}_{\mathrm{Q}}(n)=\mathrm{Im}\{\tilde{v}(n)\}$。因此，信号的瞬时相位

$$y_{\varPhi}(n)=\arg\{r(n)\}\approx\omega_{\mathrm{o}}n+\varphi(n)+\phi(n)+\vartheta(n)+\xi(n) \tag{6.30}$$

其中，$\xi(n)=\tilde{v}_{\mathrm{Q}}(n)/\tilde{A}$，由于 $\tilde{v}_{\mathrm{Q}}(n)$ 为方差为 $\sigma_v^2/2$ 的白高斯过程，$\xi(n)$ 可视为方差为 $1/(2\lambda_v)$ 的加性高斯白噪声，其中 $\lambda_v=A^2/\sigma_v^2$ 为信号的信噪比。

根据 3.7 节描述，相位暂态信号同样可视为相位控制信号激励一个二阶系统的输出。发射通路和接收通路的各种滤波器会对相位暂态信号的形态产生一定的影响。由于各种滤波器等效到基带上相当于低通滤波器，可用 FIR 低通滤波器来近似描述其效应。执行与 6.3.1 小节中类似的推导，并利用式(3.56)，得到相位暂态信号模型为

$$\phi(n-\frac{M}{2})=\frac{c_0+c_1z^{-1}+\cdots+c_{M+1}z^{-(M+1)}}{1+a_1z^{-1}+a_2z^{-2}}\phi_{\mathrm{I}}(n) \tag{6.31}$$

其中，$\phi_{\mathrm{I}}(n)$ 为输入的相位控制信号。注意式(6.31)中采用了与式(6.23)中相同的参数符号，这仅仅是为了表示方便，并不意味着幅度暂态参数和相位暂态参数相同。

根据式(6.30)和式(6.31)，相位暂态信号满足

$$y_{\varPhi}(n-\frac{M}{2})\approx\omega_{\mathrm{o}}(n-\frac{M}{2})+\varphi(n-\frac{M}{2})+\frac{c_0+c_1z^{-1}+\cdots+c_{M+1}z^{-(M+1)}}{1+a_1z^{-1}+a_2z^{-2}}\phi_{\mathrm{I}}(n)+\upsilon(n) \tag{6.32}$$

其中，$\upsilon(n)=\vartheta(n-\frac{M}{2})+\xi(n-\frac{M}{2})$；$\varphi(n-\frac{M}{2})$ 为色噪声。

式(6.32)中 $\phi_{\mathrm{I}}(n)$ 表示频率阶跃输入系统后产生的相位信号，不妨设 $\phi_{\mathrm{I}}(n)=n$，则信号模型可重新表述为

$$y_{\Phi}\left(n-\frac{M}{2}\right)-\hat{\varphi}\left(n-\frac{M}{2}\right)\approx\omega_{o}\left(n-\frac{M}{2}\right)+\frac{c_0+c_1z^{-1}+\cdots+c_{M+1}z^{-(M+1)}}{1+a_1z^{-1}+a_2z^{-2}}n+\upsilon(n) \tag{6.33}$$

剩下的问题就是根据模型求取暂态参数 $\{a_1,a_2,c_0,c_1,\cdots,c_{M+1}\}$。

2. 相位暂态信号模型参数求解

式(6.33)可以写成如下形式的方程求解问题：

$$y(n-\frac{M}{2})=\omega_{o}(n-\frac{M}{2})+\frac{c_0+c_1z^{-1}+\cdots+c_{M+1}z^{-(M+1)}}{1+a_1z^{-1}+a_2z^{-2}}x(n)+\upsilon(n) \tag{6.34}$$

其中

$$y\left(n-\frac{M}{2}\right)=y_{\Phi}\left(n-\frac{M}{2}\right)-\hat{\varphi}\left(n-\frac{M}{2}\right) \tag{6.35}$$

$$x(n)=\phi_1(n) \tag{6.36}$$

由于噪声部分 $\upsilon(n)$ 为色噪声，求解将变为色噪声中的参数估计问题，而难以直接用最小二乘方法求解。

对此色噪声参数估计问题，令 $f_1=(1+a_1+a_2)\,\omega_o$，$f_2=(a_1+2a_2)\,\omega_o+f_1M/2$，并定义

$$\boldsymbol{\theta}=\left[a_1,a_2,c_0,c_1,\cdots,c_{M+1},f_1,f_2\right]^{\mathrm{T}} \tag{6.37}$$

$$\boldsymbol{x}(n)=\left[-y\left(n-\frac{M}{2}-1\right),-y\left(n-\frac{M}{2}-2\right),x(n),\cdots,x(n-M-1),n-\frac{M}{2},-1\right]^{\mathrm{T}} \tag{6.38}$$

则信号模型可表示为

$$y(n-\frac{M}{2})=\boldsymbol{x}(n)^{\mathrm{T}}\boldsymbol{\theta}+\upsilon(n) \tag{6.39}$$

为了获得参数的无偏一致估计，可以采用辅助变量法来完成最小二乘估计。令

$$\boldsymbol{x}^{*}(n)=\left[-z\left(n-\frac{M}{2}-1\right),-z\left(n-\frac{M}{2}-2\right),x(n),\cdots,x(n-M-1),n-\frac{M}{2},-1\right]^{\mathrm{T}} \tag{6.40}$$

其中，$z(n)$ 为辅助变量。假设 $\hat{\boldsymbol{\theta}}^{(n)}$ 为 nT_s 时刻的参数估计结果，则辅助变量构造方式为

$$z(n-\frac{M}{2})=\boldsymbol{x}^{*}(n)^{\mathrm{T}}\hat{\boldsymbol{\theta}}^{(n)} \tag{6.41}$$

基于辅助变量的迭代最小二乘递推公式为[3]

$$\boldsymbol{\Omega}^{(n+1)} = \frac{\boldsymbol{\Gamma}^{(n)}\boldsymbol{x}^*(n+1)^{\mathrm{T}}}{1+\boldsymbol{x}(n+1)^{\mathrm{T}}\boldsymbol{\Gamma}^{(n)}\boldsymbol{x}^*(n+1)^{\mathrm{T}}} \tag{6.42}$$

$$\boldsymbol{\Gamma}^{(n+1)} = (1-\boldsymbol{\Omega}^{(n+1)}\boldsymbol{x}(n+1)^{\mathrm{T}})\boldsymbol{\Gamma}^{(n)} \tag{6.43}$$

$$\hat{\boldsymbol{\theta}}^{(n+1)} = \hat{\boldsymbol{\theta}}^{(n)} + \boldsymbol{\Omega}^{(n+1)}\left(\omega_{n+1} - \boldsymbol{x}^*(n+1)^{\mathrm{T}}\hat{\boldsymbol{\theta}}^{(n)}\right) \tag{6.44}$$

迭代初值的选取为$\hat{\boldsymbol{\theta}}^{(0)} = \varepsilon\mathbf{1}_{(M+5)\times 1+3,1}$，$\boldsymbol{\Gamma}^{(0)} = \alpha\boldsymbol{I}$，其中$\varepsilon$为一足够小的实数，$\alpha$为一足够大的实数，$\mathbf{1}_{N\times 1}$为全 1 的 N 维列向量，$\boldsymbol{I}$ 为单位对角阵。

6.3.3　暂态畸变特征提取步骤

综合 6.3.1 小节和 6.3.2 小节的论述，基于机理模型的暂态特征提取的步骤如下。

(1) 提取暂态信号段，按照 6.2.1 小节所述方法检测突发或脉冲，并截取突发或脉冲的前沿(前导)部分(起始位置适当提前以保证包含暂态全过程)构造暂态信号样本。

(2) 按照 6.2.2 小节所述方法对暂态信号样本进行同步对齐处理。

(3) 计算暂态信号样本的瞬时幅度和瞬时相位，此处相位的计算应按照 5.3.1 节所述进行相位展开。

(4) 设定模型阶数 M，根据式(6.27)或迭代最小二乘法计算幅度暂态参数；根据式(6.42)～式(6.44)计算相位(频率)暂态参数。

(5) 将幅度暂态参数和相位暂态参数合并构成辐射源特征向量。

6.3.4　性能分析和比较

本小节将采用仿真信号对基于机理模型的暂态特征提取方法进行性能分析，并与其他典型的暂态特征提取方法进行性能比较。

依据式(3.55)和式(3.58)分别生成暂态幅度和暂态相位，假设暂态信号段无调制，则再将暂态信号调制到一个单频正弦波上。表 6.1 给出了 5 个辐射源的暂态信号生成参数，表中各符号含义参见 3.7 节。该仿真中各辐射源的暂态参数按照实际同类型发射机的暂态特性的差异量进行配置，其他参数均相同，以模拟同类型辐射源个体识别条件。

表 6.1　5 个辐射源的暂态信号仿真生成参数

参数	辐射源				
	T_1	T_2	T_3	T_4	T_5
a	0.02 + 0.30j	0.03 + 0.40j	0.04 + 0.50j	0.05 + 0.60j	0.06 + 0.70j
b	0.02 − 0.30j	0.03 − 0.40j	0.04 − 0.50j	0.05 − 0.60j	0.06 − 0.70j
ς	0.6	0.8	1.0	1.2	1.4
ω	0.0167	0.0137	0.0130	0.0125	0.0121

每个辐射源产生 1600 个样本，其中一半用于训练，另一半用于性能测试。为了对比，分别采用 Klein 提出的统计特征提取方法[4]、分形特征提取方法[5]和小波变换特征提取方法[6]进行特征提取，采用支持向量机(SVM)分类器进行识别性能的对比测试。

图 6.4 给出了信噪比为 17dB 时对该 5 个辐射源的暂态模型参数估计结果，由图可见对幅度暂态模型参数和相位暂态模型参数的估计结果具备区分辐射源目标的能力。

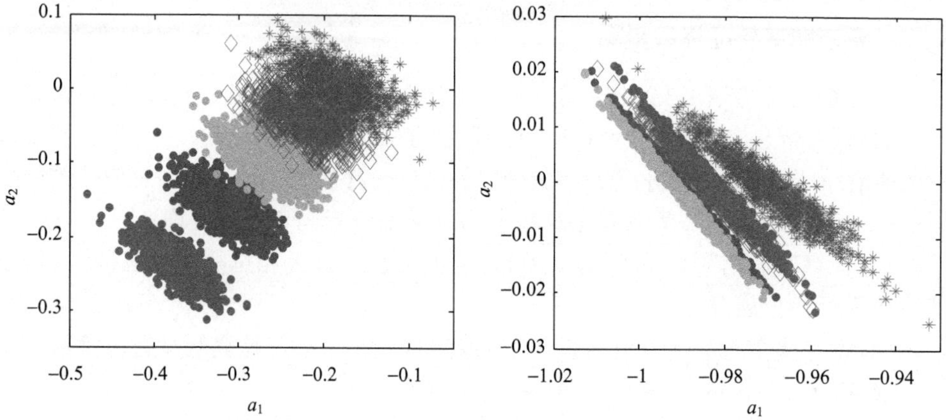

(a) 幅度暂态估计　　(b) 相位暂态估计

图 6.4　对 5 个辐射源暂态机理模型特征提取结果

图6.5给出了本节所述基于机理模型的暂态特征提取方法与Klein统计特征提取方法、分形特征提取方法以及小波变换特征提取方法的识别性能比较。由图可

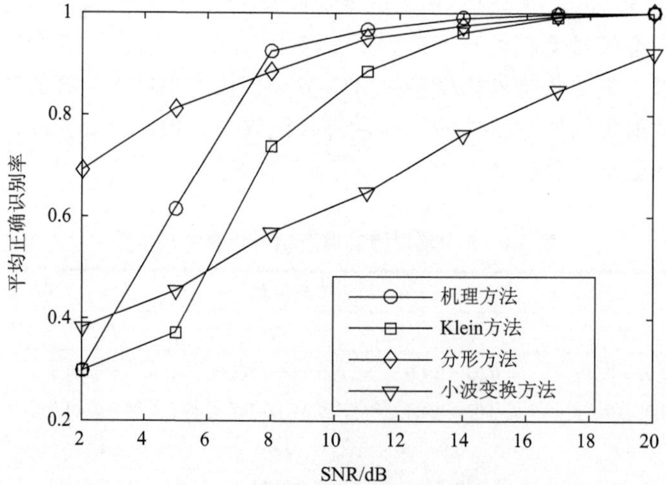

图 6.5　暂态特征提取性能比较

见，在信噪比大于 8dB 时，机理方法性能最优；但在低信噪比情况下，分形方法表现出更好的性能。事实上，前面各小节所建立的幅度暂态信号模型和相位暂态信号模型都只在中高信噪比情况下才成立；低信噪比将造成严重的模型误差，这是本节给出的模型参数估计方法在低信噪比下性能弱于分形方法的原因。

6.4　IQ 正交调制畸变特征提取

调制畸变特征是近年来才被重视的辐射源特征。Brik 等首先提出在调制域提取设备指纹特征完成辐射源个体识别[7]，并在试验中取得了优异的性能，但该方法未从调制畸变机理出发来考虑畸变参数估计。本节将首先介绍 Brik 提出的调制域特征提取方法，然后从调制畸变机理模型出发，介绍对幅相调制(MPSK、MQAM、APSK)类信号的调制畸变特征提取方法。由于幅相调制主要采用 IQ 正交调制实现，以下围绕 IQ 正交调制畸变介绍其特征提取方法。

6.4.1　Brik 调制域特征提取方法

MPSK、MQAM 调制采用模拟电路实现时，可能存在调制畸变，如图 6.6 所示。

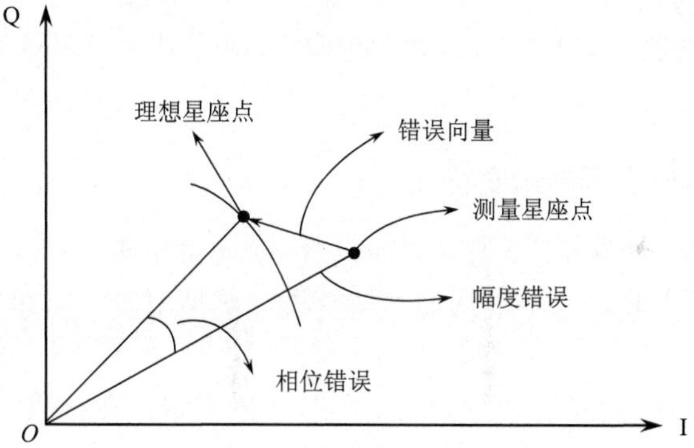

图 6.6　MPSK/MQAM 调制畸变示意图

Brik 等提出一种无源射频识别系统(passive radiometric device identification system，PARADIS)，是从解调星座点上提取信号调制域错误作为辐射源的指纹特征[7]，包括：

(1) 符号相位误差，指每个符号星座点相对理想调制星座的相位误差；

(2) 帧平均相位误差，指一帧数据符号的相位错误的平均值；

(3) 符号幅度错误，指每个符号星座点相对理想调制星座的幅度误差；

(4) 帧平均幅度错误，指一帧数据符号的幅度错误的平均值；

(5) 符号误差矢量幅度(error vector magnitude，EVM)，指每个符号星座相对理想调制星座的误差向量；

(6) 帧平均 EVM，指一帧数据符号的 EVM 平均；

(7) 帧平均 IQ 偏移，指一帧数据符号星座的中心点相对原点的偏差；

(8) 帧频率误差，指一帧数据的频率估计值相对理想频率的误差；

(9) SYNC 相关值，指采用本地帧同步头与信号帧同步头做相关计算得到的相关值。

通过试验评估，Brik 等认为：帧频率误差、SYNC 相关值、帧平均 IQ 偏移、帧平均幅度错误、帧平均相位误差 5 个参数具备较好的辐射源区分能力。为了提高识别性能，他们还提出了多帧平均的思想，即对多帧数据的估计参数进行平均作为特征。Edman 等在 Brik 方法的基础上，加入了相邻符号相位差的错误这一特征参数[8]，主要用于反映正交性调制错误，其试验结果表明，加入新的特征后相比 Brik 方法性能有所提升。

Brik 方法在对 802.11 无线设备的测试中取得了较好的效果，尽管其测试环境过于理想(辐射源距离接收机仅为 5～25m)，但试验结果说明不同发射机的调制域畸变差异有可能构成有效的辐射源指纹特征。Brik 方法的主要问题在于对调制域各种畸变是分别独立考虑的，而实际上这些畸变可能是同时存在且互相关联的，这就可能导致畸变特征估计精度不足(如频率错误将影响 EVM 的估计结果)，从而影响识别性能。

6.4.2 基于机理的 IQ 调制畸变特征提取

根据 3.2 节所述，IQ 正交调制畸变包含 IQ 增益失衡、IQ 正交错误、IQ 直流偏置以及 IQ 延迟失配。本小节从调制畸变机理模型出发，阐述 IQ 调制畸变特征提取方法。

首先考虑 IQ 延迟失配，根据 3.2.1 小节所述模型，在接收方变频到基带并做 P 倍过采样以后得到的等效基带信号可表示为

$$b(n)=G_{\mathrm{IQ}}I(n-\tau_{\mathrm{I}})\cos(\varsigma/2)+O_{\mathrm{I}}+\mathrm{j}\big(Q(n-\tau_{\mathrm{Q}})\sin(\varsigma/2)+O_{\mathrm{Q}}\big)+v(n) \tag{6.45}$$

其中，τ_{I} 和 τ_{Q} 分别表示 I 路和 Q 路的定时位置且

$$I(n-\tau_{\mathrm{I}})=\sum_{k=-\infty}^{\infty}\mathrm{Im}\{c_k\}h(n-kP-\tau_{\mathrm{I}}) \tag{6.46}$$

$$Q(n-\tau_{\mathrm{Q}})=\sum_{k=-\infty}^{\infty}\mathrm{Im}\{c_k\}h(n-kP-\tau_{\mathrm{Q}}) \tag{6.47}$$

对于此模型，通过解调重构生成 $I(n)$ 和 $Q(n)$，然后分别对接收基带信号的 I 路和 Q 路信号做滑动相关处理：

$$R_{\mathrm{I}}(\tau_{\mathrm{I}})=\left|\sum\nolimits_n \hat{I}(n)\mathrm{Re}\left\{b(n-\tau_{\mathrm{I}})\right\}\right| \tag{6.48}$$

$$R_{\mathrm{Q}}(\tau_{\mathrm{Q}})=\left|\sum\nolimits_n \hat{Q}(n)\mathrm{Re}\left\{b(n-\tau_{\mathrm{Q}})\right\}\right| \tag{6.49}$$

从而获得 τ_{I} 和 τ_{Q} 的估计值：

$$\hat{\tau}_{\mathrm{I}}=\underset{\tau}{\mathrm{argmax}}\, R_{\mathrm{I}}(\tau) \tag{6.50}$$

$$\hat{\tau}_{\mathrm{Q}}=\underset{\tau}{\mathrm{argmax}}\, R_{\mathrm{Q}}(\tau) \tag{6.51}$$

为了提高估计精度，可以对 $R_{\mathrm{I}}(\tau)$ 和 $R_{\mathrm{Q}}(\tau)$ 进行插值处理，再估计 τ_{I} 和 τ_{Q}。也可以在粗估以后再进行细化估计，即对 $R_{\mathrm{I}}(\tau)$ 和 $R_{\mathrm{Q}}(\tau)$ 在粗估值附近通过多项式拟合获得更精细的估计结果。在完成对 τ_{I} 和 τ_{Q} 的估计以后，即可对 IQ 延迟失配完成估计：

$$\hat{\tau}_{\mathrm{D}}=\hat{\tau}_{\mathrm{Q}}-\hat{\tau}_{\mathrm{I}} \tag{6.52}$$

对于增益失衡、正交错误和直流偏置，根据 3.2.1 小节所述正交调制畸变机理模型，可得到等效的复基带模型：

$$z(t)=\mathrm{e}^{\mathrm{j}(2\pi f_{\mathrm{o}}t+\phi)}\left(\mu_1\rho(t)+\mu_2\rho^*(t)+\xi\right) \tag{6.53}$$

其中，f_{o} 为剩余频偏；$\rho(t)$ 为复基带调制信号：

$$\rho(t)=\sum_{n=-\infty}^{\infty}\left(\mathrm{Re}\left\{c_n\right\}h\left(t-nT-\tau\right)+\mathrm{j}\,\mathrm{Im}\left\{c_n\right\}h\left(t-nT-\tau-\tau_{\mathrm{D}}\right)\right) \tag{6.54}$$

ξ 为直流偏置(载波泄漏)：

$$\xi=O_{\mathrm{I}}+\mathrm{j}O_{\mathrm{Q}} \tag{6.55}$$

而 μ_1 和 μ_2 表示增益失衡和正交错误的影响：

$$\mu_1=0.5\left(G_{\mathrm{IQ}}+1\right)\cos\left(\varsigma/2\right)+0.5\mathrm{j}\left(G_{\mathrm{IQ}}-1\right)\sin\left(\varsigma/2\right) \tag{6.56}$$

$$\mu_2=0.5\left(G_{\mathrm{IQ}}-1\right)\cos\left(\varsigma/2\right)+0.5\mathrm{j}\left(G_{\mathrm{IQ}}+1\right)\sin\left(\varsigma/2\right) \tag{6.57}$$

根据式(6.56)和式(6.57)，可得正交错误、增益失衡与 μ_1、μ_2 的关系：

$$\varsigma=2\arg\left(\mu_1+\mu_2\right)=-2\arg\left(\mu_1-\mu_2\right)=\arg\left(\frac{\mu_1+\mu_2}{\mu_1-\mu_2}\right) \tag{6.58}$$

$$G_{\mathrm{IQ}}=\left|\frac{\mu_1+\mu_2}{\mu_1-\mu_2}\right| \tag{6.59}$$

在接收端做匹配滤波和定时估计，假定处理无误差，则定时后信号可表示为

$$r_n=\mathrm{e}^{\mathrm{j}(2\pi f_{\mathrm{o}}nT_s+\phi)}A\left(\mu_1c_n+\mu_2c_n^*+\xi\right)+v_n \tag{6.60}$$

其中，A 为信号幅度；v_n 为方差为 σ_v^2 的零均值高斯白噪声。式(6.60)可写成如下

向量形式：

$$\boldsymbol{r}=\boldsymbol{U}(f_{\mathrm{o}})(\boldsymbol{G\theta})+\boldsymbol{v} \tag{6.61}$$

其中，$U(f_{\mathrm{o}})=\mathrm{diag}\{\boldsymbol{u}(f_{\mathrm{o}})\}$ ，$\boldsymbol{u}(f_{\mathrm{o}})=[1,\mathrm{e}^{\mathrm{j}2\pi f_{\mathrm{o}}T_s},\cdots,\mathrm{e}^{\mathrm{j}2\pi f_{\mathrm{o}}(N-1)T_s}]^{\mathrm{T}}$ ；$\boldsymbol{G}=[\hat{\boldsymbol{c}},\hat{\boldsymbol{c}}^*,\mathbf{1}]$，$\mathbf{1}$ 为 $N\times 1$ 维全 1 列向量，$\hat{\boldsymbol{c}}=[\hat{c}_0,\cdots,\hat{c}_{N-1}]^{\mathrm{T}}$ ；$\boldsymbol{\theta}=A\mathrm{e}^{\mathrm{j}\phi}\left[\mu_1,\mu_2,\xi\right]$ ；$\boldsymbol{v}=[v_1,\cdots,v_{N-1}]$ 。式(6.61)可进一步写成

$$\boldsymbol{U}^{\mathrm{H}}(f_{\mathrm{o}})\boldsymbol{r}=\boldsymbol{G\theta}+\boldsymbol{v} \tag{6.62}$$

因此调制畸变估计即对上述模型估计 $\boldsymbol{\theta}$ ，可采用最大似然方法完成。

在 AWGN 信道下，由于 $\boldsymbol{r}$ 服从以下分布：

$$p(\boldsymbol{r}|\boldsymbol{\theta},f_{\mathrm{o}})=\frac{1}{(\pi\sigma_v^2)^N}\exp\left\{-\frac{1}{\sigma_v^2}\left\|\boldsymbol{U}(f_{\mathrm{o}})^{\mathrm{H}}\boldsymbol{r}-\boldsymbol{G\theta}\right\|^2\right\} \tag{6.63}$$

因此最大化似然函数即可获取 $\boldsymbol{\theta}$ 的最大似然估计(maximum likelihood estimation，MLE)，即

$$\hat{\boldsymbol{\theta}}=\arg\min_{\boldsymbol{\theta}}\{\Lambda(\boldsymbol{\theta},f_{\mathrm{o}})\}=\arg\min_{\boldsymbol{\theta}}\left\{\left\|\boldsymbol{U}(f_{\mathrm{o}})^{\mathrm{H}}\boldsymbol{r}-\boldsymbol{G\theta}\right\|^2\right\} \tag{6.64}$$

通过解方程 $\partial\Lambda(\boldsymbol{\theta},f_{\mathrm{o}})/\partial\boldsymbol{\theta}=\mathbf{0}$ ，可得

$$\hat{\boldsymbol{\theta}}=(\boldsymbol{G}^{\mathrm{H}}\boldsymbol{G})^{-1}\boldsymbol{G}^{\mathrm{H}}(\boldsymbol{U}(f_{\mathrm{o}})^{\mathrm{H}}\boldsymbol{r}) \tag{6.65}$$

再把式(6.65)代入 $\Lambda(\boldsymbol{\theta},f_{\mathrm{o}})$ 的表达式中，得

$$\Lambda(f_{\mathrm{o}})=\left\|(\boldsymbol{I}-\boldsymbol{P})\boldsymbol{U}(f_{\mathrm{o}}{}^{\mathrm{H}})\boldsymbol{r}\right\|^2=\left\|(\boldsymbol{I}-\boldsymbol{P})\boldsymbol{D_r}\boldsymbol{u}(f_{\mathrm{o}})^{\mathrm{H}}\right\|^2 \tag{6.66}$$

其中，$\boldsymbol{I}$ 为单位对角阵；$\boldsymbol{P}=\boldsymbol{G}(\boldsymbol{G}^{\mathrm{H}}\boldsymbol{G})^{-1}\boldsymbol{G}^{\mathrm{H}}$ ；$\boldsymbol{D_r}=\mathrm{diag}\{\boldsymbol{r}\}$ 。于是可得 f_{o} 的最大似然估计为

$$\hat{f}_{\mathrm{o}}=\arg\min_{f_{\mathrm{o}}}\left\|(\boldsymbol{I}-\boldsymbol{P})\boldsymbol{D_r}\boldsymbol{u}(f_{\mathrm{o}})^*\right\|^2 \tag{6.67}$$

式(6.67)的计算可通过 FFT 或 CZT 谱搜索完成。

在 $\hat{f}_{\mathrm{o}}$ 估计完成后，再将其代入式(6.64)，即可得到畸变参数向量的估计值：

$$\hat{\boldsymbol{\theta}}=(\boldsymbol{G}^{\mathrm{H}}\boldsymbol{G})^{-1}\boldsymbol{G}^{\mathrm{H}}(\boldsymbol{U}(\hat{f}_{\mathrm{o}})^{\mathrm{H}}\boldsymbol{r}) \tag{6.68}$$

但应该注意的是，该信号模型导出的 $\hat{\boldsymbol{\theta}}$ 中包含了初相和信号幅度因素 $A\mathrm{e}^{\mathrm{j}\phi}$ 。为了消除这些因素对特征的影响，需要做进一步处理。根据式(6.58)和式(6.59)，为了消除 $A\mathrm{e}^{\mathrm{j}\phi}$ 的影响，可以采用式(6.69)和式(6.70)计算正交错误和增益失衡的估计值：

$$\hat{\varsigma}=\arg\left(\frac{\hat{\boldsymbol{\theta}}(1)+\hat{\boldsymbol{\theta}}(2)}{\hat{\boldsymbol{\theta}}(1)-\hat{\boldsymbol{\theta}}(2)}\right) \tag{6.69}$$

$$\hat{G}_{\mathrm{IQ}}=\left|\frac{\hat{\boldsymbol{\theta}}(1)+\hat{\boldsymbol{\theta}}(2)}{\hat{\boldsymbol{\theta}}(1)-\hat{\boldsymbol{\theta}}(2)}\right| \tag{6.70}$$

进一步地，可以求解

$$\hat{\xi}=\hat{\boldsymbol{\theta}}(3)\frac{|\hat{\mu}_1|^2+|\hat{\mu}_2|^2}{\hat{\mu}_1^*\hat{\boldsymbol{\theta}}(1)+\hat{\mu}_2^*\hat{\boldsymbol{\theta}}(2)}=\hat{\boldsymbol{\theta}}(3)\frac{\hat{G}_{\mathrm{IQ}}^2+1}{\hat{G}_{\mathrm{IQ}}\mathrm{e}^{-\mathrm{j}\hat{\varsigma}/2}\left(\hat{\boldsymbol{\theta}}(1)+\hat{\boldsymbol{\theta}}(2)\right)+\mathrm{e}^{\mathrm{j}\hat{\varsigma}/2}\left(\hat{\boldsymbol{\theta}}(1)-\hat{\boldsymbol{\theta}}(2)\right)} \tag{6.71}$$

其中，$\hat{\mu}_1$ 和 $\hat{\mu}_2$ 通过将 $\hat{G}_{\mathrm{IQ}}$ 和 $\hat{\varsigma}$ 代入式(6.56)和式(6.57)获得。由此，可构造特征向量 $\boldsymbol{f}=[\hat{G}_{\mathrm{IQ}},\hat{\varsigma},\hat{\xi}]^{\mathrm{T}}$ 作为辐射源指纹特征。需要说明的是，如果解调符号存在相位模糊，上述方法不能消除其影响，将造成特征分布的分裂。

若信号为 BPSK 调制，则式(6.60)可写成

$$r_n=\mathrm{e}^{\mathrm{j}(2\pi f_0 nT_s+\phi)}A\left(\left(\mu_1+\mu_2\right)c_n+\xi\right)+v_n=\mathrm{e}^{\mathrm{j}(2\pi f_0 nT_s+\phi)}A\left(G\mathrm{e}^{\mathrm{j}\varsigma/2}c_n+\xi\right)+v_n \tag{6.72}$$

令 $G\mathrm{e}^{\mathrm{j}\varsigma/2}=b$，$\boldsymbol{\theta}=A\mathrm{e}^{\mathrm{j}\phi}\left[b,\xi\right]$，$\boldsymbol{G}=[\hat{\boldsymbol{c}},1]$，则可按照式(6.65)求解得到 $\boldsymbol{\theta}$ 的最大似然估计。由于估计得到的向量中包含初相和信号幅度因素，可进行归一化处理得到载波泄漏的估计值：

$$\hat{\xi}=\frac{\hat{\boldsymbol{\theta}}(2)}{\hat{\boldsymbol{\theta}}(1)} \tag{6.73}$$

以上所述算法在实际实施时，应执行以下步骤：

(1) 将接收信号变频到基带，并进行匹配滤波；

(2) 进行定时估计和相位同步，在定时点上抽取信号点，并进行幅度归一化；

(3) 对归一化数据按式(6.67)采用 CZT 谱搜索估计频偏，根据式(6.68)估计畸变参数；

(4) 根据式(6.69)和式(6.70)做后处理，并构造特征向量。

采用仿真信号对 IQ 正交调制畸变特征提取方法进行性能分析，并与 Brik 方法进行性能比较，其中 Brik 方法提取帧 SYNC 值、帧 IQ 偏移、帧幅度错误和帧相位错误等特征构成特征向量[7]。频率可能受目标运动影响而导致不稳定，未作为特征列入。在特征提取完成后，采用 SVM 分类器完成识别分类，并进行性能测试。

采用式(6.60)所述信号模型产生 QPSK 调制畸变信号，畸变参数如表 6.2 所示。该仿真中各辐射源的调制畸变参数按照实际同类型发射机的调制畸变特性的差异量进行配置，其他参数均相同，以模拟同类型辐射源个体识别条件。

表 6.2　5 个辐射源的调制畸变生成参数

参数	辐射源				
	T_1	T_2	T_3	T_4	T_5
G_{IQ}	0.86	0.93	1.0	1.07	1.14
ς/(°)	−2.0	−1.0	0.0	1.0	2.0
ξ	− 0.064+0.000j	− 0.032−0.025j	0.00−0.05j	0.032+0.025j	0.064+0.050j

仿真共产生 5 个辐射源的信号样本，基带信号频偏为调制速率的 0.05%，每个辐射源包含 1000 个信号样本，其中一半用于训练分类器，另一半用于测试识别率。每个样本包含 800 个调制符号，在仿真中忽略同步错误。

图 6.7 给出了 E_s/N_0=12dB 情况下采用本书方法(图 6.7(a))对 5 个辐射源的增益失衡(IQ 增益比)和正交错误的估计结果，以及采用 Brik 方法(图 6.7(b))对星座幅度差和相位差的估计结果；图 6.8 给出了 E_s/N_0=14dB 时采用本书方法(图 6.8(a))和 Brik 方法(图 6.8(b))对载波泄漏(I 路和 Q 路泄漏)的估计结果。由图 6.7 和图 6.8 可见，相比 Brik 方法，本书方法所提取的调制畸变特征的分布更为收敛，具有更强的区分不同辐射源的能力。

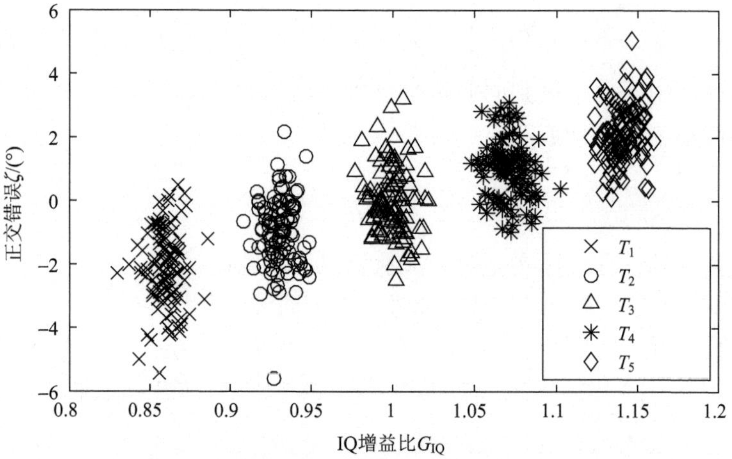

(a) 本书方法对IQ增益失衡和正交错误的估计结果

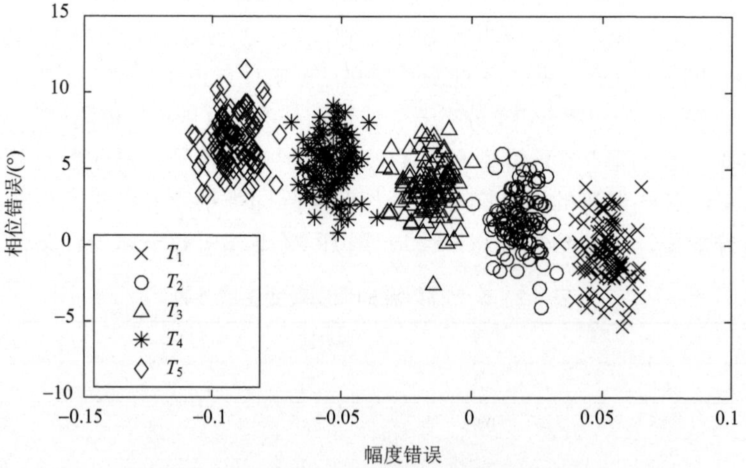

(b) Brik方法对幅度错误和相位错误估计结果

图 6.7　本书方法和 Brik 方法对 IQ 调制畸变特征提取结果

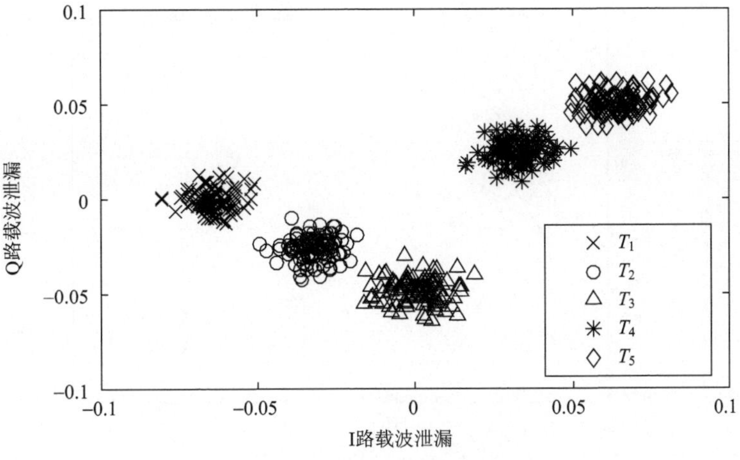

(a) 本书方法对载波泄漏估计结果

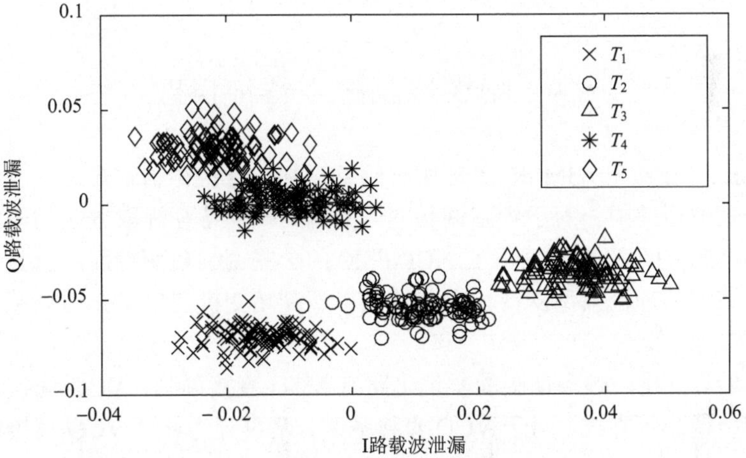

(b) Brik方法对载波泄漏估计结果

图 6.8　本书方法和 Brik 方法对载波泄漏估计结果

图 6.9 给出了本书所述机理特征提取方法和 Brik 方法在不同信噪比情况下的平均正确识别率曲线。由图可见，机理特征提取方法优于 Brik 方法，这是由于机理特征提取方法从机理模型出发，采用最大似然估计(MLE)的思想，对调制畸变的估计精度更高，所得到的特征的区分能力更好。

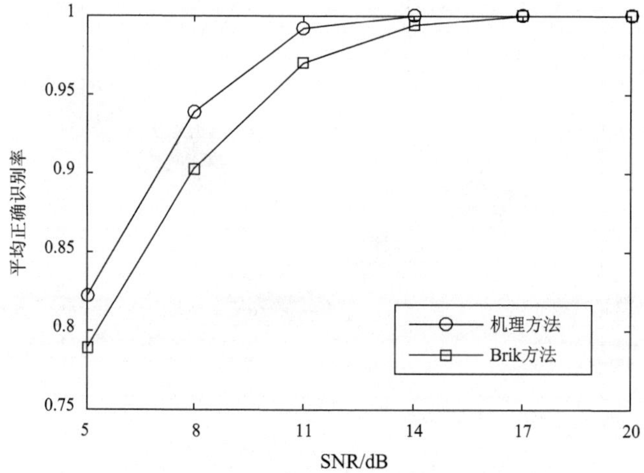

图 6.9　IQ 调制畸变特征提取性能比较

6.5　频率调制畸变特征提取

MFSK、MSK 和 GMSK 等都属于频率调制，这些调制制式广泛应用于各种超短波和短波通信中。对于频率调制信号的调制畸变特征提取方法的研究相对较少，仅有文献[9]经验性地总结了 NCP-FSK 的一些调制畸变特征，但其特征提取缺乏机理依据和理论模型支持。本节从频率调制畸变机理出发介绍频率调制畸变特征提取方法。

如 3.2 节所述，频率调制的实现电路有 VCO 直接调制、VCO 间接调制以及频率源切换调制等方式，对于 VCO 直接调制，又可分为开环 VCO 直接调制和闭环 VCO 直接调制两种形式，因此以下分别针对这四种形式的调制电路阐述相应的畸变特征提取方法。

考虑 AWGN 信道，则接收端下变频后得到的基带采样信号可表示为[10]

$$r(n)=A\exp\left(\mathrm{j}(\omega_{\mathrm{c}}n+\theta(n)+\vartheta(n)+\varphi)\right)+v(n) \tag{6.74}$$

其中，A 为信号幅度；ω_{c} 为频偏；$\theta(n)$ 为发送端调制电路产生的相位；$\vartheta(n)$ 为接收端的相位噪声，通常为色噪声；φ 为初相；$v(n)$ 为方差为 σ_v^2 的加性高斯白噪声。

如果信噪比足够高，则做与式(6.28)类似的近似处理，可得

$$r(n)\approx\tilde{A}(n)\exp\left(\mathrm{j}(\omega_{\mathrm{c}}n+\theta(n)+\vartheta(n)+\varphi+\tilde{v}_{\mathrm{Q}}(n)/\tilde{A})\right) \tag{6.75}$$

因此，信号的瞬时相位为

$$\chi(n)=\arg\{r(n)\}\approx\omega_{\mathrm{c}}n+\theta(n)+\vartheta(n)+\varphi+\gamma(n) \tag{6.76}$$

其中，$\gamma(n)=\tilde{v}_{\mathrm{Q}}(n)/\tilde{A}$，由于 $\tilde{v}_{\mathrm{Q}}(n)$ 为方差为 $\sigma_v^2/2$ 的高斯白噪声，$\gamma(n)$ 可视为方差为 $1/(2\lambda_v)$ 的加性高斯白噪声，其中 $\lambda_v=A^2/\sigma_v^2$ 为信号的信噪比。

如果在接收端做频偏估计和相位估计，并去除频偏和初相(即做载波同步处理)，将估计误差计入加性噪声，则有

$$\phi(n)=\chi(n)-\hat{\omega}_{\mathrm{c}}n-\hat{\varphi}=\theta(n)+\vartheta(n)+\gamma(n) \tag{6.77}$$

这就是接收端的相位信号模型，其中，$\theta(n)$ 的具体形式取决于频率调制的实现方式；$\phi(n)$ 需要对基带信号计算其展开相位，相位展开的方法参考 5.3.1 小节所述。

6.5.1　开环 VCO 直接调制的畸变特性参数估计

根据式(3.14)和式(6.77)，对于开环 VCO 直接调制产生的辐射源信号，经信道传播到达接收端后，信号瞬时相位满足

$$\phi(n)=b_1\sum_{i=0}^{n}q(i)+b_2\sum_{i=0}^{n}q^2(i)+\cdots+b_M\sum_{i=0}^{n}q^M(i)+\zeta(n) \tag{6.78}$$

其中，$\zeta(n)$ 为各种噪声的总和：

$$\zeta(n)=\lambda_{\mathrm{V}}\sum_{i=0}^{n}\delta_{\mathrm{V}}(i)+\vartheta(n)+\gamma(n) \tag{6.79}$$

其中，第一项为发射机 VCO 相位噪声；第二项为接收机相位噪声；第三项为信道噪声。在中低信噪比情况下，接收机相位噪声 $\vartheta(n)$ 的影响远小于信道噪声对参数估计性能的影响[11]，同理，发射机 VCO 相位噪声的影响也远小于信道噪声 $\gamma(n)$ 对参数估计性能的影响，因此可将 $\zeta(n)$ 近似视为高斯白噪声。

令 $c_m(n)=\sum\limits_{i=0}^{n}q^m(n)$，则式(6.78)可写成

$$\phi(n)=b_1c_1(n)+b_2c_2(n)+\cdots+b_Mc_M(n)+\zeta(n) \tag{6.80}$$

再令 $\boldsymbol{\phi}=[\phi(0),\phi(1),\cdots,\phi(N-1)]^{\mathrm{T}}$，$\boldsymbol{a}=[b_1,\cdots,b_M]^{\mathrm{T}}$，$\boldsymbol{\zeta}=[\zeta(0),\zeta(1),\cdots,\zeta(N-1)]^{\mathrm{T}}$ 以及

$$\boldsymbol{C}=\begin{bmatrix} c_1(0) & c_2(0) & \cdots & c_M(0)\\ c_1(1) & c_2(1) & \cdots & c_M(1)\\ \vdots & \vdots & & \vdots\\ c_1(N-1) & c_2(N-1) & \cdots & c_M(N-1)\end{bmatrix} \tag{6.81}$$

则式(6.80)可写成如下的向量形式：

$$\boldsymbol{\phi}=\boldsymbol{C}\boldsymbol{a}+\boldsymbol{\zeta} \tag{6.82}$$

采用最小二乘方法求解，得到

$$\hat{\boldsymbol{a}} = \left(\boldsymbol{C}^{\mathrm{H}}\boldsymbol{C}\right)^{-1}\boldsymbol{C}\boldsymbol{\phi} \tag{6.83}$$

求解得到的向量 $\hat{\boldsymbol{a}}$ 中包含了 VCO 调制器的非线性特性描述参数,因此可以构成辐射源特征。

6.5.2 闭环 VCO 直接调制的畸变特性参数估计

根据式(3.17)和式(6.77)，对于闭环 VCO 直接调制产生的辐射源信号，经信道传播到达接收端后，信号瞬时相位满足

$$\left(1-z^{-1}\right)\phi(n) = c_1\left(q(n) - \frac{K_d F(z^{-1})\phi(n)}{M}\right) + \kappa(n) \tag{6.84}$$

其中，$\kappa(n)$ 是多个噪声源的综合：

$$\kappa(n) = \zeta(n) + \left(1 - z^{-1} + \frac{c_1 K_d F(z^{-1})}{M}\right)\left(\vartheta(n) + \gamma(n)\right) \tag{6.85}$$

令

$$W(z) = \frac{c_1 K_d F(z^{-1})}{M} = \frac{B(z^{-1})}{A(z^{-1})} = \frac{b_0 + b_1 z^{-1} + \cdots + b_{N_b} z^{-N_b}}{1 + a_1 z^{-1} + \cdots + a_{N_a} z^{-N_a}} \tag{6.86}$$

则式(6.84)可重写为

$$\left(1-z^{-1}\right)\phi(n) = c_1 q(n) - \frac{B(z^{-1})}{A(z^{-1})}\phi(n) + \kappa(n) \tag{6.87}$$

由于附加相位噪声是多个噪声源的综合，不妨将其建模为高斯白噪声激励一个自回归滑动平均(ARMA)系统的结果，即

$$\kappa(n) = \frac{C(z^{-1})}{D(z^{-1})}\delta(n) \tag{6.88}$$

如果再令 $y(n) = c_1 q(n) - (1 - z^{-1})\phi(n)$，这样式(6.87)可表示为

$$y(n) = \frac{B(z^{-1})}{A(z^{-1})}\phi(n) + \frac{C(z^{-1})}{D(z^{-1})}\delta(n) \tag{6.89}$$

从系统辨识的角度来看，式(6.89)表示一种 Box-Jenkins(BJ)多项式模型。由于噪声模型 $C(z^{-1})$ 和 $D(z^{-1})$ 的系数受信道噪声和接收机频率源噪声等多种因素影响，不具备稳定性，因此我们只关注 $A(z^{-1})$ 和 $B(z^{-1})$ 的系数。如果令

$$\boldsymbol{y} = \left[y(0), y(1), \cdots, y(L-1)\right]^{\mathrm{T}} \tag{6.90}$$

$$\boldsymbol{x} = \left[a_1, a_2, \cdots, a_{N_a}, b_0, b_1, \cdots, b_{N_b}\right]^{\mathrm{T}} \tag{6.91}$$

$$\boldsymbol{\kappa} = \left[\kappa(0), \kappa(1), \cdots, \kappa(L-1)\right]^{\mathrm{T}} \tag{6.92}$$

$$\boldsymbol{H} = \left[\boldsymbol{h}(0); \boldsymbol{h}(1); \cdots; \boldsymbol{h}(L-1)\right] \tag{6.93}$$

其中

$$\boldsymbol{h}(k) = \left[-y(k-1), -y(k-2), \cdots, -y(k-N_a), \phi(k), \phi(k-1), \cdots, \phi(k-N_b)\right]^{\mathrm{T}} \tag{6.94}$$

则式(6.89)可写成

$$\boldsymbol{y} = \boldsymbol{H}\boldsymbol{x} + \boldsymbol{\kappa} \tag{6.95}$$

由于该模型中系统的阶数和噪声的阶数都未知，若要同时确定系统的阶数和噪声的阶数，则有很大的不确定性。辅助变量最小二乘方法不关注噪声模型，且只需要确定系统的阶数，因此用以求解式(6.89)或式(6.95)中 $A(z^{-1})$ 和 $B(z^{-1})$ 的系数是比较合适的。

辅助变量最小二乘方法是采用辅助变量来构建辅助矩阵以求解模型参数。构建与 $\boldsymbol{h}(k)$ 对应的辅助向量 $\boldsymbol{h}'(k)$，则由此可构建辅助矩阵：

$$\boldsymbol{H}' = [\boldsymbol{h}'(0); \boldsymbol{h}'(1); \cdots; \boldsymbol{h}'(L-1)] \tag{6.96}$$

采用辅助矩阵和原矩阵可求解系统模型参数：

$$\boldsymbol{x} = \left(\boldsymbol{H}'^{\mathrm{T}} \boldsymbol{H}\right)^{-1} \boldsymbol{H}'^{\mathrm{T}} \boldsymbol{y} \tag{6.97}$$

辅助向量应按照一定的准则构建[12]，常用的辅助向量构建方法有以下几种。

(1) 辅助模型构建法，先采用常规最小二乘法求解模型参数构建辅助模型，然后利用该辅助模型对模型输入仿真计算模型输出：

$$y'(k) = \boldsymbol{h}'(k)^{\mathrm{T}} \boldsymbol{x}' \tag{6.98}$$

由此可构建辅助向量：

$$\boldsymbol{h}'(k) = [-y'(k-1), -y'(k-2), \cdots, -y'(k-N_a), \phi(k), \phi(k-1), \cdots, \phi(k-N_b)]^{\mathrm{T}} \tag{6.99}$$

(2) 输入滞后 N_b 构建法，采用滞后 N_b 步的模型输入构建辅助向量：

$$\boldsymbol{h}'(k) = [-\phi(k-N_b), \cdots, -\phi(k-N_b-N_a), \phi(k), \phi(k-1), \cdots, \phi(k-N_b)]^{\mathrm{T}} \tag{6.100}$$

(3) 输出滞后 N_d 构建法，采用滞后 N_d 步的模型输出构建辅助向量：

$$\boldsymbol{h}'(k) = [-y(k-N_d-1), \cdots, -y(k-N_d-N_a), \phi(k), \phi(k-1), \cdots, \phi(k-N_b)]^{\mathrm{T}} \tag{6.101}$$

(4) 输入滞后 (N_a+N_b) 构建法，采用延迟 (N_a+N_b) 步的输入构建辅助变量：

$$\boldsymbol{h}'(k) = [\phi(k), \phi(k-1), \cdots, \phi(k-N_b-N_a)]^{\mathrm{T}} \tag{6.102}$$

理论上，辅助变量法可在色噪声环境下获得一致无偏的模型参数估计值，因此非常适合式(6.89)问题的求解。但原始的辅助变量法估计得到的模型的输出残差仍然可能为色噪声，则其无偏性和一致性并不能得到保证，为提升估计精度，可采用四阶段最小二乘方法，其实施步骤如下：

(1) 构建第一阶段辅助变量，并进行最小二乘辅助变量计算得到估计模型；

(2) 采用估计模型对当前输入预测模型输出，并计算预测误差；

(3) 对预测误差按照自回归(autoregressive，AR)模型进行最小二乘拟合，获得残差模型；

(4) 采用残差 AR 模型修正系统的输入和输出(即采用 AR 系数对输入和输出进行滤波处理)，并采用修正后的输入和输出再次构建辅助变量，采用辅助变量最小二乘算法获得最终的模型估计结果。

6.5.3 VCO 间接调制的畸变特性参数估计

根据式(3.25)和式(6.77)，对于 VCO 间接调制产生的辐射源信号，经信道传播到达接收端后，信号瞬时相位满足

$$\left(1-z^{-1}\right)\phi(n)=\frac{G(z^{-1})}{M}\left(p(n)-\phi(n)\right)+\kappa(n) \tag{6.103}$$

其中，$\kappa(n)$ 表示从发射端到接收端的通路中所附加的相位噪声的总和，即

$$\kappa(n)=\zeta(n)+\left(1-z^{-1}+\frac{G(z^{-1})}{M}\right)\left(\vartheta(n)+\gamma(n)\right) \tag{6.104}$$

如果令

$$\frac{G(z^{-1})}{M}=\frac{B(z^{-1})}{A(z^{-1})}=\frac{b_0+b_1z^{-1}+\cdots+b_uz^{-u}}{1+a_1z^{-1}+\cdots+a_vz^{-v}} \tag{6.105}$$

则式(6.103)可表示为

$$\left(1-z^{-1}\right)\phi(n)=\frac{B(z^{-1})}{A(z^{-1})}\left(p(n)-\phi(n)\right)+\kappa(n) \tag{6.106}$$

式(6.106)中附加相位噪声 $\kappa(n)$ 是多个噪声源的综合，不妨将其建模为高斯白噪声激励一个 ARMA 系统的结果：

$$\kappa(n)=\frac{C(z^{-1})}{D(z^{-1})}\delta(n) \tag{6.107}$$

这样式(6.106)可进一步写成

$$\left(1-z^{-1}\right)\phi(n)=\frac{B(z^{-1})}{A(z^{-1})}\left(p(n)-\phi(n)\right)+\frac{C(z^{-1})}{D(z^{-1})}\delta(n) \tag{6.108}$$

令 $y(n)=\left(1-z^{-1}\right)\theta(n)$，$x(n)=p(n)-\theta(n)$，则式(6.108)可写成

$$y(n)=\frac{B(z^{-1})}{A(z^{-1})}x(n)+\frac{C(z^{-1})}{D(z^{-1})}\delta(n) \tag{6.109}$$

显然，式(6.109)也是一种 BJ 多项式模型。同样，对该模型只关注 $A(z^{-1})$ 和 $B(z^{-1})$ 的系数，并可以采用辅助变量最小二乘方法进行求解。求解步骤可参考 6.5.2 小节。

6.5.4　频率源切换调制的畸变特性参数估计

NCP-FSK 调制可以采用频率源切换实现，其畸变特性主要体现在频率切换的暂态特性以及频率源的漂移特性上。本小节从频率源切换机理模型出发，阐述对其调制畸变特性进行估计的方法。

在接收方对 NCP-FSK 调制信号进行变频和采样处理，并将信号变频到基带，得到 NCP-FSK 基带信号为

$$r(n)=\sum_{k=0}^{M-1} g_k(n)\mathrm{e}^{\mathrm{j}(\omega_k n+\phi_k)}+v(n) \tag{6.110}$$

其中，ϕ_k 为第 k 个频率谱的初相；$v(n)$ 为高斯白噪声。

首先对频率源的漂移特性进行估计。根据式(6.110)，可知对接收采样信号 $y(n)$ 做傅里叶变换，有

$$R(\omega)=\sum_{k=0}^{M-1} G_k(\omega-\omega_k) \tag{6.111}$$

其中，$G_k(\omega)$ 为 $g_k(n)$ 的傅里叶变换。由于 $g_k(n)$ 中存在直流分量，因此 $G_k(\omega)$ 可写成

$$G_k(\omega)=\lambda_k \mathrm{e}^{\mathrm{j}\phi_k}\delta(\omega)+V_k(\omega) \tag{6.112}$$

其中，$\delta(\omega)$ 为冲激函数；λ_k 为 $g_k(n)$ 中直流分量的大小，即

$$\lambda_k=\sum_{n=0}^{N-1} g_k(n) \tag{6.113}$$

由此式(6.111)可写成

$$R(\omega)=\sum_{k=0}^{M-1}\left(\lambda_k \mathrm{e}^{\mathrm{j}\phi_k}\delta(\omega-\omega_k)+V_k(\omega)\right) \tag{6.114}$$

因此，$R(\omega)$ 中包含了刻画各个频率源中心频率(即 MFSK 的调制频率集)的离散谱线，可以通过傅里叶变换或 CZT 获得离散谱线对应的频率，从而得到各个频率源的漂移特性。在基带信号存在载波频偏的情况下，这些估计值中也包含了频偏的影响。对此，可以通过计算各个频率源调制频率的差值来消除频偏的影响，即

$$\bar{\omega}_k=\hat{\omega}_k-\hat{\omega}_0 \tag{6.115}$$

再考虑对频率切换暂态特性的估计。由于各个频率源的初相未知，应先对各个频率源的初相进行估计。根据式(6.111)和式(6.112)，有

$$R(\omega_k) = \lambda_k \mathrm{e}^{\mathrm{j}\phi_k} \delta(\omega_k) \tag{6.116}$$

根据式(6.113)可知，λ_k 为实数，因此对各个频率源的初相估计如下：

$$\hat{\phi}_k = \arg\left\{R(\hat{\omega}_k)\right\} \tag{6.117}$$

令 $\boldsymbol{r} = [r_0, r_1, \cdots, r_{N-1}]^{\mathrm{T}}$，则式(6.110)可写成

$$\boldsymbol{r} = \boldsymbol{D}\boldsymbol{g} + \boldsymbol{v} \tag{6.118}$$

其中，$\boldsymbol{g} = [g_0, \cdots, g_{LP}]^{\mathrm{T}}$ 为 FIR 形式的发射滤波器系数，用以描述频率切换暂态特性，P 为过采样倍数，L 为滤波器长度所占符号数；而

$$\boldsymbol{D} = \sum_{k=0}^{M-1} \boldsymbol{C}_k \tag{6.119}$$

其中，$\boldsymbol{C}_k = [\boldsymbol{c}_{k,0}, \cdots, \boldsymbol{c}_{k,N-1}]^{\mathrm{T}}$ 为 $N \times (LP)$ 的矩阵，其行向量定义为

$$\boldsymbol{c}_{k,i}^{\mathrm{T}} = \mathrm{e}^{\mathrm{j}(\hat{\omega}_k i + \hat{\phi}_k)} [\hat{u}_{i+LP}, \hat{u}_{i+LP-1}, \cdots, \hat{u}_i] \tag{6.120}$$

由此，可以计算频率切换暂态特性如下：

$$\hat{\boldsymbol{g}} = \left(\boldsymbol{D}^{\mathrm{H}} \boldsymbol{D}\right)^{-1} \boldsymbol{D}^{\mathrm{H}} \boldsymbol{r} \tag{6.121}$$

综上，频率源切换调制的畸变特征由 $\bar{\boldsymbol{\omega}} = [\bar{\omega}_1, \cdots, \bar{\omega}_{M-1}]^{\mathrm{T}}$ 和 $\hat{\boldsymbol{g}}$ 构成和描述。

6.5.5　频率调制畸变特征提取方法的性能仿真

为了验证本节所述的调频畸变特征提取算法用于辐射源个体识别的可行性和性能，通过仿真产生 5 个 FSK 辐射源的射频信号，测试算法在不同信噪比情况下的识别性能。由于采用闭环 VCO 调制是当前频率调制的主流实现方式，而闭环 VCO 直接调制和间接调制的系统模型类似，因此这里按照式(6.103)所述模型仿真产生信号。

对每个辐射源各产生 1000 个 FSK 信号样本，每个样本长度为 1000 个 FSK 符号，采样速率为符号速率的 10 倍。各个辐射源的频率调制畸变参数设置如表 6.3 所示，该仿真中各辐射源的频率调制畸变参数按照实际同类型发射机的频率调制畸变特性的差异量进行配置，其他参数均相同，以模拟同类型辐射源个体识别条件。

表 6.3　5 个 FSK 辐射源的仿真参数

参数	FSK 辐射源				
	T_1	T_2	T_3	T_4	T_5
a_1	0.120	0.140	0.160	0.018	0.9245
a_2	0.160	0.120	0.080	0.040	0.000
b_0	0.021	0.022	0.023	0.024	0.025
b_1	1.000	1.000	1.000	1.000	1.000
b_2	−0.011	−0.011	−0.012	−0.012	−0.013

对所有辐射源，分别选取 500 个样本构成训练集，剩下的各 500 个样本构成测试集。为了与文献[13]所述的双谱特征提取方法进行对比，按照文献[13]描述实现双谱特征提取方法，即先对信号的双谱按照矩形路径进行积分，再采用主成分分析(PCA)方法降维得到特征。识别采用 SVM 分类器。

图 6.10 给出了本节所述机理特征提取方法与矩形积分双谱(square integral bispectra，SIB)方法的识别性能比较。由图可见，机理特征提取方法具备较大的性能优势，而 SIB 方法则几乎不可行，这主要是因为随机的信息数据调制造成了双谱的波动，且在数据长度有限的情况下，双谱还容易受噪声的影响，导致双谱计算结果存在较大误差，掩盖了双谱中蕴含的辐射源信息。

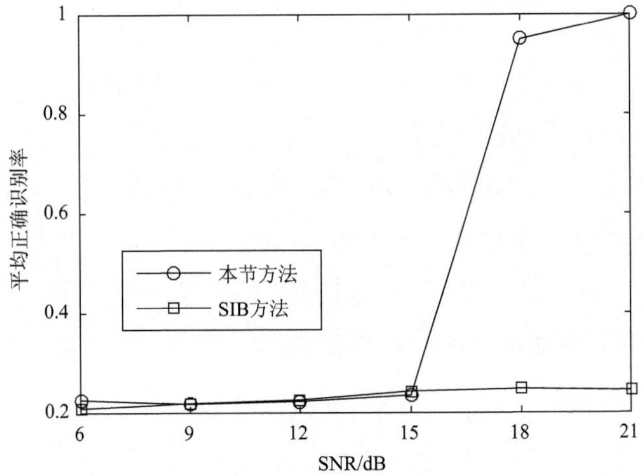

图 6.10 本节方法与 SIB 方法的性能比较

另外值得注意的一个现象是，机理特征提取方法表现出了明显的信噪比门限效应，即在 15dB 以下，识别率急剧下降，而在 18dB 时已经达到了较高的识别率。这是因为，在一定信噪比门限以下，本书所建立的调频畸变机理模型开始产生较大的模型误差(即式(6.75)中的近似处理在低信噪比下误差较大)，而且在低信噪比下还极易导致相位展开时发生 2π 跳周现象，从而急剧降低估计性能。

6.6 频率源畸变特征提取

以往对频率源畸变的认识主要体现在频率偏移和频率稳定度上[14,15]，然而频率偏移和频率稳定度通常用于描述频率源的长期稳定度，并未描述频率源的相位噪声(简称相噪)特性。另外，频率偏移本身容易受目标运动的多普勒效应而导致不稳定，频率稳定度的计算则需要极高的信噪比，否则容易受噪声影响而导致区分性和稳定性不足。

Rubino 提出通过提取相噪功率谱特性构造辐射源指纹特征[16]，并结合 Brik 方法取得了更好的识别效果。但由于其特征来源于相噪功率谱的特定频点的功率谱值，未能完整描述相噪的本质特性。本节通过分析发射机相位噪声生成模型，提出采用 ARMA 模型来描述发射机的相噪特性，并通过 ARMA 参数估计建构基于相噪的辐射源指纹特征。这种描述从相噪产生的机理模型出发，可以更好地反映其本质特性，从而获得更高的识别性能。

6.6.1 相噪的 ARMA 信号模型

相噪特征提取通常在稳态信号段进行。在接收端，相位模型与式(6.30)类似，只是不再考虑暂态相位，于是接收端信号相位满足

$$\Phi(n)=\arg\left\{r(n)\right\}\approx\omega_{\mathrm{o}}n+\varphi(n)+\theta(n)+\xi(n) \tag{6.122}$$

若定义 $d_x(n)=(1-z^{-1})x(n)$，则有

$$d_{\Phi}(n)-\hat{d}_{\varphi}(n)-\hat{\omega}_{\mathrm{o}}=d_{\theta}(n)+d_{\xi}(n) \tag{6.123}$$

其中，$d_{\Phi}(n)$ 可通过式(6.124)计算获得：

$$d_{\Phi}(n)=\arg\left\{r(n)r^{*}(n-1)\right\} \tag{6.124}$$

$\hat{\omega}_{\mathrm{o}}$ 为频偏估计值，可通过式(6.125)获取：

$$\hat{\omega}_{\mathrm{o}}=\frac{1}{N}\sum_{n=0}^{N-1}\left(d_{\Phi}(n)-\hat{d}_{\varphi}(n)\right) \tag{6.125}$$

这是因为

$$E\left\{d_{\Phi}(n)-\hat{d}_{\varphi}(n)\right\}=\omega_{\mathrm{o}} \tag{6.126}$$

假设接收端采用高精度频率源，则 $\theta(n)$ 中仅包括发射端频率源的相位噪声。根据式(3.31)，对 $\theta(n)$ 有

$$\left(1-z^{-1}+\frac{H(z^{-1})}{D}\right)\theta(n)=\frac{H(z^{-1})}{(1-z^{-1})}\phi(n)+c_2\delta(n) \tag{6.127}$$

其中

$$H(z^{-1})=\frac{b_0+b_1z^{-1}}{1+a_1z^{-1}} \tag{6.128}$$

联合考虑式(6.122)和式(6.127)，并令 $y(n)=\Phi(n)-\hat{\omega}_{\mathrm{o}}n-\hat{\varphi}(n)$，可得

$$y(n)=\frac{H(z^{-1})}{\left(1-z^{-1}+H(z^{-1})/D\right)\left(1-z^{-1}\right)}\phi(n)+\frac{c_2\delta(n)}{1-z^{-1}+H(z^{-1})/D}+\xi(n) \tag{6.129}$$

显然，$y(n)$ 是一个由 3 个独立的高斯白噪声激励的随机过程，对此随机过程的参

数的直接求解是困难的。为此采用 (p,q) 阶的 ARMA 过程来近似该随机过程，即

$$y(n)=\frac{B(z^{-1})}{A(z^{-1})}e(n)=\frac{1+a_1z^{-1}+\cdots+a_pz^{-p}}{b_0+b_1z^{-1}+\cdots+b_qz^{-q}}e(n) \tag{6.130}$$

其中，$e(n)$ 为零均值高斯白噪声。这样，辐射源之间的相位噪声特性的差异体现在 $\{a_1,\cdots,a_p\}$ 和 $\{b_1,\cdots,b_q\}$ 的差异上。

如果考虑接收机频率源的相位噪声，由于接收机相位噪声可建模为一种 ARMA 过程且与发射机相位噪声相互独立，最终得到的相位噪声虽仍可视为一种 ARMA 过程，但其极点数目增加且零点发生改变[17]。如果始终采用同一接收机处理，则尽管接收机特性也被代入 ARMA 模型参数中，但仍将具备区分性。不利的一面在于，接收机相位噪声随机性的引入，将导致需要更多的信号样本才可估计得到较为准确的参数，所以一般而言，对发射机频率源相位噪声特性的提取要求接收机的相位噪声指标较高。

6.6.2　相噪 ARMA 模型求解

对相位噪声的 ARMA 信号模型求解其 AR 系数和 MA 系数以构建辐射源特征。由于模型阶数不确定，应首先估计其 AR 阶数和 MA 阶数，然后按照对应阶数的模型进行求解。这里主要借鉴文献[18]阐述的 ARMA 参数估计方法。

假定 ARMA 阶数为 (p,q)，其阶数判定方法如下所示。

(1) 设定 $p_e \geqslant p$，$q_e \geqslant q$，$N > M \gg p$，N 为样点个数，$Q = q_e$，构造样本相关矩阵：

$$\boldsymbol{R}_e=\begin{bmatrix} R(q_e+1) & R(q_e) & \cdots & R(q_e+1-p_e) \\ R(q_e+2) & R(q_e+1) & \cdots & R(q_e+2-p_e) \\ \vdots & \vdots & & \vdots \\ R(q_e+M) & R(q_e+M-1) & \cdots & R(q_e+M-p_e) \end{bmatrix} \tag{6.131}$$

其中，$R(i)=\frac{1}{n}\sum_{n=0}^{N-1}y_n y_{n-i}$。

(2) 对样本相关矩阵 $\boldsymbol{R}_e$ 进行奇异值分解 $\boldsymbol{R}_e=\boldsymbol{U\Sigma V}^{\mathrm{H}}$，获得其奇异值，并将奇异值按大小降序排列，得到 $\rho_1,\cdots,\rho_h$。

(3) 计算归一化奇异值 $\bar{\rho}_k=\rho_k/\rho_1$，并设定一个接近 0 的门限值，将大于此门限的最大整数 k 定为 AR 阶数估计值 $\hat{p}$。

(4) 取 $Q=Q-1$，并构造 $M\times\hat{p}$ 的样本自相关矩阵 $\boldsymbol{R}_{2e}$，其元素定义为 $\boldsymbol{R}_{2e}(i,j)=\boldsymbol{R}(Q+i-j)$。

(5) 对 $\boldsymbol{R}_{2e}$ 做奇异值分解，并计算

$$\eta = (\rho_{p+1}^{Q} - \rho_{p+1}^{Q+1}) \big/ \rho_{p+1}^{Q} \tag{6.132}$$

其中，ρ_{p+1}^{Q} 为 Q 值对应的第 $p+1$ 个奇异值。

(6) 如果 η 大于某一预定门限，则确定 MA 阶数估计值为 $\hat{q}=Q$，否则返回步骤(4)，直至估计得到 MA 阶数。

确定了 ARMA 阶数后，采用总体最小二乘法来计算 ARMA 系数。其步骤如下。

(1) 计算：

$$\boldsymbol{S}^{(p)} = \sum_{j=1}^{p} \sum_{i=1}^{n+1-p} {\rho_j}^2 \boldsymbol{v}_j^i (\boldsymbol{v}_j^i)^{\mathrm{H}} \tag{6.133}$$

其中，$\boldsymbol{v}_j^i$ 为 $\boldsymbol{V}$ 的第 j 列的一段，即 $\boldsymbol{v}_j^i = [v(k,j), v(k+1,j), \cdots, v(k+p,j)]^{\mathrm{T}}$。

(2) 计算 AR 系数如下：

$$\hat{a}_i = \boldsymbol{S}^{-(p)}(i+1,1) / \boldsymbol{S}^{-(p)}(1,1) \tag{6.134}$$

(3) 对 $k=0,\cdots,q$，计算 MA 谱系数：

$$c_k = \sum_{i=0}^{p} \sum_{j=0}^{p} \hat{a}_i \hat{a}_j^* R(k-i+j) \tag{6.135}$$

并令 $b_0^{(0)} = \sqrt{c_k}$，$b_i^{(0)} = 0$，$i=1,\cdots,p$。

(4) 计算拟合误差函数 $g_k^{(i)} = \sum_{j=0}^{q} b_j^{(i)} b_{j+k}^{(i)} - c_k$，并构造：

$$\boldsymbol{F}^{(i)} = \begin{bmatrix} b_0^{(i)} & b_1^{(i)} & \cdots & b_q^{(i)} \\ b_1^{(i)} & \cdots & b_q^{(i)} & 0 \\ \vdots & & & \vdots \\ b_q^{(i)} & 0 & \cdots & 0 \end{bmatrix} + \begin{bmatrix} b_0^{(i)} & b_1^{(i)} & \cdots & b_q^{(i)} \\ 0 & b_0^{(i)} & \cdots & b_{q-1}^{(i)} \\ \vdots & & & \vdots \\ 0 & \cdots & 0 & b_0^{(i)} \end{bmatrix} \tag{6.136}$$

(5) 更新 MA 参数估计向量 $\boldsymbol{b}^{(i+1)} = \boldsymbol{b}^{(i)} - \boldsymbol{F}^{(i+1)} \boldsymbol{g}^{(i)}$。

(6) 计算

$$\xi_k = \left| b_k^{(i+1)} - b_k^{(i)} \right| \Big/ \left| b_k^{(i)} \right| \tag{6.137}$$

如果对所有 k 值，ξ_k 小于某一预定门限，则停止迭代，获得 MA 参数估计 $\hat{\boldsymbol{b}} = \boldsymbol{b}^{(i+1)}$，否则返回步骤(4)，重复以上步骤直到满足收敛条件。

通过以上所述的 ARMA 模型参数估计，得到两个参数向量 $\hat{\boldsymbol{a}}$ 和 $\hat{\boldsymbol{b}}$，由此可以构造相噪特征向量 $\boldsymbol{f}_{\mathrm{PN}} = [\hat{\boldsymbol{a}}; \hat{\boldsymbol{b}}]$。

6.6.3　性能分析和比较

为了测试算法的可行性和性能，仿真产生 10 个辐射源的带相位噪声的信号。相位噪声产生依据文献[19]所述模型，即

$$\theta_n = a_1\theta_{n-1} + b_0\phi_n \tag{6.138}$$

其中，ϕ_n 为单位方差的高斯白噪声。该模型为式(6.130)的简化版。10 个辐射源相噪特性仿真参数设置如表 6.4 所示。该仿真中各辐射源的相位噪声参数按照实际同类型发射机的相噪特性的差异量进行配置，其他参数均相同，以模拟同类型辐射源个体识别条件。

表 6.4　10 个辐射源的相位噪声生成参数

参数	辐射源									
	T_1	T_2	T_3	T_4	T_5	T_6	T_7	T_8	T_9	T_{10}
a_1	0.9938	0.9755	0.9579	0.9409	0.9245	0.9087	0.8934	0.8786	0.8642	0.8504
b_0	0.0062	0.0246	0.0424	0.0596	0.0764	0.0927	0.1086	0.1240	0.1390	0.1536

再按照式(3.33)产生辐射源信号。在不同的信噪比情况下，对每个辐射源分别产生 400 个信号样本，以对算法性能进行分析。

图 6.11 给出在 18dB 信噪比情况下 ARMA 相噪特征估计方法获取的特征视图。由图可见，在该仿真设置下，ARMA 参数估计方法获得的参数特征可较好地区分 10 个辐射源目标。

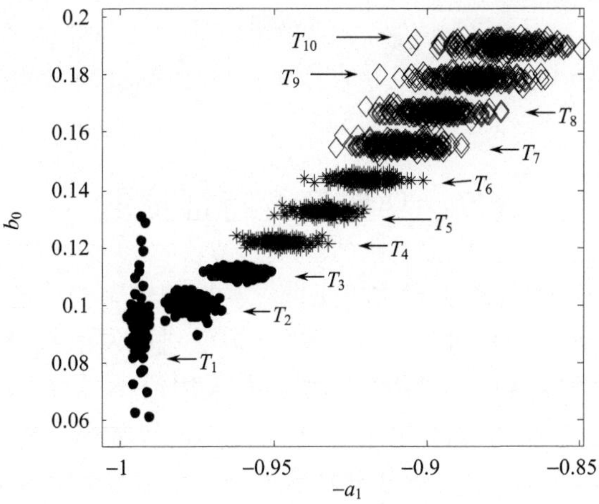

图 6.11　ARMA 方法获取的特征视图($-a_1,b_0$)

为了评估所提出的 ARMA 特征提取方法的性能，采用 SVM 分类器进行正确识别率测试。对所有辐射源，选取一半样本构成训练集，另一半样本构成测试集，用于评估正确识别率。同时，为了与文献[16]所提出来的相噪功率谱特征提取方法进行性能比较，对该方法进行同样的性能评估处理。相噪功率谱特征提取先采用周期图方法进行相噪功率谱计算，然后提取归一化频率为(0.0078, 0.0233, 0.0388, 0.0543, 0.0698, 0.0853)所对应的功率谱值构成特征向量。

图 6.12 给出了 ARMA 特征提取方法与相噪功率谱特征方法在不同信噪比情况下的性能。由图可见，在低信噪比情况(小于 7dB)下，ARMA 特征提取方法的性能不如功率谱特征方法；但在中高信噪比情况(大于 7dB)下，ARMA 特征提取方法的性能远高于功率谱特征方法。这是因为在低信噪比情况下式(6.122)的近似处理存在较大误差，而在中高信噪比情况下则具备较高的估计精度。

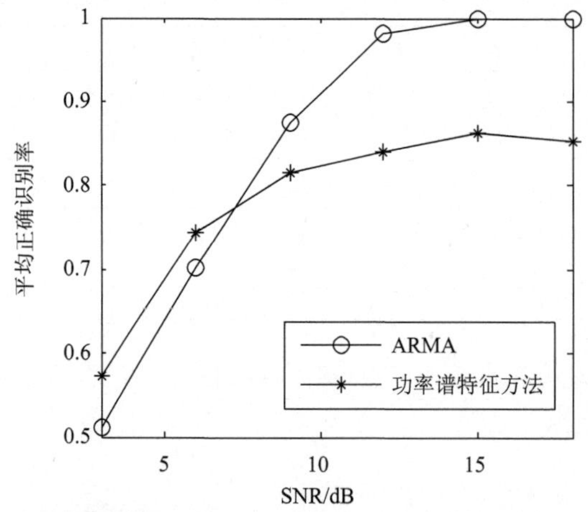

图 6.12　ARMA 方法与相噪功率谱特征方法的性能比较

6.7　功放畸变特征提取

目前对功放畸变特征的研究比较注重对其机理模型的构建。文献[20]对宽带功放建立了 Volterra 级数模型，并按似然比方法进行发射机个体识别；文献[21]对窄带功放建立了泰勒(Taylor)级数模型，并采用最小二乘方法估计功放系数作为辐射源功放特征；文献[22]对窄带功放的 Taylor 级数模型提出了基于倍频成分的功放畸变特征提取方法。对于宽带功放而言，文献[20]中所阐述的信号模型仍然过于简单，而且未说明如何获取模型输入信号；对于窄带功放而言，文献[21]所阐述的信号模型为符号级模型，仅适用高阶 QAM 信号，而文献[22]则仅考虑了很容易被削弱的倍频成分。本节将对窄带功放分别设计基于倍频成分和基于基频成分的特征提取方法；对宽带功放则因其研究的困难性，暂不考虑。

6.7.1　基于倍频成分的窄带功放畸变特征提取

根据 3.4 节可知，功放非线性将产生倍频信号成分。文献[22]提出了基于倍频成分的窄带功放畸变特征提取方法，但是该方法忽略了落在基波频带内的高次项畸变，从而丢失了重要的畸变特性信息；另外，倍频成分往往会被发射滤波器削弱，或被其他信号覆盖，相比而言，基波频带内的非线性项的影响更为重要。对此，本小节提出一种新的信号模型，并给出相应的功放非线性特征提取算法。

设 M 为奇数，式(3.35)的离散形式为

$$y(n)=\sum_{m=0}^{M}\lambda_m x(n)^m,\quad n=0,\cdots,N-1 \tag{6.139}$$

其中

$$x(n)=\mathrm{Re}\left\{\rho(n)\mathrm{e}^{\mathrm{j}(2\pi f_c nT_s+\varphi)}\right\}=0.5\left(\rho(n)\mathrm{e}^{\mathrm{j}(2\pi f_c nT_s+\varphi)}+\rho^*(n)\mathrm{e}^{-\mathrm{j}(2\pi f_c nT_s+\varphi)}\right) \tag{6.140}$$

其中，$\rho(n)$ 为复基带调制信号且可表示为

$$\rho(n)=s(n)\mathrm{e}^{\mathrm{j}\varphi(n)} \tag{6.141}$$

根据文献[22]中推导，在接收方第 l 个倍频信号可表示为

$$r_l(n)=A\sum_{k=0}^{\lfloor (M-l)/2\rfloor}F_{l,k}s(n)^{l+2k}\cos\left(l2\pi f_c nT_s+l\varphi(n)+\phi_l\right)+v(n) \tag{6.142}$$

其中，$\lfloor\cdot\rfloor$ 为向下取整操作；$F_{l,k}$ 定义为

$$F_{l,k}=\frac{C_{l+2k}^{k}\lambda_{l+2k}g_l}{2^{l+2k-1}} \tag{6.143}$$

g_l 为第 l 个倍频信号的传输增益。

在实际处理时，对 L 个倍频信号都变频到基带，且变频时所有变频器都应该选择同一频率源产生本地信号：即以基波信号的频率源为基准，产生 l 倍频率信号对第 l 个倍频信号进行变频处理。经过这样的处理，可得到新的复信号模型：

$$y_l(n)=A\sum_{k=0}^{\lfloor (M-l)/2\rfloor}F_{l,k}\hat{s}(n)^{l+2k}\mathrm{e}^{\mathrm{j}l\hat{\varphi}(n)}\mathrm{e}^{\mathrm{j}(l2\pi f_o nT_s+\phi_l)}+v(n) \tag{6.144}$$

其中，f_o 为基频信号频偏。设 $f_{o,l}=lf_o$ 为 l 倍频率信号的频偏，则式(6.144)可进一步用向量形式表示为

$$\boldsymbol{y}_l=\boldsymbol{U}(f_{o,l})\boldsymbol{H}_l\boldsymbol{c}_l+\boldsymbol{v}_l \tag{6.145}$$

其中，$\boldsymbol{U}(f_{o,l})$ 定义为

$$U(f_{o,l}) = \text{diag}\{u(f_{o,l})\} \tag{6.146}$$

$$u(f_{o,l}) = \left[1, e^{j2\pi l f_o 1}, \cdots, e^{j2\pi l f_o (N-1)}\right]^T \tag{6.147}$$

$\boldsymbol{H}_l$ 定义为

$$\boldsymbol{H}_l = \left[\boldsymbol{h}_0, \boldsymbol{h}_1, \cdots, \boldsymbol{h}_{\lfloor (M-l)/2 \rfloor}\right]^T \tag{6.148}$$

$$\boldsymbol{h}_k = \left[\hat{s}(0)^{l+2k} e^{jl\hat{\varphi}(0)}, \cdots, \hat{s}(N-1)^{l+2k} e^{jl\hat{\varphi}(N-1)}\right]^T \tag{6.149}$$

$\boldsymbol{c}_l$ 为待估计向量，定义为

$$\boldsymbol{c}_l = \left[c_{l,0}, c_{l,1}, \cdots, c_{l,\lfloor (M-l)/2 \rfloor}\right]^T \tag{6.150}$$

其中，$c_{l,k} = AF_{l,k}e^{j\phi_l}$；$\boldsymbol{v}_l$ 为第 l 个倍频信号的加性信道噪声，设为零均值高斯白噪声。

对 $\boldsymbol{f}_l$ 的估计可以采用联合最大似然估计(joint maximum likelihood estimation，JMLE)完成，其估计公式的推导与 6.4.2 节的推导类似，这里仅给出最终结果：

$$\hat{f}_{o,l} = \arg\min_{f_{o,l}} \left\| (\boldsymbol{I} - \boldsymbol{P}_l)\boldsymbol{D}_{y_l} \boldsymbol{u}(f_{o,l})^H \right\|^2 \tag{6.151}$$

$$\hat{\boldsymbol{c}}_l = (\boldsymbol{P}_l^H \boldsymbol{P}_l)^{-1} \boldsymbol{P}_l^H (\boldsymbol{U}(\hat{f}_{o,l})^H \boldsymbol{y}_l) \tag{6.152}$$

其中，$\boldsymbol{I}$ 为对角阵；$\boldsymbol{P}_l = \boldsymbol{H}_l^H \left(\boldsymbol{H}_l^H \boldsymbol{H}_l\right)^{-1} \boldsymbol{H}_l$；$\boldsymbol{D}_{y_l} = \text{diag}\{\boldsymbol{y}_l\}$。在实际计算时，可以先对基波信号($l$=1)进行估计，然后利用基波信号的估计结果获得倍频信号的频偏估计 $\hat{f}_{o,l} = l\hat{f}_o$，最后代入式(6.152)获得倍频信号的非线性参数估计结果。

为避免信号功率和初相对特征的影响，可对 $\hat{\boldsymbol{c}}_l$ 做进一步处理。取以下特征向量：

$$\tilde{\boldsymbol{c}}_l = \left[\tilde{c}_{l,1}, \cdots, \tilde{c}_{l,\lfloor (M-l)/2 \rfloor}\right]^T \tag{6.153}$$

其元素计算公式如下：

$$\tilde{c}_{l,k} = \left(2^{2k-1} / C_{l+2k}^k\right)\hat{c}_{l,k} / \hat{c}_{l,0} \tag{6.154}$$

对所有倍频信号进行以上计算，即可构造得到最终的特征向量 $\boldsymbol{f}_\lambda = [\tilde{\boldsymbol{c}}_1, \tilde{\boldsymbol{c}}_2, \cdots, \tilde{\boldsymbol{c}}_M]$。

基于倍频成分的窄带功放畸变特征提取方法要求接收机对倍频频点也要进行接收，因而其实施较为复杂；同时由于倍频成分会被发射滤波器削弱，其性能也将受到影响。

6.7.2　基于基频成分的窄带功放畸变特征提取

功放非线性除产生倍频成分外，还将产生基频成分。文献[21]提出了一种基于基频成分的功放非线性特征提取算法，尽管该方法能够在多径信道下完成对功

放畸变特性的提取，但该信号模型仅能描述在最佳采样点以符号速率采样的高阶 QAM 信号。对于 MPSK 信号，这种处理忽略了成形带来的信号包络抖动，从而使其表现为恒包络，因而不能求解功放的非线性特性。对此，本小节提出新的基于过采样的信号模型。

根据 3.4 节描述可知，功放非线性的倍频成分因落在有效发射频带外，将在发射方和接收方被滤波器严重削弱。因此，在接收端可仅考虑基频成分。根据式(6.139)，如果仅保留基频成分，则功放输出的 M 阶近似可表示为

$$y(n)=\sum_{m=0}^{\lfloor (M-1)/2\rfloor}\frac{C_{2m+1}^{m}\lambda_{2m+1}}{2^{2m}}\left|\rho(n)\right|^{2m}\rho(n)\mathrm{e}^{\mathrm{j}(2\pi f_{\mathrm{o}}nT_s+\phi)},\quad n=0,\cdots,N-1 \tag{6.155}$$

经过接收方变频到基带，并假设相位同步无误差，则基带信号的向量表示为

$$\boldsymbol{y}=\boldsymbol{U}(f_{\mathrm{o}})\boldsymbol{G}\tilde{\boldsymbol{\lambda}}+\boldsymbol{v} \tag{6.156}$$

其中，f_{o} 和 $\boldsymbol{U}(f_{\mathrm{o}})$ 定义同前，而

$$\boldsymbol{G}=\left[\boldsymbol{g}_0,\boldsymbol{g}_1,\cdots,\boldsymbol{g}_{\lfloor (M-1)/2\rfloor}\right] \tag{6.157}$$

$$\boldsymbol{g}_m=\left[\left|\rho(0)\right|^{2m}\rho(0),\left|\rho(1)\right|^{2m}\rho(1),\cdots,\left|\rho(NP-1)\right|^{2m}\rho(NP-1)\right]^{\mathrm{T}} \tag{6.158}$$

$$\tilde{\boldsymbol{\lambda}}=\mathrm{e}^{\mathrm{j}\phi}\left[\tilde{\lambda}_1,\tilde{\lambda}_3,\cdots,\tilde{\lambda}_M\right]^{\mathrm{T}} \tag{6.159}$$

其中，$\tilde{\boldsymbol{\lambda}}$ 的元素定义为 $\tilde{\lambda}_{2m+1}=AC_{2m+1}^{m}\lambda_{2m+1}/2^{2m}$。

对功放系数 $\tilde{\boldsymbol{\lambda}}$ 可以采用联合最大似然估计，其估计公式的推导与 6.4.2 节的推导类似，这里仅给出最终结果：

$$\hat{f}_{\mathrm{o}}=\arg\min_{f_{\mathrm{o}}}\left\|(\boldsymbol{I}-\boldsymbol{P})\boldsymbol{D}_{\boldsymbol{y}}\boldsymbol{u}(f_{\mathrm{o}})^{\mathrm{H}}\right\|^2 \tag{6.160}$$

$$\hat{\tilde{\boldsymbol{\lambda}}}=(\boldsymbol{G}^{\mathrm{H}}\boldsymbol{G})^{-1}\boldsymbol{G}^{\mathrm{H}}(\boldsymbol{U}(\hat{f}_{\mathrm{o}})^{\mathrm{H}}\boldsymbol{y}) \tag{6.161}$$

其中，$\boldsymbol{I}$ 为对角阵；$\boldsymbol{P}=\boldsymbol{G}^{\mathrm{H}}\left(\boldsymbol{G}^{\mathrm{H}}\boldsymbol{G}\right)^{-1}\boldsymbol{G}$；$\boldsymbol{D}_{\boldsymbol{y}}=\mathrm{diag}\{\boldsymbol{y}\}$。为了消除信号功率和初相对特征的影响，可取 $\boldsymbol{f}_{\lambda}=\hat{\tilde{\boldsymbol{\lambda}}}(2:\mathrm{end})/\lambda_1$ 作为功放畸变特征向量。

需要说明的是，当 l=1 时，6.7.1 节所推导得到的结果与本小节是一样的，即意味着本小节是 6.7.1 节的一种特殊情况。由于倍频信号的信噪比远小于基波信号，因此对 $l=1$ 所对应的基波信号进行功放畸变特征估计的精度远高于对倍频信号功放畸变特征的估计精度。

如果不具备对发射滤波器的精确认识，则对 $\rho(n)$ 的重构将产生误差，识别性能将下降。此时，也可以忽略符号间干扰，或将符号间干扰带来的误差视为噪声项，从而建立如下信号模型：

$$y = U(f_o)C\lambda + v \tag{6.162}$$

其中

$$C = \left[c_0, c_1, \cdots, c_{(M-1)/2}\right] \tag{6.163}$$

式(6.163)中列向量定义为

$$c_m = \left[\left|c_0\right|^{2m} c_0, \left|c_1\right|^{2m} c_1, \cdots, \left|c_{N-1}\right|^{2m} c_{N-1}\right]^{\mathrm{T}} \tag{6.164}$$

其中，c_k为调制符号。显然该信号模型的求解和式(6.156)是类似的，这里不再赘述。但应注意，该信号模型仅仅适用于多电平幅度调制的辐射源信号，如高阶QAM调制信号和 MASK 调制信号，对 MPSK 等单电平调制的辐射源信号将不可解，此时必须采用式(6.156)的信号模型。

6.7.3　性能分析和比较

本小节将通过仿真产生带功放非线性畸变的辐射源信号，以测试前述功放畸变特征提取方法用于辐射源个体识别的性能。仿真信号对象包括经历功放非线性畸变的 MPSK 调制信号和 16QAM 调制信号。待测试算法包括式(6.156)所示的过采样信号模型和式(6.162)所示的抽取信号模型所导出的功放畸变特征提取算法，以及文献[21]中所提出的功放畸变特征提取算法。所有这些算法在完成特征提取后，都采用 SVM 分类器进行性能测试。

对 QPSK 调制信号的功放非线性畸变参数设置如表 6.5 所示，16QAM 调制信号的功放非线性畸变参数设置如表 6.6 所示。该仿真中各辐射源的功放非线性参数按照实际同类型发射机的功放非线性特性的差异量进行配置，其他参数均相同，以模拟同类型辐射源个体识别条件。

表 6.5　5 个 QPSK 调制辐射源的功放非线性畸变仿真设置

参数	QPSK 调制辐射源				
	T_1	T_2	T_3	T_4	T_5
λ_1	1.0	1.0	1.0	1.0	1.0
λ_3	0.0003+0.0002j	0.1024+0.0800j	0.2047+0.1600j	0.3070+0.2400j	0.4094+0.3200j

表 6.6　5 个 16QAM 调制辐射源的功放非线性畸变仿真设置

参数	16QAM 调制辐射源				
	T_1	T_2	T_3	T_4	T_5
λ_1	1.0	1.0	1.0	1.0	1.0
λ_3	0.0733+0.0420j	0.0890+0.0510j	0.1047+0.0600j	0.1204+0.0690j	0.1361+0.0780j

仿真中对 5 个辐射源各产生 1000 个调制信号样本，一半用于训练分类器，另一半用于测试识别率。每个样本包含 200 个调制符号，信号过采样倍数为 10。仿真中不考虑定时同步错误。

图 6.13 给出了不同信噪比情况下各个算法的平均正确识别率。从图中可以看到，对 16QAM 调制信号而言，抽取信号模型导出的算法的性能略低于过采样信号模型导出的算法，这是由抽取信号模型中忽略了符号间干扰引起的。另外值得注意的是，表 6.5 中所列的 QPSK 调制信号的功放系数差异大于表 6.6 所列的 16QAM 调制信号的功放系数差异，然而由图 6.13 可知，对 16QAM 调制信号的个体识别性能远高于对 QPSK 调制信号的个体识别性能。这是因为 16QAM 存在不同的幅度调制电平，其非线性畸变效应体现得更为明显，估计精度更高；而类似于 MPSK 之类的恒电平调制，其调制信号的幅度波动主要来源于符号成形，因而尽管仍然存在非线性畸变，但其效应弱于高阶 QAM 信号，估计精度较低。

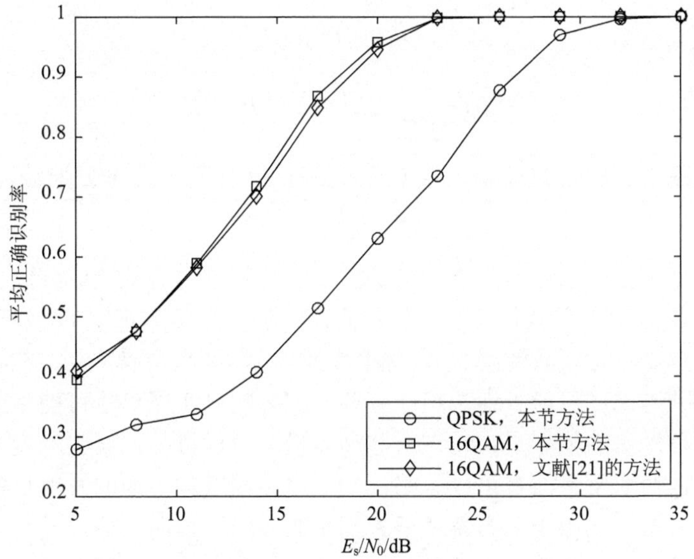

图 6.13　基于功放畸变特征的辐射源个体识别性能

6.8　发射机畸变特征联合提取

在实际情况下，发射机的各种畸变要素往往同时存在且相互影响。前述的单畸变要素估计算法在其他畸变要素的影响不显著的情况下仍具备较好的估计性能，否则就将导致较大的估计误差。这意味着需要考虑新的能够涵括各种畸变要素的信号模型，并设计相应的联合估计算法完成对各畸变要素的联合估计。

6.8.1 信号模型

根据前面章节的阐述，考虑调制畸变、相位噪声、功放非线性、发射通路滤波器畸变、寄生谐波和载波泄漏等畸变要素同时存在，则在 AWGN 信道下，接收方对接收信号变频到基带后所得信号可表示为

$$y_n = A\mathrm{e}^{\mathrm{j}(2\pi f_o n+\varphi_n+\theta)}\left(\sum_{m=0}^{(M-1)/2}\frac{C_{2m+1}^{m}\lambda_{2m+1}}{2^{2m}}\tilde{\rho}_{2m+1}(n)+\varepsilon_n+\xi\right)+v_n,\quad n=0,\cdots,(N-1)P \tag{6.165}$$

其中，φ_n 为发射机频率源相位噪声；θ 为初相；ξ 为载波泄漏；v_n 为方差为 σ_v^2 的零均值高斯白噪声；P 为过采样倍数，即 $P=T/T_s$，T 为符号周期，T_s 为采样间隔；N 为信号所包含的符号个数；$\tilde{\rho}_{2m+1}(n)$ 为第 $2m+1$ 次非线性成分，定义为

$$\tilde{\rho}_{2m+1}(n)=\left|\tilde{\rho}(n)\right|^{2m}\tilde{\rho}(n) \tag{6.166}$$

$$\tilde{\rho}(n)=\mu_1\rho(n)+\mu_2\rho^{*}(n) \tag{6.167}$$

$$\rho(n)=\sum_{k=-\infty}^{\infty}c_n g\left(nT_s-kT-\tau\right) \tag{6.168}$$

$g(n)$ 为辐射源发射通路滤波器，其定义可参考 3.5 节；ε_n 为寄生谐波，定义为

$$\varepsilon_n = A_{\mathrm{sp}}\mathrm{e}^{\mathrm{j}2\pi f_{\mathrm{sp}}n} \tag{6.169}$$

以上信号模型中，对功放非线性考虑的是窄带功放输出的基波成分。

由于式(6.165)不是线性方程，联合估计调制畸变(μ_1、μ_2)、滤波畸变($g(n)$)、放大器畸变(λ_{2m+1})、载波泄漏(ξ)、寄生谐波(ε_n)以及相位噪声(φ_n)的特性是困难的。为此必须考虑尽可能少地忽略一些要素的影响以实现对尽可能多的要素的联合估计。这种做法的依据是：①在一些高质量的发射机中，某些畸变要素非常微弱，相比其他畸变要素而言可以忽略，如采用高精度频率源的发射机的相位噪声的影响可以忽略；②由于所有畸变要素都是微弱的，因而从估计的角度而言，在某些情况下某些畸变要素对其他畸变要素的估计的影响也是微弱的。另外，应该认识到，特征并不一定需要直接描述某个畸变要素，描述各个畸变要素的综合作用的数学量也可以构成特征。因此，只要找到仅与畸变要素相关(而与调制符号等非畸变要素无关)的数学量即可以作为待估计的特征量。

基于以上思想，考虑以下三种情况的联合估计。

(1) 模型 I：忽略相位噪声和滤波器畸变，而对频偏、功放非线性、调制畸变、载波泄漏和寄生谐波实施联合估计，适用于采用高精度频率源和滤波器畸变微弱的发射机对象集合。

(2) 模型 II：忽略相位噪声和功放的影响，而对频偏、滤波器畸变、调制畸

变、载波泄漏和寄生谐波实施联合估计，适用于采用高精度频率源和功放主要工作在线性状态(如恒包络调制信号)的发射机对象集合。

(3) 模型 III：仅忽略调制错误以及相位噪声的影响，而对频偏、滤波器畸变、功放畸变、载波泄漏和寄生谐波实施联合估计，适用于调制器采用数字电路实施且频率源精度较高的发射机对象集合。事实上，由于现代发射机越来越多地采用数字电路方式来实施基带处理，此种情况是可能遇到的。

6.8.2 联合最大似然参数估计

1. 联合估计模型 I

此种情况忽略相位噪声和滤波器畸变，而对频偏、功放非线性、调制畸变、载波泄漏和寄生谐波实施联合估计。

假设发射滤波器已知，则 $\rho(n)$ 可采用判决符号及发射机滤波器重构，即

$$\rho(n)=\sum_{k=-\infty}^{\infty}\hat{c}_n h\left(nT_s-kT\right) \tag{6.170}$$

由此可得

$$\tilde{\rho}_{2m+1}\left(nT\right)=\left(\mu_1\rho(n)+\mu_2\rho^*(n)\right)^{m+1}\left(\mu_1\rho(n)+\mu_2\rho^*(n)\right)^{*m} \tag{6.171}$$

定义

$$\rho_{\mathrm{sum}}=\sum_{m=0}^{\lfloor (M-1)/2\rfloor}\frac{1}{2^{2m}}C_{2m+1}^{m}\lambda_{2m+1}\tilde{\rho}_{2m+1}(n) \tag{6.172}$$

如果非线性阶数限定为 3，则式(6.172)可写成如下向量形式：

$$\boldsymbol{\rho}_{\mathrm{sum}}=\boldsymbol{A}\tilde{\boldsymbol{\mu}}\boldsymbol{\lambda} \tag{6.173}$$

其中，$\boldsymbol{\lambda}$ 体现功放非线性特性，定义为 $\boldsymbol{\lambda}=[\lambda_1,\lambda_3]^{\mathrm{T}}$；$\boldsymbol{A}$ 由各次非线性成分组成：

$$\boldsymbol{A}=\left[\boldsymbol{\rho},\boldsymbol{\rho}^*,3\boldsymbol{\rho}_{3,0}/4,3\boldsymbol{\rho}_{0,3}/4,3\boldsymbol{\rho}_{2,1}/4,3\boldsymbol{\rho}_{1,2}/4\right] \tag{6.174}$$

$\boldsymbol{A}$ 中列元素 $\boldsymbol{\rho}$ 定义为

$$\boldsymbol{\rho}=[\rho(0),\cdots,\rho((N-1)P)]^{\mathrm{T}} \tag{6.175}$$

$\boldsymbol{A}$ 中列元素 $\boldsymbol{\rho}_{m,n}$ 定义为

$$\boldsymbol{\rho}_{m,n}(i)=\rho(i)^m\rho^*(i)^n \tag{6.176}$$

$\tilde{\boldsymbol{\mu}}$ 为 6×2 的矩阵，其定义为

$$\tilde{\boldsymbol{\mu}}=[\mu_1,0;\mu_2,0;0,\mu_1^2\mu_2^*;0,\mu_2^2\mu_1^*;0,(|\mu_1|^2+2|\mu_2|^2)\mu_1;0,(2|\mu_1|^2+|\mu_2|^2)\mu_2] \tag{6.177}$$

对更高阶的非线性情况，也可以进行类似的推导。

根据以上推导结果，并定义 $\boldsymbol{G}=[\boldsymbol{A},\boldsymbol{1}]$，则在不考虑信号幅度和初相的情况下，

式(6.165)可写成如下向量形式：

$$\boldsymbol{y}=\boldsymbol{U}(f_{\rm o})\Big(\boldsymbol{G}\boldsymbol{\lambda}_{\mu,\xi}+\boldsymbol{\varepsilon}\Big)+\boldsymbol{v} \tag{6.178}$$

其中，$\boldsymbol{U}(f_{\rm o})$定义与前面各节相同；$\boldsymbol{\lambda}_{\mu,\xi}$与功放非线性和调制畸变有关，定义为

$$\boldsymbol{\lambda}_{\mu,\xi}=[\boldsymbol{\lambda}_{\mu};\xi] \tag{6.179}$$

$\boldsymbol{\lambda}_{\mu}=\tilde{\boldsymbol{\mu}}\,\boldsymbol{\lambda}$；$\boldsymbol{\varepsilon}=\boldsymbol{d}(f_{\rm sp})\gamma_{\rm sp}$，其中$\gamma_{\rm sp}=A_{\rm sp}\exp({\rm j}\varphi_{\rm sp})$，$\boldsymbol{d}(f_{\rm sp})$定义为

$$\boldsymbol{d}(f_{\rm sp})=[1,{\rm e}^{{\rm j}2\pi f_{\rm sp}1},\cdots,{\rm e}^{{\rm j}2\pi f_{\rm sp}(N-1)P}]^{\rm T} \tag{6.180}$$

$\boldsymbol{v}$为方差为σ_v^2的零均值高斯白噪声向量。式(6.178)可进一步写成

$$\boldsymbol{U}(f_{\rm o})^{\rm H}\boldsymbol{y}=\boldsymbol{G}\boldsymbol{\lambda}_{\mu,\xi}+\boldsymbol{\varepsilon}+\boldsymbol{v}_U \tag{6.181}$$

其中，$\boldsymbol{v}_U=\boldsymbol{U}(f_{\rm o})^{\rm H}\boldsymbol{v}$，且$\boldsymbol{v}_U$仍为方差为$\sigma_v^2$的零均值高斯白噪声。

为方便表述，定义

$$\boldsymbol{f}_1=[\boldsymbol{\lambda}_{\mu,\xi};f_{\rm o};\gamma_{\rm sp};f_{\rm sp}] \tag{6.182}$$

则$\boldsymbol{y}$的条件概率分布为

$$p(\boldsymbol{y}|\boldsymbol{f}_1)=\frac{1}{(\pi\sigma_v^2)^{(N-1)P}}\exp\left\{-\frac{1}{\sigma_v^2}\left\|\boldsymbol{U}(f_{\rm o})^{\rm H}\boldsymbol{y}-\boldsymbol{G}\boldsymbol{\lambda}_{\mu,\xi}-\boldsymbol{\varepsilon}\right\|^2\right\} \tag{6.183}$$

根据式(6.183)，对$\boldsymbol{f}_1$的估计可以通过联合最大似然估计完成。

对$\boldsymbol{\lambda}_{\mu,\xi}$的估计可以通过最大化以下函数完成：

$$\varLambda(\boldsymbol{\lambda}_{\mu,\xi};f_{\rm o};\gamma_{\rm sp};f_{\rm sp})=-\left\|\boldsymbol{U}(f_{\rm o})^{\rm H}\boldsymbol{y}-\boldsymbol{G}\boldsymbol{\lambda}_{\mu,\xi}-\boldsymbol{\varepsilon}\right\|^2 \tag{6.184}$$

通过解

$$\frac{\partial\varLambda(\boldsymbol{\lambda}_{\mu,\xi};f_{\rm o};\gamma_{\rm sp};f_{\rm sp})}{\partial\boldsymbol{\lambda}_{\mu,\xi}}=0 \tag{6.185}$$

可得其最大似然估计为

$$\hat{\boldsymbol{\lambda}}_{\mu,\xi}(f_{\rm o};\gamma_{\rm sp};f_{\rm sp})=(\boldsymbol{G}^{\rm H}\boldsymbol{G})^{-1}\boldsymbol{G}^{\rm H}(\boldsymbol{U}(f_{\rm o})^{\rm H}\boldsymbol{y}-\boldsymbol{\varepsilon}) \tag{6.186}$$

将式(6.186)代入式(6.184)，可得

$$\varLambda(f_{\rm o};\gamma_{\rm sp};f_{\rm sp})=-\left\|\boldsymbol{P}_{\boldsymbol{G}}(\boldsymbol{U}(f_{\rm o})^{\rm H}\boldsymbol{y}-\boldsymbol{\varepsilon})\right\|^2=-\left\|\boldsymbol{P}_{\boldsymbol{G}}(\boldsymbol{U}(f_{\rm o})^{\rm H}\boldsymbol{y}-\boldsymbol{d}(f_{\rm sp})\gamma_{\rm sp})\right\|^2 \tag{6.187}$$

其中，$\boldsymbol{P}_{\boldsymbol{G}}=\boldsymbol{I}-\boldsymbol{E}_{\boldsymbol{G}}$，$\boldsymbol{I}$为对角阵；$\boldsymbol{E}_{\boldsymbol{G}}=\boldsymbol{G}(\boldsymbol{G}^{\rm H}\boldsymbol{G})^{-1}\boldsymbol{G}^{\rm H}$。注意$\boldsymbol{E}_{\boldsymbol{G}}$为投影矩阵，而$\boldsymbol{P}_{\boldsymbol{G}}$为正交投影矩阵。对任意投影矩阵或正交投影矩阵$\boldsymbol{X}$，都有$\boldsymbol{X}=\boldsymbol{X}^{\rm H}$且$\boldsymbol{X}^2=\boldsymbol{X}$，该性质将在后续推导中应用。

对$\gamma_{\rm sp}$的估计可通过最大化式(6.187)完成。通过解

$$\partial\varLambda(f_{\rm o};\gamma_{\rm sp};f_{\rm sp})/\partial\gamma_{\rm sp}=0 \tag{6.188}$$

可得其最大似然估计为

$$\hat{\gamma}_{\text{sp}}\left(f_{\text{o}};f_{\text{sp}}\right)=\left\|\boldsymbol{P}_{\boldsymbol{G}}\boldsymbol{d}(f_{\text{sp}})\right\|^{-2}\boldsymbol{d}(f_{\text{sp}})^{\text{H}}\boldsymbol{P}_{\boldsymbol{G}}^{\text{H}}\boldsymbol{U}(f_{\text{o}})^{\text{H}}\boldsymbol{y} \tag{6.189}$$

最后，将式(6.189)代入式(6.187)，可得

$$\Lambda(f_{\text{o}};f_{\text{sp}})=-\left\|\left(\boldsymbol{P}_{\boldsymbol{G}}-\boldsymbol{Q}_{\boldsymbol{G}}(f_{\text{sp}})\right)\boldsymbol{U}(f_{\text{o}})^{\text{H}}\boldsymbol{y}\right\|^{2} \tag{6.190}$$

其中，$\boldsymbol{Q}_{\boldsymbol{G}}(f_{\text{sp}})=\left\|\boldsymbol{P}_{\boldsymbol{G}}\boldsymbol{d}(f_{\text{sp}})\right\|^{-2}\left(\boldsymbol{P}_{\boldsymbol{G}}\boldsymbol{d}(f_{\text{sp}})\right)\left(\boldsymbol{P}_{\boldsymbol{G}}\boldsymbol{d}(f_{\text{sp}})\right)^{\text{H}}$，且 $\boldsymbol{Q}_{\boldsymbol{G}}(f_{\text{sp}})$ 同样是投影矩阵。

对 f_{o} 和 f_{sp} 的最大似然估计可以通过最大化式(6.190)获得，即

$$(\hat{f}_{\text{o}};\hat{f}_{\text{sp}})=\underset{f_{\text{o}},\,f_{\text{sp}}}{\arg\max}\left\{-\left\|\left(\boldsymbol{P}_{\boldsymbol{G}}-\boldsymbol{Q}_{\boldsymbol{G}}(f_{\text{sp}})\right)\boldsymbol{U}(f_{\text{o}})^{\text{H}}\boldsymbol{y}\right\|^{2}\right\} \tag{6.191}$$

根据投影矩阵的性质，有

$$\boldsymbol{P}_{\boldsymbol{G}}\boldsymbol{Q}_{\boldsymbol{G}}(f_{\text{sp}})=\boldsymbol{Q}_{\boldsymbol{G}}(f_{\text{sp}}) \tag{6.192}$$

$$\boldsymbol{P}_{\boldsymbol{G}}^{\text{H}}\boldsymbol{P}_{\boldsymbol{G}}=\boldsymbol{P}_{\boldsymbol{G}} \tag{6.193}$$

$$\boldsymbol{P}_{\boldsymbol{G}}^{\text{H}}\boldsymbol{Q}_{\boldsymbol{G}}(f_{\text{sp}})=\boldsymbol{Q}_{\boldsymbol{G}}(f_{\text{sp}}) \tag{6.194}$$

利用这些等式，式(6.191)可改写为

$$(\hat{f}_{\text{o}};\hat{f}_{\text{sp}})=\underset{f_{\text{o}},\,f_{\text{sp}}}{\arg\max}\left\{-\alpha(f_{\text{o}})+\eta(f_{\text{sp}})^{-1}\chi(f_{\text{o}},f_{\text{sp}})\right\} \tag{6.195}$$

其中

$$\alpha(f_{\text{o}})=\left\|\boldsymbol{P}_{\boldsymbol{G}}\boldsymbol{D}_{\boldsymbol{y}}\boldsymbol{u}^{*}(f_{\text{o}})\right\|^{2} \tag{6.196}$$

$$\boldsymbol{P}_{\boldsymbol{G}}^{\text{H}}\boldsymbol{Q}_{\boldsymbol{G}}(f_{\text{sp}})=\boldsymbol{Q}_{\boldsymbol{G}}(f_{\text{sp}})\eta(f_{\text{sp}})=\left\|\boldsymbol{d}(f_{\text{sp}})^{\text{H}}\boldsymbol{P}_{\boldsymbol{G}}\right\|^{2} \tag{6.197}$$

$$\chi(f_{\text{o}};f_{\text{sp}})=\left|\boldsymbol{d}(f_{\text{sp}})^{\text{H}}\boldsymbol{P}_{\boldsymbol{G}}\boldsymbol{D}_{\boldsymbol{y}}\boldsymbol{u}^{*}(f_{\text{o}})\right|^{2} \tag{6.198}$$

式(6.196)中，$\boldsymbol{D}_{y}=\text{diag}\{\boldsymbol{y}\}$。由此，搜索可以采用 FFT 计算在双频平面上搜索最大值完成，其中，$\alpha(f_{\text{o}})$ 和 $\eta(f_{\text{sp}})$ 的表达式实际上是计算频谱；而 $\chi(f_{\text{o}};f_{\text{sp}})$ 的计算可以借助二维 FFT 技术实现。

注意到载波频偏实际上很小，意味着 f_{o} 的搜索可以在一个很小的范围内进行，因此前述的二维搜索过程实际上可以在一个狭长的区域里进行，从而减小计算量。此时，CZT 可取代 FFT 计算，以在狭长双频区域内提高搜索精度。

在估计完成后，将其代入式(6.189)，可得 $\hat{\gamma}_{\text{sp}}$；再将 $(\hat{f}_{\text{o}};\hat{f}_{\text{sp}})$ 和 $\hat{\gamma}_{\text{sp}}$ 代入式(6.186)得到 $\hat{\boldsymbol{\lambda}}_{\boldsymbol{\mu},\xi}$。如果定义

$$\hat{\boldsymbol{f}}_{1}=[\hat{\boldsymbol{\lambda}}_{\boldsymbol{\mu},\xi};\hat{f}_{\text{o}};\hat{\gamma}_{\text{sp}};\hat{f}_{\text{sp}}] \tag{6.199}$$

则 $\hat{\boldsymbol{f}}_{1}$ 即为此模型下的辐射源特征向量。

需要指出的是：

(1) 如果对象信号存在多普勒频移，则 $\hat{f}_o$ 不是稳定的特征，此时应从 $\hat{\boldsymbol{f}}_1$ 中排除 $\hat{f}_o$；

(2) 上述推导中未考虑信号幅度和初相，而信号幅度和初相的影响将以乘性因子的形式附加在 $\hat{\boldsymbol{\lambda}}_{\mu,\xi}$ 和 $\hat{\gamma}_{sp}$ 中，为了消除其影响，做以下处理：

$$\tilde{\boldsymbol{\lambda}}_{\mu,\xi} = \hat{\boldsymbol{\lambda}}_{\mu,\xi} / \hat{\boldsymbol{\lambda}}_{\mu,\xi}(1) \tag{6.200}$$

$$\tilde{\gamma}_{sp} = \hat{\gamma}_{sp} / \hat{\boldsymbol{\lambda}}_{\mu,\xi}(1) \tag{6.201}$$

由此构造新的特征向量：

$$\tilde{\boldsymbol{f}}_1 = [\tilde{\boldsymbol{\lambda}}_{\mu,\xi}(2{:}\text{end}); \hat{f}_o; \tilde{\gamma}_{sp}; \hat{f}_{sp}] \tag{6.202}$$

2. 联合估计模型 II

此模型忽略功放非线性(即当 $i>1$ 时，$\lambda_i = 0$) 以及相位噪声的影响，而对频偏、滤波器畸变、调制畸变、载波泄漏和寄生谐波实施联合估计。

为了完整地描述滤波器畸变，应考虑过采样信号模型。考虑调制畸变后，过采样复基带信号可以表示为

$$\tilde{\boldsymbol{\rho}} = \mu_1 \boldsymbol{C}\boldsymbol{g} + \mu_2 \boldsymbol{C}^* \boldsymbol{g} \tag{6.203}$$

其中，$\boldsymbol{g} = [g_0, \cdots, g_{LP}]^{\mathrm{T}}$ 为 FIR 形式的发射滤波器系数向量；$\boldsymbol{C}$ 为 $N\times(LP)$ 的矩阵，其元素定义为

$$c(i,j) = \begin{cases} \hat{c}_{I-J+L}, & i\%P = j\%P \\ 0, & \text{其他} \end{cases}, \quad 1 \leqslant i \leqslant N; 1 \leqslant j \leqslant LP \tag{6.204}$$

其中，$I = \text{floor}(i/P)+1$，$J = \text{floor}(j/P)+1$，floor(•)为向下取整运算；“%”为模余运算。

根据式(6.165)和式(6.203)，在时间同步和相位同步完成后，若不考虑信号幅度和初相，则接收方基带信号可表示为

$$\boldsymbol{U}^{\mathrm{H}}(f_o)\boldsymbol{y} = \mu_1 \boldsymbol{C}\boldsymbol{g} + \mu_2 \boldsymbol{C}^* \boldsymbol{g} + \boldsymbol{\varepsilon} + \boldsymbol{v}_U = \tilde{\boldsymbol{C}}\boldsymbol{g}_{\mu,\xi} + \boldsymbol{\varepsilon} + \boldsymbol{v}_U \tag{6.205}$$

其中，$\boldsymbol{g}_{\mu,\xi}$ 为与调制畸变、滤波器畸变、载波泄漏相关的向量，定义为 $\boldsymbol{g}_{\mu,\xi} = [\boldsymbol{g}\mu_1; \boldsymbol{g}\mu_2; \xi]$；$\tilde{\boldsymbol{C}} = [\boldsymbol{C}, \boldsymbol{C}^*, \boldsymbol{1}]$。显然此信号模型与式(6.181)类似，因此采用类似的推导即可得到对 $\boldsymbol{g}_{\mu,\xi}$、f_o、f_{sp}、γ_{sp} 和 ξ 的联合最大似然估计。这里仅给出最终结果：

$$(\hat{f}_o; \hat{f}_{sp}) = \underset{f_o, f_{sp}}{\operatorname{argmax}} \left\{ -\left\| \left(\boldsymbol{P}_{\tilde{C}} - \boldsymbol{Q}_{\tilde{C}}(f_{sp}) \right) \boldsymbol{U}(f_o)^{\mathrm{H}} \boldsymbol{y} \right\|^2 \right\} \tag{6.206}$$

$$\hat{\gamma}_{sp} = \left\| \boldsymbol{P}_{\tilde{C}} \boldsymbol{d}(\hat{f}_{sp}) \right\|^{-2} \boldsymbol{d}(\hat{f}_{sp})^{\mathrm{H}} \boldsymbol{P}_{\tilde{C}}^{\mathrm{H}} \boldsymbol{U}(\hat{f}_o)^{\mathrm{H}} \boldsymbol{y} \tag{6.207}$$

$$\hat{\boldsymbol{g}}_{\mu,\xi} = (\tilde{\boldsymbol{C}}^{\mathrm{H}} \tilde{\boldsymbol{C}})^{-1} \tilde{\boldsymbol{C}}^{\mathrm{H}} (\boldsymbol{U}(\hat{f}_o)^{\mathrm{H}} \boldsymbol{y} - \hat{\boldsymbol{\varepsilon}}) \tag{6.208}$$

其中，$\boldsymbol{P}_{\tilde{C}}$、$\boldsymbol{Q}_{\tilde{C}}(f_{\mathrm{sp}})$ 定义与式(6.190)中 $\boldsymbol{P}_{G}$、$\boldsymbol{Q}_{G}(f_{\mathrm{sp}})$ 类似，仅仅是以 $\tilde{\boldsymbol{C}}$ 代替 $\boldsymbol{G}$ 而已。

如果定义向量

$$\hat{\boldsymbol{f}}_2 = [\hat{\boldsymbol{g}}_{\mu,\xi}; \hat{f}_{\mathrm{o}}; \hat{\gamma}_{\mathrm{sp}}; \hat{f}_{\mathrm{sp}}] \tag{6.209}$$

则 $\hat{\boldsymbol{f}}_2$ 即可构成该模型下的辐射源特征向量。在实际执行时，考虑到信号幅度和初相的存在，$\hat{\boldsymbol{g}}_{\mu,\xi}$、$\hat{\gamma}_{\mathrm{sp}}$ 应执行归一化操作，以消除信号幅度和初相的影响：

$$\tilde{\boldsymbol{g}}_{\mu,\xi} = \hat{\boldsymbol{g}}_{\mu,\xi} / \hat{\boldsymbol{g}}_{\mu,\xi}(\lfloor (LP+1)/2 \rfloor + 1) \tag{6.210}$$

$$\tilde{\gamma}_{\mathrm{sp}} = \hat{\gamma}_{\mathrm{sp}} / \hat{\boldsymbol{g}}_{\mu,\xi}(\lfloor (LP+1)/2 \rfloor + 1) \tag{6.211}$$

其中，$\lfloor \cdot \rfloor$ 表示向下取整，注意此处采用对应滤波器中心位置的数值进行归一化。

对偏置四相相移键控(offset QPSK，OQPSK)信号，式(6.203)不再成立，但如果对 $\tilde{\boldsymbol{C}}$ 进行改造，令

$$\tilde{\boldsymbol{C}} = [\hat{\boldsymbol{C}}, \hat{\boldsymbol{C}}^*] \tag{6.212}$$

其中

$$\hat{\boldsymbol{C}} = \boldsymbol{C}_{\mathrm{I}} + \mathrm{j}\boldsymbol{D}(P/2)\boldsymbol{C}_{\mathrm{Q}} \tag{6.213}$$

且 $\boldsymbol{C}_{\mathrm{I}} = \mathrm{Re}\{\boldsymbol{C}\}$，$\boldsymbol{C}_{\mathrm{Q}} = \mathrm{Re}\{\boldsymbol{C}\}$，而 $\boldsymbol{D}(P/2)$ 表示实现右移 $P/2$ 个样点的处理矩阵，则后续推导仍然成立，可按照类似的方法进行参数估计。

3. 联合估计模型 III

此模型忽略调制错误、寄生谐波和相位噪声的影响，而对频偏、滤波器畸变、功放畸变和载波泄漏实施联合估计。

定义标准基带调制信号为

$$\boldsymbol{\rho}_k = \left[\rho(LP+k), \cdots, \rho(k)\right]^{\mathrm{T}} \tag{6.214}$$

则经过发射通路滤波后的基带信号可表示为

$$x(k) = \boldsymbol{\rho}_k^{\mathrm{T}} \boldsymbol{g} \tag{6.215}$$

再定义

$$\boldsymbol{x}_k = \left[x(k), |x(k)|^2 x(k), \cdots, |x(k)|^{2\lfloor (M-1)/2 \rfloor} x(k)\right]^{\mathrm{T}} \tag{6.216}$$

$$\boldsymbol{\lambda} = \left[\lambda_1, \frac{C_3^1}{2^2}\lambda_3, \cdots, \frac{C_{2\lfloor (M-1)/2 \rfloor+1}^{\lfloor (M-1)/2 \rfloor}}{2^{2\lfloor (M-1)/2 \rfloor}}\lambda_{2\lfloor (M-1)/2 \rfloor+1}\right]^{\mathrm{T}} \tag{6.217}$$

则经过放大器后的等效复基带信号可以表示为

$$\mathrm{e}^{-\mathrm{j}2\pi f_{\mathrm{o}} k} y(k) = \boldsymbol{x}_k^{\mathrm{T}} \boldsymbol{\lambda} = \lambda_1 \boldsymbol{\rho}_k^{\mathrm{T}} \boldsymbol{g} + \boldsymbol{x}_k(2:\mathrm{end})^{\mathrm{T}} \boldsymbol{\lambda}(2:\mathrm{end}) \tag{6.218}$$

因此，接收信号的基带等效信号模型可表示为

$$U^{\mathrm{H}}(f_{\mathrm{o}})\boldsymbol{y}=\boldsymbol{C}\boldsymbol{\theta}+\boldsymbol{v} \tag{6.219}$$

其中

$$\boldsymbol{C}=\left[\boldsymbol{c}_0,\boldsymbol{c}_1,\cdots,\boldsymbol{c}_{(N-1)P}\right]^{\mathrm{T}} \tag{6.220}$$

$$\boldsymbol{c}_k=\left[\boldsymbol{\rho}_k;1;\boldsymbol{x}_k(2\text{:end})\right] \tag{6.221}$$

$$\boldsymbol{\theta}=\left[\lambda_1\boldsymbol{g},\xi,\boldsymbol{\lambda}(2\text{:end})\right]^{\mathrm{T}} \tag{6.222}$$

由于式(6.219)中矩阵 $\boldsymbol{C}$ 中 $\boldsymbol{x}_k$ 未知，对该模型无法直接求解。

事实上该模型是一种 Wiener 模型，可采用 Wiener 模型的参数辨识方法。先采用 M 次方谱搜索等方法对频偏进行估计，从而构造 $\boldsymbol{U}^{\mathrm{H}}(f_{\mathrm{o}})$。然后采用辅助变量迭代的方法对该模型进行求解：

$$\hat{\boldsymbol{\theta}}_t=\hat{\boldsymbol{\theta}}_{t-1}+\mu_t\boldsymbol{C}_{t-1}^{\mathrm{T}}\left(\boldsymbol{y}-\boldsymbol{C}_{t-1}\hat{\boldsymbol{\theta}}_{t-1}\right) \tag{6.223}$$

初始时，可设 $\hat{\boldsymbol{\theta}}(0)=1\times10^{-6}\mathbf{1}$， $x_0(k)=1\times10^{-6}$，于是可构造 $\boldsymbol{C}_0$。然后不断迭代，直到达到最大迭代次数，或满足 $\left\|\hat{\boldsymbol{\theta}}_t-\hat{\boldsymbol{\theta}}_{t-1}\right\|^2<\zeta$，其中 ζ 为一足够小的数值。

由于一般而言，功放非线性的高次项系数较小，迭代搜索初始化时，可先按照线性模型对该 Wiener 模型中的线性部分(即滤波器系数)进行估计，获得模型参数初始值，非线性部分的初始值仍按上述设置。对线性部分的估计公式如下：

$$\hat{\boldsymbol{g}}=\left(\boldsymbol{X}_\rho^{\mathrm{T}}\boldsymbol{X}_\rho\right)^{-1}\boldsymbol{X}_y^{\mathrm{T}}\boldsymbol{y} \tag{6.224}$$

其中

$$\boldsymbol{X}_\rho=\left[\boldsymbol{\rho}(0),\cdots,\boldsymbol{\rho}(LP)\right]^{\mathrm{T}} \tag{6.225}$$

求解完成后，即可以 $\hat{\boldsymbol{f}}_3=[\hat{\boldsymbol{\theta}};\hat{f}_{\mathrm{o}}]$ 为该模型下的辐射源特征向量。

4. 辐射源特征构建

如前所述，以上模型各有其适应情况。如果具备发射机畸变特性的先验知识，那么可以根据先验知识选择合适的模型完成参数估计。但多数实际情况下，这种先验知识并不具备，此时可选择一个混合向量作为特征向量：

$$\boldsymbol{f}=[\hat{\boldsymbol{f}}_1;\hat{\boldsymbol{f}}_2;\hat{\boldsymbol{f}}_3] \tag{6.226}$$

这样，如果有部分畸变是可以忽略的，则至少存在一个模型是准确的，据此模型估计得到的特征向量也将具备较高的估计精度和区分能力。如果所有要素都不可忽略，则所有模型都存在误差，相应的估计结果也都存在误差。但由于这些模型考虑了尽可能多的畸变要素，其估计精度仍应比单要素估计要高。

由于 $\boldsymbol{f}$ 中各估计量的精度存在差异，其区分能力也将存在差异。为了避免低精度估计量影响识别结果，同时为了降低后续处理复杂度，可对特征向量进行特征选择或降维处理。特征选择和降维处理的具体方法参见第 8 章的论述。

6.8.3　理论性能分析

本小节将分析上述各种联合估计器的性能，重点关注估计均方误差以及识别错误概率。

1. 估计量的统计特性

首先对估计模型 I 所对应的联合最大似然估计算法的估计性能进行分析。

根据式(6.191)可知，f_{o} 和 f_{sp} 的估计错误是相互独立的。按照文献[23]的推导结论，在信噪比足够高时，$\hat{f}_{\mathrm{o}}$ 的估计均方方差为

$$\sigma_{\hat{f}_{\mathrm{o}}}^{2}=E\{(f_{\mathrm{o}}-\hat{f}_{\mathrm{o}})^{2}\}\approx\sigma_{v}^{2}/(2\boldsymbol{h}^{\mathrm{H}}(\boldsymbol{I}-\boldsymbol{E})\boldsymbol{h}) \tag{6.227}$$

其中，$\boldsymbol{h}=\mathrm{j}2\pi\boldsymbol{\Phi}\boldsymbol{G}\lambda_{\mu}$，$\boldsymbol{\Phi}=\mathrm{diag}\{0,1,\cdots,(N-1)P-1\}$。

$\hat{f}_{\mathrm{sp}}$ 的均方误差可以采用与文献[23]附录 A 中类似的推导获得，最终结果为

$$\sigma_{\hat{f}_{\mathrm{sp}}^{2}}=E\{(f_{\mathrm{sp}}-\hat{f}_{\mathrm{sp}})^{2}\}\approx\sigma_{v}^{2}\,/\,(2\boldsymbol{h}_{\mathrm{sp}}^{\mathrm{H}}(\boldsymbol{I}-\boldsymbol{E}_{1})\boldsymbol{h}_{\mathrm{sp}}) \tag{6.228}$$

其中，$\boldsymbol{h}_{\mathrm{sp}}=\mathrm{j}2\pi\boldsymbol{\Phi}\boldsymbol{1}\gamma_{\mathrm{sp}}$；$\boldsymbol{E}_{1}=\boldsymbol{1}\boldsymbol{1}^{\mathrm{H}}/((N-1)P)$。寄生谐波的幅度非常微弱，因此式(6.228)仅在大信噪比情况下才成立。

对 $\hat{\gamma}_{\mathrm{sp}}$、$\hat{\xi}$ 以及 $\hat{\boldsymbol{\lambda}}_{\mu}$ 的均方误差的计算需假设 f_{o} 和 f_{sp} 已知。事实上，由于对 f_{o} 的估计可达到较高的估计精度，$\hat{f}_{\mathrm{o}}$ 中存在的估计误差对其他参数估计的影响将远小于信道噪声的影响；由于寄生谐波幅度远小于信号幅度，$\hat{f}_{\mathrm{sp}}$ 中的估计误差将远大于 $\hat{f}_{\mathrm{o}}$ 的估计误差，因此 $\hat{f}_{\mathrm{sp}}$ 的估计误差将对其他参数的估计产生不可忽略的影响，但为方便，在分析 $\hat{\gamma}_{\mathrm{sp}}$、$\hat{\xi}$ 及 $\hat{\boldsymbol{\lambda}}_{\mu}$ 的均方误差时仍假设其估计无误差。在后续仿真中将看到，此假设会导致均方误差的计算偏差，但仍能反映估计性能随信噪比变化的大致趋势。

将式(6.178)代入式(6.189)，并利用 $\boldsymbol{P}_{G}\boldsymbol{G}=\boldsymbol{0}$，$(\boldsymbol{P}_{G}-\boldsymbol{Q}_{G})\boldsymbol{1}=\boldsymbol{0}$，$(\boldsymbol{P}_{G}-\boldsymbol{Q}_{G})\boldsymbol{G}=\boldsymbol{0}$，可得

$$\hat{\gamma}_{\mathrm{sp}}=\gamma_{\mathrm{sp}}+\boldsymbol{w}^{\mathrm{H}}\boldsymbol{v}_{U} \tag{6.229}$$

其中，$\boldsymbol{w}^{\mathrm{H}}=\left\|(\boldsymbol{P}_{G}-\boldsymbol{Q}_{G})\boldsymbol{d}(f_{\mathrm{sp}})\right\|^{-2}\boldsymbol{d}(f_{\mathrm{sp}})^{\mathrm{H}}(\boldsymbol{P}_{G}-\boldsymbol{Q}_{G})^{\mathrm{H}}$。由此，可得

$$\hat{\boldsymbol{\varepsilon}}=\boldsymbol{\varepsilon}+\boldsymbol{d}(f_{\mathrm{sp}})\boldsymbol{w}^{\mathrm{H}}\boldsymbol{v}_{U} \tag{6.230}$$

根据式(6.229)可知，显然$\hat{\gamma}_{\mathrm{sp}}$服从高斯分布，且其均值$E\left\{\hat{\gamma}_{\mathrm{sp}}\right\}=\gamma_{\mathrm{sp}}$，这意味着$\hat{\gamma}_{\mathrm{sp}}$的估计为无偏估计。利用$\boldsymbol{w}^{\mathrm{H}}\boldsymbol{w}=\left\|\left(\boldsymbol{P}_G-\boldsymbol{Q}_G\right)\boldsymbol{d}(\omega_{\mathrm{o}})\right\|^{-2}$，根据式(6.229)，可进一步推导$\hat{\gamma}_{\mathrm{sp}}$的方差为

$$\sigma_{\hat{\gamma}_{\mathrm{sp}}^2}=E\left\{\left|\hat{\gamma}_{\mathrm{sp}}-\gamma_{\mathrm{sp}}\right|^2\right\}=\sigma^2\left\|\left(\boldsymbol{P}_G-\boldsymbol{Q}_G\right)\boldsymbol{d}(f_{\mathrm{sp}})\right\|^{-2} \tag{6.231}$$

将式(6.178)代入式(6.186)，可得

$$\hat{\xi}=\xi+\left\|\boldsymbol{P}_G\boldsymbol{1}\right\|^{-2}\left(\boldsymbol{P}_G\boldsymbol{1}\right)^{\mathrm{H}}\left(\boldsymbol{\varepsilon}-\hat{\boldsymbol{\varepsilon}}+\boldsymbol{v}_U\right) \tag{6.232}$$

再利用式(6.230)，可得结论：$\hat{\xi}$也服从高斯分布，且其均值$E\left\{\hat{\xi}\right\}=\xi$，这意味着$\hat{\xi}$估计也是无偏的。利用式(6.232)还可以进一步推导得到其方差：

$$\sigma_{\hat{\xi}}^2=E\left\{\left|\hat{\xi}-\xi\right|^2\right\}=\sigma^2\left\|\left(\boldsymbol{P}_G\boldsymbol{1}\right)^{\dagger}\left(\boldsymbol{I}-\boldsymbol{d}(f_{\mathrm{sp}})\boldsymbol{w}^{\mathrm{H}}\right)\right\|^2 \tag{6.233}$$

其中，$\boldsymbol{A}^{\dagger}$为$\boldsymbol{A}$的伪逆运算，定义为$\boldsymbol{A}^{\dagger}=(\boldsymbol{A}^{\mathrm{H}}\boldsymbol{A})^{-1}\boldsymbol{A}^{\mathrm{H}}$。

将式(6.178)代入式(6.186)，可得

$$\hat{\boldsymbol{\lambda}}_{\mu}=\boldsymbol{\lambda}_{\mu}+(\boldsymbol{G}^{\mathrm{H}}\boldsymbol{G})^{-1}\boldsymbol{G}^{\mathrm{H}}\boldsymbol{d}(f_{\mathrm{sp}})\left(\gamma_{\mathrm{sp}}-\hat{\gamma}_{\mathrm{sp}}\right)+(\boldsymbol{G}^{\mathrm{H}}\boldsymbol{G})^{-1}\boldsymbol{G}^{\mathrm{H}}\boldsymbol{1}\left(\xi-\hat{\xi}\right)+(\boldsymbol{G}^{\mathrm{H}}\boldsymbol{G})^{-1}\boldsymbol{G}^{\mathrm{H}}\boldsymbol{v}_U \tag{6.234}$$

由于$\gamma_{\mathrm{sp}}-\hat{\gamma}_{\mathrm{sp}}$和$\xi-\hat{\xi}$都服从零均值高斯分布，$\hat{\boldsymbol{\lambda}}_{\mu}$同样服从高斯分布，则$E\left\{\hat{\boldsymbol{\lambda}}_{\mu}\right\}=\boldsymbol{\lambda}_{\mu}$，意味着$\hat{\boldsymbol{\lambda}}_{\mu}$同样为无偏估计。根据式(6.234)，可推导得到$\hat{\boldsymbol{\lambda}}_{\mu}$的协方差矩阵：

$$E\left\{\left\|\hat{\boldsymbol{\lambda}}_{\mu}-\boldsymbol{\lambda}_{\mu}\right\|^2\right\}=\mathrm{tr}\left(\boldsymbol{G}^{\dagger\mathrm{H}}\boldsymbol{G}^{\dagger}\boldsymbol{H}_1\right)+2\,\mathrm{Re}\left\{\mathrm{tr}\left(\boldsymbol{G}^{\dagger\mathrm{H}}\boldsymbol{G}^{\dagger}\boldsymbol{H}_2\right)\right\}=\sigma_{\hat{\lambda}_{\mu}}^2 \tag{6.235}$$

其中，$\mathrm{tr}(\boldsymbol{A})$计算$\boldsymbol{A}$的迹；$\boldsymbol{H}_1$定义为

$$\boldsymbol{H}_1=E\left\{\left|\gamma_{\mathrm{sp}}-\hat{\gamma}_{\mathrm{sp}}\right|^2\right\}\boldsymbol{d}(f_{\mathrm{sp}})\boldsymbol{d}^{\mathrm{H}}(f_{\mathrm{sp}})+E\left\{\left|\xi-\hat{\xi}\right|^2\right\}\boldsymbol{1}\boldsymbol{1}^{\mathrm{H}}+\sigma^2\boldsymbol{I} \tag{6.236}$$

$\boldsymbol{H}_2$定义为

$$\boldsymbol{H}_2=E\left\{(\gamma_{\mathrm{sp}}-\hat{\gamma}_{\mathrm{sp}})(\xi-\hat{\xi})^*\right\}\boldsymbol{d}(f_{\mathrm{sp}})\boldsymbol{1}^{\mathrm{H}}-\sigma^2\boldsymbol{d}(f_{\mathrm{sp}})\boldsymbol{w}^{\mathrm{H}}-\sigma^2\boldsymbol{1}(\boldsymbol{P}_G\boldsymbol{1})^{\dagger}\left(\boldsymbol{I}-\boldsymbol{d}(f_{\mathrm{sp}})\boldsymbol{w}^{\mathrm{H}}\right) \tag{6.237}$$

而$E\left\{(\gamma_{\mathrm{o}}-\hat{\gamma}_{\mathrm{o}})(\xi-\hat{\xi})^*\right\}$的计算公式如下：

$$E\left\{(\gamma_{\mathrm{o}}-\hat{\gamma}_{\mathrm{o}})(\xi-\hat{\xi})^*\right\}=-\sigma^2\left\|\boldsymbol{P}_G\boldsymbol{1}\right\|^{-2}\left\|\left(\boldsymbol{P}_G-\boldsymbol{Q}_G\right)\boldsymbol{d}(f_{\mathrm{sp}})\right\|^{-2}\left(\boldsymbol{d}(f_{\mathrm{sp}})^{\mathrm{H}}\boldsymbol{P}_G\boldsymbol{1}\right) \tag{6.238}$$

以上讨论表明：若忽略f_{sp}和f_{o}的估计误差，则$\hat{\gamma}_{\mathrm{sp}}$、$\hat{\xi}$及$\hat{\boldsymbol{\lambda}}_{\mu}$都是无偏的，

式(6.231)、式(6.233)和式(6.235)分别给出了其估计均方误差。但应该注意的是，如果考虑到 f_{sp} 的估计误差，则 $\hat{\gamma}_{sp}$ 的均方误差公式(6.231)将存在一定的误差。

联合估计模型 II 就数学形式而言与模型 I 完全相同，因此对其联合最大似然估计进行性能分析，将得到类似的结论和公式，这里不再赘述。对于模型 III，其估计误差的统计性能分析比较复杂，本书暂不给出。

2. 理论识别性能分析

根据各估计量的统计特性，可对估计量用于辐射源个体识别所能达到的性能做一个理论分析。这里采用 LRT 方法来完成识别工作并分析其理论性能。

假设两个等概率出现的发射机，其畸变特性分别可用 $\boldsymbol{f}_{1,\mathrm{A}}=[\boldsymbol{\lambda}_{\boldsymbol{\mu},\mathrm{A}};f_{\mathrm{o,A}};\gamma_{\mathrm{sp,A}};f_{\mathrm{sp,A}};\xi_{\mathrm{A}}]$ 和 $\boldsymbol{f}_{1,\mathrm{B}}=[\boldsymbol{\lambda}_{\boldsymbol{\mu},\mathrm{B}};f_{\mathrm{o,B}};\gamma_{\mathrm{sp,B}};f_{\mathrm{sp,B}};\xi_{\mathrm{B}}]$ 描述。对此两个辐射源所产生的信号样本执行参数估计，得到辐射源个体特征为 $\hat{\boldsymbol{f}}_{1,\mathrm{A}}=[\hat{\boldsymbol{\lambda}}_{\boldsymbol{\mu},\mathrm{A}};\hat{f}_{\mathrm{o,A}};\hat{\gamma}_{\mathrm{sp,A}};\hat{f}_{\mathrm{sp,A}};\hat{\xi}_{\mathrm{A}}]$ 和 $\hat{\boldsymbol{f}}_{1,\mathrm{B}}=[\hat{\boldsymbol{\lambda}}_{\boldsymbol{\mu},\mathrm{B}};\hat{f}_{\mathrm{o,B}};\hat{\gamma}_{\mathrm{sp,B}};\hat{f}_{\mathrm{sp,B}};\hat{\xi}_{\mathrm{B}}]$，利用 $\hat{\boldsymbol{f}}_{1,\mathrm{A}}$ 和 $\hat{\boldsymbol{f}}_{1,\mathrm{B}}$ 执行 LRT 识别工作。

根据前面的讨论，$\hat{\boldsymbol{f}}_{1,\mathrm{A}}$ 和 $\hat{\boldsymbol{f}}_{1,\mathrm{B}}$ 都可以认为近似服从高斯分布，其均值分别为 $\boldsymbol{f}_{1,\mathrm{A}}$ 和 $\boldsymbol{f}_{1,\mathrm{B}}$。为了便于分析，做以下假定：① $\hat{f}_{\mathrm{o}}$、$\hat{f}_{\mathrm{sp}}$、$\hat{\gamma}_{\mathrm{sp}}$、$\hat{\xi}$ 和 $\hat{\boldsymbol{\lambda}}_{\boldsymbol{\mu}}$ 之间相互独立；② $\hat{\boldsymbol{f}}_{1,\mathrm{A}}$ 和 $\hat{\boldsymbol{f}}_{1,\mathrm{B}}$ 的协方差相等。这些假定在实际情况下并不一定成立，但有助于对识别性能建立一个近似认识。

对此问题进行似然比检验，其判决准则可表述为

$$\mathrm{LRT}\underset{B}{\overset{A}{\gtrless}}0 \tag{6.239}$$

其中 LRT 定义为

$$\mathrm{LRT}=\mathrm{Re}\left\{\hat{\boldsymbol{f}}_1^{\mathrm{H}}\boldsymbol{\Sigma}_{\hat{\boldsymbol{f}}_1}^{-1}(\boldsymbol{f}_{1,\mathrm{A}}-\boldsymbol{f}_{1,\mathrm{B}})\right\}+0.5(\boldsymbol{f}_{1,\mathrm{B}}^{\mathrm{H}}\boldsymbol{\Sigma}_{\hat{\boldsymbol{f}}_1}^{-1}\boldsymbol{f}_{1,\mathrm{B}}-\boldsymbol{f}_{1,\mathrm{A}}^{\mathrm{H}}\boldsymbol{\Sigma}_{\hat{\boldsymbol{f}}_1}^{-1}\boldsymbol{f}_{1,\mathrm{A}}) \tag{6.240}$$

而 $\boldsymbol{\Sigma}_{\hat{\boldsymbol{f}}_1}$ 可由式(6.241)计算：

$$\boldsymbol{\Sigma}_{\hat{\boldsymbol{f}}_1}=E\left\{(\hat{\boldsymbol{f}}_1-\boldsymbol{f}_1)(\hat{\boldsymbol{f}}_1-\boldsymbol{f}_1)^{\mathrm{H}}\right\}=\mathrm{diag}\left\{\boldsymbol{\Sigma}_{\hat{\boldsymbol{a}}_{\boldsymbol{\lambda}}},\sigma_{\hat{f}_{\mathrm{o}}}^2,\sigma_{\hat{f}_{\mathrm{sp}}}^2,\sigma_{\hat{\gamma}_{\mathrm{sp}}}^2,\sigma_{\hat{\xi}}^2\right\} \tag{6.241}$$

$$\boldsymbol{\Sigma}_{\hat{\boldsymbol{a}}_{\boldsymbol{\lambda}}}=\boldsymbol{G}^{\dagger}\boldsymbol{H}_1\boldsymbol{G}^{\dagger\mathrm{H}}+\boldsymbol{G}^{\dagger}\ (\boldsymbol{H}_2+\boldsymbol{H}_2^{\mathrm{H}})\boldsymbol{G}^{\dagger\,\mathrm{H}} \tag{6.242}$$

此似然比检验的错误判决概率可表示为

$$p_{e,\hat{\boldsymbol{f}}_1}=0.5p\big((\mathrm{LRT}\geqslant 0\,|\,B)+p(\mathrm{LRT}<0\,|\,A)\big)=1-Q\left(-\frac{\mu_{\mathrm{LRT}}}{\sigma_{\mathrm{LRT}}}\right)=1-Q\left(-\sqrt{\mu_{\mathrm{LRT}}}\right) \tag{6.243}$$

其中，函数 $Q(x)=\dfrac{1}{\sqrt{2\pi}}\displaystyle\int_x^{\infty}\mathrm{e}^{-t^2}\mathrm{d}t$； μ_{LRT} 和 σ_{LRT} 的计算公式如下：

$$\mu_{\mathrm{LRT}} = 0.5(\boldsymbol{f}_{1,\mathrm{A}} - \boldsymbol{f}_{1,\mathrm{B}})^{\mathrm{H}} \boldsymbol{\Sigma}_{\hat{f}_1}^{-1} (\boldsymbol{f}_{1,\mathrm{A}} - \boldsymbol{f}_{1,\mathrm{B}}) \tag{6.244}$$

$$\sigma_{\mathrm{LRT}} = \sqrt{0.5(\boldsymbol{f}_{1,\mathrm{A}} - \boldsymbol{f}_{1,\mathrm{B}})^{\mathrm{H}} \boldsymbol{\Sigma}_{\hat{f}_1}^{-1} (\boldsymbol{f}_{1,\mathrm{A}} - \boldsymbol{f}_{1,\mathrm{B}})} \tag{6.245}$$

如果发射机数目更多，则难以给出识别性能的解析表达式，但可以给出误识别率的上界和下界：

$$p_{e,U} = \sum_{l=1}^{C} p(l) \sum_{k=1,\cdots,C,k\neq l} p_{e,\hat{f}_1}(k,l) \tag{6.246}$$

$$p_{e,L} = \sum_{l=1}^{C} p(l) \max_{k} \left\{ p_{e,\hat{f}_1}(k,l) \right\} \tag{6.247}$$

其中，$p_{e,U}$ 表示误识别率上界；$p_{e,L}$ 表示误识别率下界；C 为待识别发射机数目；$p(l)$ 为发射机 l 的出现概率；$p_{e,\hat{f}_1}(k,l)$ 表示对发射机 k 和 l 进行两类识别的错误概率，且可根据式(6.243)所给出的两类识别错误概率公式完成计算。

如果采用联合估计模型 II 推导出来的估计量做 LRT 识别，其识别性能公式与模型 I 类似，因此不再赘述。

以上结果可用于分析辐射源个体识别性能与发射机差异的关系。但应该指出的是，以上所用的 LRT 识别方法仅能用于理论性能分析，在实际应用中难以操作，这是因为精确的特征模型的先验知识(上例中，即 $\boldsymbol{f}_{1,\mathrm{A}}$ 和 $\boldsymbol{f}_{1,\mathrm{B}}$)很难获取，同时由于各估计量实际上并非完全相互独立，协方差矩阵(如 $\boldsymbol{\Sigma}_{\hat{f}_1}$)的计算也比较困难。机器学习可以从数据中学习特征模型，因此基于机器学习的分类器更适合于完成识别工作。

6.8.4 性能仿真和分析

为了测试算法的性能和性能分析结果的正确性，以下分别对估计器的估计性能及其用于辐射源个体识别的识别性能进行仿真分析。

1. 估计器性能仿真

根据第 3 章对发射机畸变机理的阐述，分别对联合估计模型 I 和联合估计模型 II 产生辐射源信号进行估计性能仿真测试。所采用的信号为 QPSK 调制，过采样倍数为 10，每个样本包含 200 个符号。各仿真参数设置如下：$f_{\mathrm{o}} = 1\times10^{-3}$；$\gamma_{\mathrm{sp}} = 0.02$；$f_{\mathrm{sp}} = 2\times10^{-3}$；$T_A = 4$；$T_\phi = 4$；$p_0 = 1$；$q_0 = 0$；$p_1 = 0.0098$；$q_1 = 0.0178$；$G_{\mathrm{IQ}} = 1.0315$；$\varsigma = 2.03°$；$\boldsymbol{\lambda} = [1, 0, \lambda_3]$ 且 $a_3 = 0.1047 + 0.0016\mathrm{j}$；$\xi = 0.0032 + 0.0095\mathrm{j}$。以上符号的意义可以参见第 3 章描述。需要注意的是，当产生某一具体模型的样本信号时，该模型中被忽略的畸变参数将用理想参数替代，

如对模型 I，p_1 和 q_1 将被置为 0。

仿真将对不同信噪比情况下分别产生 1000 个样本信号以测试算法的估计性能。同时为了验证前述性能分析的正确性，根据 6.8.3 小节的分析结果绘制相应的均方误差曲线。

对模型 I 的样本信号进行联合最大似然估计，图 6.14 给出了归一化均方误差(normalized mean square error，NMSE)与信噪比的关系。对某估计量 $\boldsymbol{b}$ 的归一化均方误差定义为

$$\bar{\sigma}_{\hat{\boldsymbol{b}}} = \frac{\left\|\hat{\boldsymbol{b}} - \boldsymbol{b}\right\|^2}{\left\|\boldsymbol{b}\right\|^2} \tag{6.248}$$

其中，$\hat{\boldsymbol{b}}$ 为估计结果。由图可见，归一化均方误差(NMSE)的对数随着信噪比(SNR)的增长呈现线性下降，且对 f_{o}、f_{sp}、ξ 以及 $\boldsymbol{\lambda}_\mu$ 估计的仿真性能与理论分析结果在信噪比达到一定门限后基本一致。对于 $\hat{f}_{\mathrm{sp}}$，此门限高达 15dB。这是因为寄生谐波的信噪比远小于信号信噪比，而式(6.228)仅在足够大的信噪比下才成立。这些结果证实了前述理论分析的正确性。但也应注意到，对 γ_{sp} 估计的理论分析性能曲线与仿真性能曲线存在一定的偏差，这种偏差大致为 3dB，且偏差变化比较小，因此尽管理论分析性能公式存在一定的误差，但仍可反映出其估计性能受信噪比影响的情况。

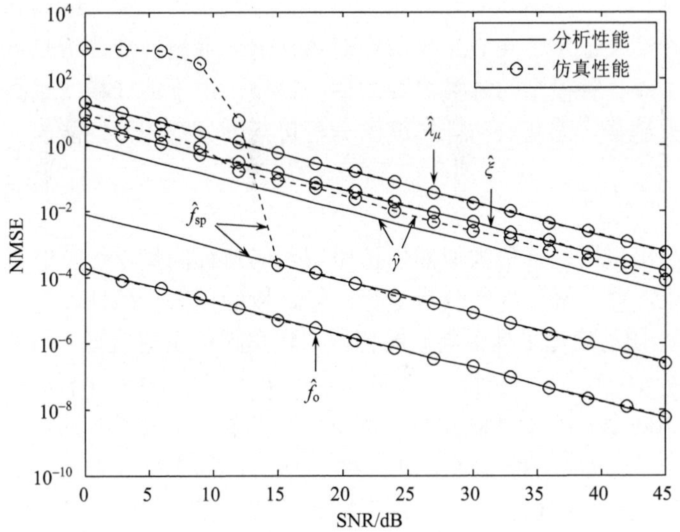

图 6.14　模型 I 的联合最大似然估计性能

对模型 II 的样本信号进行联合最大似然估计，图 6.15 给出了归一化均方误差与信噪比的关系。由图可见，归一化均方误差的对数随着信噪比的增长线性下降，且对 f_o、f_{sp}、ξ 以及 $\boldsymbol{g}_\mu$ 估计的仿真性能曲线和理论性能曲线在信噪比达到一定门限后基本一致。同样地，可以观察到对 γ_{sp} 估计的分析性能曲线与仿真性能曲线存在 3dB 左右的偏差。

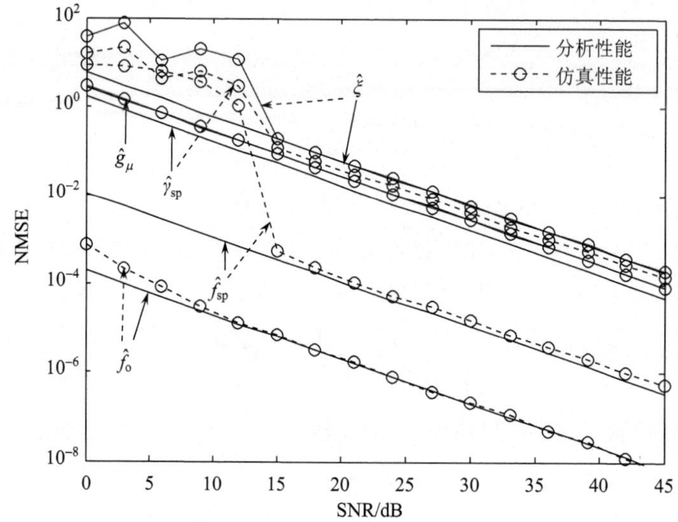

图 6.15　模型 II 的联合最大似然估计性能

以上仿真结果证实了 6.8.3 小节中对估计器的理论性能分析具备一定的有效性，并给出了对各种模型的各类参数的估计精度。由于估计精度越高，特征估计量的区分能力越强，因此对估计精度的分析可帮助分析识别性能。

2. 识别性能仿真

本小节给出采用联合最大似然估计所得到的特征向量进行发射机个体识别的性能仿真结果，并与理论性能分析进行比较，以验证其正确性。

由于模型 II 与模型 I 具备类似的特性，这里仅给出对模型 I 的识别性能仿真结果。仿真中假定有 5 个发射机，对每个发射机各产生 1000 个样本信号，每个样本信号包含 200 个 QPSK 调制符号。表 6.7 给出了 5 个发射机的畸变参数的仿真设置。仿真中各辐射源的发射机畸变参数按照实际同类型发射机畸变特性的差异量进行配置，其他参数均相同，以模拟同类型辐射源个体识别条件。

表 6.7　发射机畸变参数设置

参数	发射机				
	T_1	T_2	T_3	T_4	T_5
f_oT_s	0.994×10^{-3}	0.997×10^{-3}	1×10^{-3}	1.003×10^{-3}	1.006×10^{-3}
$f_{sp}T_s$	1.994×10^{-3}	1.997×10^{-3}	2×10^{-3}	2.003×10^{-3}	2.006×10^{-3}
γ_{sp}	0.0196	0.0198	0.02	0.0202	0.0204
G_{IQ}	0.96	0.98	1	1.02	1.04
$\varsigma/(°)$	−1.0	− 0.5	0	0.5	1
ξ	0.0025+0.0076j	0.0029+0.0086j	0.0032+0.0095j	0.0035+0.0105j	0.0038+0.0114j
a_3	0.0942+0.0014j	0.0995+0.0015j	0.1047+0.0016j	0.1099+0.0017j	0.1152+0.0018j

在仿真中，设定调制的信息符号序列已知，这意味着不考虑同步和判决的错误。在获取特征向量以后，送入分类器进行训练和识别测试。分类器采用基于高斯核的支持向量机(SVM)分类器，其核参数通过交叉验证的方式进行格点搜索确定。正确识别率通过 5 重交叉测试获得。

图 6.16 分别给出了对 2 个发射机和 5 个发射机进行识别的平均正确识别率与信噪比的关系，同时也给出了相应的理论分析性能曲线。由图可见，在 2 个发射机情况下，理论分析性能曲线和仿真性能曲线存在一定的偏差。这种偏差是因为在推导性能公式时做了一些特殊的假定(如独立性)，而这些假定并不完全成立。但也应看到，偏差并不大，而且二者随信噪比变换的趋势是基本一致的。对于 5 个发射机情况，仿真性能曲线在理论性能分析的上界曲线和下界曲线之间，证明了分析性能公式具备一定程度的合理性。另外，当信噪比大于 15dB 时，上界和下界之间的偏差较小，意味着此时上、下界可较好地描述实际识别性能。

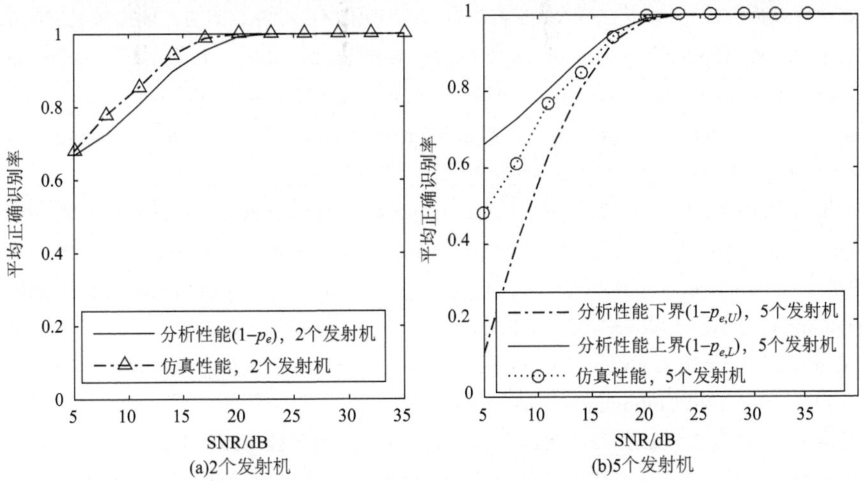

图 6.16　模型 I 的辐射源个体识别的性能分析

6.9　本章小结

本章阐述内容为辐射源目标识别的核心技术之一。分别对暂态畸变、调制畸变、频率源畸变和功放非线性等发射机畸变现象建立了参数估计模型，并根据模型设计了参数估计算法。由于这些算法依据机理模型而设计，具备理论支撑，保证了参数估计的精度，从而有利于提升特征的区分能力。考虑到各畸变要素同时存在且相互影响的情况，进一步提出了联合最大似然估计方法对各畸变要素进行联合估计。相比单畸变要素信号模型，联合估计信号模型更加符合实际情况，其所导出的估计算法也具备更高的估计精度；同时基于多种畸变要素综合考虑，所得到的特征向量的区分能力也就更强。这些算法的提出，解决了以往辐射源特征提取依赖经验参数、缺乏理论支持的问题。由于畸变模型并不针对某一具体信号对象设计，其所导出的特征提取算法也具有广泛的通用性。

对于算法的稳定性，由于基于机理模型的特征提取方法所获取的特征都具备明确的物理意义，可从物理意义推定其稳定性，从而剔除不稳定的特征，保证识别的稳定性。例如，对于与发射通路等效滤波器相关的特征，由于难以将其与信道特性分离，如果信道时变，则这些特征不具备稳定性。

参考文献

[1] 黄渊凌，路友荣，袁强. 基于平均似然比的鲁棒性突发检测[J]. 电子与信息学报，2010, 32(2): 345-349.

[2] Gao P, Tepedelenlioglu C. SNR estimation for non-constant modulus constellations[C]. IEEE Wireless Communications and Networking Conference, Atlanta, 2004: 24-29.

[3] 刘党辉，蔡远文，苏永芝，等. 系统辨识方法及应用[M]. 北京：国防工业出版社, 2010.

[4] Klein R W. Application of dual-tree complex wavelet transforms to burst detection and RF fingerprint classification[D]. Dayton: Air Force Institute of Technology, 2009.

[5] Serinken N, Ureten O. Generalised dimension characterization of radio transmitter turn-on transients[J]. Electronics Letters, 2000, 36(12): 1064-1066.

[6] Hall J, Barbeau M, Kranakis E. Radio frequency fingerprinting for intrusion detection in wireless networks[J]. IEEE Transactions on Dependable and Secure Computing, 2005: 1-35.

[7] Brik V, Banerjee S, Gruteser M, et al. Wireless device identification with radiometric signatures[C]. ACM MobiCom, San Francisco, 2008.

[8] Edman M, Yener B. Active attacks against modulation-based radiometric identification[R]. Troy: RPI Department of Computer Science, 2009.

[9] 王伦文，钟子发. 2FSK 信号“指纹”特征的研究[J]. 电讯技术, 2003, 3: 45-48.

[10] 黄渊凌，郑辉. 基于瞬时频率畸变特性的 FSK 电台指纹特征提取[J]. 电讯技术，2013,

53(7): 868-872.

[11] Huang Y L, Zheng H. Theoretical performance analysis of radio frequency fingerprinting under receiver distortion[J]. Wireless Communication and Mobile Computing, 2015, 15(5): 823-833.

[12] 萧德云. 系统辨识理论及应用[M]. 北京: 清华大学出版社, 2014.

[13] Xu S, Xu L, Xu Z, et al. Individual radio transmitter identification based on spurious modulation characteristics of signal envelope[C]. IEEE Military Communications Conference, Diego, 2008: 1-5.

[14] 张淏, 王若冰, 钟子发. 通信电台个体识别中的载波稳定度特征提取技术研究[J]. 电子与信息学报, 2008, 30(10): 2529-2532.

[15] Oliveira M, Bitmead R. High-fidelity modulation parameters estimation of non-cooperative transmitters: Baud-period and timing[J]. Digital Signal Processing, 2011, 2(5): 625-631.

[16] Rubino R. Wireless device identification from a phase noise prospective[D]. Padova: University of Padova, 2010.

[17] 黄渊凌, 郑辉. 一种基于相噪特性的辐射源指纹特征提取方法[J]. 计算机仿真, 2013, 30(9): 182-185.

[18] 张贤达. 现代信号处理[M]. 2 版. 北京: 清华大学出版社, 2002.

[19] Sridharan G. Phase noise in multi-carrier systems[D]. Toronto: University of Toronto, 2002.

[20] Polak A C, Dolatshahi S, Goeckel D L. Identifying wireless users via transmitter imperfections[J]. IEEE Journal on Selected Areas in Communications, 2011, 29(7): 1469-1479.

[21] Liu M W, Doherty J F. Nonlinearity estimation for specific emitter identification in multipath environment[C]. IEEE Sarnoff Symposium, Princeton, 2009.

[22] 许丹. 辐射源指纹机理及识别方法研究[D]. 长沙: 国防科技大学, 2008.

[23] Morelli M, Mengli U. Carrier-frequency estimation for transmissions over selective channels[J]. IEEE Transactions on Communications, 2000, 48(9): 1580-1589.

第7章　复杂信道下的辐射源特征提取

从无线通信诞生之日起，人们就持续关注信道对信号接收的影响。信道对信号接收的影响包括多径和多普勒两个方面，其中多普勒造成信号的频谱扩展和时间选择性衰落，多径造成信号的时间扩展和频率选择性衰落。已有的辐射源个体识别研究主要关注 AWGN 信道下的特征提取技术，较少关注信道以及环境变化对辐射源个体识别性能的影响。但在实际应用中，信号的多径传播、目标和接收机之间相对运动导致的多普勒效应都可能显著降低辐射源个体识别系统的性能。

Liu 等较早注意到多径信道对辐射源个体识别的影响，他们指出多径信道造成的符号间串扰(inter-symbol interference，ISI)将成为制约辐射源个体识别性能的重要因素[1]，为解决这一问题，他们针对 MQAM 信号提出一种多径信道下的功放畸变提取方法。对 MQAM 信号，幅度较低的调制符号受功放非线性的影响较弱，可近似认为无非线性畸变，因而可以用低幅度的调制符号估计信道响应，用高幅度的调制符号估计功放非线性[2]，该算法的主要问题是不适用于各类通信系统中常见的 MPSK、CPM 等信号。许丹等则从鲁棒假设检验的角度研究了雷达辐射源的个体识别问题[3,4]，该方法本质上还是属于域变换的方法，由于要求已知辐射源的发射波形，在一定程度上制约了其推广应用。目前关于多普勒效应的研究同样较少，叶浩欢等提出一种考虑多普勒效应的无意调制特征提取方法[5]，通过简单地将多普勒效应对信号的影响建模为频率偏移，能够在一定程度上减轻多普勒效应对个体识别性能的恶化。但总体来说，目前仍然缺乏多普勒效应对个体识别性能影响的理论分析方法，也未见将速度、加速度等运动状态对个体识别的影响进行联合分析的研究成果。

针对上述复杂信道下的辐射源个体识别问题，本章将从两个方面展开研究：①从辐射源特征产生机理的角度出发，分析不同类型特征受衰落信道的影响程度，为衰落信道下的辐射源个体识别特征选择提供理论依据，并提出一种抗频率选择性衰落信道的正交调制畸变特征提取方法；②建立存在多普勒及多普勒可变情况下的接收信号模型，就多普勒及其变化率对个体识别造成的影响进行理论分析，推导能够进行准确识别所需的信号边界条件，并给出一种考虑多普勒和多普勒变化率时脉内无意调制特征提取方法。

7.1　多径衰落信道下的辐射源特征提取

在第6章推导过程中，信道被假设为加性高斯白噪声信道。然而在实际场景中经常会遇到衰落信道的情况，如 3～30MHz 频段(高频(HF))上的短波电离层无线通信，30～300MHz 频段(甚高频(very high frequency，VHF))上的电离层前向散射通信，300MHz～3GHz 频段(特高频(ultrahigh frequency，UHF))及 3～30GHz 频段(超高频(super high frequency，SHF))上的对流层散射超视距通信等，都面临着严重的多径衰落效应。这些信道的冲激响应随着介质的物理特性时刻变化(如电离层电离子的运动、发射机和接收机的相对运动等)而变化，从而导致同一辐射源信号在不同时刻的特征存在明显差异，进而影响辐射源个体识别性能。

令衰落信道的冲激响应为 $\gamma(t,\tau)$，衰落信道 $\gamma(t,\tau)$ 主要对通路等效滤波器 $g(\tau)$ 造成影响，设合并后的等效滤波器为 $g(t,\tau)$。由于在接收端无法分离信道和发射滤波器，因此衰落信道的影响可以通过对 $g(t,\tau)$ 的影响来评估。

若信道为慢平坦衰落信道(本节中“慢”指在一个样本长度内信道可视为时不变，即 $g(t,\tau)=g(\tau)$)，由于信道的变化主要体现为信号传输增益的变化，且在一定时间内(如一个样本的长度)变化十分细微，因此衰落的影响主要体现为不同样本信号信噪比的抖动，而信噪比的变化仅仅影响特征估计的均方误差，因而特征仍将具备区分能力，只是区分能力相比同等信噪比的 AWGN 信道情况有所下降。

若信道为慢频率选择性衰落信道，则：①如果模型的估计特征向量中包含了与信道相关的元素，则信道的慢变将造成特征的慢变(漂移)，从而使得识别发生错误，模型 II 和模型 III 正是这样的情况，但是如果从特征向量中排除与信道相关的部分元素，则特征仍可以保持稳定性，只是此时不再利用发射滤波器畸变的辐射源区分能力，可能造成识别性能的下降；②如果模型的估计特征向量中本身不包含信道相关的元素，但估计模型中需要用到与等效滤波器有关的先验知识，则信道的慢变将使得先验知识偏离实际情况，从而导致估计量也产生相应的偏差和抖动，这将降低特征的区分能力，模型 I 正是这种情况。信道变化越慢，对识别性能的影响越小，反之越大。

上述讨论均针对慢衰落信道，如果信道为快衰落，则 $g(t,\tau)$ 的时变将造成与信道相关特征的不稳定以及模型误差，导致第 6 章的方法不适用。

7.1.1　平坦衰落信道下的辐射源特征提取

如前所述，平坦衰落信道对信号的影响主要体现在传输增益变化造成的辐射源特征区分能力下降。通过仿真分析给出不同条件下平坦衰落信道的辐射源个体识别性能，仿真条件设置同表 6.7，考虑瑞利平坦衰落信道，采用最大多普勒频移 f_d 来描述信道变化的快慢，采用模型 I 提取辐射源个体特征。图 7.1 给出了不同衰落情况下的识别性能。

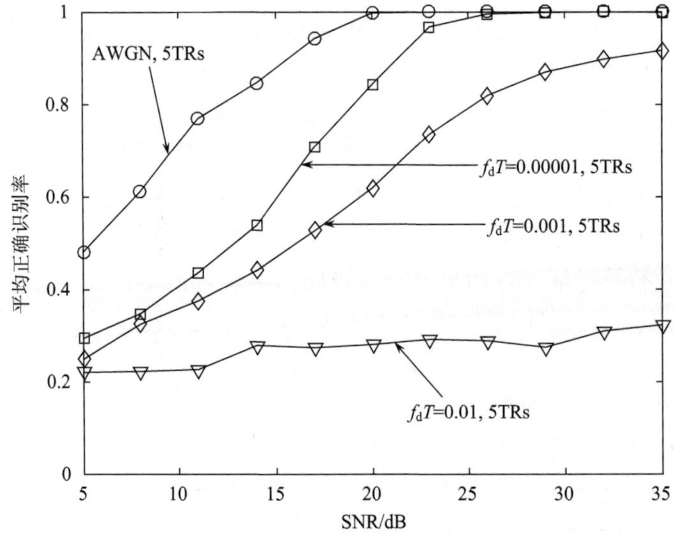

图 7.1　衰落信道下的辐射源个体识别性能

"#TRs"表示发射机个数

由图 7.1 可见，当 $f_dT=0.00001$ 时，识别性能虽较 AWGN 信道有所下降，但当信噪比达到一定门限时，识别仍然可行；当 $f_dT=0.001$ 时，性能进一步下降；当 $f_dT=0.01$ 时，即使在 35dB 的大信噪比，识别率仍然很低，识别基本不可行。这与之前定性分析的结论相吻合，即信道变化越快，识别性能越差。

7.1.2　频率选择性衰落信道下的通信辐射源特征提取

图 7.2 给出了通信辐射源存在的发射机畸变及其表现形式，其中调制畸变表现为星座图的不规整，寄生谐波表现为带内小的毛刺，滤波器畸变表现为通带不平坦，相位噪声表现为谱线杂散。根据前述定性描述，慢频率选择性衰落信道对信号影响可等效为滤波器，因此发射机滤波器畸变在经过频率选择性衰落信道后必然发生变化，为不稳定特征；暂态畸变通常用二阶低通 RC 模型来描述，如果多径等效滤波器带宽小于该低通 RC 模型带宽，则暂态畸变同样不稳定；相位噪声往往表现为统计特征，与信噪比大小和信道都有关系，不具备稳定性。

综合上述分析，可能在频率选择性衰落信道下具备稳定性的特征包括调制畸变、寄生谐波及功放畸变。其中寄生谐波的频点不受多径影响，但幅度会随着多径的不同而变化，即寄生谐波的频点为多径信道下的稳定特征；功放非线性可以在多径信道下进行估计，Liu 等已经有相应研究，不作为本书的重点，感兴趣的读者可参考文献[2]。本节重点分析 IQ 正交调制畸变在频率选择性衰落信道下的稳定性，并给出一种频率选择性衰落信道下 IQ 正交调制畸变特征的提取方法。

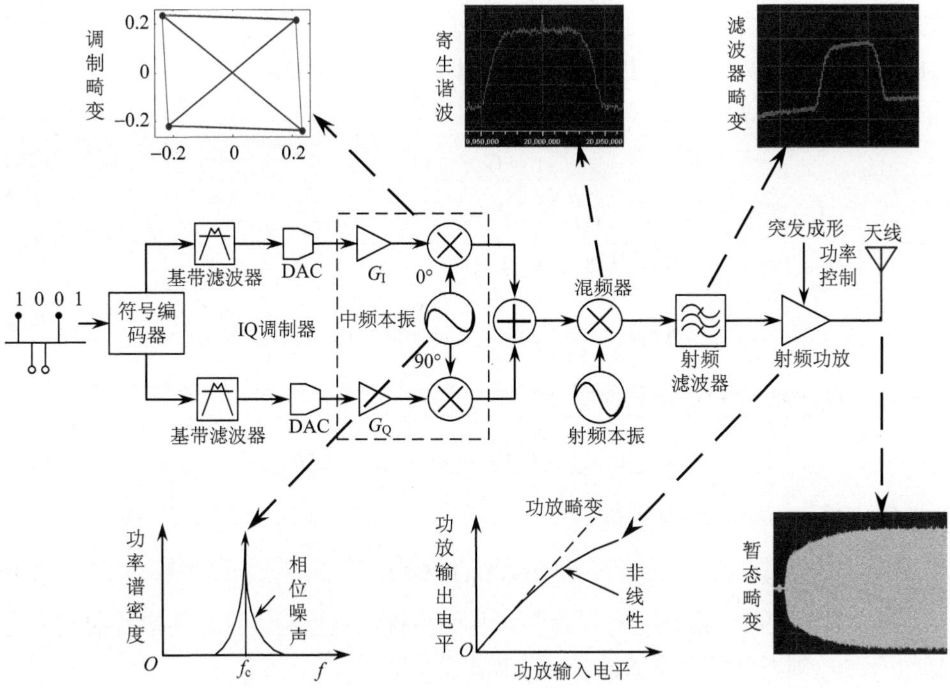

图 7.2　通信辐射源可能存在的发射机畸变特征

1. IQ 正交调制畸变在频率选择性衰落信道下的稳定性

根据前面所述 IQ 正交调制器畸变模型，其等效的复基带模型：

$$z(t) = \mu_1\rho(t) + \mu_2\rho^*(t) + \xi \tag{7.1}$$

其中，ξ 为载波泄漏。其幅度不具备多径稳定性且通常情况下较为微弱，可利用隔直滤波等方法去除，对 μ_1 和 μ_2 估计结果的影响较小，将其忽略可得如下等效复基带模型：

$$z(t) = \mu_1\rho(t) + \mu_2\rho^*(t) \tag{7.2}$$

其中，$\rho(t)$ 为复基带调制信号，对于 MPSK 类信号其定义为 $\rho(t) = \sum_{n=-\infty}^{+\infty} c_n h(t - nT - \tau)$，$c_n$ 为待调制符号，$\rho^*(t)$ 为 $\rho(t)$ 的共轭，$h(t)$ 为成型滤波器，且

$$\mu_1 = 0.5(G_{IQ}+1)\cos(\varsigma/2) + 0.5\mathrm{j}(G_{IQ}-1)\sin(\varsigma/2) \tag{7.3}$$

$$\mu_2 = 0.5(G_{IQ}-1)\cos(\varsigma/2) + 0.5\mathrm{j}(G_{IQ}+1)\sin(\varsigma/2) \tag{7.4}$$

在接收端采用匹配滤波并进行定时，假定处理无误差，则定时后信号可表示为

$$r_n = \mu_1 c_n + \mu_2 c_n^* + v_n \tag{7.5}$$

其中，v_n 为方差为 σ_v^2 的零均值高斯白噪声；c_n 为调制符号。

将式(7.5)写成矩阵形式如下：

$$\boldsymbol{r} = \boldsymbol{G}_0\boldsymbol{\theta} + \boldsymbol{v} \tag{7.6}$$

其中，$\boldsymbol{G}_0 = [\hat{\boldsymbol{c}}_0, \hat{\boldsymbol{c}}_0^*]$，$\hat{\boldsymbol{c}}_0 = [\hat{c}_0, \cdots, \hat{c}_{N-1}]^{\mathrm{T}}$，$\hat{c}_k = \hat{a}_k + \mathrm{j}\hat{b}_k$；$\boldsymbol{\theta} = [\mu_1, \mu_2]^{\mathrm{T}}$；$\boldsymbol{v} = [v_1, \cdots, v_{N-1}]^{\mathrm{T}}$。

对于接收信号 $\boldsymbol{r}$，其服从如下高斯分布：

$$p(\boldsymbol{r}|\boldsymbol{\theta}) = \frac{1}{(\pi\sigma_v^2)^N}\exp\left\{\frac{1}{\sigma_v^2}\left\|\boldsymbol{r} - \boldsymbol{G}_0\boldsymbol{\theta}\right\|^2\right\} \tag{7.7}$$

最大化似然函数(7.7)即可获取 $\boldsymbol{\theta}$ 的最大似然估计，即

$$\hat{\boldsymbol{\theta}} = \arg\min_{\boldsymbol{\theta}}\left\{\Lambda(\boldsymbol{\theta})\right\} = \arg\min_{\boldsymbol{\theta}}\left\{\left\|\boldsymbol{r} - \boldsymbol{G}_0\boldsymbol{\theta}\right\|^2\right\} \tag{7.8}$$

通过解方程 $\partial\Lambda(\boldsymbol{\theta}) / \partial\boldsymbol{\theta} = 0$ 可得

$$\hat{\boldsymbol{\theta}} = (\boldsymbol{G}_0^{\mathrm{H}}\boldsymbol{G}_0)^{-1}\boldsymbol{G}_0^{\mathrm{H}}\boldsymbol{r} \tag{7.9}$$

当存在多径时，最佳定时点存在符号间串扰，这里假设符号间串扰的长度为 M 个符号，则多径情况下的信号接收模型为

$$r_n = \mu_1\sum_{k=1}^{M} m_k c_{n-k} + \mu_2\sum_{k=1}^{M} m_k c_{n-k}^* + v_n \tag{7.10}$$

将式(7.10)写成矩阵形式如下：

$$\boldsymbol{r} = \sum_{k=1}^{M} m_k\boldsymbol{G}_k\boldsymbol{\theta} + \boldsymbol{v} \tag{7.11}$$

其中，$\boldsymbol{G}_k = [\hat{\boldsymbol{c}}_k, \hat{\boldsymbol{c}}_k^*]$，$\hat{\boldsymbol{c}}_k = [\hat{c}_{-k}, \cdots, \hat{c}_{N-k-1}]^{\mathrm{T}}$；$\boldsymbol{\theta} = [\mu_1, \mu_2]^{\mathrm{T}}$；$\boldsymbol{v} = [v_1, \cdots, v_{N-1}]^{\mathrm{T}}$。这里假设多径未造成解调符号误差，继续采用式(7.9)的估计方法估计 $\boldsymbol{\theta}$，将式(7.11)代入式(7.9)可得

$$\begin{aligned}\hat{\boldsymbol{\theta}} &= (\boldsymbol{G}_0^{\mathrm{H}}\boldsymbol{G}_0)^{-1}\boldsymbol{G}_0^{\mathrm{H}}\left(\sum_{k=1}^{M} m_k\boldsymbol{G}_k\boldsymbol{\theta} + \boldsymbol{v}\right)\\ &= \boldsymbol{\theta} + \sum_{k=2}^{M} m_k(\boldsymbol{G}_0^{\mathrm{H}}\boldsymbol{G}_0)^{-1}\boldsymbol{G}_0^{\mathrm{H}}\boldsymbol{G}_k\boldsymbol{\theta} + (\boldsymbol{G}_0^{\mathrm{H}}\boldsymbol{G}_0)^{-1}\boldsymbol{G}_0^{\mathrm{H}}\boldsymbol{v}\end{aligned} \tag{7.12}$$

显然 $\hat{\boldsymbol{\theta}}$ 服从高斯分布，且

$$(\boldsymbol{G}_0^{\mathrm{H}}\boldsymbol{G}_0)^{-1}\boldsymbol{G}_0^{\mathrm{H}}\boldsymbol{G}_k = \begin{bmatrix} N & \hat{\boldsymbol{c}}_0^{\mathrm{H}}\hat{\boldsymbol{c}}_0^* \\ (\hat{\boldsymbol{c}}_0^*)^{\mathrm{H}}\hat{\boldsymbol{c}}_0 & N \end{bmatrix}^{-1}\begin{bmatrix} \hat{\boldsymbol{c}}_0^{\mathrm{H}}\hat{\boldsymbol{c}}_k & \hat{\boldsymbol{c}}_0^{\mathrm{H}}\hat{\boldsymbol{c}}_k^* \\ (\hat{\boldsymbol{c}}_0^*)^{\mathrm{H}}\hat{\boldsymbol{c}}_k & (\hat{\boldsymbol{c}}_0^*)^{\mathrm{H}}\hat{\boldsymbol{c}}_k^* \end{bmatrix},\quad k \neq 0 \tag{7.13}$$

整理得

$$
(\boldsymbol{G}_0^{\mathrm{H}}\boldsymbol{G}_0)^{-1}\boldsymbol{G}_0^{\mathrm{H}}\boldsymbol{G}_k = \frac{\begin{bmatrix} \dfrac{N\hat{\boldsymbol{c}}_0^{\mathrm{H}}\hat{\boldsymbol{c}}_k - (\hat{\boldsymbol{c}}_0^*)^{\mathrm{H}}\hat{\boldsymbol{c}}_0(\hat{\boldsymbol{c}}_0^*)^{\mathrm{H}}\hat{\boldsymbol{c}}_k}{N^2} & \dfrac{N\hat{\boldsymbol{c}}_0^{\mathrm{H}}\hat{\boldsymbol{c}}_k^* - (\hat{\boldsymbol{c}}_0^*)^{\mathrm{H}}\hat{\boldsymbol{c}}_0(\hat{\boldsymbol{c}}_0^*)^{\mathrm{H}}\hat{\boldsymbol{c}}_k^*}{N^2} \\ \dfrac{-\hat{\boldsymbol{c}}_0^{\mathrm{H}}\hat{\boldsymbol{c}}_0^*\hat{\boldsymbol{c}}_0^{\mathrm{H}}\hat{\boldsymbol{c}}_k + N(\hat{\boldsymbol{c}}_0^*)^{\mathrm{H}}\hat{\boldsymbol{c}}_k}{N^2} & \dfrac{-\hat{\boldsymbol{c}}_0^{\mathrm{H}}\hat{\boldsymbol{c}}_0^*\hat{\boldsymbol{c}}_0^{\mathrm{H}}\hat{\boldsymbol{c}}_k^* + N(\hat{\boldsymbol{c}}_0^*)^{\mathrm{H}}\hat{\boldsymbol{c}}_k^*}{N^2} \end{bmatrix}}{1 - \dfrac{(\hat{\boldsymbol{c}}_0^*)^{\mathrm{H}}\hat{\boldsymbol{c}}_0\hat{\boldsymbol{c}}_0^{\mathrm{H}}\hat{\boldsymbol{c}}_0^*}{N^2}} \tag{7.14}
$$

其中

$$
(\hat{\boldsymbol{c}}_0^*)^{\mathrm{H}}\hat{\boldsymbol{c}}_0\hat{\boldsymbol{c}}_0^{\mathrm{H}}\hat{\boldsymbol{c}}_0^* = \left(\sum_{k=0}^{N-1}(\hat{a}_k^2 - \hat{b}_k^2 + 2\hat{a}_k\hat{b}_k\mathrm{j})\right)^2 \tag{7.15}
$$

从而

$$
\lim_{N\to\infty} E\left(\frac{(\hat{\boldsymbol{c}}_0^*)^{\mathrm{H}}\hat{\boldsymbol{c}}_0\hat{\boldsymbol{c}}_0^{\mathrm{H}}\hat{\boldsymbol{c}}_0^*}{N^2}\right) = 0 \tag{7.16}
$$

在发送符号序列随机且等概率出现的情况下：

$$
\lim_{N\to\infty} E\left(\frac{N\hat{\boldsymbol{c}}_0^{\mathrm{H}}\hat{\boldsymbol{c}}_k - (\hat{\boldsymbol{c}}_0^*)^{\mathrm{H}}\hat{\boldsymbol{c}}_0(\hat{\boldsymbol{c}}_0^*)^{\mathrm{H}}\hat{\boldsymbol{c}}_k}{N^2}\right) = 0 \tag{7.17}
$$

从而

$$
\lim_{N\to\infty} E((\boldsymbol{G}_0^{\mathrm{H}}\boldsymbol{G}_0)^{-1}\boldsymbol{G}_0^{\mathrm{H}}\boldsymbol{G}_k\boldsymbol{\theta}) = \boldsymbol{0}, \quad k \neq 0 \tag{7.18}
$$

因此

$$
\begin{aligned}
\lim_{N\to\infty} E(\hat{\boldsymbol{\theta}}) &= \lim_{N\to\infty} E\left(\boldsymbol{\theta} + \sum_{k=2}^{M} m_k(\boldsymbol{G}_0^{\mathrm{H}}\boldsymbol{G}_0)^{-1}\boldsymbol{G}_0^{\mathrm{H}}\boldsymbol{G}_k\boldsymbol{\theta} + (\boldsymbol{G}_0^{\mathrm{H}}\boldsymbol{G}_0)^{-1}\boldsymbol{G}_0^{\mathrm{H}}\boldsymbol{v}\right) \\
&= \boldsymbol{\theta} + \lim_{N\to\infty} E\left(\sum_{k=2}^{M} m_k(\boldsymbol{G}_0^{\mathrm{H}}\boldsymbol{G}_0)^{-1}\boldsymbol{G}_0^{\mathrm{H}}\boldsymbol{G}_k\boldsymbol{\theta}\right) + \lim_{N\to\infty} E((\boldsymbol{G}_0^{\mathrm{H}}\boldsymbol{G}_0)^{-1}\boldsymbol{G}_0^{\mathrm{H}}\boldsymbol{v}) \\
&= \boldsymbol{\theta}
\end{aligned} \tag{7.19}
$$

由此，可以得到如下定理。

定理 7.1　多径条件下 IQ 正交调制畸变的最大似然估计值 $\hat{\boldsymbol{\theta}}$ 是渐近无偏的，即在符号数足够多的情况下，IQ 正交调制畸变是一种频率选择性衰落信道下稳定的发射机畸变特征。

图 7.3 给出了定理 7.1 的一个直观解释，频率选择性衰落信道虽然造成了码间串扰(图 7.3 中圆星座点)，但由于星座点本身的对称性，使得受到码间串扰影响的畸变星座点其中心仍旧在原始畸变星座点的位置(图 7.3 中十字星座点)，这一现象保证了存在码间串扰的星座点其正交调制畸变估计结果的均值不会发生变化，唯一带来的问题是码间串扰造成了接收星座点的发散，即误差项

$\sum_{k=2}^{M} m_k (\boldsymbol{G}_0^{\mathrm{H}} \boldsymbol{G}_0)^{-1} \boldsymbol{G}_0^{\mathrm{H}} \boldsymbol{G}_k \boldsymbol{\theta}$ 均值虽渐近收敛于零向量，但其方差造成了对发射机畸变 $\boldsymbol{\theta}$ 估计精度下降，要消除多径对 $\boldsymbol{\theta}$ 估计的影响，便要考虑消除误差项带来的估计误差。

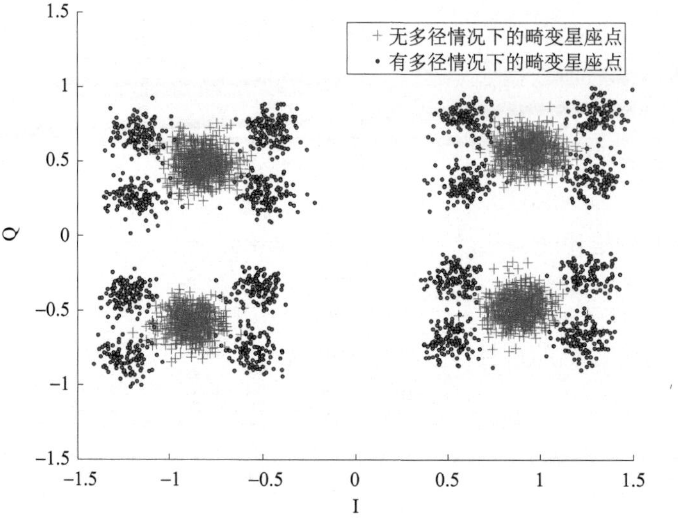

图 7.3　存在多径和不存在多径时相同 IQ 正交调制畸变条件下的星座点畸变情况

2. 基于盲均衡的 IQ 正交调制畸变特征提取方法

在数字通信系统中，由于多径效应和有限带宽的影响，实际传输信道的特性是非理想的，这使得接收信号中符号间串扰几乎会出现在各类实际通信系统中，从而导致符号检测时出现较高的误码率，极大影响信息的准确传递。为消除符号间串扰影响，通常在接收端使用均衡器对信道失真进行补偿，以保证通信质量。多数通信系统的信道特性未知，许多情况下还随时间变化，因此需要将均衡器设计成对信道响应可调整，以补偿信道失真。在此应用背景下，诞生了自适应均衡器，其工作原理是发射机发送有用信号前，先发送已知的训练序列，对均衡器进行训练，待均衡器训练结束，用判决信号代替训练序列，使均衡器自动进行调整。然而训练序列的使用，不仅浪费了频谱资源，降低了通信系统的有效性，而且需要发射机和接收机的协作，对于第三方接收来说采用训练序列的均衡方式无法有效应用。基于上述原因，人们提出盲均衡技术，在不借助训练序列的情况下，仅利用接收信号本身的先验信息便可补偿信道失真，使均衡器的输出序列误码率降低。

盲均衡基本原理是使均衡器输入输出信号的统计特性相同[6-10]。Benveniste 等证明，如果输入信号与输出信号的概率密度函数(PDF)相同，则均衡器可收敛。因此对于输入信号所需预知的全部信息就是其概率密度函数，然而这往往是难以获得的，因此人们提出一系列其他的统计特性，根据均衡器所采用的统计特性的差异，可以将盲均衡技术分为三类：基于梯度下降的盲均衡算法、基于高阶统计量的盲均衡算法以及基于循环平稳统计量的盲均衡算法。三者的区别在于调节均衡器的自适应算法所依据的输入输出信号统计特性的差异。

根据本节的结论，在符号数足够多的情况下，IQ 正交调制畸变是一种多径信道下稳定的发射机畸变特征，考虑到多径实际上等效为滤波器，该结论可做如下推广。

定理 7.1 的推论 1　在符号数足够多的情况下，IQ 正交调制畸变是一种对滤波器稳定的发射机畸变特征，即滤波不改变 IQ 正交调制畸变特性。

盲均衡器根据是否存在判决反馈可以分为线性均衡(图 7.4)和判决反馈均衡(图 7.5)。线性均衡器根据输入信号与期望输出信号统计特性的差异来调节均衡器系数，实现对信道的逆滤波。这里均衡器 $w(n)$ 本质上是一个自适应滤波器。线性均衡实质上是自适应的信道逆滤波器，因此本书可以将这一结论进一步推广如下。

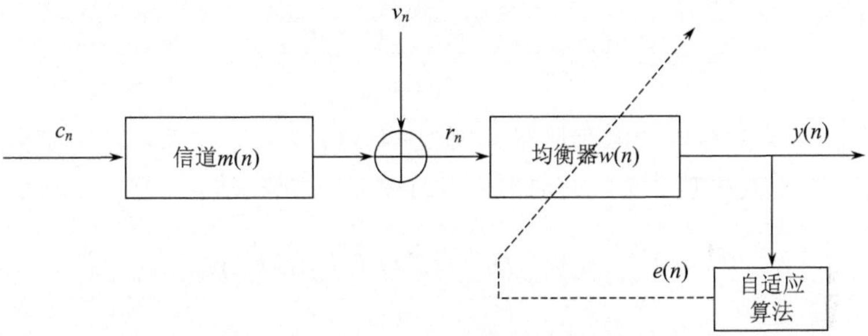

图 7.4　线性均衡系统框图

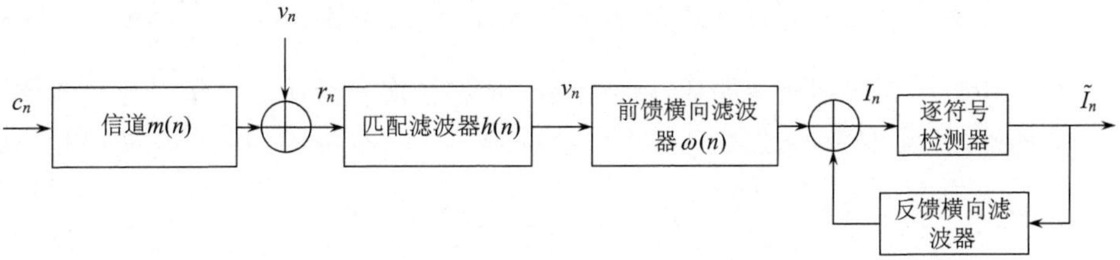

图 7.5　判决反馈均衡系统框图

定理 7.1 的推论 2　在符号数足够多的情况下，IQ 正交调制畸变是一种对线性均衡器稳定的发射机畸变特征，即线性均衡不改变 IQ 正交调制畸变特性。

对于判决反馈均衡器由于其均衡过程引入了判决后的符号 $\tilde{I}_k$，即图 7.5 中进

入符号检测器的原始符号值估计值 I_n 为

$$I_n = \sum_{j=-K_1}^{0} \omega_j v_{k-j} + \sum_{j=1}^{K_2} \omega_j \tilde{I}_{k-j} \tag{7.20}$$

其中，ω_j 为均衡器抽头滤波器系数；I_n 为之前检测到的符号；$\tilde{I}_k$ 为不存在正交调制畸变标准星座点。$\tilde{I}_k$ 的引入使得 I_n 的正交调制畸变特性发生变化，将不再保持稳定，因此对于判决反馈均衡器，不具备保持正交调制畸变的能力。

为了有效均衡，需要均衡器尽量去除多径信道造成的影响。这里将多径信道 $m(n)$ 和均衡器 $w(n)$ 级联的等效滤波器用 $s(n)$ 来表示，其冲激响应的期望值是一个仅允许均衡器对传输信号有增益因子、常数时延和线性相移的恒等运算。即

$$s(n) = m(n) \otimes w(n) = \delta(n-k) a \mathrm{e}^{\mathrm{j}\theta} \tag{7.21}$$

其中，k 为时延；a 为增益因子；θ 为线性相移。这就是在 s 域上的均衡准则，即将总的等效冲激响应的能量限制到一个抽头上：

$$s(n) = s(k)\delta(n-k) \tag{7.22}$$

但由于 $h(n)$ 是未知，无法从式(7.21)直接计算均衡器系数 $w(n)$，但这个准则提供了一个衡量符号间串扰的尺度，即

$$\mathrm{ISI} = \frac{\sum_k \left|s(k)\right|^2 - \left|s(n_{\max})\right|^2}{\left|s(n_{\max})\right|^2} \tag{7.23}$$

其中，$s(n_{\max})$ 是总等效冲激响应最大幅度的对应分量。显然，由 s 域准则可知，完全均衡时符号间串扰为 0，此时式(7.12)中 $m_k = 0(k = 2,\cdots,M)$，从而

$$\begin{aligned}\hat{\boldsymbol{\theta}} &= \boldsymbol{\theta} + \sum_{k=2}^{M} m_k (\boldsymbol{G}_0^{\mathrm{H}}\boldsymbol{G}_0)^{-1}\boldsymbol{G}_0^{\mathrm{H}}\boldsymbol{G}_k\boldsymbol{\theta} + (\boldsymbol{G}_0^{\mathrm{H}}\boldsymbol{G}_0)^{-1}\boldsymbol{G}_0^{\mathrm{H}}\boldsymbol{v} \\ &= \boldsymbol{\theta} + (\boldsymbol{G}_0^{\mathrm{H}}\boldsymbol{G}_0)^{-1}\boldsymbol{G}_0^{\mathrm{H}}\boldsymbol{v}\end{aligned} \tag{7.24}$$

多径带来的 IQ 正交调制畸变估计的误差项 $\sum_{k=2}^{M} m_k (\boldsymbol{G}_0^{\mathrm{H}}\boldsymbol{G}_0)^{-1}\boldsymbol{G}_0^{\mathrm{H}}\boldsymbol{G}_k\boldsymbol{\theta}$ 变为零向量，此时 IQ 正交调制畸变的估计性能将与不存在多径效应时完全一致。即使无法完全均衡，根据均衡降低符号间串扰的准则，经过均衡后，IQ 正交调制畸变估计的误差项 $\sum_{k=2}^{M} m_k (\boldsymbol{G}_0^{\mathrm{H}}\boldsymbol{G}_0)^{-1}\boldsymbol{G}_0^{\mathrm{H}}\boldsymbol{G}_k\boldsymbol{\theta}$ 随着整体的等效信道响应 $m_k(k = 2,\cdots,M)$ 的减小而减小，从而提高了多径信道下的 IQ 正交调制畸变估计性能。由此本书得出一种多径信道下的 IQ 正交调制畸变估计方法，其步骤如下：

(1) 将接收信号变频到基带，得到信号复基带表示 $r(n)$；

(2) 利用接收信号训练盲均衡器，得到 $w(n)$；

(3) 利用 $w(n)$ 对接收信号进行滤波 $s(n) = r(n) \otimes w(n)$；

(4) 进行 $s(n)$ 定时估计和相位同步，在定时点上抽取畸变星座点，并进行幅度归一化；

(5) 对归一化数据按式(7.9)估计正交调制畸变参数；

(6) 进行消除初相影响的后处理，并构造特征向量。

之所以首先进行均衡器训练，然后利用训练好的均衡器进行滤波，主要是考虑为了能够对突发信号进行个体识别，用于辐射源个体识别的符号数并不会很多，均衡器往往又需要一定数量的符号用于均衡器的收敛，这会进一步缩短可用的数据长度。在单个突发内信道变化不大的情况下，可考虑先用所有的数据训练均衡器保证其收敛性，然后数据复用进行辐射源个体识别。

实际上，可以把定理 7.1 的推论 2 进一步推广到分集接收。短波电台利用地波传播和低电离层反射来进行几十公里到几百公里的中、近距离通信，利用电离层反射进行数千乃至上万公里的远距离通信，由于其传输距离远，信道条件恶劣，第三方截获接收需要采取一系列复杂的手段，其中，分集接收能够有效减小接收机遭遇频率选择性衰落的深度和衰落的持续时间，从而提高信号传输的可靠性，在短波信号接收中有着广泛的应用。

图 7.6 是短波信道中常用的单输入多输出(singleinput-multioutput，SIMO)信道条件下的自适应合成均衡算法结构。图中，I_k 是传输的符号序列；$f_k^{(i)}$ 是等效的离散时间信道冲激响应；$\eta_k^{(i)}$ 是高斯白噪声序列；$v_k^{(i)}$ 是含有 ISI 的接收信号；$c_k^{(i)}$ 是支路均衡器的系数。设每个接收支路的均衡滤波器长度为 $2K+1$，则 SIMO 均衡器的输出符号为

$$\hat{I}_k = \sum_{d=1}^{D} c_k^{(d)} \otimes v_k^{(d)} = \sum_{d=1}^{D} \sum_{j=-K}^{K} c_j^{(d)} v_{k-j}^{(d)} \tag{7.25}$$

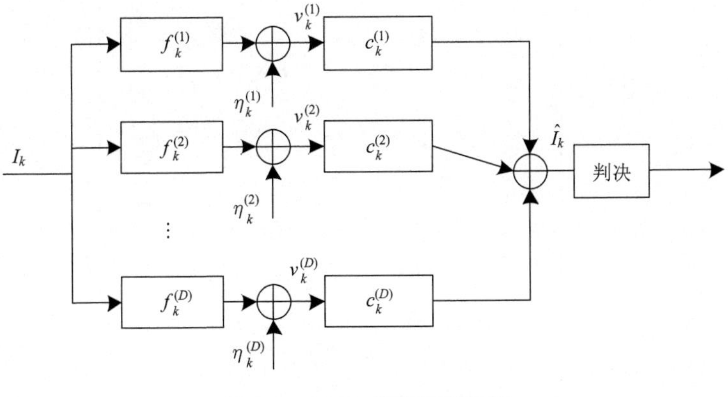

图 7.6　SIMO 信道均衡结构

从式(7.25)可以看出分集接收实际上是一种广义滤波，由此可得如下结论。

定理 7.1 的推论 3　在符号数足够多的情况下，IQ 正交调制畸变是一种对分集接收稳定的发射机畸变特征，即分集接收不改变 IQ 正交调制畸变特性。

这意味着即使在短波信道这种恶劣的接收条件下，只要辐射源存在 IQ 正交调制畸变差异，依然可以对其进行个体识别。

3. 仿真分析及实验验证

下面通过仿真实验测试算法的性能，仿真产生 5 个辐射源，其 IQ 正交调制畸变参数如表 7.1 所示。该仿真中各辐射源的调制畸变参数按照实际同类型发射机的调制畸变特性的差异量进行配置，其他参数均相同，以模拟同类型辐射源个体识别条件。

表 7.1　5 个辐射源 IQ 正交调制畸变参数

发射机	T_1	T_2	T_3	T_4	T_5
μ_1	0.9986+0.005j	0.9983+0.007j	0.998+0.009j	0.9976+0.012j	0.9973+0.014j
μ_2	0.01+0.052j	0.13+0.058j	0.15+0.063j	0.17+0.068j	0.19+0.073j

仿真信号采用 QPSK 调制，不失一般性，这里假设只有相邻符号间存在码间串扰，码间串扰的强度为 m_2，信噪比 $\text{SNR} = 20\text{dB}$，图 7.7 给出了辐射源在相邻符号间串扰 $m_2 = 0.3$ 的情况下，不加均衡的解调结果，从图中可以看出信道多径效应使得解调星座点发生了明显的分裂和扩散现象。

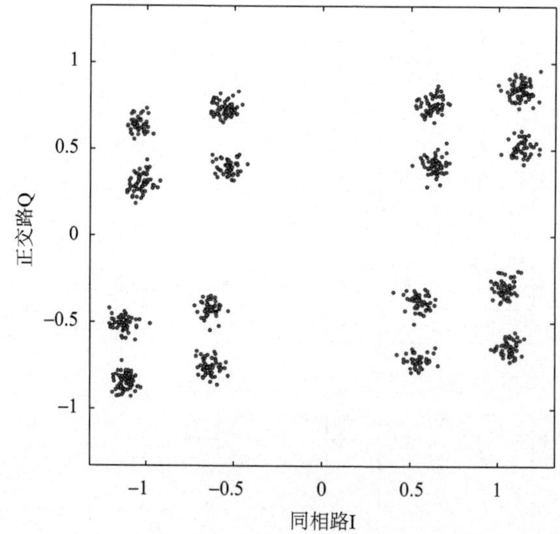

图 7.7　多径信道下辐射源 T_1 信号解调结果

图 7.8 给出了利用 200 个符号进行 IQ 正交调制畸变参数估计的结果，为使得显示更为直观，这里仅给出区分度较大的 μ_2 特征实部和虚部的估计结果展示。从图中可以看出仅利用 200 个符号对发射机的 IQ 正交调制的估计结果，不采用均衡技术时，在多径不严重的情况下（$m_2 \leqslant 0.1$ 时）特征具有较好的区分性，随着码间串扰变得严重，m_2 逐渐增大，特征区分度减小，但特征均值保持不变，这说明多径信道会影响 IQ 正交调制畸变的估计精度，但不会造成特征发生偏移，即 IQ 正交调制畸变对多径信道是稳定的。

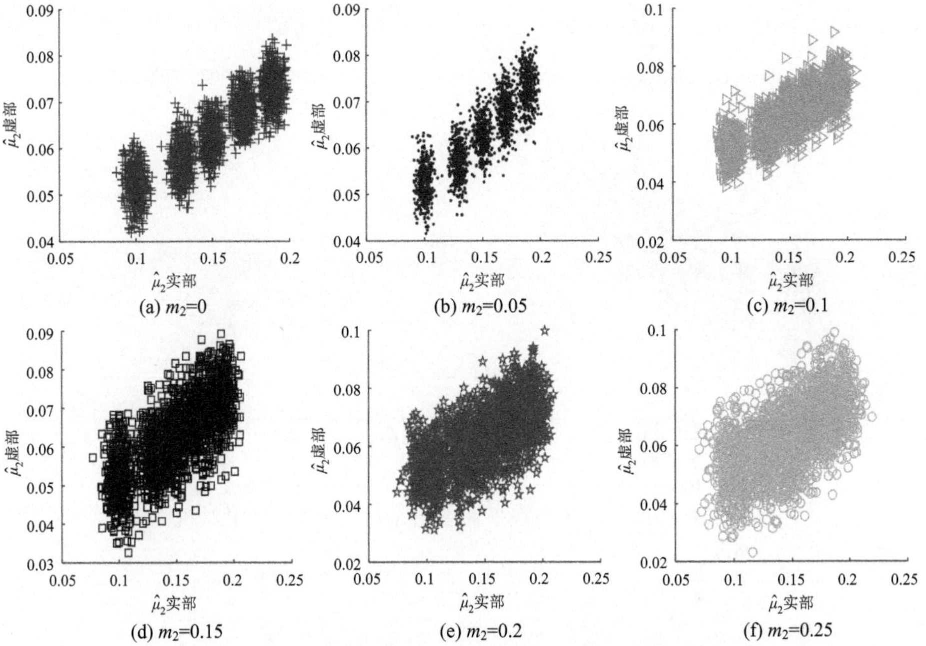

图 7.8　200 个符号情况下 μ_2 估计值随多径的变化情况

图 7.9 给出了 $m_2 = 0.3$ 时，IQ 正交调制畸变估计结果随符号数的变化情况，从图中可以看出，即使在多径已经较为严重的情况下，随着用于估计的符号数增加，IQ 正交调制畸变仍旧表现出良好的区分性，在 2000 个符号时，已经能够明显看出 5 个辐射源之间的个体差异。这是因为随着符号数增加，式(7.12)中 IQ 正交调制畸变的估计误差项 $\sum_{k=2}^{M} m_k (\boldsymbol{G}_0^{\mathrm{H}}\boldsymbol{G}_0)^{-1}\boldsymbol{G}_0^{\mathrm{H}}\boldsymbol{G}_k\boldsymbol{\theta}$ 会逐渐减小。

图 7.10 给出了采用 2000 个符号时，μ_2 估计值随多径信道的变化情况。在符号数足够多的情况下，多径的严重程度对 μ_2 估计结果的影响将变得较为微弱，这因为估计误差项 $\sum_{k=2}^{M} m_k (\boldsymbol{G}_0^{\mathrm{H}}\boldsymbol{G}_0)^{-1}\boldsymbol{G}_0^{\mathrm{H}}\boldsymbol{G}_k\boldsymbol{\theta}$ 由信道 m_k 和 $(\boldsymbol{G}_0^{\mathrm{H}}\boldsymbol{G}_0)^{-1}\boldsymbol{G}_0^{\mathrm{H}}\boldsymbol{G}_k\boldsymbol{\theta}$ 两部分组成，当符号数足够多时 $(\boldsymbol{G}_0^{\mathrm{H}}\boldsymbol{G}_0)^{-1}\boldsymbol{G}_0^{\mathrm{H}}\boldsymbol{G}_k\boldsymbol{\theta}$ 趋近于 0，多径信道 m_k 的影响无法表现出来。

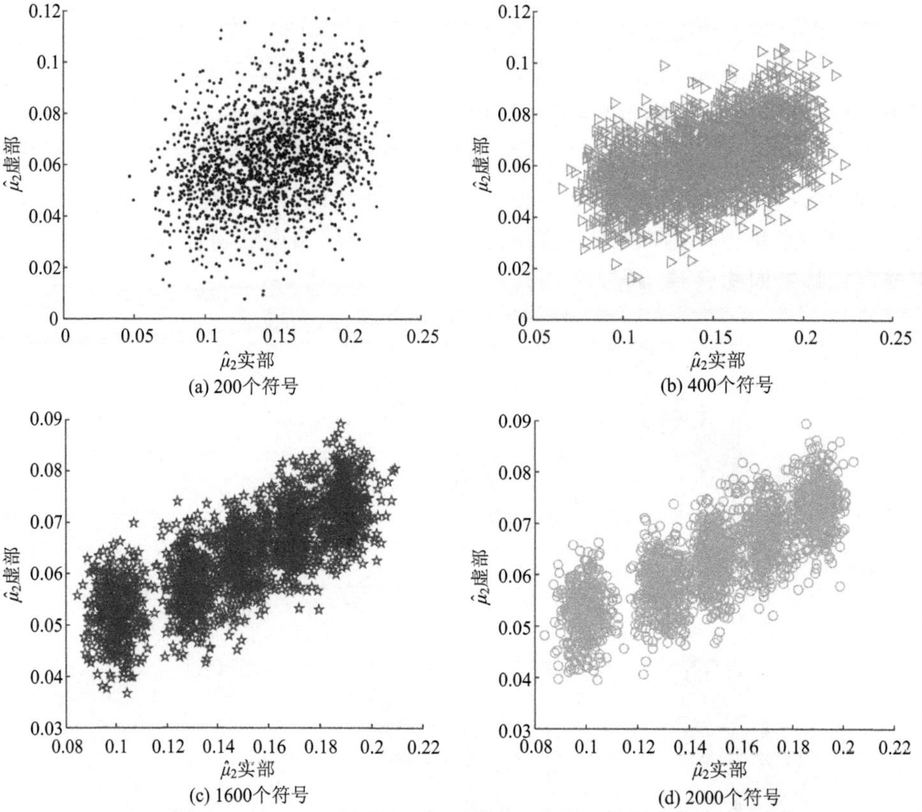

(a) 200个符号　　(b) 400个符号

(c) 1600个符号　　(d) 2000个符号

图 7.9　$m_2 = 0.3$ 的情况下 μ_2 估计值随符号数的变化情况

图 7.10　2000 个符号时 μ_2 估计值随多径的变化情况

为进一步衡量多径信道对辐射源个体识别性能的影响，本节将多径信道下采用式(7.9)估计出的 IQ 正交调制畸变送入后续 SVM 分类器进行训练识别，用 200 个样本做训练，200 个样本做测试，识别结果如图 7.11 所示。在符号数较少的情况下，个体识别性能随 m_2 的增加明显下降，但当符号数增加到一定程度以后(>2000)识别性能已经基本上不受多径信道的影响。这与本书得到的定理 7.1 相吻合，即 IQ 调制畸变的最大似然估计在多径信道下是渐近无偏的，估计误差项随着符号数的增加而减小。

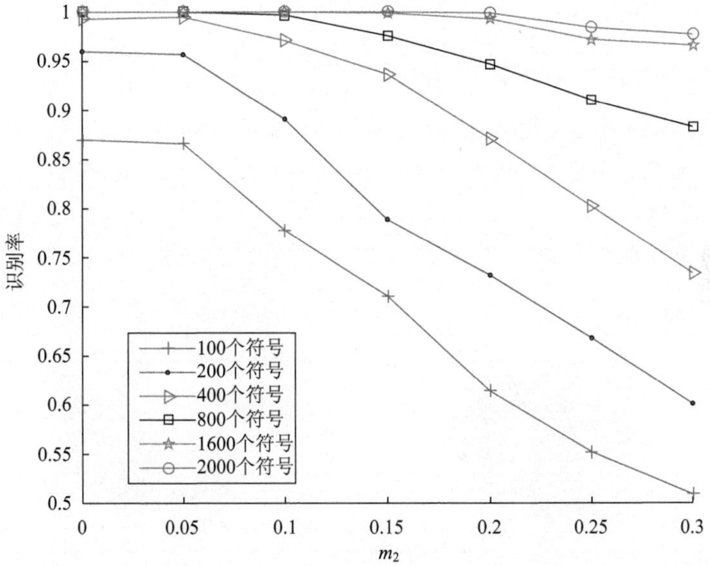

图 7.11　多径信道对 IQ 正交调制畸变辐射源个体识别性能的影响

下面衡量均衡对多径信道下辐射源个体识别性能的影响，本书采用恒模算法(constant modulus algorithm，CMA)[6]，该算法由 Godard 提出：先对信号取模运算，然后对模信号设计代价函数，从而得到一种新的盲均衡算法。该算法的最大特点是对信号相位偏移不敏感，这使得 CMA 算法成为应用最为广泛的算法之一，其误差函数为

$$e(n) = R_{\mathrm{CM}} - |y(n)|^2 \tag{7.26}$$

其中

$$R_{\mathrm{CM}} = \frac{E(|a(n)|^4)}{E(|a(n)|^2)} \tag{7.27}$$

被称为 Godard 半径，是一个与信源符号($a(n)$)有关的常数。CMA 算法的代价函

数为

$$J_{\mathrm{CM}} = E(|e(n)|^2) = E((R_{\mathrm{CM}} - |y(n)|^2)^2) \tag{7.28}$$

均衡器权值更新公式：

$$\begin{aligned} \underline{W}(n+1) &= \underline{W}(n) + \mu \nabla_{\underline{W}} J_{\mathrm{CM}}(n) \\ &= \underline{W}(n) + \mu \frac{\partial}{\partial \underline{W}(n)} \left(\left(R_{\mathrm{CM}} - |y(n)|^2 \right)^2 \right) \\ &= \underline{W}(n) - 4\mu \left(R_{\mathrm{CM}} - |y(n)|^2 \right) y(n) \underline{X}^*(n) \end{aligned} \tag{7.29}$$

对多径信号按照 7.1.2 节所述流程进行 IQ 正交调制畸变估计，图 7.12 给出了 $m_2 = 0.3$ 的情况下，采用 CMA 均衡，μ_2 估计值随符号数的变化情况。同图 7.9 相比，均衡技术的采用使得 μ_2 估计值在符号数较少的情况下就已经表现出了良好的区分性。图 7.9 中需要 1600 个符号 μ_2 才能表现出一定的区分性，采用均衡技术以后，只需 800 个符号 μ_2 就已经表现出良好的区分性，这对于短突发信号的个体识别具有重要意义。

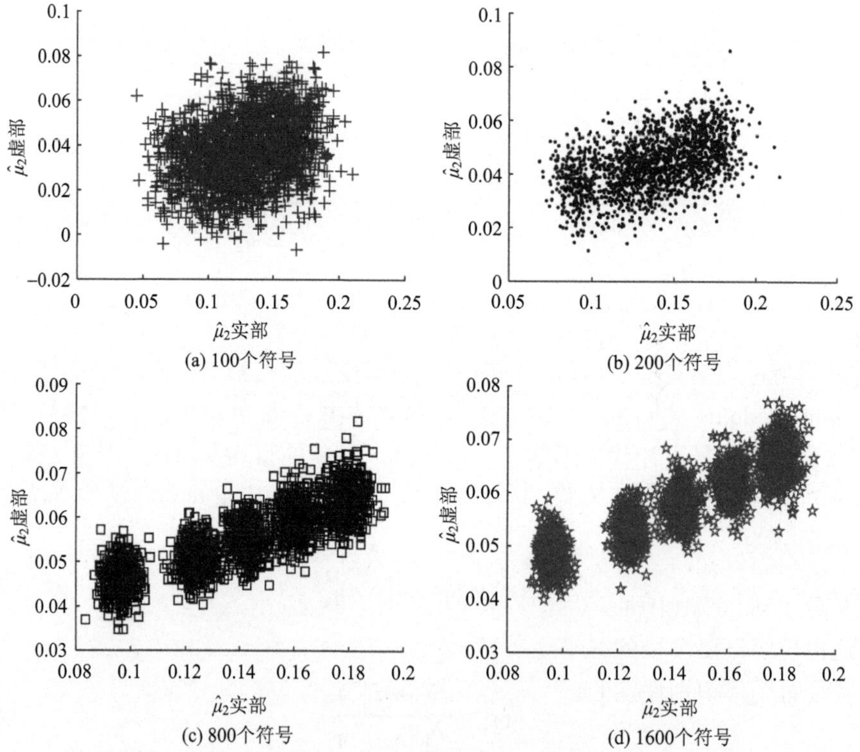

图 7.12　均衡后 $m_2 = 0.3$ 的情况下 μ_2 估计值随符号数的变化情况

图 7.13 进一步分析了采用 CMA 均衡以后，辐射源个体识别性能受多径信道的影响程度，从图中可以看出采用 CMA 均衡以后，当符号数≥200 时，辐射源个体识别性能几乎完全不受多径信道的影响；但当符号数<200 时，识别率随着多径信道的恶化而明显恶化，这是因为符号数较少的情况下，无法保证均衡器有效收敛，均衡没有起到相应的效果。由此可知，只要多径的恶化程度和接收信号的符号个数均在均衡器的能力范围内，均衡将有效提高辐射源个体识别性能。

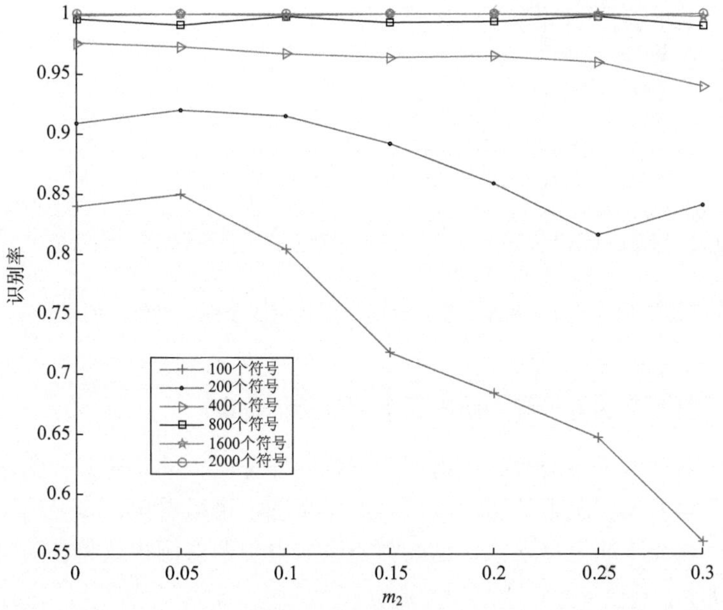

图 7.13　采用 CMA 均衡后多径对辐射源个体识别性能的影响

最后给出本节算法在不同信噪比下的识别性能，由于存在多径的影响，这里信噪比定义为主径信号的 E_s/N_0，第二径信号的 E_s/N_0 设为与主径相同，第二径和主径的幅度比为 m_2，每 800 个符号构造一个待识别样本，性能测试结果如图 7.14 所示。从图中可知，本节算法在 E_s/N_0 达到 14dB 的情况下，已经能够对仿真的 5 个辐射源达到 80%以上的平均识别率。图中不同多径情况的信号识别性能差异不大，这也说明只要多径的影响在均衡器的处理能力之内，采用先均衡后估计的方法，多径对个体识别性能的影响得到了有效的控制。

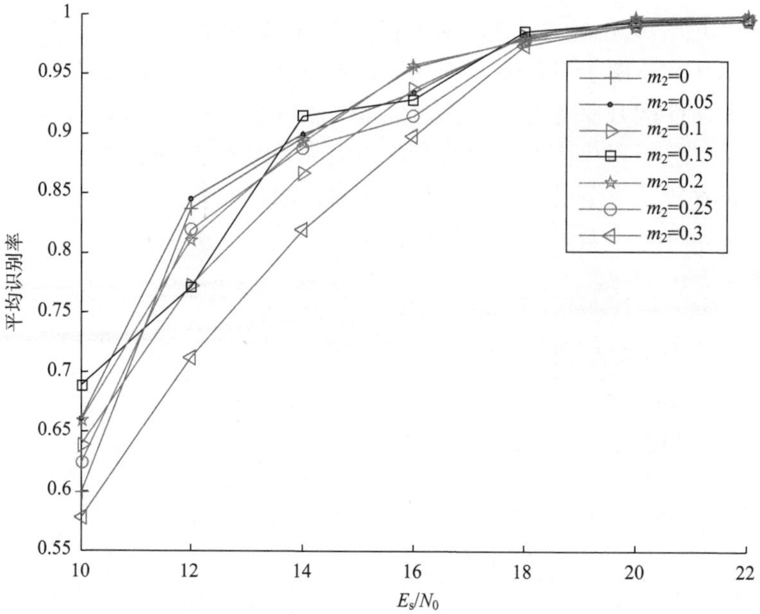

图 7.14 采用 CMA 均衡后信噪比对辐射源个体识别性能的影响

7.1.3 多径信道下的电子脉冲脉内无意调制特征提取

多径传播对电子辐射源特征提取的影响同样是巨大的。图 7.15 给出了同一雷达辐射源不同多径情况下的脉冲波形对比，从图中可以看出，多径信道造成了脉冲顶部起伏以及脉冲拖尾现象，这些都是造成电子辐射源指纹特征随时间发生变化的原因。

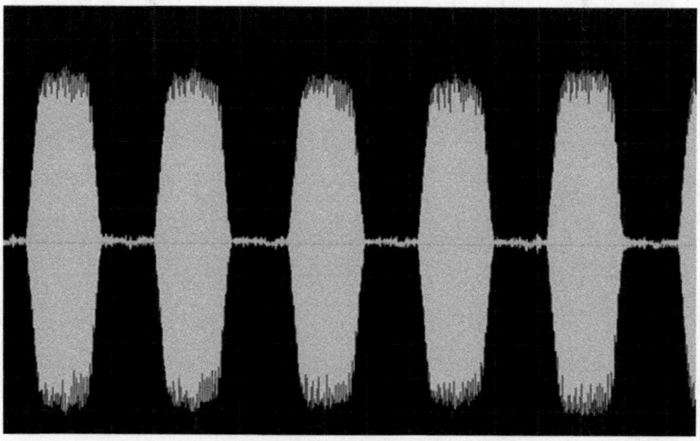

(a) 多径较为微弱情况下的脉冲波形

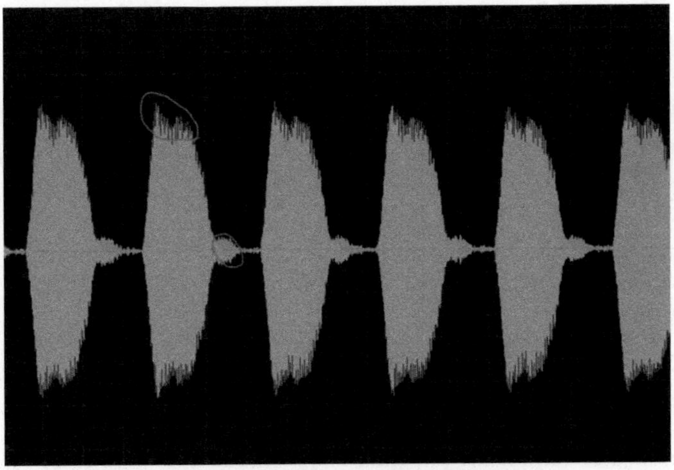

(b) 多径较为严重情况下的脉冲波形

图 7.15 同一部雷达不同信道情况下的脉冲波形对比图

实际信道环境由于多径的存在会造成电子脉冲信号发生明显的畸变，图 7.15(a)信号基本无多径现象，图 7.15(b)存在多径的脉冲信号，可以看到明显的由多径导致的脉冲顶部幅度波动和脉冲尾部的拖尾，可根据这些现象来确定多径的严重程度。这里考虑通过对脉冲顶部的平坦程度以及脉冲拖尾的严重程度来评价信号质量，选取信号质量较高的脉冲送入后续环节进行进一步的个体识别。

这里考虑采用脉内幅度的方差、脉宽偏离标称值的程度以及脉冲信噪比情况对脉冲质量进行打分排序：

$$\text{score} = -\alpha E(|A(t) - E(A(t))|^2) - \beta |W - W_s| + \gamma \text{SNR} \tag{7.30}$$

其中，$A(t)$为脉冲幅度；W为测量脉宽；W_s为标称脉宽；SNR 为脉冲信噪比。在信噪比接近的情况下，脉内幅度波动方差越大，脉宽偏离标称值越大，信噪比越低，则得分越低，意味着信号质量越差。

对于经过质量筛选的电子信号脉冲，还可以通过截取脉冲前沿的方式来进一步提高多径信道下的电子辐射源个体识别性能，这主要是因为多径信道下干扰径的传播时延高于直射径，从而导致脉冲前沿受多径信道的影响较小。

7.2 多普勒效应下辐射源特征提取

对于辐射源和接收机之间存在相对高速运动的场合，严重的多普勒效应会给信号特征提取造成不良影响，造成目标信号识别率下降。因此，研究多普勒效应对辐射源个体识别性能的影响，量化分析多普勒效应对识别性能的恶化程度，探索抗多普勒效应的辐射源个体特征提取方法，具有重要的研究价值[11]。

7.2.1　多普勒效应对辐射源个体识别性能的影响分析

本节将建立多普勒效应下的目标信号接收模型，将多普勒和多普勒变化率加入接收信号模型中，利用假设检验的方法量化分析多普勒效应对辐射源个体识别性能的影响，给出能够准确识别时所需要的信号条件。

1. 多普勒信道下的接收信号模型

设目标辐射源发送信号为

$$s(t) = Au(t)\exp(\mathrm{j}\omega_c t + \mathrm{j}\phi(t)),\quad 0 \leqslant t \leqslant T \tag{7.31}$$

其中，A 为幅度因子，决定了辐射源信号功率；$u(t)$为信号幅度调制；$\phi(t)$ 为信号的相位调制；ω_c 为信号载频；T 为用于个体识别的样本长度。$A(t)$ 和 $\phi(t)$ 中携带了用于进行辐射源个体识别的全部信息。

对目标运动建模如下：

$$r(t) = r_0 + v_0 t + \frac{a_0 t^2}{2} \tag{7.32}$$

其中，r_0 为初始目标距离；v_0 为目标初始径向速度；a_0 为目标径向加速度(由于多普勒效应仅跟径向的运动情况相关，因此这里只考虑目标的径向运动情况)。

接收信号时刻t和该时刻接收信号所对应的发射时刻t_0满足如下方程：

$$c(t - t_0) = r_0 + v_0 t_0 + \frac{a_0 t_0^2}{2} \tag{7.33}$$

解该方程可得

$$t_0 = \frac{\sqrt{(v_0 + c)^2 - 2a_0(r_0 - ct)} - (v_0 + c)}{a_0} \tag{7.34}$$

其中，c 为光速，对 $\sqrt{(v_0 + c)^2 - 2a_0(r_0 - ct)}$ 进行泰勒级数展开，并保留二次项，近似可得

$$\sqrt{(v_0 + c)^2 - 2a_0(r_0 - ct)} \approx (v_0 + c) - \frac{a_0(r_0 - ct)}{v_0 + c} - \frac{{a_0}^2(r_0 - ct)^2}{2(v_0 + c)^3} \tag{7.35}$$

因此

$$\begin{aligned} t_0 &\approx -\frac{(r_0 - ct)}{v_0 + c} - \frac{a_0(r_0 - ct)^2}{2(v_0 + c)^3} \\ &= -\frac{a_0 c^2}{2(v_0 + c)^3} t^2 + \left(\frac{c}{v_0 + c} + \frac{a_0 r_0 c}{(v_0 + c)^3}\right) t - \left(\frac{r_0}{v_0 + c} + \frac{a_0 {r_0}^2}{2(v_0 + c)^3}\right) \\ &= \eta t^2 + \gamma t - \tau \end{aligned} \tag{7.36}$$

其中

$$\eta = \frac{-a_0 c^2}{2(v_0 + c)^3} \approx \frac{-a_0}{2c} \tag{7.37}$$

$$\gamma = \frac{c}{v_0 + c} + \frac{a_0 r_0 c}{(v_0 + c)^3} \approx \frac{c}{v_0 + c} \tag{7.38}$$

$$\tau \approx \frac{r_0}{v_0 + c} \tag{7.39}$$

对于发送信号：

$$s(t) = Au(t)\exp(\mathrm{j}(\omega_{\mathrm{c}} t + \phi(t))) \tag{7.40}$$

接收信号为

$$\begin{aligned} r(t) &= Au(t_0)\exp(\omega_{\mathrm{c}} t_0 + \phi(t_0)) \\ &\approx Au(\eta t^2 + \gamma t - \tau)\exp(\mathrm{j}\omega_{\mathrm{c}}(\eta t^2 + \gamma t - \tau) + \mathrm{j}\phi(\eta t^2 + \gamma t - \tau)) \end{aligned} \tag{7.41}$$

2. 基于假设检验的个体识别性能分析

式(7.41)中 τ 为一固定时延，对个体识别不产生影响，可以直接忽略。由于载频信息不稳定，一般不作为辐射源个体识别的一项识别要素。假设可以对信号载频 $\omega_{\mathrm{c}}\gamma$ 进行准确估计，进而忽略掉信号载频，将存在多普勒效应的接收信号向原始信号进行投影，从而得到辐射源个体识别的检测量为

$$\begin{aligned} G &= \int_0^T r(t)s^*(t)\mathrm{d}t \\ &= \int_0^T Au(\eta t^2 + \gamma t)Au(t)\exp(\mathrm{j}\omega_{\mathrm{c}}\eta t^2 + \mathrm{j}\phi(\eta t^2 + \gamma t) - \mathrm{j}\phi(t))\mathrm{d}t \end{aligned} \tag{7.42}$$

将式(7.42)改写为

$$\begin{aligned} G &= \int_0^T Au(\eta t^2 + \gamma t)Au(t)\exp(\mathrm{j}\omega_{\mathrm{c}}\eta t^2 + \mathrm{j}\phi(\eta t^2 + \gamma t) - \mathrm{j}\phi(t))\mathrm{d}t \\ &= \int_0^T Au(t + \eta t^2 + \Delta t)Au(t)\exp(\mathrm{j}\omega_{\mathrm{c}}\eta t^2)\exp(\mathrm{j}\phi(t + \eta t^2 + \Delta t) - \mathrm{j}\phi(t))\mathrm{d}t \end{aligned} \tag{7.43}$$

其中

$$\Delta t = (\gamma - 1)t = \frac{-v_0 t}{v_0 + c} \tag{7.44}$$

通常情况下 $T \ll 1\mathrm{s}$，且对于高速运动物体，如低轨卫星 $a_0 \ll v_0 \ll c$，则有 $\eta \ll \gamma$，$\eta \ll |\gamma - 1|$，因此 $\eta t^2 \ll |\Delta t|$，式(7.44)可以简化为

$$G \approx \int_0^T Au(t + \Delta t)Au(t)\exp(\mathrm{j}\phi(t + \Delta t) - \mathrm{j}\phi(t))\exp(\mathrm{j}\omega_{\mathrm{c}}\eta t^2)\mathrm{d}t \tag{7.45}$$

如果 $A(t)$、$\phi(t)$ 为处处连续可导函数，则当 $\Delta t \ll T$ 时，可对 $u(t+\Delta t)$ 进行泰勒级数展开，保留一次项可得

$$u(t+\Delta t)=\sum_{n=0}^{N}\frac{u^{(n)}(t)}{n!}\Delta t^{n}+o(\Delta t^{N})=u(t)+u'(t)\Delta t+o(\Delta t) \tag{7.46}$$

$$\phi(t+\Delta t)=\phi(t)+\phi'(t)\Delta t+o(\Delta t) \tag{7.47}$$

则式(7.45)可写为

$$\begin{aligned}G&\approx A^{2}\int_{0}^{T}(u(t)+u'(t)\Delta t)u(t)\exp(\mathrm{j}(\phi(t)+\phi'(t)\Delta t)-\mathrm{j}\phi(t))\exp(\mathrm{j}\omega_{\mathrm{c}}\eta t^{2})\mathrm{d}t\\&=A^{2}\int_{0}^{T}(u(t)+u'(t)\Delta t)u(t)\exp(\mathrm{j}(\phi'(t)\Delta t))\exp(\mathrm{j}\omega_{\mathrm{c}}\eta t^{2})\mathrm{d}t\\&=A^{2}\left(\int_{0}^{T}u^{2}(t)\exp(\mathrm{j}(\phi'(t)\Delta t))\exp(\mathrm{j}\omega_{\mathrm{c}}\eta t^{2})\mathrm{d}t\right.\\&\quad\left.+\int_{0}^{T}u'(t)u(t)\Delta t\exp(\mathrm{j}(\phi'(t)\Delta t))\exp(\mathrm{j}\omega_{\mathrm{c}}\eta t^{2})\mathrm{d}t\right)\end{aligned} \tag{7.48}$$

为简化分析，假设待识别信号为恒包络调制，即

$$u(t+\Delta t)=u(t)=1,\quad u'(t)=0 \tag{7.49}$$

则

$$\begin{aligned}G&=A^{2}\left(\int_{0}^{T}u^{2}(t)\exp(\mathrm{j}(\phi'(t)\Delta t))\exp(\mathrm{j}\omega_{\mathrm{c}}\eta t^{2})\mathrm{d}t\right.\\&\quad\left.+\int_{0}^{T}u'(t)u(t)\Delta t\exp(\mathrm{j}(\phi'(t)\Delta t))\exp(\mathrm{j}\omega_{\mathrm{c}}\eta t^{2})\mathrm{d}t\right)\\&=A^{2}\int_{0}^{T}\exp(\mathrm{j}(\phi'(t)\Delta t))\exp(\mathrm{j}\omega_{\mathrm{c}}\eta t^{2})\mathrm{d}t\end{aligned} \tag{7.50}$$

其中，$\exp(\mathrm{j}(\phi'(t)\Delta t))$ 是由多普勒效应造成调制信号相位函数伸缩导致的相位变化；$\exp(\mathrm{j}\omega_{\mathrm{c}}\eta t^{2})$ 是由多普勒变化率造成的载频相位非线性伸缩导致的相位变化。

进一步考虑噪声存在的情况，并将信号能量归一化：

$$\tilde{G}=\left(\int_{0}^{T}\exp(\mathrm{j}(\phi'(t)\Delta t))\exp(\mathrm{j}\omega_{\mathrm{c}}\eta t^{2})\mathrm{d}t+\int_{0}^{T}n(t)s^{*}(t)\mathrm{d}t/A^{2}\right)/T \tag{7.51}$$

其中，$n(t)$ 是均值为 0，单边带功率谱密度为 N_0 的高斯白噪声。因此

$$E(\tilde{G})=\int_{0}^{T}\exp(\mathrm{j}(\phi'(t)\Delta t))\exp(\mathrm{j}\omega_{\mathrm{c}}\eta t^{2})\mathrm{d}t/T \tag{7.52}$$

$$\operatorname{var}(\tilde{G})=\left|\frac{1}{A^{2}T}\int_{0}^{T}n(t)s^{*}(t)\mathrm{d}t\right|^{2}=\frac{N_{0}}{A^{2}}\triangleq\frac{1}{\mathrm{SNR}} \tag{7.53}$$

以 2σ 作为辐射源识别的判决量边界，当

$$\left|\tilde{G}-1\right|<2\sqrt{1/\mathrm{SNR}} \tag{7.54}$$

时，能够做出正确判决。若要求正确识别率>95%，则

$$\int_{1-2\sqrt{1/\mathrm{SNR}}}^{1+2\sqrt{1/\mathrm{SNR}}}\frac{\exp(-(\tilde{G}-E(\tilde{G}))^2\mathrm{SNR}/2)}{\sqrt{2\pi\sqrt{1/\mathrm{SNR}}}}\mathrm{d}\tilde{G}\geqslant 0.95 \tag{7.55}$$

即

$$\varPhi\left(\frac{1+2\sqrt{1/\mathrm{SNR}}-E(\tilde{G})}{\sqrt{1/\mathrm{SNR}}}\right)-\varPhi\left(\frac{1-2\sqrt{1/\mathrm{SNR}}-E(\tilde{G})}{\sqrt{1/\mathrm{SNR}}}\right)\geqslant 0.95 \tag{7.56}$$

其中

$$\varPhi(x)=\frac{1}{\sqrt{2\pi}}\int_{-\infty}^{x}\mathrm{e}^{-\frac{t^2}{2}}\mathrm{d}t \tag{7.57}$$

查标准正态分布累积概率函数表可知

$$\frac{1+2\sqrt{1/\mathrm{SNR}}-E(\tilde{G})}{\sqrt{1/\mathrm{SNR}}}<2.204 \tag{7.58}$$

$$E(\tilde{G})>1-0.204\sqrt{1/\mathrm{SNR}} \tag{7.59}$$

式(7.59)确定了要实现有效的个体识别对个体识别检测量均值的要求。在待识别信号调制波形确定的情况下，$\phi'(t)$为确定函数，$E(\tilde{G})$只与接收机和目标之间的径向速度v_0、径向加速度a_0以及信号长度T有关。在目标和接收机类型确知的情况下，v_0和a_0的最大值往往也相对确定，这样信号长度T成为影响个体识别性能的主要因素。根据式(7.59)可以求得在容许范围内所能用的最大信号长度T，由于式(7.59)无解析形式解，可以在典型信号及相应参数取典型值的情况下，通过数值计算获得T。

7.2.2　多普勒信道下辐射源个体识别的可行性分析

由式(7.52)和式(7.59)可知，在多普勒效应确定的情况下，信号长度成为影响个体识别检测量的主要因素，因此需要量化分析在给定多普勒效应情况下对不同长度的辐射源信号进行个体识别的可行性，或者反过来说，需要分析辐射源个体识别对信号长度的约束性要求。

为衡量多普勒和多普勒变化率对个体识别可用数据长度的影响，本书选取多普勒和多普勒效应比较严重的一种情况作为仿真的典型值：r_0=1000km，v_0=6km/s，a_0=200m/s^2，信噪比为 30dB。在该条件下针对不同的信号类型分别仿真分析其个体识别的可用数据长度T。

1. 单频脉冲信号

对于单频信号，有 $\phi(t+\Delta t)=\phi(t)=\Phi,\phi'(t)=0$，则式(7.59)转化为

$$E(\tilde{G})=\int_0^T \exp(\mathrm{j}\omega_c \eta t^2)\mathrm{d}t/T>1-0.204\sqrt{1/\mathrm{SNR}} \tag{7.60}$$

单频脉冲信号往往来自于各类雷达辐射源，雷达自身依靠目标回波进行探测，为提高雷达探测距离，雷达一般具有很高的发射功率，第三方接收的雷达信号往往具有很高的信噪比，常见的为 20～40dB，这里取SNR=30dB，对于不同频率的单频信号，其可用的信号长度与检测量之间的关系曲线如图 7.16 所示。

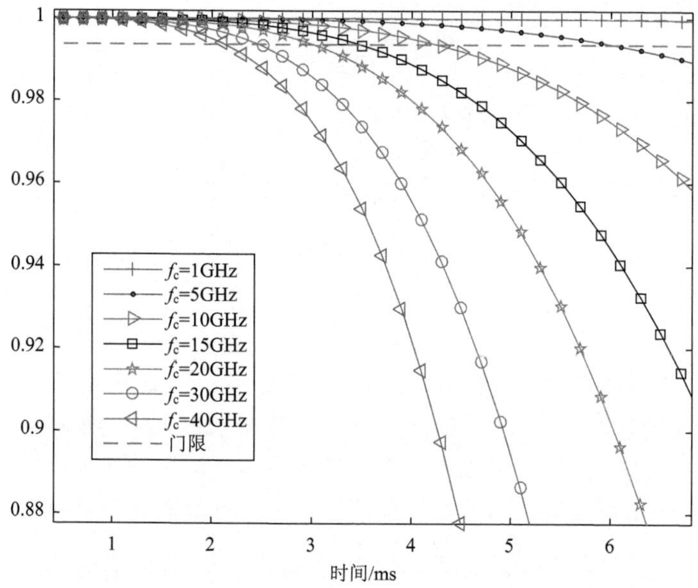

图 7.16　单频信号长度和检测量的关系曲线

从图 7.16 中可以看出在典型值条件下，单频信号个体识别的可用信号长度在 ms 量级，例如，载频为 10GHz 的单频雷达脉冲，其可用数据长度约为 4.6ms。可用数据长度随载频的升高会进一步变短，这是由于式(7.60)中多普勒变化率导致的载频相位非线性压缩会随着载频的升高而变得更加严重。在实际应用中，常见的雷达信号脉宽普遍在 μs 量级，这意味着，对大多数单频电子脉冲信号，多普勒效应对辐射源个体识别的影响不大。

2. LFM 脉冲信号

对于线性调频(LFM)信号，有 $\phi(t)=\pi K t^2$，$\phi'(t)=2\pi K t$ (K 为调频斜率)。则

式(7.59)化为

$$E(\tilde{G})=\frac{1}{T}\int_0^T \exp\left(\mathrm{j}\left(\omega_c\eta-\frac{2\pi K v_0}{v_0+c}\right)t^2\right)\mathrm{d}t>1-0.204\sqrt{1/\mathrm{SNR}} \tag{7.61}$$

与单频脉冲信号类似，LFM 信号的信噪比也较高，这里取 $\mathrm{SNR}=30\mathrm{dB}$。其中 K 跟雷达的类型及设计参数有关，假设雷达脉宽为 1μs，调频带宽为 20MHz，则有 $K=10000\mathrm{GHz/s}$。在此条件下，对于不同频率的 LFM 信号，其可用的信号长度与检测量之间的关系曲线如图 7.17 所示。

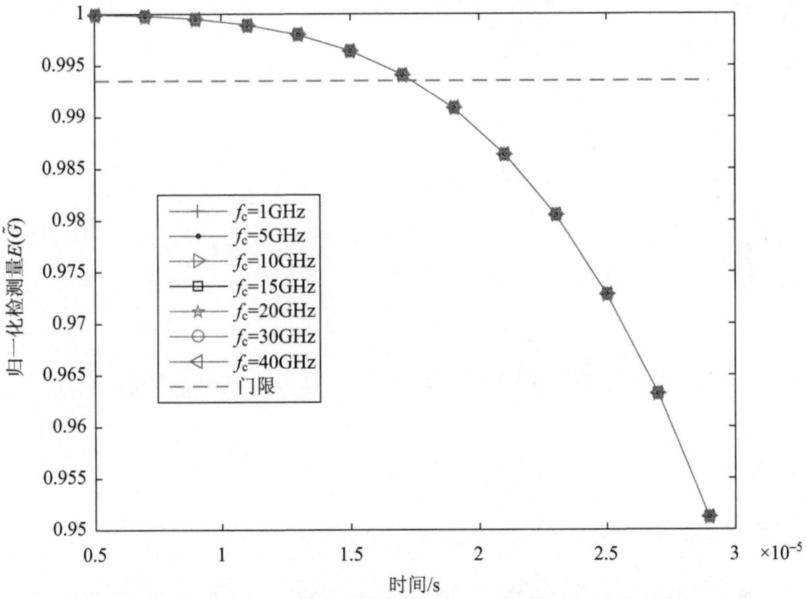

图 7.17　不同频率的 LFM 脉冲信号长度和检测量的关系曲线

从图 7.17 可以看出，由于线性调频的存在，基带信号相位函数的压缩导致 LFM 调制信号可用于个体识别的信号长度相比于单频信号进一步缩减，图中不同载频的 LFM 脉冲信号其可用数据长度曲线基本重合，这说明相对径向速度造成的线性调频相位的线性压缩对个体识别造成的影响已经远远超过了相对径向加速度造成的载频相位非线性压缩造成的影响。

从图 7.17 反映的结果来看，载频对于 LFM 脉冲信号的个体识别可用数据长度的影响基本可以忽略，调频斜率成为影响可用数据长度的关键因素，因而图 7.18 进一步给出了不同调频斜率下，LFM 脉冲信号的可用数据长度和检测量之间的关系曲线。由图 7.18 可知，在该条件下，可用的 LFM 脉冲信号长度为 10μs 左右，这是很多 LFM 雷达常用的脉宽范围。这意味着，脉宽超过 10μs 的 LFM 脉冲信号的个体识别将会受到多普勒效应的影响，从而造成性能损失，需要对多普勒效应进行针对性处理。

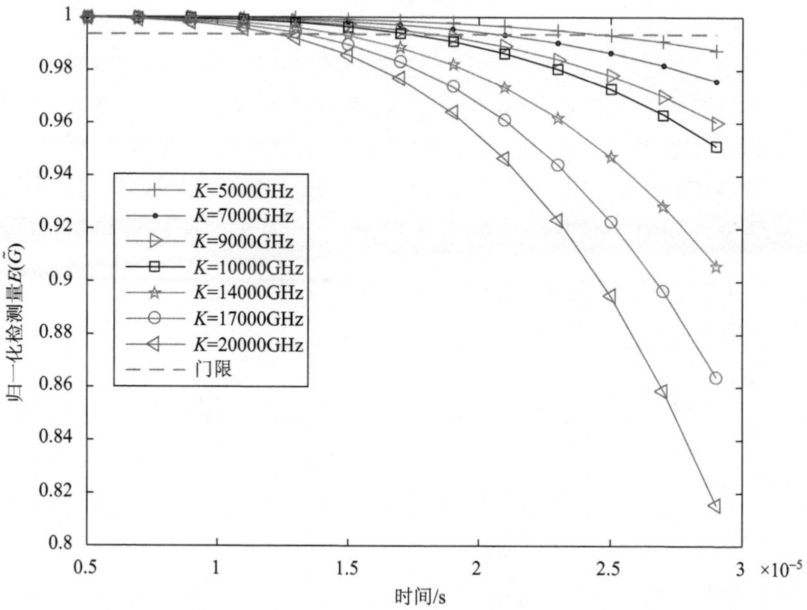

图 7.18　不同调频斜率的 LFM 脉冲信号长度和检测量关系曲线

3. CPM 信号

连续相位调制(CPM)信号的表达式如下：

$$\phi(t;S)=2\pi\sum_{k=-\infty}^{n}S_k h_k q(t-kT_b),\quad nT_b\leqslant t\leqslant(n+1)T_b \tag{7.62}$$

其中，$S=\{S_k\}$ 是由符号表 $\pm1,\pm3,\cdots,\pm(M-1)$ 中选出的 M 元信息符号序列；$\{h_k\}$ 表示调制指数序列；T_b 为符号周期；$q(t)$ 是某个归一化波形，一般可以表示成某个脉冲 $g(t)$ 的积分，即

$$q(t)=\int_0^t g(\tau)\mathrm{d}\tau \tag{7.63}$$

对于全响应 CPM 信号 $g(t)=0,t>T$，有

$$\phi'(t;S)=2\pi\sum_{k=-\infty}^{n}S_k h_k g(t-kT_b),\quad nT_b\leqslant t\leqslant(n+1)T_b \tag{7.64}$$

式(7.59)转化为

$$\frac{1}{T}\int_0^T\exp\left(-\mathrm{j}(2\pi\sum_{k=-\infty}^{n}S_k h_k g(t-kT_b)\frac{v_0 t}{v_0+c})\right)\exp(\mathrm{j}\omega_c\eta t^2)\mathrm{d}t>1-1.718\sqrt{1/\mathrm{SNR}} \tag{7.65}$$

为便于数值分析，这里采用单调制指数 $h_k = 0.5$，符号速率 1MBaud，即 $T_b = 1\times10^{-6}$s，调制符号 $S = \{1,-1,1,-1,1,-1,\cdots\}$，$g(t)$ 采用矩形脉冲，即

$$g(t)=\begin{cases}\dfrac{1}{2T_b}, & 0\leqslant t\leqslant T_b\\ 0, & t>T_b\end{cases} \tag{7.66}$$

信噪比 SNR = 15dB，在典型值条件下，对于不同频率的 CPM 信号，其可用的信号长度与检测量之间的关系曲线如图 7.19 所示。从图中可知，对于本节典型值条件下的 CPM 信号其可用数据长度为 5～7ms，即 5000～7000 个符号。这意味着用于辐射源个体识别的 CPM 信号应尽量控制在 5000 个符号以内，超过这一长度，多普勒效应将会对个体识别性能造成明显恶化。

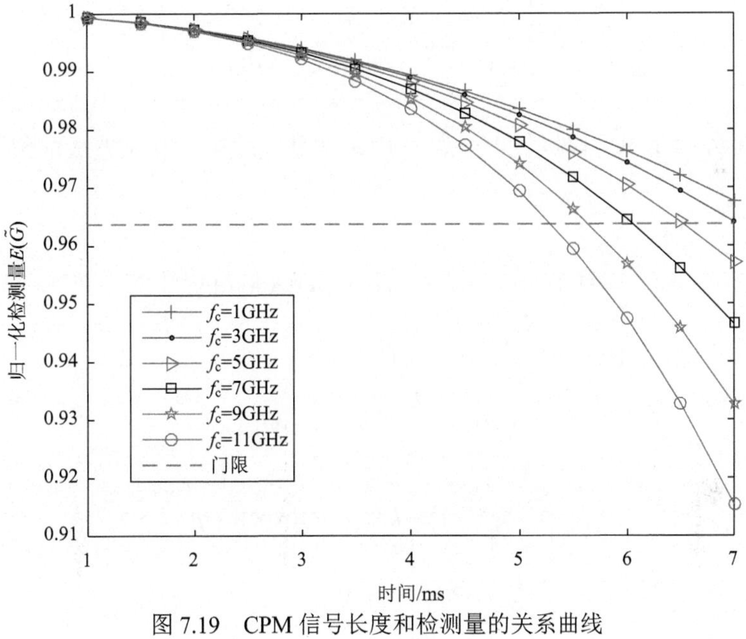

图 7.19　CPM 信号长度和检测量的关系曲线

4. MPSK 信号

实际应用中多重相移键控(MPSK)类信号通常采用根升余弦成形滤波器，这将导致信号包络不是恒定值，此外，MPSK 信号在符号跳变点上存在相位突变，相位函数不可导，因此无法用式(7.59)直接计算其可用信号长度。

但前述推导过程中门限的选取依然有效，通过蒙特卡罗仿真计算多普勒和多普勒变化率造成的指纹特征损失，并与式(7.59)的门限对比，可以得到 MPSK 类信号在特定多普勒和多普勒变化率情况下可用的数据长度。在前述多普勒信道条件下，BPSK 基带波形为

$$s(t)=\sum_{k=-\infty}^{+\infty} I_k h(t-kT_\mathrm{b}) \tag{7.67}$$

其中

$$h(t)=\frac{4\alpha}{T_\mathrm{b}}\frac{\cos\left(\dfrac{1+\alpha}{T_\mathrm{b}}\pi t\right)+\sin\left(\dfrac{1-\alpha}{T_\mathrm{b}}\pi t\right)\Big/\left(\dfrac{4\alpha t}{T_\mathrm{b}}\right)}{\dfrac{\pi}{\sqrt{T_\mathrm{b}}}\left(1-\left(\dfrac{4\alpha}{T_\mathrm{b}}t\right)^2\right)} \tag{7.68}$$

其中，α 为滚降因子。

根据前面推导，多普勒和多普勒变化率对基带波形的影响体现为波形压缩，即存在多普勒情况下接收信号为

$$\tilde{s}(t)=\sum_{k=-\infty}^{+\infty} S_k h(t-kT_\mathrm{b}+\Delta t) \tag{7.69}$$

其中，$\Delta t=(\gamma-1)t=\dfrac{-v_0 t}{v_0+c}$。此外，考虑多普勒变化率对载频造成的线性调频效应则有

$$r(t)=\sum_{k=-\infty}^{+\infty} S_k h(t-kT_\mathrm{b}+\Delta t)\exp(\mathrm{j}\omega_\mathrm{c}\eta t^2) \tag{7.70}$$

假设接收端对信号 10 倍过采样率，则有

$$s(n)=\sum_{k=-\infty}^{+\infty} S_k h(nT_s-kT_\mathrm{b}) \tag{7.71}$$

$$r(n)=\sum_{k=-\infty}^{+\infty} S_k h(nT_s-kT_\mathrm{b}+\Delta t)\exp(\mathrm{j}\omega_\mathrm{c}\eta(nT)^2) \tag{7.72}$$

将上述数值积分转化为离散相关问题，其中

$$\Delta t=\frac{-v_0 nT_\mathrm{b}}{v_0+c} \tag{7.73}$$

$$\sum_{n=0}^{N} s^*(n)r(n)\Big/\sum_{n=0}^{N}|s(n)|^2>1-0.204\sqrt{1/\mathrm{SNR}} \tag{7.74}$$

仿真产生符号速率为 1MSps 的 BPSK 信号，调制符号序列为 0 和 1 交替，滤波器滚降因子取为 0.35，则仿真计算得到的信号检测量与信号长度的关系如图 7.20 所示。

从图 7.20 中可知对于 MPSK 信号，在给定仿真条件下的可用数据长度为 3～7ms，即 3000～7000 个符号，这跟 CPM 信号的可用符号数比较接近，实际上随

着载频的继续升高可用符号数将会进一步下降。此外，多普勒效应下数字调制信号个体识别可用的信号长度还会受符号速率影响，符号速率越高，可用数据长度越短，但单位时间内符号数越多，二者影响相互抵消，这使得确定多普勒效应情况下数字调制信号的可用符号数只与载频有关。对于连续信号，符号数越多，各类畸变参数的估计精度便越高，识别性能也随之提高，但多普勒效应的存在使得可用符号数受到限制，增加用于个体识别的符号数将不再有利于识别，反而会造成识别性能下降。

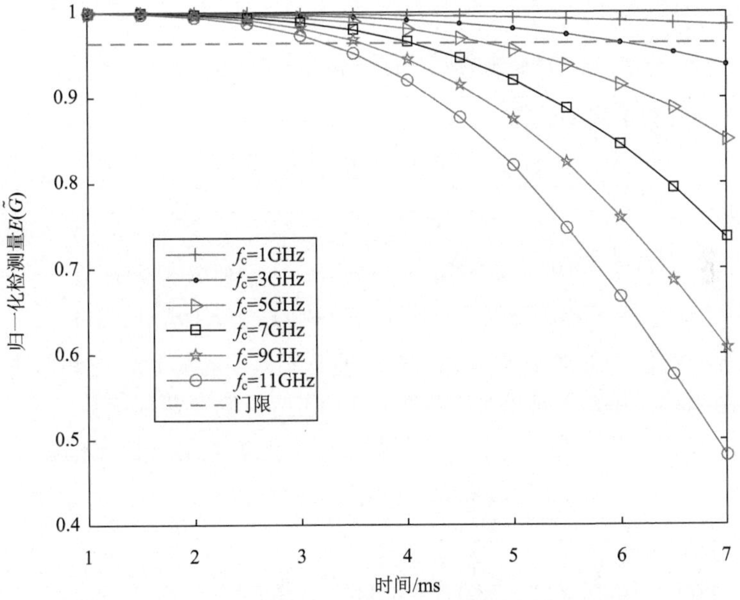

图 7.20　MPSK 信号长度和检测量的关系曲线

7.2.3　多普勒效应下的无意调相特征提取算法

由 7.2.1 小节和 7.2.2 小节可知，多普勒效应的存在使得目标信号波形发生了细微的变化，这将在一定程度上限制辐射源个体识别可用的信号长度。对于超过该长度的信号样本，多普勒效应带来的信号畸变会严重恶化个体识别性能，因此本节在上述接收信号模型的基础上，考虑抗多普勒频移和多普勒变化率的无意调制特征提取方法，进一步完善信号模型，扩充能够处理的信号类型，并提升无意调制估计精度。

这里提出一种考虑运动带来的多普勒及加速度带来的多普勒变化率的无意调相特征提取方法。根据 7.2.1 小节中多普勒信道下的接收信号模型可知，对于发送信号：

$$s(t) = Au(t)\exp(\mathrm{j}(\omega_c t + \phi(t))) \tag{7.75}$$

其接收信号为

$$\begin{aligned} r(t) &= Au(t_0)\exp(\omega_c t_0 + \phi(t_0)) \\ &\approx Au(\eta t^2 + \gamma t - \tau)\exp(\mathrm{j}\omega_c(\eta t^2 + \gamma t - \tau) + \mathrm{j}\phi(\eta t^2 + \gamma t - \tau)) \end{aligned} \tag{7.76}$$

考虑到常数时延 τ 不对个体识别造成影响，接收信号可写为

$$r(t) = Au(\eta t^2 + \gamma t)\exp(\mathrm{j}\omega_c(\eta t^2 + \gamma t) + \mathrm{j}\phi(\eta t^2 + \gamma t)) \tag{7.77}$$

如果发送信号为单频调制，即

$$s(t) = Au(t)\exp(\mathrm{j}\omega_c t) \tag{7.78}$$

则接收信号为

$$r(t) \approx Au(\eta t^2 + \gamma t)\exp(\mathrm{j}\omega_c(\eta t^2 + \gamma t)) \tag{7.79}$$

若发送信号为 LFM 调制，即

$$s(t) = Au(t)\exp(\mathrm{j}(\omega_c t + \pi K t^2)) \tag{7.80}$$

则接收信号为

$$\begin{aligned} r(t) &\approx Au(\eta t^2 + \gamma t)\exp(\mathrm{j}\omega_c(\eta t^2 + \gamma t) + \mathrm{j}\phi(\eta t^2 + \gamma t)) \\ &= Au(\eta t^2 + \gamma t)\exp(\mathrm{j}\omega_c(\eta t^2 + \gamma t) + \mathrm{j}\pi K(\eta t^2 + \gamma t)^2) \end{aligned} \tag{7.81}$$

由于幅度特征受信道影响较为严重，通常不具有稳定性，这里只考虑脉冲信号的无意调相特征提取，因此对于单频和 LFM 信号幅度调制函数 $u(\eta t^2 + \gamma t)$ 为常数的情况，不妨将其设为 1，则有多普勒效应下的单频信号接收模型：

$$r(t) \approx A\exp(\mathrm{j}\omega_c \eta t^2 + \mathrm{j}\omega_c \gamma t) \tag{7.82}$$

LFM 信号接收模型：

$$\begin{aligned} r(t) &= A\exp(\mathrm{j}\omega_c(\eta t^2 + \gamma t) + \mathrm{j}\pi K(\eta t^2 + \gamma t)^2) \\ &= A\exp(\mathrm{j}\pi K\eta^2 t^4 + 2\mathrm{j}\pi K\eta\gamma t^3 + \mathrm{j}(\pi K\eta\gamma^2 + \omega_c\eta)t^2 + \mathrm{j}\omega_c\gamma t) \end{aligned} \tag{7.83}$$

式(7.82)和式(7.83)表明，多普勒效应的存在使得接收信号中出现了丰富的附加相位调制，这些附加相位调制与目标的运动状态相关，不能长期稳定地反映目标发射机的身份属性，造成了目标个体识别中的不稳定因素。因此，需考虑将其影响消除，以获得更为稳定的无意调制特征。

实际式(7.82)是式(7.83)的一种特殊情况，简便起见，后续讨论均针对式(7.83)进行。对式(7.83)LFM 信号进行数字接收，经过 ADC 以后的离散信号模型：

$$r(n) = A\exp(\mathrm{j}(\pi K\eta^2 n^4 + 2\pi K\eta\gamma n^3 + (\pi K\eta\gamma^2 + \omega_c\eta)n^2 + \omega_c\gamma n + \varphi_0)) + \varepsilon(n) \tag{7.84}$$

其中，$n = 1,2,\cdots,N$ 为样点序号（N 为样点数）；$\varepsilon(n)$ 是方差为 σ^2 的零均值复高斯白噪声；φ_0 为信号初相。在信噪比足够高的情况下，可进行如下近似处理：

$$\begin{aligned}r(n)&=(A+\tilde{v}(n))\exp\left(\mathrm{j}(\pi K\eta^2n^4+2\pi K\eta\gamma n^3+(\pi K\eta\gamma^2+\omega_{\mathrm{c}}\eta)n^2+\omega_{\mathrm{c}}\gamma n+\varphi_0)\right)\\&=\tilde{A}\left(\frac{A+\tilde{v}_{\mathrm{I}}(n)}{\tilde{A}}+\mathrm{j}\frac{\tilde{v}_{\mathrm{Q}}(n)}{\tilde{A}}\right)\exp(\mathrm{j}(\pi K\eta^2n^4+2\pi K\eta\gamma n^3+(\pi K\eta\gamma^2+\omega_{\mathrm{c}}\eta)n^2+\omega_{\mathrm{c}}\gamma n+\varphi_0))\\&\approx\tilde{A}(n)\exp\left(\mathrm{j}\frac{\tilde{v}_{\mathrm{Q}}(n)}{\tilde{A}}\right)\exp(\mathrm{j}(\pi K\eta^2n^4+2\pi K\eta\gamma n^3+(\pi K\eta\gamma^2+\omega_{\mathrm{c}}\eta)n^2+\omega_{\mathrm{c}}\gamma n+\varphi_0))\\&=\tilde{A}\exp\left(\mathrm{j}\left(\pi K\eta^2n^4+2\pi K\eta\gamma n^3+(\pi K\eta\gamma^2+\omega_{\mathrm{c}}\eta)n^2+\omega_{\mathrm{c}}\gamma n+\frac{\tilde{v}_{\mathrm{Q}}(n)}{\tilde{A}}+\varphi_0\right)\right)\end{aligned} \tag{7.85}$$

因此，信号的瞬时相位为

$$\begin{aligned}\phi(n)&=\arg(r(n))\\&\approx\pi K\eta^2n^4+2\pi K\eta\gamma n^3+(\pi K\eta\gamma^2+\omega_{\mathrm{c}}\eta)n^2+\omega_{\mathrm{c}}\gamma n+\tilde{v}_{\mathrm{Q}}(n)/\tilde{A}+\varphi_0\end{aligned} \tag{7.86}$$

由于 $\tilde{v}_{\mathrm{Q}}(n)$ 为方差为 $\sigma_v^2/2$ 的白高斯过程，$\tilde{v}_{\mathrm{Q}}(n)/\tilde{A}$ 可视为方差为 $1/(2\lambda_v)$ 的加性高斯白噪声，其中 $\lambda_v=A^2/\sigma_v^2$ 为信号的信噪比。此时相位模型中考虑加入反映辐射源个体身份的无意调相特征 $\rho(n)$，得到多普勒效应下的辐射源无意调相特征观测模型：

$$\begin{aligned}\phi(n)&=\arg(r(n))\\&\approx\pi K\eta^2n^4+2\pi K\eta\gamma n^3+(\pi K\eta\gamma^2+\omega_{\mathrm{c}}\eta)n^2+\omega_{\mathrm{c}}\gamma n+\tilde{v}_{\mathrm{Q}}(n)/\tilde{A}+\rho(n)+\varphi_0\end{aligned} \tag{7.87}$$

实际上，上述模型存在一定误差。无意调相特征 $\rho(n)$ 本身也会受到多普勒效应的影响发生一定畸变，但由于 $\rho(n)$ 同信号本身的载频以及线性调频调制相比是一个小量，它受多普勒效应的影响远小于信号载频和有意调制受多普勒效应的影响，因此，这种近似理论上是可行的，准确估计 $\rho(n)$ 便能够实现对辐射源的个体识别。

令

$$\boldsymbol{\phi}=\left[\phi(0),\phi(1),\cdots,\phi(N-1)\right]^{\mathrm{T}} \tag{7.88}$$

$$\boldsymbol{\rho}=[\rho(1),\rho(2),\rho(3),\cdots,\rho(N)]^{\mathrm{T}} \tag{7.89}$$

$$\boldsymbol{\theta}=[\varphi_0,\ \omega_{\mathrm{c}}\gamma,\ \pi K\eta\gamma^2+\omega_{\mathrm{c}}\eta,2\pi K\eta\gamma,\pi K\eta^2]^{\mathrm{T}} \tag{7.90}$$

$$\boldsymbol{\zeta}=[\tilde{v}_{\mathrm{Q}}(1),\tilde{v}_{\mathrm{Q}}(2),\tilde{v}_{\mathrm{Q}}(3),\cdots,\tilde{v}_{\mathrm{Q}}(N)]/\tilde{A} \tag{7.91}$$

$$\boldsymbol{H}=\begin{bmatrix}1&1&\cdots&1\\1&2&\cdots&N\\1&4&\cdots&N^2\\1&8&\cdots&N^3\\1&16&\cdots&N^4\end{bmatrix}^{\mathrm{T}} \tag{7.92}$$

则式(7.87)可以写为如下矩阵形式：

$$\boldsymbol{\phi} = \boldsymbol{H}\boldsymbol{\theta} + \boldsymbol{\rho} + \boldsymbol{\zeta} \tag{7.93}$$

利用最小二乘法求解$\boldsymbol{\theta}$，可得

$$\hat{\boldsymbol{\theta}} = (\boldsymbol{H}^{\mathrm{T}}\boldsymbol{H})^{-1}\boldsymbol{H}^{\mathrm{T}}\boldsymbol{\phi} \tag{7.94}$$

求解出$\boldsymbol{\theta}$以后，从相位模型中去除跟有意调制以及多普勒效应相关的不稳定因素，即为反映目标个体身份信息的无意调制特征，即

$$\hat{\boldsymbol{\rho}} = \boldsymbol{\varphi} - \boldsymbol{H}\hat{\boldsymbol{\theta}} \tag{7.95}$$

其中，$\hat{\boldsymbol{\rho}}$为无意调相特征的估计值。

实际应用中，对信号进行多普勒效应下的无意调相特征提取的流程如下：

(1) 将接收信号变频到基带，得到信号复基带表示$r(n)$；

(2) 对信号取相位，得到信号观测模型$\phi(n)$；

(3) 根据 5.4 节论述，对$\phi(n)$进行相位展开；

(4) 将$\phi(n)$整理成式(7.93)所示的矩阵形式，并利用式(7.94)估计有意调制和多普勒相关部分；

(5) 利用式(7.95)获得脉内无意调相的估计值$\hat{\boldsymbol{\rho}}$；

(6) 利用 8.3.1 节所述方法对无意调相$\hat{\boldsymbol{\rho}}$进行降维；

(7) 将降维后的特征送入 SVM 分类器进行训练识别。

7.3　本 章 小 结

在多径信道方面，本章就衰落信道对辐射源个体识别性能的影响进行了分析。分析了发射机调制畸变、寄生谐波、滤波器畸变、相位噪声、暂态畸变等特征在多径信道下的稳定性；证明了发射机正交调制畸变的最大似然估计在多径信道下的渐近无偏特性，并把正交调制畸变的渐近无偏特性推广到滤波、均衡、分集接收等多种处理方式上；提出一种先均衡后估计的正交调制畸变特征提取算法，并通过仿真实验验证了算法的有效性，在均衡器能够应对信道效应的前提下，识别性能几乎不受多径信道的影响，当信号样本达到 400 个符号时，对于 5 个仿真的辐射源信号，该算法的平均识别率高于 95%，为辐射源个体识别技术在超短波、短波等恶劣信道环境下的应用奠定了理论基础。

在多普勒效应方面，本章建立了多普勒效应下辐射源个体识别的信号模型，提出一种基于假设检验的多普勒效应对辐射源个体识别性能影响的分析方法，就多普勒效应对个体识别性能的影响进行了量化分析，得出多普勒效应限制个体识别所能应用的数据长度的结论：用于个体识别的数据越长，其受多普勒效应的影响便越大。针对辐射源和接收机存在高速运动的极限多普勒信道情况，分析了不同类型信号的可用数据长度。利用所建立的多普勒效应下的辐射源个体识别信号

模型，针对 LFM 和单频这两种电子脉冲信号，提出了一种多普勒效应下的脉内无意调相特征提取方法，可以实现在多普勒信道下的电子辐射源个体识别。

参考文献

[1] Liu M W, Doherty J F. Nonlinearity estimation for specific emitter identification in multipath environment[C]. IEEE Sarnoff Symposium, Princeton, 2009.

[2] Liu M W, Doherty J F. Nonlinearity estimation for specific emitter identification in multipath channels[J]. IEEE Transactions on Information Forensics and Security, 2011, 6(3): 1076-1085.

[3] 许丹, 张衡阳, 姜文利, 等. 特定辐射源识别的频域鲁棒 ε-混合模型方法[J]. 系统工程与电子技术, 2009, 31(1): 57-61.

[4] 许丹, 孙振江, 柳征, 等. 时变信道下雷达辐射源个体识别的局部相关检验方法[J]. 国防科技大学学报, 2015, 37(1): 148-152.

[5] 叶浩欢, 柳征, 姜文利. 考虑多普勒效应的脉冲无意调制特征比较[J]. 电子与信息学报, 2012, 34(11): 2654-2659.

[6] Godard D N. Self-recovering equalization and carrier tracking in two-dimensional data communication systems[J]. IEEE Transactions on Communications, 1980, 28: 1867-1875.

[7] Sato Y. A method of self-recovering equalization for multilevel amplitude modulation systems[J]. IEEE Transactions on Communications, 1975, 23: 679-682.

[8] Aplinario J, Campos M, Diniz P. Convergence analysis of the binormalized data reusing LMS algorithms[J]. IEEE Transactions on Signal Processing, 2000, 48: 3235-3242.

[9] Soni R A, Gallivan K A, Jenkins W K. Low-complexity data reusing methods in adaptive filtering [J]. IEEE Transactions on Signal Processing, 2004, 52: 3235-3242.

[10] Diniz P S R, Werner S. Set-membership binormalized data reusing LMS algorithms[J]. IEEE Transactions on Signal Processing, 2003, 51: 124-134.

[11] 王桂良, 黄渊凌. 多普勒及多普勒变化率对辐射源个体识别性能的影响分析[J]. 系统工程与电子技术, 2017, 39(12): 2671-2676.

第 8 章　基于机器学习的辐射源特征提取和降维

基于机理模型的辐射源特征提取从发射机畸变模型出发来构造辐射源特征，在机理模型正确的前提下，可获取具备较强区分能力的辐射源特征。但其问题在于：①要求对机理具备完整且精确的认识，即不仅应考虑到所有畸变要素，而且对每种畸变都需精确建模；②各种畸变要素有可能交互作用，使得对其准确提取比较困难，尽管第 6 章设计了联合最大似然估计（JMLE）算法，但仍无法做到对所有要素的联合提取。这些限制使得基于机理模型的辐射源特征提取方法在某些场合可能受到一定的局限。

机器学习给辐射源特征提取提供了另一条思路。机器学习通过从已有的具备辐射源类属先验知识的样本中学习辐射源差异模型，并构造相应的特征提取映射，将高维的原始信号样本变换到一个具备差异表述能力的低维向量上，再应用该映射对未知类属的信号样本完成特征提取。机器学习特征提取包括训练和测试两个阶段，图 8.1 给出了其基本过程。

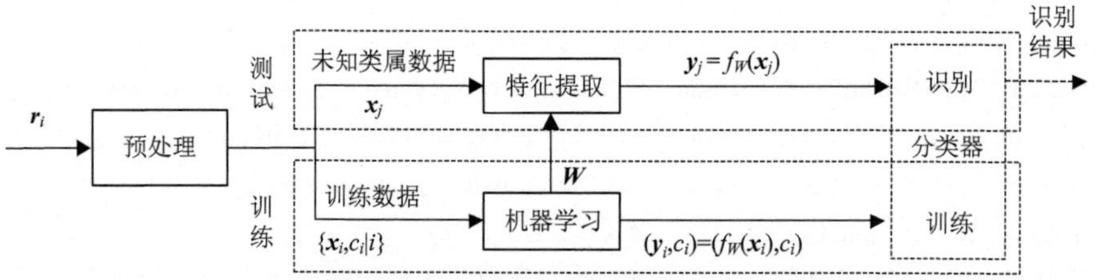

图 8.1　机器学习特征提取的基本过程

$\{\boldsymbol{x}_i, c_i|i\}$为训练样本；$c_i$为样本$\boldsymbol{x}_i$的辐射源类属；$f_W(\cdot)$为特征提取映射；$\boldsymbol{y}_i$为所提取得到的特征；$\boldsymbol{W}$为映射参数

事实上，基于信号表现形式的特征提取过程依据人对信号样本的观察来获取差异模型并构造辐射源特征；基于机理模型的特征提取过程依据人对辐射源信号产生机理的认识来设计特征提取算法；而基于机器学习的辐射源特征提取的过程可理解为用机器取代人来完成差异模型的构造，即用机器对数据的学习取代了人对表现形式或机理的学习。由于人对信号表现形式的精确描述总是基于某种可理解的物理参数，这种将观察转变为物理参数描述的过程造成了细节差异信息的损失。例如，简单地将暂态包络的功率上升过程用斜率或上升时间来描述，就丢失了包络上升过程中的细微抖动特性信息。此外，由于人眼往往对频率等特征不太敏感，对于非线性变换特征则几乎丧失观察能力，因此尽管这些特征可能具备区

分能力，却往往难以通过观察总结出来。基于机理模型的特征具备物理意义明确、特征区分度高等许多优良特性，但现代发射机种类丰富，组成发射机的元器件数量繁多，对机理的认识只能精确到模块行为级，仍可能存在未被人认知的辐射源特性差异。相对而言，机器学习方法不需要事先对发射机模型具备清晰的认识，而在一个目标函数的指导下从数据中进行学习，因而有可能获得更丰富的辐射源差异特性，特征的区分能力也具备一定的数学最优性。

辐射源识别本身可理解为一模式识别问题，而在模式识别领域，采用机器学习方法进行特征提取的研究成果非常丰富，并开始应用到辐射源目标识别中。例如，线性鉴别分析(LDA)方法被用于对各种瞬时统计特征进行降维[1,2]；LDA 和主成分分析(PCA)方法也被用于对各种脉冲特征进行特征选择[3]；在各种变换域特征提取方法中，LDA 和 PCA 方法也被广泛用于特征选择或降维。但这些研究中，机器学习方法通常作用在人工总结的已有的特征向量上，事实上仅起到了降维作用，特征提取的意义不是太明显。近年来，深度学习等本身内蕴特征提取能力的机器学习方法成为研究热点，但在辐射源目标识别领域的应用尚未取得明显成效。

第 4 章已经介绍了辐射源目标识别的信息论描述模型，根据这一模型，特征的区分能力可用互信息来描述，因而很自然地，互信息可以作为一个指导机器学习的目标函数，这就是基于信息论的机器学习方法。本章将主要借鉴模式识别领域里互信息最大化(maximization mutual information，MMI)特征提取和鉴别分析两类方法，将其直接应用到高维信号样本上来完成特征提取，以完整提取其中蕴含的辐射源差异信息。

8.1　特征提取预处理

基于机器学习的特征提取对样本的时延、载频、初相和幅度的一致性要求较高，否则可能提取得到与这些不稳定因素相关的特征，导致特征出现稳定性问题。如 6.2 节所述，辐射源信号传播和接收过程中的不稳定因素将造成信号样本在时延、载频、初相和幅度上的不一致，6.2 节已经介绍了样本的同步对齐方法，可以在一定程度上消除时延、载频、初相和幅度上的不一致，但仍可能存在一定的残差，尤其是在不存在同步码的情况下，基于能量的时间对齐误差较大，这时应该考虑进一步处理以加强样本的一致性。此外，有的情况下，已知多个样本来自同一个辐射源，此时可提取这些同源样本的“公共波形”，实现类似多样本平均的效果，再依据“公共波形”做一次识别以提升识别的可靠性，这也可以归到预处理的范畴。

8.1.1 基于样本互相关的时间、频率和相位对齐

本小节将阐述在不存在或不了解标准信号规格(如不存在同步码)的情况下，基于已有的信号样本实现这些样本的起始时间、中心频率和初始相位的一致化。

在训练模式下，将所有辐射源样本作为一个集合实现集合内样本的时频相对齐。在识别模式下，需引入训练模式下已对齐且信噪比最高的样本作为标准样本进行对齐。

时间对齐可以采用基于样本互相关的时间同步算法。假定有 M 个信号样本构成样本集合 $\{z_k\}$，其中 z_k 为 $N\times 1$ 的向量，则其时间对齐算法步骤如下。

(1)按照信噪比从大到小重排信号样本。

(2)对 $k=1,\cdots,M$ 执行以下步骤。

①对 $j=1,\cdots,k-1$，计算 $\boldsymbol{c}_j(\tau)=\left|\boldsymbol{z}_j^{\mathrm{H}}(0)\boldsymbol{z}_k(\tau)\right|$，$\tau=0,\cdots,N-1$。此处 $z_k(\tau)$ 表示对样本 z_k 进行 τ 点循环移位的结果。

②求 $\hat{\tau}_k=\arg\max\limits_{\tau}\sum\limits_{j=1}^{k-1}\boldsymbol{c}_j(\tau)$。

③对第 k 个脉冲进行 $\hat{\tau}_k$ 点循环移位，即 $\boldsymbol{z}_k=\boldsymbol{z}_k(\hat{\tau}_k)$。

在时间对齐后，可进行频率对齐，仍采用基于样本互相关的相位同步算法，频率对齐的步骤如下。

(1)按照信噪比从大到小重排信号样本。

(2)对 $k=1,\cdots,M$ 执行以下步骤。

①对所有 $j=1,\cdots,k-1$，计算序列 $\boldsymbol{z}_j^*(n)\boldsymbol{z}_k(n)$ 的 CZT 谱 $\boldsymbol{C}_j(\omega)$。

②求 $\hat{\boldsymbol{w}}_k=\arg\max\limits_{\omega}\left\{\sum\limits_{j=0}^{k-1}\left|\boldsymbol{C}_j(\omega)\right|^2\right\}$。

③对第 k 个脉冲按照 $\hat{\omega}_k$ 去相差，即 $\hat{z}_k(n)=z_k(n)\mathrm{e}^{-\mathrm{j}\hat{\omega}_k n}$。

频率对齐后再进行相位对齐，相位对齐的步骤如下。

(1)按照信噪比从大到小重排信号样本。

(2)对 $k=1,\cdots,M$ 执行以下步骤。

①对所有 $j=1,\cdots,k-1$，计算 $\boldsymbol{c}_j(n)=\boldsymbol{z}_j^*(n)\boldsymbol{z}_k(n)$。

②求 $\hat{\phi}_k=\arg\left\{\sum\limits_{j=0}^{k-1}\sum\limits_{n=1}^{N-1}\boldsymbol{c}_j(n)\right\}$。

③对第 k 个脉冲按照 $\hat{\phi}_k$ 去相差，即 $\hat{z}_k(n)=z_k(n)\mathrm{e}^{-\mathrm{j}\hat{\phi}_k}$。

至此，完成了样本集合 $\{z_k\}$ 的时间、频率和相位对齐。

8.1.2　多样本“公共波形”提取方法

本小节考虑已知多个(不妨设 Q 个)信号样本由同一个辐射源产生的情况。这种样本可能来源于：①通过信号分选构造了同源的脉冲串；②连续通信模式下一次信号发送过程中的各帧信号构成了同源的样本集合；③其他先验知识构造的同源样本集合。此种情况下可累积此 Q 个辐射源样本来完成辐射源识别，其正确识别率将大于单样本识别的正确识别率。实际上，这相当于提取此 Q 个辐射源样本中能反映辐射源本质特性的“公共波形”，消除噪声和其他随机因素带来的影响，此“公共波形”即可替代原始的 Q 个辐射源样本以完成识别。

不同样本的中心频率和初始相位存在差异，因此简单地平均并不能达到较好的效果。一种直观的方法是，对此信号样本进行前述的频率和相位对齐以后，再进行平均得到“公共波形”，但由于各样本的信噪比可能存在差异，这种平均方法仍然不能取得较好的效果。以下借鉴 Lenden 等提出来的迭代加权最小二乘算法来完成“公共波形”的提取[4]。

不妨设“公共波形”的真实波形为 $\boldsymbol{\mu}$，则算法步骤如下。

(1) 令 i=1，初始化权值 $\omega_k=1$，$k=1,\cdots,Q$。

(2) 求以下函数最小值对应的公共波形 $\hat{\boldsymbol{\mu}}^{i+1}$ 和幅度 $\hat{A}_k^{i+1}$。

$$f(\boldsymbol{A},\boldsymbol{\mu})=\sum_{k=1}^{Q}\omega_k\left\|\boldsymbol{z}_k-A_k\boldsymbol{\Omega}(v_k)\boldsymbol{\mu}\right\|^2 \tag{8.1}$$

其中，$\boldsymbol{A}=[A_1,\cdots,A_Q]^{\mathrm{T}}$；$\boldsymbol{\Omega}(\omega)$ 的元素定义为

$$\boldsymbol{\Omega}(\omega)_{(k,n)}=\exp(-\mathrm{j}n\omega)\delta_{k,n} \tag{8.2}$$

其中，当 $n=k$ 时 $\delta_{k,n}=1$。

(3) 计算权值：

$$\omega_k=h\left(\frac{\left\|\boldsymbol{z}_k-\hat{A}_k^{i+1}\boldsymbol{\Omega}(v_k)\hat{\boldsymbol{\mu}}^{i+1}\right\|}{\sigma\sqrt{N}}\right) \tag{8.3}$$

其中，N 表示样本总数，$h(x)$ 表达式为

$$h(x)=\begin{cases}1, & |x|<\kappa\\ \kappa/|x|, & |x|\geqslant\kappa\end{cases},\quad \kappa=1.345 \tag{8.4}$$

(4) 计算 $L^{(i+1)}=\sum_{k=1}^{Q}\left\|\boldsymbol{z}_k-\hat{A}_k^{i+1}\boldsymbol{\Omega}(v_k)\hat{\boldsymbol{\mu}}^{i+1}\right\|^2$，如果 $L^{(i)}/L^{(i+1)}<1+\beta$，则退出计算，反之则返回步骤(2)，其中 β 为一小值，可设为 0.001。

“公共波形”充分利用了同源信号样本累积的增益，比起简单的累积平均，

其信噪比增益更高。图 8.2 给出了对两个通信辐射源信号进行“公共波形”提取的结果，其中两类信号样本分别用红、绿两色区分，上部两图为原始信号样本，下部两图为提取后得到的“公共波形”样本($Q=5$)。由图可见，“公共波形”样本不仅完成了频率和相位的对齐，而且提高了样本质量，两类样本的细微差异也得到了体现。

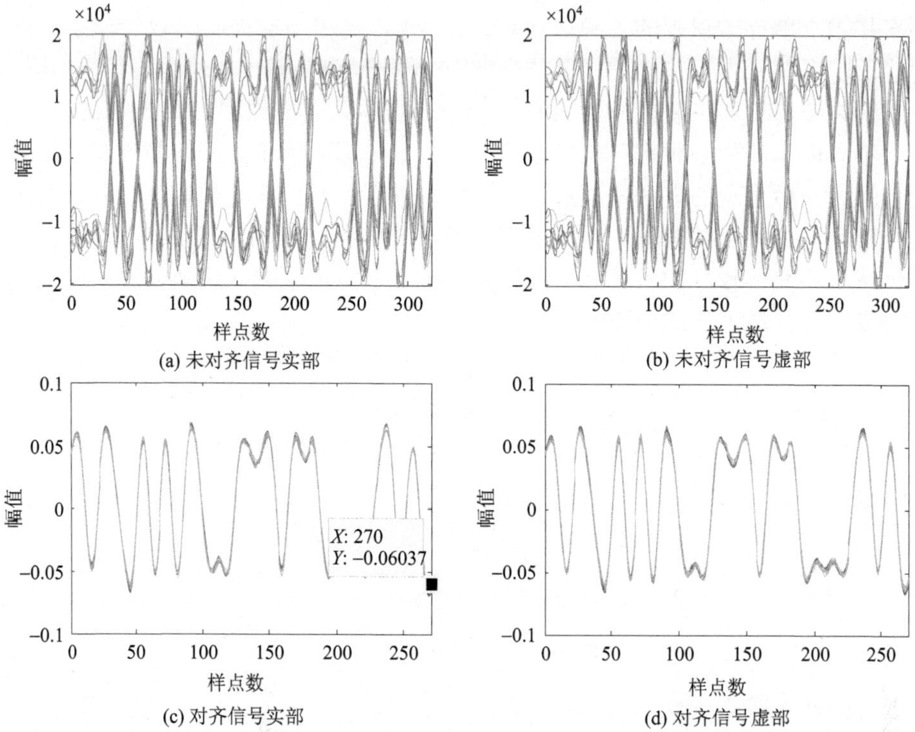

图 8.2　迭代最小二乘算法对“公共波形”的提取(见彩图)

8.2　基于互信息最大化的特征提取

基于机器学习的特征提取是在建立某种表述特征描述能力的目标函数后，寻找使目标函数最大化的数学映射，再将该映射作用到原始数据上得到特征。这种特征提取从形式上来看可理解为降维。基于机器学习的特征提取通常包含训练阶段，即机器从已知类属的样本中学习，从而获取特征提取映射。训练完成后，应用该映射对未知类属的样本进行特征提取和识别。

在机器学习领域，常用的降维特征提取方法包括 PCA 和独立成分分析

(independent component analysis，ICA)、LDA 等方法[5]。最近二十几年来，佛罗里达大学神经计算工程实验室的 Principe 等开展基于信息论的机器学习方法的研究[6]，提出了基于 MMI 的特征提取方法。本节将介绍 MMI 和 LDA 两类机器学习方法。

根据 4.1 节介绍，最大化类标签与特征的互信息意味着特征的区分能力在信息论的意义上最优，因此特征提取可按照 MMI 寻找映射来实现。

MMI 方法的基本思想如图 8.3 所示，即通过寻找参数矩阵 $\boldsymbol{W}$ 对辐射源信号 $\boldsymbol{x}$ 做数学变换 $g(\boldsymbol{x},\boldsymbol{W})$，得到低维特征向量 $\boldsymbol{y}$，使得发射机标签与 $\boldsymbol{y}$ 的互信息 $I(c,\boldsymbol{y})$ 最大，从而获取具备信息论意义上最优的特征映射和特征向量。

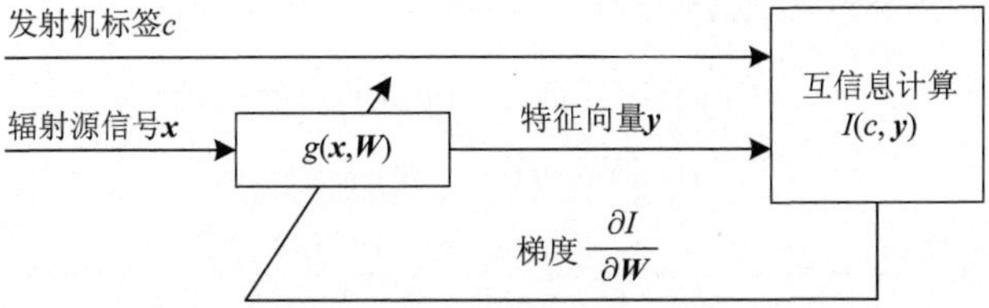

图 8.3　MMI 特征提取算法的基本思想

尽管 MMI 方法具备信息论意义上的最优性能，但互信息的计算形式使得相应的学习算法具备很高的复杂度。近十年来，学者提出了一系列替代原始的 Shannon 互信息的互信息量度，试图使目标函数适宜做最优化处理。

Torkkola 提出了 Shannon 互信息的改进形式——二次互信息(quadratic mutual information，QMI)作为代替 Shannon 互信息的目标函数[7]，并给出了其梯度的解析形式，从而方便了最优化算法的快速收敛。Torkkola 还给出了其快速算法——随机信息梯度(stochastic information gradient，SIG)算法[8]，不仅可以简化梯度计算，而且可以防止陷入局部极值点。Hild 等提出将 Renyi 互信息替代传统的 Shannon 互信息作为鉴别性度量[9]，他们将特征映射矩阵表示成旋转角的形式，从而使得优化过程只需要对角度进行，该算法称为互信息最大化-随机信息梯度(maximization mutual information-stochastic information gradient，MMI-SIG)算法。Leiva-Murillo 等借用 ICA 模型，将多变量互信息估计转化为单变量互信息估计的和，从而可逐个对单变量进行提取，实现逐次最优化提取[10]。由于单变量互信息估计计算量较小，迭代简单，整体计算量得到大幅度减小，同时局部极值点也较少，因此该方法比 MMI-SIG 方法的性能更优[11]，以下称该方法为 AR 算法(Artes-Rodriguez method)。在 MMI 的非线性特征提取方法上，Ozertem 等通过对互信息采用 KIFT(kernel induced feature transformation)[12,13]，建立了一种可实现非线性映射的 MMI 算法。这种算法等效于先将原始数据映射到一个高维空间中，使得问题成为线性可分问题，然后求解一个到低维空间的最优映射。此算法的特色在于具备非线性特征提取能力，但如果样本数目很多，则会导致极高的运算量和存储量。

由于 KIFT 算法对高维小样本容易出现过学习，而大样本情况下则需要极高的运算复杂度和存储空间，本节不考虑 KIFT 非线性映射算法。在线性映射 MMI 算法中，AR 算法具备相对更佳的性能和更小的计算复杂度，因此以下主要介绍 AR 算法及其在辐射源目标识别中的运用。

首先对线性特征提取过程 $\boldsymbol{y}=\boldsymbol{W}\boldsymbol{x}$ 进行互信息度量。由于向量与标签的互信息 $I(c,\boldsymbol{y})$ 的计算复杂度过高，可采用单分量互信息和替代：

$$\begin{aligned} I_s(c,\boldsymbol{y}) &= \sum_i I(c,\boldsymbol{y}_i)=\sum_i\left(H(\boldsymbol{y}_i)-H(\boldsymbol{y}_i\,|\,c)\right) \\ &= I(\boldsymbol{y})+H(\boldsymbol{y})-\left(I(\boldsymbol{y}\,|\,c)+H(\boldsymbol{y}\,|\,c)\right) \end{aligned} \tag{8.5}$$

$$I(c,\boldsymbol{y})=H(\boldsymbol{y})-H(\boldsymbol{y}\,|\,c) \tag{8.6}$$

可以推导得出以下关系式：

$$I_s(c,\boldsymbol{y})=\sum_i I(c,\boldsymbol{y}_i)=I(c,\boldsymbol{y})+I(\boldsymbol{y})-I(\boldsymbol{y}\,|\,c) \tag{8.7}$$

由此可见，$I(c,\boldsymbol{y})$ 与单分离互信息和 $I_s(c,\boldsymbol{y})$ 存在一个误差项(即 $I(\boldsymbol{y})-I(\boldsymbol{y}\,|\,c)$)，该误差项与 $\boldsymbol{y}$ 的各个分量的关联程度有关。如果对 $\boldsymbol{x}$ 先做 PCA 变换消除 $\boldsymbol{x}$ 分量之间的关联，然后采用正交变换 $\boldsymbol{W}$ 完成特征提取，则所得特征向量 $\boldsymbol{y}$ 的各个分量之间仍可保持不相关，从而减小误差项的影响。

设单变量变换公式为 $\boldsymbol{y}=\boldsymbol{w}^{\mathrm{T}}\boldsymbol{x}$，则单变量互信息 $I(c,\boldsymbol{y})$ 可采用以下公式计算：

$$I(c,\boldsymbol{y})=\sum_k p(c_k)\left(J(y\,|\,c_k)-\log_2\sigma\left(y\,|\,c_k\right)\right)-J(y) \tag{8.8}$$

其中，$J(\cdot)$ 表示负熵；$\sigma(\cdot)$ 表示方差。根据 Hyvarinen 负熵估计器，有

$$J(y)=k_1\left(E\left\{y\mathrm{e}^{-y^2/2}\right\}\right)^2+k_2\left(E\left\{\mathrm{e}^{-y^2/2}\right\}-\sqrt{0.5}\right)^2 \tag{8.9}$$

且 $k_1=36/(8\sqrt{3}-9)$，$k_2=24/(16\sqrt{3}-27)$。相应的梯度表达式为

$$\nabla_{\boldsymbol{w}}I(c,y)=\sum_k p(c_k)\nabla_{\boldsymbol{w}}J(y\,|\,c_k)-\nabla_{\boldsymbol{w}}J(y)-\sum_k p(c_k)\frac{\boldsymbol{C}_{y|c_k}\boldsymbol{w}}{\boldsymbol{w}^{\mathrm{T}}\boldsymbol{C}_{y|c_k}\boldsymbol{w}} \tag{8.10}$$

其中，$\nabla_{\boldsymbol{w}}J(\cdot)$ 的计算公式如下：

$$\nabla_{\boldsymbol{w}}J(y)=2k_1E\left\{y\mathrm{e}^{-y^2/2}\right\}E\left\{(1-y^2)\mathrm{e}^{-y^2/2}\boldsymbol{x}\right\}-2k_2\left(E\left\{\mathrm{e}^{-y^2/2}\right\}-\sqrt{0.5}\right)E\left\{y\mathrm{e}^{-y^2/2}\boldsymbol{x}\right\} \tag{8.11}$$

至此，使得 $I_s(c,\boldsymbol{y})$ 最大化的特征提取变换 $\boldsymbol{W}$ 可通过梯度下降的最优化方法获得。

假设所要求的特征向量维数为 D_y，则其具体算法步骤如下：

(1) 对 $\boldsymbol{x}$ 做球化 PCA 变换；

(2) 令 i=1，在 $\|\boldsymbol{w}_i\|=1$ 约束下，通过梯度下降法计算令 $I(c,y_i)$ 最大的变换 $\boldsymbol{w}_i$；

(3) 令 $i=2,\cdots,D_y$，在 $\|\boldsymbol{w}_i\|=1$ 且 $\boldsymbol{w}_i^{\mathrm{T}}\boldsymbol{w}_j=0,1\leqslant j<i$ 的约束下，通过梯度下降法计算令 $I(c,y_i)$ 最大的变换 $\boldsymbol{w}_i$；

(4) 令 $\boldsymbol{W}=[\boldsymbol{w}_1,\cdots,\boldsymbol{w}_{D_y}]^{\mathrm{T}}$，则 $\boldsymbol{W}$ 即所求的特征变换。

在步骤(3)中，$\boldsymbol{w}_i^{\mathrm{T}}\boldsymbol{w}_j=0,1\leqslant j<i$ 的约束实际上为正交性约束。为实现此约束，在最优化求解的迭代过程中，应对迭代结果做正交化处理再进入下一次迭代。

8.3　基于鉴别分析的特征提取

尽管 MMI 方法所提取的特征具备信息论意义上的最优区分能力，但这种最优性往往需要足够多的样本才能够体现出来。当样本较少或维数较高时，互信息计算将存在较大的误差，从而导致所提取的特征不再具备最优性。另外，由于 MMI 方法需要做多次迭代运算才能得到最优解，且每次迭代都需要进行复杂的矩阵运算，因此如果样本充分，MMI 方法对计算时间和存储空间的要求又变得非常高。尽管 AR 方法在很大程度上缓解了这一问题，但其复杂度仍然较高。鉴于此，应寻求更为简单，但在一定条件下又等价于 MMI 方法的机器学习特征提取方法。

8.3.1　LDA 方法

LDA 方法是一种在模式识别领域里得到广泛应用的特征提取方法[14]。LDA 的基本思想是求解一线性变换，使得类间离散度尽可能大，同时类内离散度尽可能小，对 C 类识别问题的特征提取，设样本集合 $D=\{D_1,\cdots,D_C\}$，其中 $D_i=\{\boldsymbol{x}_1,\cdots,\boldsymbol{x}_{N_i}\}$ 为第 i 类样本集合，N_i 为第 i 类的样本数目，则所求解的变换为

$$\hat{\boldsymbol{W}}=\arg\max_{\boldsymbol{W}}\{J(\boldsymbol{W})\} \tag{8.12}$$

其中

$$J(\boldsymbol{W})=\frac{\left|\boldsymbol{W}^{\mathrm{T}}\boldsymbol{S}_b\boldsymbol{W}\right|}{\left|\boldsymbol{W}^{\mathrm{T}}\boldsymbol{S}_w\boldsymbol{W}\right|} \tag{8.13}$$

其中，$|\cdot|$计算行列式；$\boldsymbol{S}_w$ 为类内散布矩阵：

$$\boldsymbol{S}_w=\sum_{i=1}^{C}\boldsymbol{S}_i \tag{8.14}$$

其中

$$\boldsymbol{S}_i = \sum_{\boldsymbol{x}\in D_i} (\boldsymbol{x}-\boldsymbol{m}_i)(\boldsymbol{x}-\boldsymbol{m}_i)^{\mathrm{T}} \tag{8.15}$$

$$\boldsymbol{m}_i = \frac{1}{N_i \sum_{\boldsymbol{x}\in D_i} \boldsymbol{x}} \tag{8.16}$$

$\boldsymbol{S}_b$ 为类间散布矩阵：

$$\boldsymbol{S}_b = \sum_{i=1}^{C} \boldsymbol{n}_i (\boldsymbol{m}_i-\boldsymbol{m})(\boldsymbol{m}_i-\boldsymbol{m})^{\mathrm{T}} \tag{8.17}$$

$$\boldsymbol{m} = \frac{1}{N\sum_{i=1}^{C} \boldsymbol{n}_i \boldsymbol{m}_i} \tag{8.18}$$

$$N = \sum_{i=1}^{C} N_i \tag{8.19}$$

式(8.12)的计算可以采用如下形式的广义特征值求解实现：

$$\boldsymbol{S}_b \boldsymbol{w}_i = \lambda_i \boldsymbol{S}_w \boldsymbol{w}_i \tag{8.20}$$

令

$$\hat{\boldsymbol{W}} = [\boldsymbol{w}_1, \cdots, \boldsymbol{w}_{D_i}]^{\mathrm{T}} \tag{8.21}$$

则构成待求的特征提取变换。图 8.4 给出了采用 LDA 方法对一组二维数据进行处理的示意图。

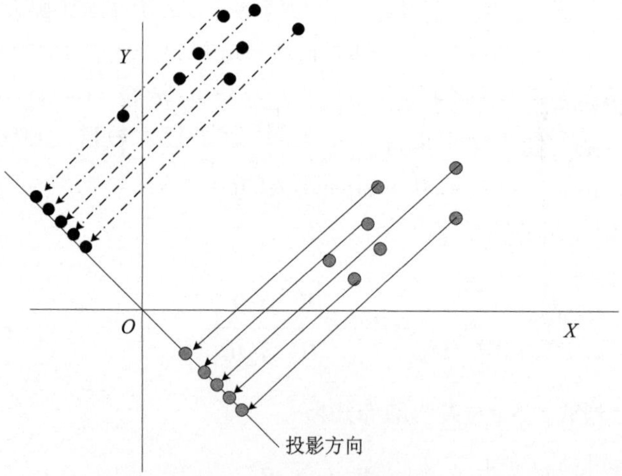

图 8.4　LDA 处理示意图

文献[15]指出，MMI 方法在零信息损失(ZIL)模型下具备贝叶斯最优性，在同方差高斯(the homoscedastic Gaussian，HOG)模型下，LDA 方法同样具备贝叶斯最优性。由于 HOG 模型是 ZIL 模型的一种特例，因此 LDA 在 HOG 模型下等价于 MMI 方法；但如果样本不满足 HOG 模型，则 LDA 为一种次最优特征提取方法。

LDA 可能存在的问题是，当信号样本很少时，$\boldsymbol{S}_w$ 可能为奇异，导致计算失败。可以通过特征空间投影重构 $\boldsymbol{S}^{w-1}\boldsymbol{S}_b$ [16]或对 $\boldsymbol{S}_w$ 做正则化处理[17]来解决该问题。对于辐射源特征的 LDA 降维训练，如果所提取的特征向量的子向量互相独立，则可以通过分段训练加综合训练的方法来减小计算量：对每个子向量构成的样本集分别做 LDA 降维训练，再合并降维后的特征样本，再次进行 LDA 训练，合并两个阶段各个子特征向量的降维矩阵，构成对原始特征向量的降维处理矩阵。

8.3.2　SDA 方法

LDA 方法只能提取得到不多于 $C-1$ 维的特征，且仅在 HOG 模型下具备贝叶斯最优性。为了扩展 LDA 的数据适应性，文献[18]提出了子类鉴别分析(subclass discriminant analysis，SDA)方法。

SDA 的基本思想：将每类的原始数据做进一步划分，构造一组子类数据集，这种子类划分把不满足高斯分布的大类变成了多个近似服从高斯分布的子类，在此基础上再采用 LDA 方法完成特征提取。

在 SDA 方法中，类间散布矩阵的计算公式变为

$$\boldsymbol{S}_b = \sum_{i=1}^{C-1}\sum_{j=1}^{H_i}\sum_{k=i+1}^{C}\sum_{l=1}^{H_k}\frac{N_{ij}}{N}\frac{N_{kl}}{N}\left(\boldsymbol{m}_{ij}-\boldsymbol{m}_{kl}\right)\left(\boldsymbol{m}_{ij}-\boldsymbol{m}_{kl}\right)^{\mathrm{T}} \tag{8.22}$$

其中，H_i 为第 i 类的子类个数；N_{ij} 为第 i 类中第 j 个子类的样本个数；N 为训练集中样本总数；$\boldsymbol{m}_{ij}$ 为第 i 类中第 j 个子类的样本均值。完成 $\boldsymbol{S}_b$ 的构造后，SDA 方法求特征提取映射的过程与 LDA 方法一样。因此 SDA 方法的关键在于如何确定子类个数 H_i 和子类划分方法。在文献[18]中，各类的子类个数相等，即对任意 i，令 $H_i = H$，然后进行穷举搜索的方法来获取最佳的 H 值设置：

$$\hat{H} = \arg\min_{H}\varPhi(H) = \arg\min_{H}\frac{1}{r}\sum_{i=1}^{r}\sum_{j=1}^{i}\left(\boldsymbol{u}_j^{\mathrm{T}}\boldsymbol{w}_i\right)^2 \tag{8.23}$$

其中，$\boldsymbol{u}_j$ 为 $\boldsymbol{S}_w$ 中第 j 个特征值对应的特征向量；$\boldsymbol{w}_i$ 为 $\boldsymbol{S}_b$ 中第 i 个特征值对应的特征向量；$r<\mathrm{rank}(\boldsymbol{S}_b)$。子类划分则采用最近邻聚类方法。在各类样本个数不均衡的情况下，这种将各类子类个数设置为相等的做法显然并不合适：对于样本个数少的类别，子类划分过多，以致每个子类中样本过少，不足以体现子类特点。

考虑到辐射源识别中很可能出现样本个数不平衡的情况，修改子类个数划分如下：

$$H_i = \text{fix}(H \times N_i / \min\{N_i\}) \tag{8.24}$$

其中，$\text{fix}(\cdot)$表示向下取整运算。这样，每类的子类个数与该类的样本数目成正比，因而保证了每个子类中都具备足够数目的样本。

最后可将 SDA 方法的步骤总结如下。

(1)采用最近邻聚类方法对各类样本按距离排序，详见文献[18]。

(2)计算类内散布矩阵 $\boldsymbol{S}_w$。

(3)对 $H_i = 1,\cdots,H_{\max}$，执行：

①根据式(8.24)计算每类的子类数；

②对每类样本，根据最近邻排序结果按照指定的子类数进行均匀划分(即每个子类样本数相同)，得到子类样本集；

③根据式(8.22)计算 $\boldsymbol{S}_b$；

④对 $\boldsymbol{S}_b\boldsymbol{W} = \boldsymbol{S}_w\boldsymbol{W}\boldsymbol{\varLambda}$ 执行特征值分解计算；

⑤根据式(8.23)计算 $\varPhi(H)$。

(4)选择使 $\varPhi(H)$ 最小的 H 值代入式(8.24)，得到各子类划分个数，并重做子类划分。

(5)重计算 $\boldsymbol{S}_b$，并对 $\boldsymbol{S}_b\boldsymbol{W} = \boldsymbol{S}_w\boldsymbol{W}\boldsymbol{\varLambda}$ 执行特征值分解，获得特征提取映射 $\boldsymbol{W}$。

SDA 尽管仍然是线性特征提取算法，但由于其子类划分特性，可以提取得到高于 C–1 维的特征，从而在数据分布不满足 HOG 模型时，能得到更多有用的鉴别信息。需要说明的是，在子类划分数为 1(即不进行划分)时，SDA 与 LDA 等价。

8.3.3　SDA 改进方法

子类划分操作使得 SDA 方法理论上能够适用于非 HOG 模型，对于前述特征分裂成多个子类的情况具备一定的处理能力。但在实际应用中发现，该方法对于多中心分布的辐射源特征降维的效果并不好。经分析发现该方法存在两个缺陷：

(1)算法采用的简单最近邻聚类方法聚类效果差，难以适应复杂的高维数据模型；

(2)类内散布矩阵计算不合理，未针对子类划分进行修正。为弥补上述缺陷，本节提出一种更适用于辐射源特征多中心分布情况的特征降维方法。

改进缺陷(1)可以有两种方式：①选择适合高维复杂数据模型的聚类方法来克服简单最近邻聚类方法的缺陷；②在聚类前首先对特征进行选择，选择特征分布明显分裂成多中心的特征集进行低维聚类。经验分析表明，只有少数维度的辐射源特征分布会出现分裂成多个中心的情况，即只有少数维度会出现同一目标的特征聚集成不同的团簇，因此本节提出采用后一种方法，即根据特征分裂情况对每一维度进行打分，特征分裂明显的维度得分较高，筛选出高分裂维度的数据做聚类处理。

缺陷(2)是造成 SDA 方法在应对多中心分布特征降维问题时性能下降的根本原因。SDA 方法通过将不符合高斯分布的大类划分为多个近似符合高斯分布的子类来实现对非高斯分布的数据类型的适应，但该方法只修改了类间散布矩阵的计算，对于类内散布矩阵仍沿用 LDA 方法。但更合理的方式是按照子类划分重新计算类内散布矩阵，即

$$\boldsymbol{S}_w = \sum_{i=1}^{c}\sum_{j=1}^{H_i}\sum_{x\in D_{ij}}\left(\boldsymbol{x}-\boldsymbol{m}_{ij}\right)\left(\boldsymbol{x}-\boldsymbol{m}_{ij}\right)^{\mathrm{T}} \tag{8.25}$$

根据上述分析，可以设计 SDA 改进方法，其实施步骤如下：

(1) 依据负熵(或其他度量特征分布分裂程度的度量)选择高分裂特征维度；

(2) 使用层次聚类方法将筛选出的低维特征集聚类为 M 个子类(M 设为多中心分布的最大可能中心数)；

(3) 根据式(8.25)计算类内散布矩阵 $\boldsymbol{S}_w$；

(4) 根据式(8.22)计算 $\boldsymbol{S}_b$，并对 $\boldsymbol{S}_b\boldsymbol{W}=\boldsymbol{S}_w\boldsymbol{W}\boldsymbol{\Lambda}$ 执行特征值分解计算，得特征提取映射。

SDA 改进方法同原始 SDA 方法相比，能够更加完整地保存数据的结构信息和特征区分能力。采用 8 个实际辐射源的信号样本对 SDA 改进方法进行性能测试。辐射信号为采用 QPSK 调制的连续通信信号，由于信号中不存在同步头和独特码，对其进行解调时，解调符号存在四相相位模糊，由此导致所提取的发射机畸变特征也产生四相相位模糊，这就使得部分发射机畸变特征分布分裂为四个中心。

对于该特征向量，采用原始 SDA 的降维结果如图 8.5 所示，从图中可以看到 8 个发射机的特征发生了明显的重叠，且未能保留那些具备区分能力却呈现多中心分布的特征维度，这将导致其区分能力下降。采用 SDA 改进方法的降维结果如图 8.6 所示，由图可见，SDA 改进方法降维处理后的特征也呈现多中心分布，这说明该方法保留了那些具备区分能力却呈现多中心分布的特征维度的贡献，意味着在降维过程中该方法能够更完整地保留数据原始的结构信息和特征的区分能力。

为进一步测试两种方法所提取特征的区分能力，对于两种方法降维后的特征，采用 SVM 分类器进行训练和识别性能测试。结果表明，相比原始 SDA 方法，采用 SDA 改进方法后，对此 8 个辐射源个体识别的平均正确识别率从 79.12%提升到 98.84%，这表明 SDA 改进方法可以更好地保留原始特征的区分能力。

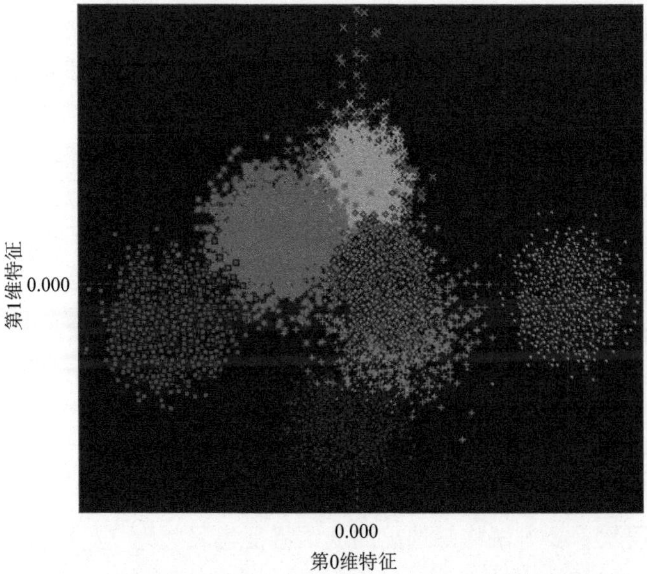

图 8.5　采用原始 SDA 方法降维后的特征视图(见彩图)

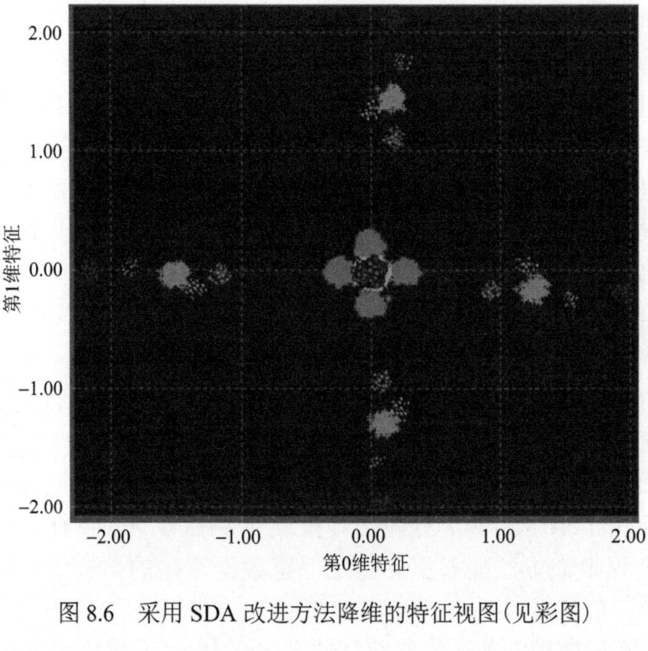

图 8.6　采用 SDA 改进方法降维的特征视图(见彩图)

8.4　基于机器学习的辐射源特征提取

本节将引入 MMI 和鉴别分析方法来完成辐射源特征提取。在文献[1]～[3]中，

LDA 方法均被用于对人工总结的多维辐射源特征进行降维。这种处理仍要求先进行参数特征提取，并未充分利用 LDA 提取差异特征的能力。根据 4.1 节对辐射源目标识别信息论模型的描述，处理环节越多，则差异信息损失越大。因此，应探讨如何避免过多的信息损失环节，直接采用机器学习方法完成特征提取。

前述的机器学习特征提取方法都采用线性变换形式，如果直接将这些方法作用到带随机信息符号调制的信号样本上，则信息符号调制将对特征提取造成很大的干扰，从而无法得到反映辐射源细微差异的特征，因此必须考虑消除随机信息符号调制的影响。

8.4.1　基于固定调制信号的机器学习特征提取

固定调制信号包括通信信号中的前导(同步头或其他固定码字)信号段、无脉内调制或脉内调制固定的电子脉冲信号等。前导被设计用于实现辐射源信号突发或帧的同步，由于一个通信网内的所有辐射源往往都采用同样的前导，调制不会对同网内辐射源特征提取造成不利影响。如果暂态信号存在，则暂态信号段可与前导一起作为特征提取的输入数据。在电子脉冲信号中，其脉内调制不是为传输通信信息而设计，因而往往脉内无调制或调制内容相同，这也使得调制不会对同类型辐射源特征提取造成不利影响。本节将 MMI(AR)方法、LDA 方法和 SDA 方法作用于固定调制信号，从而实现从模采信号样本中直接进行特征提取，以提高特征区分能力。

对采集的辐射源信号，进行 6.2 节和 8.1 节所述的预处理。预处理实现对包含暂态在内的前导信号段的提取或电子信号脉冲的提取，并完成变频处理和各种对齐操作。变频处理将信号从中频变换到基带，由于信号的所有有用信息仍在，这种变频过程理论上不会产生信息损失，但基带信号变成了复信号形式，不利于处理。对此可采用时域 IQ 数据重新构造信号样本：

$$\boldsymbol{x}=\left[\operatorname{Re}\{\boldsymbol{r}_b\};\operatorname{Im}\{\boldsymbol{r}_b\}\right] \tag{8.26}$$

其中，$\boldsymbol{r}_b$ 为基带信号向量。显然 $\boldsymbol{x}$ 中仍然包含了原信号波形的全部细节信息，因此这种处理是无损的。接下来就可以对 $\boldsymbol{x}$ 构成的信号样本采用 MMI 方法、LDA 方法或 SDA 方法进行特征提取训练，以构建特征提取映射。在识别时，应用该映射可对未知样本进行特征提取，并送入分类器完成识别。

以下将采用仿真信号检验这类方法的可行性并分析其性能。仿真内容包括：①高维信号样本情况下的 LDA 方法、SDA 方法、MMI 方法、基于机理模型的联合最大似然估计(JMLE)方法以及似然比检验(LRT)的性能对比；②低维信号样本情况下的 MMI 方法、LDA 方法、SDA 方法和 LRT 方法的性能对比。在仿真设计中，LRT 方法利用了先验的模板知识，在非协作情况下是不可实现的，这里仅用来作为理论性能限，评估其他各种方法接近理论性能的程度。另外需要说明的是，在样本个数固定的情况下，高维信号样本意味着小样本情况，而低维信号样本意味着样本相对充分的情况。

仿真设置同 6.8.4 小节，5 个辐射源的畸变参数设置同表 6.7，每个辐射源各产生 1000 个样本。不同的地方在于，为了仿真前导，所有辐射源信号样本都调制同一个符号个数为 64 的符号序列，过采样倍数为 10。分类器仍然采用支持向量机(SVM)。

图 8.7 给出了 JMLE、LDA、SDA、MMI 以及 LRT 方法在高维(640 维)信号样本下的识别性能对比。由图可知，LRT 作为一种理想方法，性能最好；JMLE 方法极为接近 LRT 方法；LDA 方法的性能再次之；SDA 方法的性能比 LDA 方法差；MMI 方法性能最差。SDA 方法和 MMI 方法的性能之所以不如预期，是因为高维样本造成了小样本情况，而 SDA 方法和 MMI 方法的复杂模型特性决定了其小样本性能不如 LDA 方法。LDA 方法尽管表现优于 SDA 方法和 MMI 方法，但其仍然存在一定的“过拟合”特性，因此其性能不如 JMLE 方法。

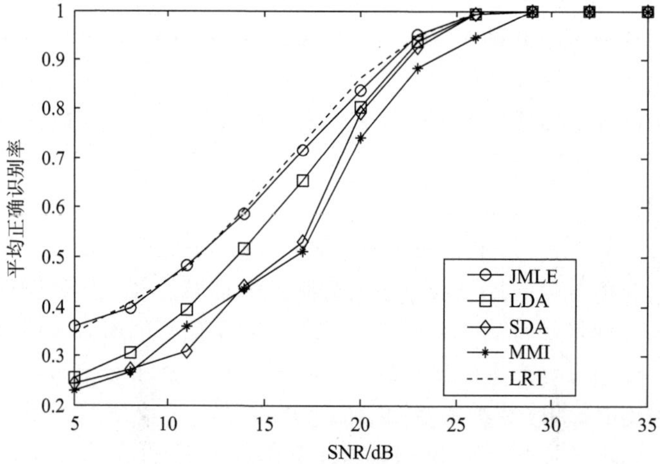

图 8.7　高维样本情况下的识别性能对比

为了测试样本更为充分情况下的方法性能，对以上所述仿真生成的 64 符号长度的信号，截取其中 7 个符号长度的样本，构成新的测试样本。由于样本维数较低，而每个辐射源的样本个数仍然为 1000 个，因此相比高维样本情况可视为样本更为充分。另外，为了测试非 HOG 情况下的方法性能，采用不同信噪比情况下的样本混合构成训练样本集和测试样本集。

图 8.8 给出了 MMI、LDA、SDA 和 LRT 方法在此情况下的识别性能。由图可知，在信噪比达到一定程度时，MMI 方法的性能最优，SDA 方法性能次之，LDA 方法性能最差。这些结果反映了 MMI 方法在非 HOG 情况下的性能优势，

同时也体现了 LDA 方法在非 HOG 情况下的局限性以及 SDA 对 LDA 的改进效果。但应该指出的是，这些结论仅仅在样本充分的情况下才能体现。另外，在信噪比较低时，MMI 方法的性能较差，这可能与 MMI 方法的参数选择有关系，实际上反映了 MMI 方法的适应性不足。MMI、LDA 和 SDA 方法都未能达到 LRT 方法的性能，这是样本数目受限和机器学习过程中的剩余误差(如 MMI 优化计算的残差和局部极小点)造成的。

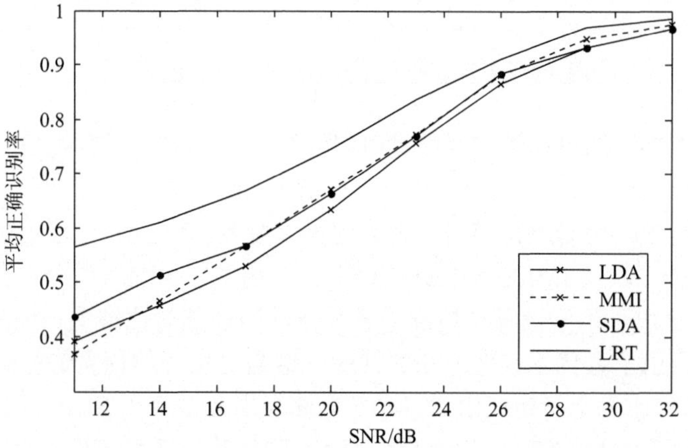

图 8.8　MMI、LDA、SDA 和 LRT 对低维非 HOG 样本的识别性能

8.4.2　基于星座误差的机器学习特征提取

对于通信信号而言，基于固定调制信号的机器学习特征提取局限于信号前导段。一方面，前导信号段长度有限，使得其所能包含的辐射源畸变特性的内容有限，也更易受噪声影响；另一方面，如果前导信号不存在，则无法有效提取辐射源指纹特征。为此，应考虑从随机信息符号调制信号段提取特征，但此时随机的符号调制就成为一个干扰因素。

为了解决随机符号调制带来的问题，采用解调反馈的方法来消除其调制的影响[19]。对于幅相二维调制信号，第 3 章的论述已经说明调制畸变、频率源畸变(相位噪声)、滤波器畸变、功放非线性以及寄生谐波和载波泄漏都会造成解调星座的畸变，因而解调星座与标准星座的误差能够反映辐射源的畸变特性。由于误差信号已不包含调制符号的影响，可以采用机器学习特征提取方法从中提取指纹特征。

图 8.9 给出了基于星座误差的机器学习特征提取的流程。在对接收信号完成时间、频率和相位同步后，可得到星座点 $\boldsymbol{z}$；对此星座点，按照调制方式进行判决，获得判决符号 $\hat{\boldsymbol{c}}$，即标准星座点；然后根据信号幅度估计结果对星座点 $\boldsymbol{z}$ 做幅度归一化处理，以使得归一化星座点 $\bar{\boldsymbol{z}}$ 的幅度与标准星座点幅度相对应；再计

算星座点误差：

$$e_z = \bar{z} - \hat{c} \tag{8.27}$$

最后对 e_z 实施机器学习特征提取方法。

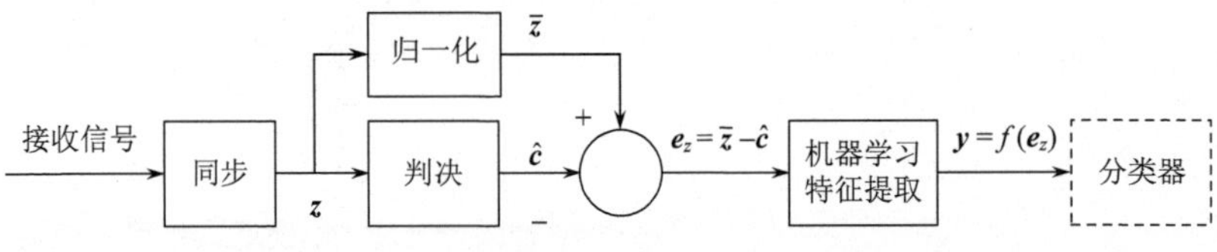

图 8.9　基于星座误差的机器学习特征提取流程

为了验证方法的可行性和性能，同样按照 6.8.4 小节的设置生成 5 个辐射源的信号样本进行性能仿真。与 8.4.1 小节不同的是，此处样本信号上调制的信息符号为随机产生的 200 个 QPSK 符号。为了对比，对 MMI 方法、LDA 方法、SDA 方法、Brik 方法[20]以及 JMLE 方法进行识别性能测试，识别所用分类器仍为 SVM。

图 8.10 给出了不同信噪比情况下各种方法的性能对比情况。由图可见，JMLE 方法再次表现出了远优于其他方法的性能，这是对正确的模型进行最大似然估计的结果；在信噪比大于一定门限时，MMI 方法表现出了高于 SDA 和 LDA 的性能，但在低信噪比下 MMI 方法的性能反而变差，这是其方法稳定性不足的表现；SDA 方法性能优于 LDA 方法，体现了其对 LDA 方法改进的效果；LDA 方法性能仍然优于 Brik 方法。

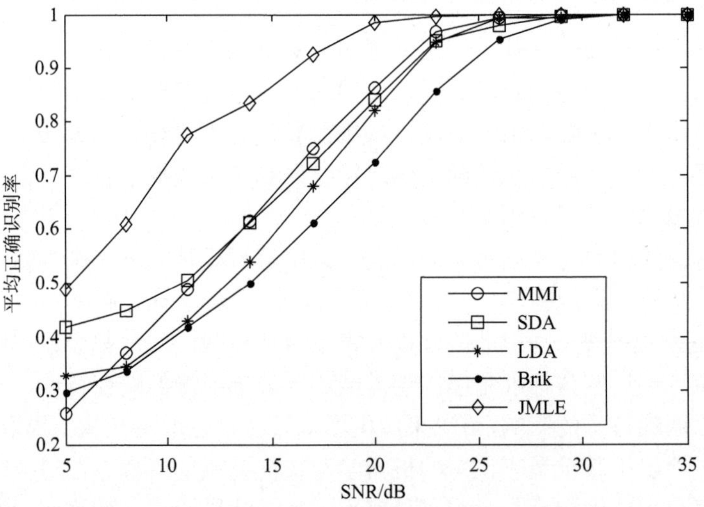

图 8.10　基于星座误差的机器学习特征提取与其他参数特征提取方法的性能比较

在本仿真实验中，各类机器学习方法的性能均不如基于机理模型的 JMLE 方法，这与机器学习的训练样本不够充分有关；但机器学习方法又优于基于调制域畸变参数的 Brik 方法，这是因为 Brik 方法未对各种调制域畸变精确建模，而这又意味着机器学习方法优于建模不精确的机理参数特征提取方法。

8.4.3　MMI、LDA 和 SDA 的特性小结

从以上各节论述和仿真结果可以看到，MMI、LDA 和 SDA 方法具备不同的特性。

事实上，根据机器学习理论，越复杂的模型需要越多的信号样本，以正确拟合这些模型。如果信号样本不足，则复杂模型的机器学习方法将产生“过拟合”现象，其性能反而不如简单模型的机器学习方法。另外，由于拟合高维样本的特性需要更多的样本，如果信号样本维数越高，则在机器学习中所需的样本个数也越多。由此，可以得到以下结论：

(1) MMI 方法导出的特征在样本充分情况下具备信息论意义上的最优区分能力，但其计算复杂，在小样本情况下容易出现“过拟合”现象，导致性能不佳；

(2) LDA 方法计算简单，且在 HOG 模型下等价于 MMI 方法，虽在非 HOG 模型下并不具备最优性能，但因其模型简单，小样本性能出色，反而是较为实用的一种特征提取方法；

(3) SDA 方法可以适应非 HOG 模型下的特征提取，同时保留了 LDA 的特性，其计算复杂度虽高于 LDA，但远低于 MMI 方法，其小样本性能则介于 LDA 和 MMI 方法之间，因而也是较为适用的一种方法。

表 8.1 总结了这三种方法的特性。8.4.1 节证实了以上结论。

表 8.1　MMI、LDA 和 SDA 的特性比较

比较项	MMI	LDA	SDA
信息论意义最优	具备	HOG 模型下具备	HOG 模型下具备
小样本性能	最差	最好	优于 MMI，弱于 LDA
样本充分时的性能	最优	最低	弱于 MMI，优于 LDA
计算复杂度	最高	最低	大于 LDA，小于 MMI

8.5　机器学习和机理模型特征提取的比较

基于机器学习的特征提取方法和基于机理模型的特征提取方法都依据了特定的理论来实现对辐射源差异特性的提取。机理模型方法从辐射源特征产生机理出

发，是一种从机理到特征的研究思路；而机器学习特征提取方法从已知辐射源类属的信号样本中学习，是一种从现象到特征的研究思路。这一研究思路的差别导致它们具备不同的特性和优缺点。

对基于机器学习的特征提取方法而言，其优点在于：

(1) 不需要对辐射源特征产生机理具备清晰的认识；

(2) 由于机器学习方法不局限于某一具体应用对象，而仅按照数学准则学习以获取具备差异能力的特征，因此该方法导出的特征比经验参数特征具备更好的适应性和区分能力。

该方法的缺点包括：

(1) 需要训练，因此不可用于开集(半监督)识别和无监督聚类，且训练的计算复杂度往往较高；

(2) 尽管可以通过预处理加强其稳定性，但由于特征不具备明确的物理意义，仍可能存在未知的不稳定因素；

(3) 局限于不存在随机调制的信号样本，如包含暂态和前导的信号段、经过去调制的稳态信号(如星座误差、调频误差曲线等)以及固定调制的电子脉冲信号等；

(4) 在小样本情况下存在过学习问题，影响其识别性能。

关于基于机理建模的特征提取方法的特性已在 6.9 节说明。

对这两类方法的识别性能的认识可从特征构成的角度进行分析。机理模型方法是一种加法过程，即每认识到一种新的发射机畸变，即对该畸变特性进行估计，并加入到特征向量中；而机器学习方法是一种减法过程，即通过机器学习尽可能完整地将所有差异特性提取出来构成特征向量，但应先去除那些不稳定的因素以避免识别结果的不稳定。这也决定了：对机理模型方法而言，能够认识到的发射机畸变越多，则所构成的特征向量越具备区分能力，但如果忽略了某些发射机畸变或未能正确建模提取，则未能充分利用发射机的所有畸变差异；对于机器学习方法而言，在样本充分情况下，这类方法所提取的特征包含了所有的辐射源信号差异，甚至可能包括那些尚未被认知的发射机畸变特性差异以及不稳定的环境因素差异，如果能尽可能地将不稳定因素去掉，则特征将具备较高的区分能力。因此，二者的性能优劣与对机理认识的完整程度和正确程度、对非稳定因素的处理以及样本的多少等因素有关，而无法简单给予判定。

8.4.1 小节和 8.4.2 小节通过仿真实验对二者的识别性能进行了比较。从比较结果可以看到，在对畸变要素认识完整且模型正确的基础上，基于机理模型的辐射源个体识别方法具备性能优势。但如果对机理认识不清楚或不精确，则机器学习方法可能更具性能优势。

综合以上论述，表 8.2 总结了两类特征提取方法的特性。

表 8.2　机器学习和机理建模特征提取的特性比较

比较项	机理建模方法	机器学习方法
机理认识	需要	不需要
训练	无须先验知识样本训练	需要先验知识样本训练
稳定性分析	可推定特征的稳定性	稳定性难分析，可做预处理加强
可应用信号	信号样本全段	暂态+前导；经过去调制的稳态信号；固定调制的电子脉冲
信道适应性	AWGN、静态或慢平坦衰落	AWGN 信道；静态或慢平坦衰落
性能	受限于建模和估计精度	小样本时存在“过学习”问题
计算复杂度	相对较低	训练复杂度高，识别复杂度不高
开集识别	可以	不可
无监督聚类	可以	不可

8.6　基于机器学习的特征选择和降维

经过特征提取获得的特征向量往往是一组高维向量，这给后续识别和分选处理带来了困难，主要体现在：①特征维度增加要求样本数量也随之增加，否则分类器会产生“过拟合”问题使得识别效果变差，一般而言，要避免此问题，样本数量应随特征维度的增加呈指数增长；②特征维度过高也会导致分类器训练的计算复杂度急剧增加；③高维特征向量中并非每一个分量都具备较好的区分能力，不具备区分能力的特征向量有可能降低分类器或聚类算法的性能。因此有必要对原始特征进行降维处理，以获得一个稳定、维数较低且具备较好区分力的低维特征向量。

特征降维是指通过某种映射将样本从高维空间映射到低维空间，其目的是：利用降维特征进行识别或分选，应当达到和降维前相似甚至更好的效果，并在一定程度上降低学习算法的复杂度。根据是否保存原始特征元素，特征降维可分为特征变换和特征选择两种方式。其中，特征变换是对原始特征进行线性或非线性变换获得低维特征子集，其所得到的特征不再是原始特征向量中的元素；而特征选择是从原始特征中根据某种准则挑选出部分特征构成低维的特征集。

8.6.1　特征变换

按照特征样本是否具备标签，特征变换可分为有监督特征变换和无监督特征变换两种。本小节介绍几种典型的基于特征变换的降维方法，包括基于鉴别分析的有监督特征变换方法、基于主成分分析的无监督特征变换方法以及基于投影追踪的无监督特征变换方法，其中基于鉴别分析的有监督特征变换方法可以采用 LDA 方法，该方法已在 8.3.1 节进行了详细的介绍，在此不再赘述。

1. 基于主成分分析的无监督特征变换

主成分分析(PCA)是一种无监督的特征变换方法，其主要思想是：寻找投影后数据方差最大的 d 个正交向量，然后将数据从 D 维的特征空间投影到由该组正交向量所张成的 $d(d\leqslant D)$ 维子空间，得到数据的 d 个主成分，从而实现对原始数据的降维。

对于 N 个样本构成的数据集 $\{\boldsymbol{x}_1,\boldsymbol{x}_2,\cdots,\boldsymbol{x}_N\}$，PCA 方法的描述如下所述。

(1) 计算数据集的样本协方差矩阵 $\boldsymbol{R}$：

$$\boldsymbol{R}=\boldsymbol{X}\boldsymbol{X}^{\mathrm{T}} \tag{8.28}$$

(2) 对协方差矩阵进行特征值分解：

$$\boldsymbol{R}=\boldsymbol{U}\boldsymbol{\Lambda}\boldsymbol{U}^{\mathrm{T}} \tag{8.29}$$

其中，$\boldsymbol{\Lambda}$ 为对角阵，其对角线上的元素为协方差矩阵的特征值；$\boldsymbol{U}$ 为协方差矩阵的特征向量构成的矩阵。

(3) 对特征值从大到小排序：$\lambda_1\geqslant\lambda_2\geqslant\cdots\geqslant\lambda_N$。

(4) 计算信息量：

$$\eta=\frac{\lambda_1+\lambda_2+\cdots+\lambda_d}{\lambda_1+\lambda_2+\cdots+\lambda_N} \tag{8.30}$$

并设置 P 为信息量大于一定门限(如 0.95)的数值，选取前 d 个特征值对应的特征向量构成映射矩阵 $\boldsymbol{W}$。

(5) 将 $\boldsymbol{X}$ 通过映射矩阵投影到对应的特征空间，从而实现对原始数据集的降维。

$$\boldsymbol{Y}=\boldsymbol{W}^{\mathrm{T}}\boldsymbol{X} \tag{8.31}$$

图 8.11 给出了利用 PCA 方法对一组二维数据进行降维的示意图。

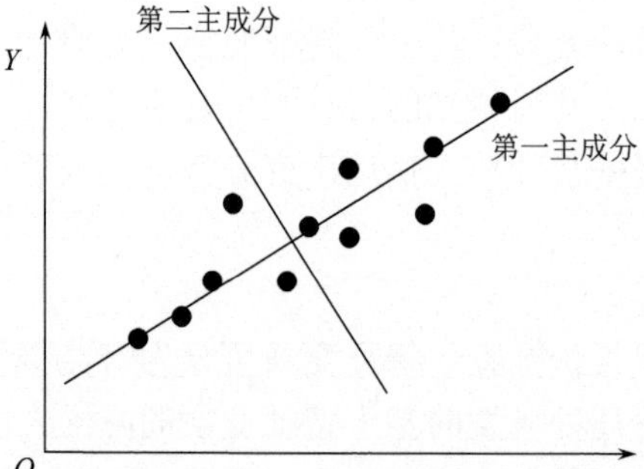

图 8.11　PCA 降维变换示意图

一般而言，特征有利于分类意味着特征的方差也较大，但方差较大的特征却并不一定总是有利于分类。PCA 方法并不是从有利于分类的角度进行算法设计的，因此通过 PCA 方法得到的主成分分量，有时候并不一定都是有利于分类的，而那些被忽略的分量，也可能包含有利于分类的信息，以致最后通过 PCA 降维得到的低维特征不是最佳分类特征[21]，这是 PCA 方法无监督的特性所导致的问题。

2. 基于投影追踪的无监督特征变换

无监督鉴别投影[22]（unsupervised discriminated projection，UDP）是一种基于投影追踪的无监督降维方法，该方法从有利于目标聚类的角度提出了非局部的构想，得到一个简单的特征降维准则，即最大化非局部散度与局部散度的比，有效地利用了样本的局部特性和整体特性实现对原始数据的降维。

对于 N 个样本构成的数据集 $\{\boldsymbol{x}_1, \boldsymbol{x}_2, \cdots, \boldsymbol{x}_N\}$，设投影矩阵为$\boldsymbol{W}$，投影后得到$\{\boldsymbol{y}_1, \boldsymbol{y}_2, \cdots, \boldsymbol{y}_N\}$。首先定义一个 $N \times N$ 的邻接矩阵 $\boldsymbol{H}$，如果 $\boldsymbol{x}_i$ 和 $\boldsymbol{x}_j$ 互为近邻，则 $\boldsymbol{H}_{ij}=1$，否则 $\boldsymbol{H}_{ij}=0$。定义局部散度 $J_L(\boldsymbol{W})$ 为投影后所有样本与其近邻样本的欧氏距离的平均值：

$$\begin{aligned} J_L(\boldsymbol{W}) &= \frac{1}{2 \cdot NN} \sum_{i=1}^{N} \sum_{j=1}^{N} \boldsymbol{H}_{ij} \left(\boldsymbol{y}_i - \boldsymbol{y}_j\right) \\ &= \frac{1}{2 \cdot NN} \sum_{i=1}^{N} \sum_{j=1}^{N} \boldsymbol{H}_{ij} \left(\boldsymbol{w}^{\mathrm{T}} \boldsymbol{x}_i - \boldsymbol{w}^{\mathrm{T}} \boldsymbol{x}_j\right) \\ &= \boldsymbol{W}^{\mathrm{T}} \left(\frac{1}{2 \cdot NN} \sum_{i=1}^{N} \sum_{j=1}^{N} \boldsymbol{H}_{ij} \left(\boldsymbol{x}_i - \boldsymbol{x}_j\right)\left(\boldsymbol{x}_i - \boldsymbol{x}_j\right)^{\mathrm{T}} \right) \boldsymbol{W} \end{aligned} \tag{8.32}$$

定义非局部散度 $J_N(\boldsymbol{W})$ 如下：

$$\begin{aligned} J_N(\boldsymbol{W}) &= \frac{1}{2 \cdot NN} \sum_{i=1}^{N} \sum_{j=1}^{N} \left(1 - \boldsymbol{H}_{ij}\right)\left(\boldsymbol{y}_i - \boldsymbol{y}_j\right)^2 \\ &= \frac{1}{2 \cdot NN} \sum_{i=1}^{N} \sum_{j=1}^{N} \left(1 - \boldsymbol{H}_{ij}\right)\left(\boldsymbol{w}^{\mathrm{T}} \boldsymbol{x}_i - \boldsymbol{w}^{\mathrm{T}} \boldsymbol{x}_j\right) \\ &= \boldsymbol{W}^{\mathrm{T}} \left(\frac{1}{2 \cdot NN} \sum_{i=1}^{N} \sum_{j=1}^{N} \left(1 - \boldsymbol{H}_{ij}\right)\left(\boldsymbol{x}_i - \boldsymbol{x}_j\right)\left(\boldsymbol{x}_i - \boldsymbol{x}_j\right)^{\mathrm{T}} \right) \boldsymbol{W} \end{aligned} \tag{8.33}$$

样本的局部散度矩阵 $\boldsymbol{S}_L$ 和非局部散度矩阵 $\boldsymbol{S}_N$ 分别定义如下：

$$\boldsymbol{S}_L = \frac{1}{2 \cdot NN} \sum_{i=1}^{N} \sum_{j=1}^{N} \boldsymbol{H}_{ij} \left(\boldsymbol{x}_i - \boldsymbol{x}_j\right)\left(\boldsymbol{x}_i - \boldsymbol{x}_j\right)^{\mathrm{T}} \tag{8.34}$$

$$\boldsymbol{S}_N = \frac{1}{2 \cdot NN} \sum_{i=1}^{N} \sum_{j=1}^{N} \left(1 - \boldsymbol{H}_{ij}\right)\left(\boldsymbol{x}_i - \boldsymbol{x}_j\right)\left(\boldsymbol{x}_i - \boldsymbol{x}_j\right)^{\mathrm{T}} \tag{8.35}$$

UDP 的准则函数定义如下：

$$J\left(\boldsymbol{W}\right) = \frac{J_N\left(\boldsymbol{W}\right)}{J_L\left(\boldsymbol{W}\right)} = \frac{\boldsymbol{W}^{\mathrm{T}}\boldsymbol{S}_N\boldsymbol{W}}{\boldsymbol{W}^{\mathrm{T}}\boldsymbol{S}_L\boldsymbol{W}} \tag{8.36}$$

根据广义 Rayleigh 熵的极值性质，当 $\boldsymbol{S}_L$ 可逆时，UDP 的最优投影轴为广义特征方程 $\boldsymbol{S}_N\boldsymbol{W} = \lambda\boldsymbol{S}_L\boldsymbol{W}$ 解的特征值所对应的特征向量，这样就可以求解得到投影矩阵。需要说明的是，对于高维小样本的数据集，局部散度矩阵 $\boldsymbol{S}_L$ 通常是奇异的，无法直接求解。

8.6.2　特征选择

特征选择是从原始特征中筛选出满足某种准则的若干维特征的过程。与基于特征变换的降维方法类似，按照特征样本是否具备标签，可分为有监督特征选择和无监督特征选择两种。相对于特征变换而言，特征选择对应的降维映射矩阵中的元素仅由 0 和 1 组成，因此通过特征选择的方式降维之后并不会产生新的特征，而是在原始特征向量中进行筛选。

特征选择算法的基本框架一般包括以下 4 个过程[23]——子集产生、子集评价、停止策略以及结果验证，如图 8.12 所示。子集产生用于产生某个特征子集，子集评价是对该特征子集的区分性表达能力进行评估，如果其中某些特征评分较高，则被选入降维后特征集。当降维后特征向量满足一定要求时，可停止特征选择处理，将降维特征送入后续分类处理模块进行结果验证，否则需要重新产生特征子集，并再次进行特征评估和选择。本小节将介绍三种典型的特征选择算法。

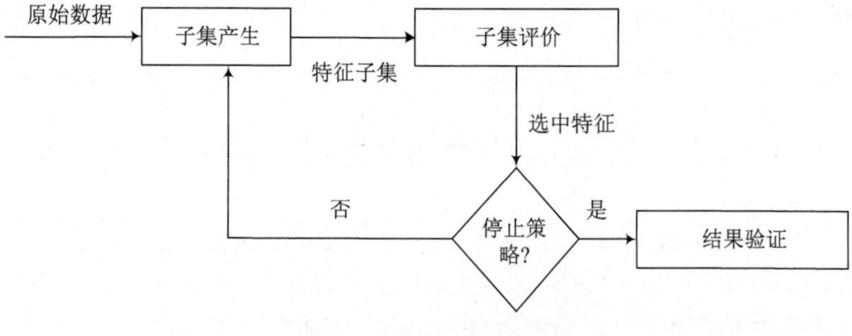

图 8.12　特征选择流程图

1. 基于 Fisher 鉴别率的有监督特征选择

Fisher 鉴别率可衡量特征的区分能力。对某一特征 $\boldsymbol{f}_i$ 而言，其 Fisher 鉴别率

定义为

$$J(\boldsymbol{f}_i)=\boldsymbol{S}_b(\boldsymbol{f}_i)/\boldsymbol{S}_w(\boldsymbol{f}_i) \tag{8.37}$$

其中，$\boldsymbol{S}_b(\boldsymbol{f}_i)$ 为类间离散度，其定义为

$$\boldsymbol{S}_b(\boldsymbol{f}_i)=\sum_{k=1}^{C-1}m_k\left(\mu_k(\boldsymbol{f}_i)-\mu(\boldsymbol{f}_i)\right)^2/M_t \tag{8.38}$$

其中，$\mu_k(\boldsymbol{f}_i)$ 为第 k 类第 i 维特征的均值；$\mu(\boldsymbol{f}_i)$ 为全部样本的第 i 维特征的均值；m_k 是第 k 类的样本个数；M_t 为样本总数；$\boldsymbol{S}_w(\boldsymbol{f}_i)$ 为类内离散度，定义为

$$\boldsymbol{S}_w(\boldsymbol{f}_i)=\sum_{k=1}^{C-1}\sum_{f_i\in\Phi_k}\left(\boldsymbol{f}_i-\mu_k(\boldsymbol{f}_i)\right)^2 \tag{8.39}$$

其中，Φ_k 为第 k 类的样本构成的集合。

对每一维特征计算其 Fisher 鉴别率，并按照大小进行排序，选择前 d 维特征作为有效特征集，即可完成特征选择。这种方法无须人工参与，其选择效果与人工观察类似，适用于多维特征相关性不强的场合。

2. 基于拉普拉斯分值的无监督特征选择

基于拉普拉斯分值的特征选择算法由 He 等提出[24]，该算法以拉普拉斯特征映射(Laplacian eigenmaps) [25]和局部保持投影(locality preserving projection) [26]为基础，根据每一维特征值的分布、范围和该维特征上样本点与其近邻点的权重，为每一维特征计算对应的拉普拉斯得分。该得分反映了特征对数据集的局部保存能力，即反映了数据的局部分布情况。

对于 N 个样本构成的数据集 $\{\boldsymbol{x}_1,\boldsymbol{x}_2,\cdots,\boldsymbol{x}_N\}$，基于拉普拉斯分值的特征选择算法描述如下。

(1) 构造 N 个样本点的 k 近邻图 G，即将每个样本点与它最近的 k 个近邻点连线。

(2) 根据构造的近邻图 G，计算对应的相似矩阵 $\boldsymbol{S}$，其元素定义为

$$\boldsymbol{S}_{i,j}=\begin{cases}0, & \boldsymbol{x}_i,\boldsymbol{x}_j\text{不为近邻}\\ \exp\left(-\dfrac{\left\|\boldsymbol{x}_i-\boldsymbol{x}_j\right\|}{t}\right), & \boldsymbol{x}_i,\boldsymbol{x}_j\text{为近邻}\end{cases} \tag{8.40}$$

其中，t 为一个可调节的参量。

(3) 构造拉普拉斯矩阵：

$$\boldsymbol{L}=\boldsymbol{D}-\boldsymbol{S} \tag{8.41}$$

其中，$\boldsymbol{D}$ 为对角矩阵，定义如下

$$\boldsymbol{D}=\operatorname{diag}\left\{\sum_{j=1}^{N}\boldsymbol{S}_{0,j},\sum_{j=1}^{N}\boldsymbol{S}_{1,j},\cdots,\sum_{j=1}^{N}\boldsymbol{S}_{N,j}\right\} \tag{8.42}$$

(4)对每一维特征分别计算其拉普拉斯得分：

$$L(r)=\frac{\boldsymbol{f}_r^{\mathrm{T}}\boldsymbol{L}\boldsymbol{f}_r}{\boldsymbol{f}_r^{\mathrm{T}}\boldsymbol{D}\boldsymbol{f}_r}=\frac{\sum_{ij}\left(f_{r,i}-f_{r,j}\right)^2\boldsymbol{S}_{i,j}}{\operatorname{Var}(\boldsymbol{f}_r)} \tag{8.43}$$

其中，$f_{r,i}$ 表示第 i 个样本的第 r 维特征值；$\boldsymbol{f}_r$ 为所有样本的第 r 维特征构成的特征向量：

$$\boldsymbol{f}_r=\left[f_{r,1},f_{r,2},\cdots,f_{r,N}\right]^{\mathrm{T}} \tag{8.44}$$

其中，$\operatorname{Var}\left(\boldsymbol{f}_r\right)$ 表示第 r 维特征的方差。由式(8.43)可见，特征的分布方差越大，局部相似度越高，则其拉普拉斯得分越低，特征则越重要。

(5) 按照拉普拉斯得分进行排序，选择得分较低的前 d 维特征作为有效特征集，即可完成特征选择。

3. 基于流形学习的特征选择

流形学习作为一种新的无监督学习方法，在机器学习和数据分析等研究领域已经得到了广泛应用。Deng 等提出了一种多类别的无监督特征选择(multi-cluster feature selection，MCFS)算法[27]，该算法首先通过流形学习的方法将原始特征映射到特定的低维空间，然后通过回归学习的方法对原始数据进行误差拟合，得到相应的回归系数矩阵，该矩阵中的元素反映了原始数据空间中各维特征对新特征空间的贡献值。因此，在特征选择算法中，可以利用回归系数作为特征重要程度的判据，选取回归系数矩阵中前 d 个最大元素对应的特征作为特征选择的结果。

对于 N 个样本构成的样本矩阵 $\boldsymbol{X}=(\boldsymbol{x}_1,\boldsymbol{x}_2,\cdots,\boldsymbol{x}_N)^{\mathrm{T}}$，该算法的具体描述如下。

(1)利用高斯核函数构造相似矩阵 $\boldsymbol{S}$，该矩阵中元素定义如下。

$$\boldsymbol{S}(i,j)=\exp\left(-\frac{\left\|\boldsymbol{x}_i-\boldsymbol{x}_j\right\|^2}{2\sigma^2}\right) \tag{8.45}$$

其中，σ 为一个可调节的参量。

(2)求取相似矩阵的前 d 个最小特征值对应的特征向量 $\boldsymbol{y}_1,\boldsymbol{y}_2,\cdots,\boldsymbol{y}_d$。

(3)对所有特征向量，求解以下系数回归问题(以第 k 个特征向量为例)：

$$\begin{cases}\min\left\|\boldsymbol{y}_k-\boldsymbol{X}^{\mathrm{T}}\boldsymbol{a}_k\right\|^2\\ \text{s.t.}\ \left|\boldsymbol{a}_k\right|\leqslant\gamma\end{cases} \tag{8.46}$$

(4) 利用式(8.47)计算每个特征的权重，作为特征重要程度的判据：

$$\mathrm{MCFS}(j)=\max_k \left|\boldsymbol{a}_{k,j}\right| \tag{8.47}$$

其中，$\boldsymbol{a}_{k,j}$ 为 $\boldsymbol{a}_k$ 中的第 j 个元素。

根据权重的大小由高到低进行排序，选择排在前面的若干个特征构成低维特征向量，即可完成特征选择。

8.6.3　特征降维算法小结

在辐射源目标识别或者分选过程中，针对高维数据降维的问题，应根据具体任务数据的不同特点选取适当的降维方法完成降维。以下对基于特征变换和特征选择的两类降维方法进行总结分析，为读者在实际应用中如何选取合适的降维方法提供参考。

(1) 特征变换是根据某种优化准则对特征进行变换以达到对原始特征降维的目的。特征变换的优点是，充分利用原始特征向量的区分性和关联性，以低维特征向量表达了高维特征向量的区分信息，一般而言，这种表达比特征选择要更高效，即意味着可以更低的维数表达原始特征向量中更多的区分信息。但是，特征变换得到的每一维特征都与原始特征向量的所有特征有关，因此，经过特征变换降维之后得到的低维特征不再直接表达原特征的物理意义，这不利于分析降维后特征的性质。

(2) 特征选择是从原始特征中筛选出满足某种准则的若干维特征的过程，相对于特征变换而言，特征选择并没有对原始特征进行整合，得到的低维特征保留了原始特征所表示的物理意义，便于进行特征特性分析，这类算法的实现复杂度通常也比较低。但是对于特征之间存在较强相关性的数据集，特征选择算法效果较差，这主要是因为大多数的特征选择算法给出的评价准则往往是对单一或者低维特征组合的区分能力进行评价，而对于相关性较强的数据集，这样的评价准则并不合理，使得特征重要性的判据失去了意义。

除了以上介绍的算法以外，在实际应用中也可以通过人工辅助完成对原始特征的降维，即通过二维特征组合展示来辅助人工特征选择。人对特征区分能力的判断在多维特征关联性不强时具备独特的优势，因此，可提供多维特征的二维组合切面视图，让分析人员来判断特征是否具备足够的区分能力以及特征是否该被选入有效特征集。

8.7　本 章 小 结

本章介绍了基于机器学习的特征提取和降维方法，这类方法从具备先验知识的信号样本中学习辐射源差异模型，建构从高维信号样本到低维差异向量的数学映射，从而实现辐射源特征提取或降维。出于保证特征稳定性的需要，提出了基于样本互相关的信号预处理方法，实现对信号样本的时间、中心频率和初始相位的对齐。具体到特征提取和降维处理，提出采用 MMI、LDA 和 SDA 等机器学习方法从高维信号样本中寻找特征提取变换。为了尽量减小处理环节带来的信息损失，提出将机器学习方法直接作用于固定调制信号或星座误差信号等高维信号样本上，以充分利用机器学习方法的差异特性提取能力，打破了以往机器学习方法仅仅用于降维和特征选择的局限。

本章所提出的 MMI、LDA 和 SDA 方法分别具有不同的复杂度和适用场合，应根据实际应用需要选用。总体而言，LDA 和 SDA 方法是比较实用的选择。当需要对多个参数特征进行特征选择和组合利用时，也可以采用机器学习方法通过特征选择或特征变换实现降维处理。

本章还对机器学习和机理建模两种特征提取方法的特性进行总结，给出了其适用场合和性能比较结果，可为在实际辐射源识别应用中进行方法选择提供依据。

参 考 文 献

[1] Klein R W. Application of dual-tree complex wavelet transforms to burst detection and RF fingerprint classification[D]. Dayton: Air Force Institute of Technology , 2009.

[2] Williams M D, Munns S A, Temple M A, et al. RF-DNA fingerprinting for airport WiMax communications security[C]. Proceedings of the 4th International Conference on Network and System Security, Melbourne, 2010: 32-39.

[3] Kawalec A, Owczarek R. Specific emitter identification using intrapulse data[C]. Radar Conference, Philadelphia, 2004: 249-252.

[4] Lenden J, Koivune V. Scaled conjugate gradient method for radar pulse modulation estimation[C]. IEEE International Conference on Acoustics, Speech and Signal Processing, Honolulu, 2007: II-297-II-300.

[5] 边肇祺, 张学工. 模式识别[M]. 2 版. 北京: 清华大学出版社, 2000.

[6] Principe J C, Xu D X, Fisher J W. Information-Theoretic Learning[M]. New York: Wiley, 2000.

[7] Torkkola K. Feature extraction by non-parametric mutual information maximization[J]. Journal of Machine Learning Research, 2003, 3: 1415-1438.

[8] Torkkola K. On feature extraction by mutual information maximization[C]. IEEE International Conference on Acoustics, Speech, and Signal Processing, Orlando, 2002: I-821-I-824.

[9] Hild K E, Erdogmus D, Torkkola K, et al. Feature extraction using information-theoretic learning[J]. IEEE Transactions on Pattern Analysis and Machine Intelligence, 2006, 28(9): 1385-1392.

[10] Leiva-Murillo J M, Artes-Rodriguez A. Maximization of mutual information for supervised

linear feature extraction[J]. IEEE Transactions on Neural Networks, 2007, 18(5): 1433-1441.
[11] Chumerin N, van Hulle M M. Comparison of two feature extraction methods based on maximization of mutual information[C]. IEEE Signal Processing Society Workshop on Machine Learning for Signal Processing, Maynooth, 2006: 343-348.
[12] Ozertem U, Erdogmus D. Maximally discriminative spectral feature projections using mutual information[C]. International Joint Conference on Neural Networks, Montreal, 2005: 208-213.
[13] Ozertem U, Erdogmusa D, Jenssenb R. Spectral feature projections that maximize Shannon mutual information with class labels[J]. Pattern Recognition, 2006, 39: 1241-1252.
[14] Duda R O, Hart P E, Stork D G. Pattern Recognition[M]. NewYork: John Wiley & Sons, 2001.
[15] Petridis S, Perantonis S J. On the relation between discriminant analysis and mutual information for supervised linear feature extraction[J]. Pattern Recognition, 2004, 37: 857-874.
[16] Yu H, Yang J. A direct LDA algorithm for high-dimensional data: With application to face recognition[J]. Pattern Recognition, 2001, 34(10): 2067-2069.
[17] Friedman J H. Regularized discriminant analysis[J]. Journal of the American Statistical Association, 1989, 84(405): 165-175.
[18] Zhu M, Martinez A M. Subclass discriminant analysis[J]. IEEE Transactions on Pattern Analysis and Machine Intelligence, 2006, 28(8): 1274-1285.
[19] Huang Y L, Zheng H. Radio frequency fingerprinting based on the constellation errors[C]. Proceedings of the 18th Asia-Pacific Conference on Communications, Jeju Island, 2012: 900-905.
[20] Brik V, Banerjee S, Gruteser M, et al. Wireless device identification with radiometric signatures[C]. ACM MobiCom, San Francisco, 2008.
[21] Richard O D, Peter E H, David G S. 模式分类[M]. 李宏东, 姚天翔, 等译. 北京: 机械工业出版社, 2003.
[22] Yang J, Zhang D. Globally maximizing, locally minimizing: Unsupervised discriminant projection with applications to face and palm biometrics[J]. IEEE Transactions on Pattern Analysis and Machine Intelligence, 2007, 29(4): 650-664.
[23] Liu H, Yu L. Toward integrating feature selection algorithms for classification and clustering[J]. IEEE Transactions on Knowledge and Data Engineering, 2005, 17(4): 491-502.
[24] He X F, Deng C, Niyogi P. Laplacian score for feature selection[C]. Proceedings of the Advances in Neural Information Processing Systems, Cambridge, 2005: 65-68.
[25] Belkin M, Niyogi P. Laplacian eigenmaps and spectral techniques for embedding and clustering[C]. Proceedings of the 14th International Conference on Neural Information Processing Systems, Vancouver, 2001: 585-591.
[26] He X, Niyogi P. Locality preserving projections[C]. Proceedings of Conference on Advances in Neural Information Processing Systems, Vancouver, 2003.
[27] Deng C, Zhang C Y, He X F. Unsupervised feature selection for multi-cluster data[C]. Proceedings of the 16th ACM SIGKDD International Conference on Knowledge Discovery and Data Mining, Washington DC, 2010: 333-342.

第 9 章　辐射源目标识别的分类器设计

分类器依据辐射源特征对未知类属的信号样本进行识别或聚类处理。模板匹配识别算法可视为最早的一种分类器，该算法计算待识别特征样本与标准模板的距离，选择与特征样本距离最近的模板对应的类作为对未知样本的识别结果。在特征服从等协方差高斯分布(即 HOG 模型)的情况下，该算法具备贝叶斯最优性；否则其性能并非最优。此外，标准模板的构造往往需要无噪或高信噪比的样本，而这种样本在非协作辐射源目标识别应用中往往难以获取。为解决这些问题，可引入模式识别分类器来完成识别工作。有监督的模式识别分类器通过从带标签的特征样本中进行学习来构建分类器(即训练)，然后应用该训练完毕的分类器模型对未知样本进行判别；无监督的分类器(实际为聚类器)可从无标签的特征样本中学习特征数据的内在聚集结构，从而实现对样本的聚类处理。

相比模板匹配方法，模式识别分类器的引入可以提高辐射源识别的性能和适应性，但目前多数已报道的辐射源目标识别的分类器算法仅仅考虑限定目标集合内的辐射源识别(即闭集识别)问题，对于不限目标的开集识别以及无监督情况下的信号盲分选问题的研究还不足。本章将分别讨论开集识别、闭集识别和盲分选的分类器设计。

9.1　辐射源闭集识别

首先给出闭集识别的定义如下。

定义 9.1　给定一有限个数的辐射源目标集合,在已知待处理样本属于该集合中某一辐射源的情况下，判定其属于哪个辐射源的识别称为闭集识别。

模式识别领域的大多数分类器均属于闭集识别分类器，如概率神经网络(PNN)、支持向量机(SVM)等。其中，SVM 是统计学习理论的一种算法实现，是一种能够在小样本情况下工作的通用学习算法，可较好地缓解“过学习”、非线性学习、维数灾难、局部极小点等问题的困扰，因而被广泛应用。对非协作辐射源目标识别应用而言，能够获得的有标签信号样本可能较少，因此 SVM 分类器很适合用于完成辐射源的闭集识别。

9.1.1　基于 SVM 的闭集识别

SVM 的基本思想是寻求一个分类超平面,使得在对已有数据划分后两类数据的间隔最大化，如图 9.1 所示。两类数据之间的间隔定义如下：将分类超平面分别向正类样本和负(反)类样本方向进行平移，当平移到与正类或负类的样点相交时，两个超平面之间的距离即为两类数据之间的间隔。图 9.1 中灰色区域矩形的宽即为该图中两类数据之间的间隔。其中，两个平移后的超平面称为支持超平面，距离支持超平面最近的样点称为支持向量。

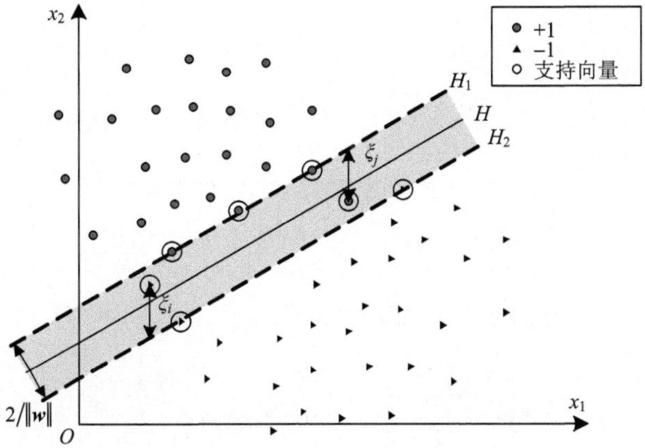

图 9.1　支持向量机的基本思想示意图

支持向量机的思想是非常直观和容易理解的：分类超平面划分的两类的距离越远，对于新数据就具有越好的推广能力，或者说对于新数据的偏移具有越大的容忍度。

线性 SVM 采用线性分类超平面 $\boldsymbol{w}^{\mathrm{T}}\boldsymbol{x}+b=0$，其中 $\boldsymbol{w}$ 决定了超平面的方向。不失一般性，可以定义两个支持超平面分别为

$$\boldsymbol{w}^{\mathrm{T}}\boldsymbol{x}+b=+1 \tag{9.1}$$

$$\boldsymbol{w}^{\mathrm{T}}\boldsymbol{x}+b=-1 \tag{9.2}$$

可求得两个超平面之间的距离为 $2/\|\boldsymbol{w}\|^2$，于是变成一个最优化问题：

$$\begin{cases}\min \dfrac{1}{2}\|\boldsymbol{w}\|^2+C\displaystyle\sum_{i=1}^{n}\xi_i \\ \text{s.t.}\quad y_i(\boldsymbol{w}^{\mathrm{T}}\boldsymbol{x}_i+b)\geqslant 1-\xi_i,\quad \xi_i\geqslant 0,\quad i=1,2,\cdots,n\end{cases} \tag{9.3}$$

其中，对正类样本 y_i=+1，对负类样本 $y_i=-1$。引入惩罚因子 C 和 ξ_i 是为了在少数“野点”(如图 9.1 矩形区域内部标记的两个样本点)和最大类间距之间取适当的平衡。

对线性不可分的情况，可以利用核函数的非线性变换将低维空间中的线性不可分问题转化为某高维空间中的线性可分问题。甚至不需要知道非线性变换 $\phi(\cdot)$

的具体表达式，根据有关理论，只要核函数 $K(\boldsymbol{x}_i,\boldsymbol{x}_j)$ 满足 Mercer 条件，它就对应某一变换空间中的内积。采用核函数之后，最优化问题可变换为如下对偶形式：

$$\begin{cases}\min\limits_{\alpha}\dfrac{1}{2}\sum\limits_{i=1}^{n}\sum\limits_{j=1}^{n}\alpha_i\alpha_j y_i y_j K(\boldsymbol{x}_i,\boldsymbol{x}_j)-\sum\limits_{i=1}^{n}\alpha_i\\ \text{s.t.}\quad \sum\limits_{i=1}^{n}y_i\alpha_i=0,\quad 0\leqslant\alpha_i\leqslant C,\quad i=1,2,\cdots,n\end{cases}\tag{9.4}$$

从式(9.4)可以看出，仅有对应 α_i 不为 0 的那些样本才对最优化问题的解有影响，本节把这些样本称为支持向量，不失一般性记为 $\boldsymbol{x}_1,\boldsymbol{x}_2,\cdots,\boldsymbol{x}_l$。该问题是一个凸优化问题，保证了全局最优解的稳定性；该问题的计算复杂度不再取决于样本维数，而是取决于样本个数，尤其是支持向量的个数 l。通过求解可得系数 α_i $(i=1,2,\cdots,l)$ 的值，再结合支持向量解得超平面的方向向量 $\boldsymbol{w}$ 与位移量 b：

$$\boldsymbol{w}^{\mathrm{T}}\phi(\boldsymbol{z})=\sum_{i=1}^{l}y_i\alpha_i\phi\left(\boldsymbol{x}_i^{\mathrm{T}}\right)\phi\left(\boldsymbol{z}\right)=\sum_{i=1}^{l}y_i\alpha_i K\left(\boldsymbol{x}_i,\boldsymbol{z}\right)\tag{9.5}$$

$$b=\left(l-\sum_{i=1}^{l}y_i\sum_{j=1}^{l}y_j\alpha_j K(\boldsymbol{x}_i,\boldsymbol{x}_j)\right)\Bigg/\sum_{i=1}^{l}y_i\tag{9.6}$$

进一步可求得判决函数：

$$f(x)=\operatorname{sgn}\left(\sum_{i=1}^{l}\alpha_i K(\boldsymbol{x},\boldsymbol{x}_i)+b\right)\tag{9.7}$$

当采用核函数时，核函数及其参数的选取是一个比较重要的问题。对于辐射源目标识别的特征数据而言，一般采用高斯核函数：

$$K(\boldsymbol{x}_i,\boldsymbol{x}_j)=\exp(-\gamma\left\|\boldsymbol{x}_i-\boldsymbol{x}_j\right\|^2),\quad \gamma>0\tag{9.8}$$

核函数的参数要通过交叉测试来确定，即将训练集划分为多个子集，以一部分训练，另一部分做识别性能测试，搜索性能最好的核参数。

以上所述 SVM 仅处理两类识别问题。对于 c 类问题，可以采用“1 对 1”的方式解决，即任选两类的数据，训练一个 SVM 分类器，总共需要构造 $c(c-1)/2$ 个 SVM 分类器。在对未知信号数据进行识别时，可采用“投票法”决定，即每个分类器根据其决策结果投票未知信号数据属于哪类，获得票数最多的类确定为未知数据所属类。关于 SVM 的具体实现算法，可以参考文献[1]。

9.1.2 闭集识别置信度计算

在辐射源目标识别应用中，不仅希望完成对未知样本的目标属性识别，还关注识别的可信度，以决定是否接受识别结果，降低误识别率，这就需要对每次识别给出置信度指标。

置信度是指对某一个样本的指定命题的可信概率。设有一模式分类器 S，$\boldsymbol{x}$ 为真实类别为 $\omega(\boldsymbol{x})$ 的一个特征样本，采用 S 对 $\boldsymbol{x}$ 判决为 $d_S(\boldsymbol{x})$，则该判决的置信度为

$$c_S(\boldsymbol{x}) = P\big(d_S(\boldsymbol{x}) = \omega(\boldsymbol{x})\big) = P\big(\omega(\boldsymbol{x}) \mid \nu\big) \tag{9.9}$$

这实际上是采用分类器 S 对 $\boldsymbol{x}$ 判决所采用的判决量 ν 的后验概率。识别置信度与正确识别率的关系为

$$P_S = \frac{\sum_{i=0}^{N-1} c_S(\boldsymbol{x}_i)}{N} \tag{9.10}$$

也就是说，正确识别率是置信度在整个样本空间内的样本置信度的统计平均值。广义上的置信度并不一定是一个概率值，任何一个单调递增函数作用在置信度上，都构成广义置信度。广义置信度可基于距离或后验概率进行计算。

基于距离的识别置信度通常以样本到其判别类的代表样本或类中心的距离进行计算，例如：

$$c_S(\boldsymbol{x}) = 1 - d(\boldsymbol{x}) / d_C \tag{9.11}$$

其中，$d(\boldsymbol{x})$ 为样本 $\boldsymbol{x}$ 距离其判别类中心的距离；d_C 为该类训练样本距离该类中心的最大距离。这种度量可以较好地体现该判别类的特征数据的不确定性(即发散特性)对置信度的影响，但对于类间特性影响的体现不够。为此，d_C 也可以定义为样本 $\boldsymbol{x}$ 到其他类中心的最小距离，以体现类间距离特性对置信度的影响。

基于后验概率的广义置信度有多种构建方法。设对某一样本采用某一分类器进行判别，将其对所有类的后验概率从大到小进行排序，设其第 i 个后验概率为 $P(\omega_i|\nu)$，则其广义置信度可定义为最大后验概率 $P(\omega_0|\nu)$，或定义为后验概率的负熵：

$$c_S(\boldsymbol{x}) = \sum_i P(\omega_i \mid \nu)\log_2 P(\omega_i \mid \nu) \tag{9.12}$$

也可定义为后验概率的选择性测度：

$$c_S(\boldsymbol{x}) = P(\omega_0 \mid \nu)\prod_{i\neq 0}\big(1 - P(\omega_i \mid \nu)\big) \tag{9.13}$$

这两种定义包含了各类的综合特性信息，对于度量识别可靠性具有更好的参考意义。

对于 SVM 分类器，其后验概率可采用 Sigmoid 函数来拟合计算[2]。对某一样本 $\boldsymbol{x}$ 的 SVM 输出判决量 ν，其属于类 c 的概率可表示为

$$p(c \mid \nu) = \frac{1}{1 + \mathrm{e}^{(A_c\nu + B_c)}} \tag{9.14}$$

其中，A_c 和 B_c 两个参数可依据训练数据做最大似然估计获得。

设训练集中有 N 个样本，其 SVM 判决量为 $\boldsymbol{v}=[v_1,\cdots,v_N]^{\mathrm{T}}$，其真实类属为 $\boldsymbol{c}=[c_1,\cdots,c_N]^{\mathrm{T}}$，则其似然函数可表示为

$$p(\boldsymbol{v}\mid A_c,B_c)=\prod_{c_i=c}\frac{1}{1+\mathrm{e}^{(A_c v_i+B_c)}}\prod_{c_j\neq c}\left(1-\frac{1}{1+\mathrm{e}^{(A_c v_j+B_c)}}\right) \tag{9.15}$$

对 A_c 和 B_c 的最大似然估计等效于对 A_c 和 B_c 最大化对数似然函数：

$$\begin{aligned}(A_c,B_c)&=\underset{A_c,B_c}{\operatorname{argmax}}\,\Lambda(A_c,B_c)\\&=\underset{A_c,B_c}{\operatorname{argmax}}\left(\sum_{c_j=c}\log_2\frac{1}{1+\mathrm{e}^{(A_c v_j+B_c)}}+\sum_{c_j\neq c}\log_2\left(1-\frac{1}{1+\mathrm{e}^{(A_c v_j+B_c)}}\right)\right)\end{aligned} \tag{9.16}$$

采用梯度下降法可以求解此最优化问题。

在对所有类的训练样本完成以上求解计算后，即可对任意新样本，在对其判决完成后，采用式(9.14)计算其后验概率，再从前述置信度定义中选择前述定义的某项置信度公式计算其置信概率。

9.2　辐射源开集识别

在实际辐射源个体识别应用中，很可能面临以下情况：①收到大量目标信号，但只关心一小部分感兴趣的热点目标信号，此时对所有信号都进行识别，既不经济，也无必要；②已知部分辐射源目标的样本信号，而待识别的信号样本却可能并不属于任何已知的辐射源目标。在这些情况下，需要考虑开集识别。

定义 9.2　给定一有限数目的辐射源目标集合，判定未知样本是否来源于新辐射源的识别称为开集识别。

由于具备部分辐射源目标的先验知识，开集识别可认为是一种半监督机器学习问题，在模式识别中也称为“一类识别”问题。包括 SVM 在内的许多闭集识别分类器无法完成开集识别，因此必须考虑其他分类器。为了方便介绍，在以下介绍中，将已知辐射源称为正类，将新辐射源称为负类。

9.2.1　基于 SVDD 的开集识别

支持向量数据描述(support vector data description，SVDD)是在支持向量机理论基础上提出的一种有效的开集识别手段[3]。它继承了支持向量在小样本条件下的性能优势，以及通过核函数来进行非线性分类的灵活性，可以在没有负类样本或者负类样本不全的条件下给出一个对正类样本的判决描述。

SVDD 的主要思想是寻求一个多维超球形描述，使所有的正类训练样本都被包含在该超球内部，并最小化该超球的体积，如图 9.2 所示。SVDD 的目标函数

表达式如下：

$$\begin{cases}\min\limits_{R} R^2 + C\sum\limits_{i}\xi_i \\ \text{s.t. } \|\boldsymbol{x}_i - \boldsymbol{a}\|^2 \leqslant R^2 + \xi_i, \quad \xi_i \geqslant 0, \quad \forall i\end{cases} \tag{9.17}$$

其中，R 表示球的半径；$\boldsymbol{a}$ 表示球心；C 和 ξ_i 为“野点”惩罚因子。

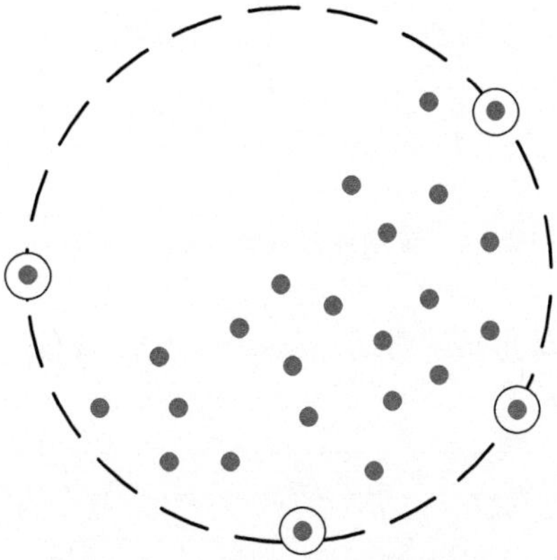

图 9.2　标准 SVDD 示意图

通过拉格朗日乘子法可以得到式(9.17)的对偶问题：

$$\begin{cases}\min\limits_{\alpha} \sum\limits_{i=1}^{n}\sum\limits_{j=1}^{n}\alpha_i\alpha_j\boldsymbol{x}_i^{\mathrm{T}}\boldsymbol{x}_j - \sum\limits_{i}\alpha_i\boldsymbol{x}_i^{\mathrm{T}}\boldsymbol{x}_j \\ \text{s.t. } \sum\limits_{i=1}^{n}\alpha_i = 1, \quad 0 \leqslant \alpha_i \leqslant C, \quad \forall i\end{cases} \tag{9.18}$$

解得支持向量(对应 α_i 不为 0 的那些样本，记为 $\boldsymbol{x}_1, \boldsymbol{x}_2, \cdots, \boldsymbol{x}_l$)之后，可以利用支持向量求得半径和球心：

$$\boldsymbol{a} = \sum_{i=1}^{l}\alpha_i\boldsymbol{x}_i \tag{9.19}$$

$$R^2 = \boldsymbol{x}_s^{\mathrm{T}}\boldsymbol{x}_s - 2\sum_{i=1}^{l}\alpha_i\boldsymbol{x}_i^{\mathrm{T}}\boldsymbol{x}_s + \sum_{i=1}^{l}\sum_{j=1}^{l}\alpha_i\alpha_j\boldsymbol{x}_i^{\mathrm{T}}\boldsymbol{x}_j \tag{9.20}$$

其中，$\boldsymbol{x}_s$ 为判别边界上的支持向量，即对应 $0<\alpha_s<C$ 的支持向量。由此，可得到判决函数：

$$f(\boldsymbol{z}) = \mathrm{sgn}\left(R^2 - \|\boldsymbol{z} - \boldsymbol{a}\|^2\right) \tag{9.21}$$

SVDD 也可以通过引入核函数以在高维空间得到更紧致的解，如图 9.3 所示；

另外，如果有负类样本可供训练，也可在训练时将负类样本考虑进来。

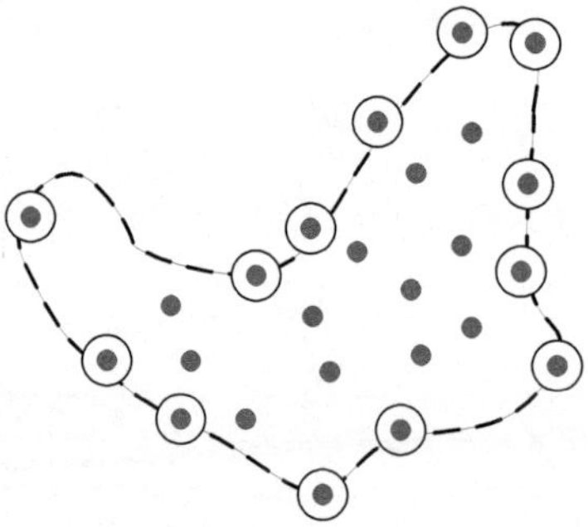

图 9.3　采用核函数的 SVDD 示意图

当考虑负类训练样本和核函数 $K(\boldsymbol{x}_i, \boldsymbol{x}_j) = \phi(\boldsymbol{x}_i)^{\mathrm{T}}\phi(\boldsymbol{x}_j)$ 时，SVDD 的目标函数可写为

$$\begin{cases} \min\limits_{R} R^2 + C_1\sum\limits_i \xi_i + C_2\sum\limits_l \xi_l \\ \text{s.t.} \begin{array}{l} \|\phi(\boldsymbol{x}_i) - \boldsymbol{a}\|^2 \leqslant R^2 + \xi_i \\ \|\phi(\boldsymbol{x}_l) - \boldsymbol{a}\|^2 \geqslant R^2 - \xi_l \end{array}, \quad \xi_i \geqslant 0, \quad \xi_l \geqslant 0, \quad \forall i, l \end{cases} \tag{9.22}$$

令 $\hat{\alpha}_k = y_k\alpha_k$，则其对偶问题为

$$\begin{cases} \min\limits_{\hat{\alpha}} \sum\limits_k \sum\limits_n \hat{\alpha}_k\hat{\alpha}_n K(\boldsymbol{x}_k, \boldsymbol{x}_n) - \sum\limits_k \hat{\alpha}_k K(\boldsymbol{x}_k, \boldsymbol{x}_k) \\ \text{s.t.} \ \sum\limits_k \hat{\alpha}_k = 1, \quad \mathrm{lb}_k \leqslant \hat{\alpha}_k \leqslant \mathrm{ub}_k, \quad \forall k \end{cases} \tag{9.23}$$

其中，lb_k 为优化变量取值下界；ub_k 为优化变量取值上界。当 $\boldsymbol{x}_k$ 为正(负)类样本时，$\mathrm{lb}_k=0(-C_2)$，$\mathrm{ub}_k=C_1(0)$，球心和半径相应变为

$$\boldsymbol{a} = \sum_k \hat{\alpha}_k \boldsymbol{x}_k \tag{9.24}$$

$$R^2 = K(\boldsymbol{x}_s, \boldsymbol{x}_s) - 2\sum_{i=1}^{l} \hat{\alpha}_i K(\boldsymbol{x}_i, \boldsymbol{x}_s) + \sum_{i=1}^{l}\sum_{j=1}^{l} \hat{\alpha}_i\hat{\alpha}_j K(\boldsymbol{x}_i, \boldsymbol{x}_j) \tag{9.25}$$

其中，$\boldsymbol{x}_s$ 为判别边界上的支持向量。因此，判决函数为

$$f(\boldsymbol{z}) = \mathrm{sgn}\left(R^2 - K(\boldsymbol{z}, \boldsymbol{z}) + 2\sum_i \hat{\alpha}_i K(\boldsymbol{z}, \boldsymbol{x}_i) - \sum_i\sum_j \hat{\alpha}_i\hat{\alpha}_j K(\boldsymbol{x}_i, \boldsymbol{x}_j)\right) \tag{9.26}$$

在开集情况下，可用有标签的正类样本和负类样本训练 SVDD 分类器。SVDD 的训练同样面临核参数 γ 和惩罚因子 C 的优化选择问题，以下介绍如何对这两个参数进行选择。

由于正类误识别率(即将正类样本识别为负类的比率)满足[3]

$$\varepsilon \leqslant f_{\mathrm{SV}}^{\mathrm{out}} = \frac{n_{\mathrm{SV}}^{\mathrm{out}}}{N} \tag{9.27}$$

其中，$f_{\mathrm{SV}}^{\mathrm{out}}$ 表示在分类面外的正类支持向量在正类训练样本中的比例；$n_{\mathrm{SV}}^{\mathrm{out}}$ 表示分类面外的正类支持向量个数；N 表示正类训练样本总数。而按照式(9.18)的约束条件，C 必须满足

$$Cn_{\mathrm{SV}}^{\mathrm{out}} \leqslant 1 \tag{9.28}$$

因此有

$$C \leqslant \frac{1}{n_{\mathrm{SV}}^{\mathrm{out}}} = \frac{1}{Nf_{\mathrm{SV}}^{\mathrm{out}}} \leqslant \frac{1}{N\varepsilon} \tag{9.29}$$

在给定正类误识别率 ε 后，即可令 C 取上限以保证误识别率不超过指定 ε，即令

$$C = \frac{1}{N\varepsilon} \tag{9.30}$$

如果训练样本中包含负类，则 C_1 仍可按照式(9.30)确定：

$$C_1 = \frac{1}{N\varepsilon_1} \tag{9.31}$$

其中，ε_1 表示正类误识别率。对于 C_2，由于负类误识别率(即将负类识别为正类的比率) ε_2 与正类误识别率 ε_1 存在以下关系[3]：

$$\frac{C_1}{C_2} = \frac{\varepsilon_2}{\varepsilon_1} \tag{9.32}$$

因此 C_2 可由式(9.33)确定：

$$C_2 = C_1 \frac{\varepsilon_1}{\varepsilon_2} \tag{9.33}$$

在确定 C 参数后，还需要确定最优的核参数。根据文献[3]的观点，SVDD 采用高斯核函数相比多项式核具有更好的性能，这就需要确定高斯核函数的 γ 参数。γ 参数可通过搜索获得。由于 γ 参数越大，支持向量越多，分类面越紧贴正类，可能的误识别率越高，因此可在一定取值范围内从大到小设置 γ 参数，并训练相应的 SVDD 分类器，当支持向量个数小于预定门限时(即意味着正类误识别率降到一定门限)，停止搜索，以当前 γ 参数作为达到预定误识别率的最优核参数。根据当前训练数据的特性，γ 参数的搜索起始值可设为

$$\gamma_{\mathrm{start}} = \frac{1}{\min\limits_{i} \left\| \boldsymbol{x}_i - \mathrm{NN}^{\mathrm{tr}}(\boldsymbol{x}_i) \right\|^2} \tag{9.34}$$

其中，$\mathrm{NN}^{\mathrm{tr}}(\boldsymbol{x}_i)$ 表示训练集中距离 $\boldsymbol{x}_i$ 最近的样本；γ 参数的搜索终止值，可设为

$$\gamma_{\text{end}} = \frac{1}{\max\limits_{i,j} \left\| \boldsymbol{x}_i - \boldsymbol{x}_j \right\|^2} \tag{9.35}$$

在确定 γ 参数和惩罚因子 C(或 C_1、C_2)参数后，即可采用这些参数对 SVDD 分类器进行训练。采用训练完毕的 SVDD 分类器可实现开集识别。

9.2.2　基于 KNN 的开集识别

尽管 SVDD 采用支持向量的思想，但由于通常情况下负类样本不充分甚至根本无法获取，因此SVDD仍需要较充分的正类训练样本才能取得较好的识别效果，尤其是在特征维数较高时，所需的样本更多，否则误识别率将会较高。k 近邻(KNN)是一种在高维小样本情况下性能相对较好的开集识别方法。

基于 KNN 的开集识别的基本思想是：对由正类样本构成的训练集中的每个样本，计算其到 k 个最近邻样本的欧氏距离，并建立一个度量来衡量该样本与近邻样本的近邻程度，然后设定一个判决门限；在进行判决时，计算未知样本到其在训练集中的 k 个最近邻样本的近邻程度度量，当近邻度量大于此门限时，认为该样本为负类样本，反之则为正类样本。

具体而言，基于 KNN 的开集识别分类器的算法实施步骤如下。

训练阶段：

(1)对训练样本去均值，并做方差归一化处理；

(2)计算所有训练样本相互之间的欧氏距离；

(3)对每一个训练样本，找出其 k 个最近邻的样本及其近邻距离，并定义近邻度量；

(4)根据预定的漏检率(如 0.01)设定近邻度量门限；

(5)保存训练样本的均值和方差、样本间的欧氏距离、每个样本的 k 个最近邻和近邻距离以及近邻度量门限。

识别阶段：

(1)对待识别样本按照训练样本的均值和方差去均值并做方差归一化；

(2)计算待识别样本到所有训练样本的欧氏距离；

(3)找出待识别样本在训练集中的 k 个最近邻样本及其近邻距离，按照定义计算其近邻度量；

(4)比较近邻度量与近邻度量门限，如果大于门限值则判为负类，否则判为正类。

近邻度量存在以下几种定义方法。

(1)1-NN 度量：

$$\lambda(i) = \frac{D\left(i, \text{NN}(i)\right)}{D\left(\text{NN}(i), \text{NN}(\text{NN}(i))\right)} \tag{9.36}$$

其中，$\text{NN}(i)$ 表示第 i 个样本的最近邻样本的编号；$D(i,j)$ 表示样本 i 和样本 j 之间的距离。

(2) KNN 均值：

$$\lambda(i)=\frac{1}{k}\sum_{j=0}^{k-1}D\left(i,\text{KNN}(i,j)\right) \tag{9.37}$$

其中，$\text{KNN}(i,j)$ 表示第 i 个样本的第 j 个最近邻样本的编号。

(3) KNN 最大近邻：

$$\lambda(i)=D\left(i,\text{KNN}(i,k)\right) \tag{9.38}$$

该度量是样本到其第 k 个近邻(即最大近邻)样本的距离。

近邻度量门限的设置方法为：对所有训练样本(假设个数为 N)的近邻度量从小到大排序，对给定的正类误识别率 ξ，计算 $M=\text{ceil}(N\times\xi)$，取排序后第 M 个样本的近邻度量作为判决门限。

KNN 的主要优点是方法简单且具有相对较好的小样本刻画能力，若将其用于闭集识别，则其分类判决的错误率在贝叶斯错误率和两倍贝叶斯错误率之间，若将其用于开集识别，在特征维数较高而样本数目较少时性能优于 SVDD 方法。

9.2.3　多模数据的开集识别策略

在辐射源目标开集识别应用中，正类样本中可能包含多个辐射源目标的信号样本，这也就意味着正类数据可能呈现多模分布(即正类样本依照特征的相似度可聚类为几个模式，每个模式可能对应一个辐射源类别)。这种情况下，如果训练样本中不包含负类样本或负类样本数量不充分，则采用 SVDD 或 KNN 进行开集分类器训练后，所产生的分类界面很可能将负类样本划入正类范畴，如图 9.4(a)所示。该图中由于正类包含四个辐射源的特征样本，而负类样本不充分，导致将分布在正类各模式之间的负类样本被判别为正类。

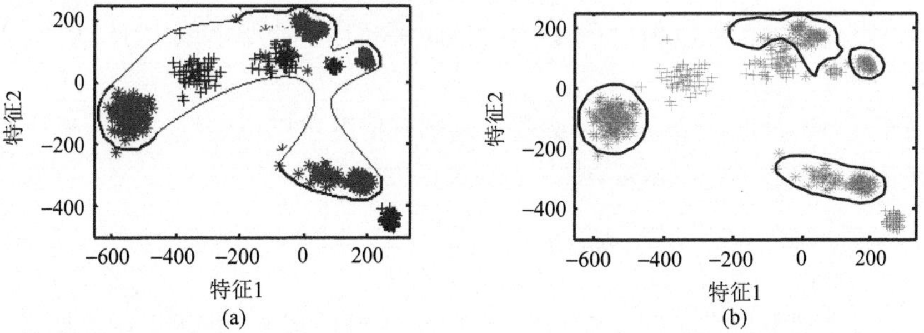

图 9.4　多模数据的开集分类器训练结果(红色为正类，蓝色为负类)(见彩图)

为了解决这个问题，应该重新设计开集识别策略，即采用单模开集训练和组合识别的策略：在训练阶段，对每个辐射源，采用其样本各自训练一个开集分类器；在识别阶段，对待识别样本，采用各辐射源对应的开集分类器分别进行开集识别，如果所有的开集分类器都识别为负类，则判定该样本为新辐射源样本，否则判定该样本为已知辐射源样本。

采用单模开集训练和组合识别的策略对前述的四个辐射源构成的多模数据开集识别问题进行训练，其构成的开集识别分类界面如图 9.4(b) 所示。由图可见，分类界面围绕每个单模数据分布构建，从而避免了将正类每个模式之间的负类样本划入正类范畴。

9.2.4 开集识别置信度计算

本小节对基于 SVDD 开集识别分类器和基于 KNN 的开集识别分类器分别介绍其置信度计算方法。

对于 SVDD 开集识别分类器，由于其判决超平面是一个半径为 R 的超球，因此可以利用样点到超球中心的距离(基于核)来计算判别置信度，这个距离的计算公式为

$$d_{\mathrm{SVDD}}(\boldsymbol{x}) = K(\boldsymbol{x},\boldsymbol{x}) - 2\sum_i \widehat{\alpha}_i K(\boldsymbol{x},\boldsymbol{x}_i) + \sum_i\sum_j \widehat{\alpha}_i\widehat{\alpha}_j K(\boldsymbol{x}_i,\boldsymbol{x}_j) \tag{9.39}$$

由此，可以设计基于距离的开集识别置信度计算公式：

$$c_{\mathrm{SVDD}}(\boldsymbol{x}) = \frac{\left|R^2 - d_{\mathrm{SVDD}}(\boldsymbol{x})\right|}{R^2} \tag{9.40}$$

为了让置信度更易于理解，也可按照式(9.41)计算置信度：

$$c_{\mathrm{SVDD}}(\boldsymbol{x}) = \min\left\{\exp(\eta) - \exp\left(\eta\left(1 - \left|1 - \frac{d_{\mathrm{SVDD}}(\boldsymbol{x})}{R^2}\right|\right)\right)\Big/\left(\exp(\eta) - 1\right), 1\right\} \tag{9.41}$$

其中，η 设置为 3～5。对于判为正类的样本，式(9.41)定义的置信度取值在 0～1，在判别超平面上置信度为 0，在超球中心置信度为 1；对于判为负类的样本，式(9.41)定义的置信度取值仍在 0～1，但距离超球中心等于或大于 $2R^2$ 的样本，置信度均为 1。

对基于 KNN 的开集识别分类器，判别置信度可以根据近邻度量来计算。设判决样本的近邻度量为 $\lambda(\boldsymbol{x})$，则其判别置信度可定义为

$$c_{\mathrm{KNN}}(\boldsymbol{x}) = \frac{\left|\lambda(\boldsymbol{x}) - \lambda_{\mathrm{KNN}}\right|}{\lambda_{\mathrm{KNN}}} \tag{9.42}$$

其中，λ_{KNN} 为训练后设定的近邻判别门限。为更好地理解，也可以用类似式(9.41)的方法定义置信度：

$$c_{\mathrm{KNN}}(\boldsymbol{x})=\min\left\{\exp(\eta)-\exp\left(\eta\left(1-\left|1-\frac{\lambda(\boldsymbol{x})}{\lambda_{\mathrm{KNN}}}\right|\right)\right)\bigg/(\exp(\eta)-1),1\right\} \tag{9.43}$$

开集识别置信度也可以基于后验概率拟合的方法进行计算，具体的计算方法可以参考 9.1.2 小节。

9.3　辐射源信号盲分选

如果不具备先验知识而无法建立初始的辐射源信号特征库，则无法对分类器进行训练，因而无法完成识别。尽管如此，通过辐射源信号盲分选，了解当前信号中包含几个辐射源，哪些信号同源，同样具备一定的应用价值。这就需要在完成特征提取后，依据信号特征进行聚类分析。本节主要介绍辐射源信号盲分选中的聚类数估计和聚类算法设计这两个部分。

9.3.1　盲分选聚类数估计

聚类是一种无监督的学习方法，其主要思想是按照某个准则将给定的数据集划分为有限个类，使得在同一类中的样本具有较高的相似度，而不同类中的样本相似度较小。近年来，虽然聚类分析方法在机器学习、图像处理、数据挖掘等研究领域已经得到了广泛的应用，但是绝大多数聚类算法仍必须预先确定聚类数，聚类数的设置直接影响了聚类结果的有效性。在实际应用中，聚类数往往是未知的，如何确定数据集的最佳聚类数，一直是聚类算法研究中的一个基础性难题。本节将介绍几种典型的聚类数估计算法。

1. *基于聚类有效性指标的聚类数估计算法*

基于聚类有效性指标的聚类数估计方法是现有文献中研究最多的一种方法，其主要原理是采用穷举的策略依据聚类有效性指标来确定数据集的最佳聚类数。

该方法的具体实现步骤为：对于给定的数据集，通过设置不同的聚类数 K，并运行特定的聚类算法得到对数据集的不同划分，然后采用聚类有效性指标对每次聚类结果进行有效性评估，通过比较不同聚类数情况下指标值的大小或者分析其变化情况，来确定数据集的最佳聚类数。

现有的有效性指标主要是从聚类结果的类内紧凑性、类间分离度来考虑问题，并综合考虑数据的统计和几何特性、参与聚类的数据集大小等因素。聚类有效性指标可分为外部指标和内部指标两类。其中，外部指标是将聚类的结果与给定的参考标准进行比较来度量聚类结果的有效性，主要用于结果评定和比较不同聚类算法的性能；内部指标只依据数据集本身和聚类结果的统计特性对聚类结果进行评价，主要用于评价同一聚类算法在不同聚类数条件下聚类结果的优良程度，通常用来确定数据集的最佳聚类数。在辐射源信号盲分选应用中，可利用内部指标来估计数据集的聚类数。本节介绍几种常用的聚类有效性评价的内部指标。

(1) CH 指标。

Calinski-Harabasz (CH) 指标[4]是衡量聚类结果的类间散布和类内紧密度的测度。设 K 表示聚类数，数据集的样本总数为 N，则 CH 指标定义如下：

$$\mathrm{CH}(K)=\frac{\mathrm{tr}\left(\boldsymbol{B}_k\right)/\left(K-1\right)}{\mathrm{tr}\left(\boldsymbol{W}_k\right)/\left(N-K\right)} \tag{9.44}$$

其中，$\mathrm{tr}(\cdot)$ 表示求矩阵的迹；$\boldsymbol{B}_k$ 和 $\boldsymbol{W}_k$ 分别为聚类结果的类间散布矩阵和类内紧密度矩阵，其定义如下:

$$\boldsymbol{B}_k=\sum_{r=1}^{k}\left|C_r\right|\left(\overline{\boldsymbol{x}}_r-\boldsymbol{\mu}\right)\left(\overline{\boldsymbol{x}}_r-\boldsymbol{\mu}\right)^{\mathrm{T}} \tag{9.45}$$

$$\boldsymbol{W}_k=\sum_{r=1}^{k}\sum_{\boldsymbol{x}_i\in C_r}\left(\boldsymbol{x}_i-\overline{\boldsymbol{x}}_r\right)\left(\boldsymbol{x}_i-\overline{\boldsymbol{x}}_r\right)^{\mathrm{T}} \tag{9.46}$$

其中，$\boldsymbol{x}_i$ 为特征样本；$\overline{\boldsymbol{x}}_r$ 为第 r 类的样本均值向量；$\boldsymbol{\mu}$ 是所有样本的均值向量；C_r 表示第 r 类样本集合。

类间散布矩阵通过计算各类中心点与数据集中心点距离的平方和得到，类内紧密度矩阵通过计算各类中的样本与其对应的类中心距离的平方和得到。因此，CH 指标越大表明类自身越紧密，类与类之间越分散，也意味着聚类效果优良，由此可将 CH 指标最大值对应的类数作为最佳聚类数。该指标不适用于聚类数为 1 的情况。

(2) Wint 指标。

Weighted inter-intra (Wint) 指标[5,6]是基于类内相似度和类间相似度的聚类有效性度量，其定义为

$$\mathrm{Wint}\,(K)=1-\frac{\displaystyle\sum_{i=1}^{K}\frac{n_i}{N-n_i}\sum_{j=1,j\neq i}^{K}n_j\cdot\mathrm{inter}\left(i,j\right)}{\displaystyle\sum_{i=1}^{K}n_i\cdot\mathrm{intra}\left(i\right)} \tag{9.47}$$

其中，$\mathrm{intra}\,(i)$ 和 $\mathrm{inter}\,(i,j)$ 分别表示类内相似度和类间相似度，可基于欧氏距离定义相似度；n_i 为第 i 类的样本数。

Wint 指标越大，表明聚类结果中类内样本越相似且类间样本越不相似，意味着聚类效果优良，可选取其最大值对应的类数作为最佳聚类数。在实际使用的过程中，通常采用带惩罚因子 $(1-2K)/N$ 的 Wint 指标进行类数估计。该指标不适用于聚类数为 1 的情况。

(3) IGP 指标。

IGP (in-group proportion) 指标[7]通过计算聚类结果中最近邻样本为同一类的比例来衡量聚类结果的质量。聚类标签为 u 的 IGP 指标的定义如下：

$$\mathrm{IGP}(u)=\frac{\#\{j\mid \mathrm{Class}(j)=\mathrm{Class}(j_N)=u\}}{\#\{j\mid \mathrm{Class}(j)=u\}} \tag{9.48}$$

其中，#符号表示满足条件的样本个数；j_N 表示距离样本 j 最近的样本；$\mathrm{Class}(j)$ 表示样本 j 的聚类标签。

所有类的平均 IGP 指标越大，最近邻样本为同一类的比例越高，意味着聚类质量越好，因此可选最大的平均 IGP 指标对应的类数作为最佳聚类数。该指标不适用于聚类数为 1 的情况。

(4) DB 指标。

DB 指标[8]是基于类内紧密度与类间距的聚类有效性度量，其定义如下：

$$\mathrm{DB}(K)=\frac{1}{K}\sum_{i=1}^{K}\max_{j=1,\cdots,k,j\neq i}\frac{W_i+W_j}{d(C_i,C_j)} \tag{9.49}$$

其中，$d(C_i,C_j)$ 表示类 C_i 与类 C_j 的聚类中心的距离；W_j 表示类 C_j 的所有样本到其聚类中心的平均距离。

DB 指标越小表明聚类之后的类内紧密度越高或类间距越大，意味着聚类效果越好，因此，可选择 DB 指标取最小值对应的类数作为最佳聚类数。该指标不适用于聚类数为 1 的情况。

(5) KL 指标。

KL 指标[9]是基于类内紧密度的聚类有效性度量，其定义如下：

$$\mathrm{KL}(K)=\left|\frac{\mathrm{DIFF}(K)}{\mathrm{DIFF}(K+1)}\right| \tag{9.50}$$

$$\mathrm{DIFF}(K)=(K-1)^{2/p}\,\mathrm{tr}(\boldsymbol{W}_{K-1})-(K)^{2/p}\,\mathrm{tr}(\boldsymbol{W}_K) \tag{9.51}$$

其中，$\boldsymbol{W}_K$ 为类内点到聚类中心距离的平方和；p 为样本维度。

KL 指标越大表明聚类之后的类内样本越紧密，意味着聚类效果优良。因此可选 KL 指标取最大值对应的类数作为最佳聚类数。该指标不适用于聚类数为 1 的情况。

2. 基于图谱理论的聚类数估计算法

基于图谱理论的聚类数估计是将数据的分布情况利用无向加权图进行表示，然后分析其对应的拉普拉斯矩阵(或者相似度矩阵)的特征值的分布特性来估计聚类数。其原理为：对于存在 K 个彼此分离簇的数据集，可以证明该数据集对应的标准化拉普拉斯矩阵的前 K 个最小特征值接近 0，其他特征值接近 1，因而拉普拉斯矩阵的特征值分布指示了数据集包含的聚类数。

一种典型的基于图谱理论的聚类数估计方法由 Ng 等提出[10]，该方法通过分析特征值的变化情况来估计最佳聚类数。对由 N 个样本构成的数据集 $\boldsymbol{X}=(\boldsymbol{x}_1,\boldsymbol{x}_2,\cdots,\boldsymbol{x}_N)^{\mathrm{T}}$，该算法描述如下。

(1) 计算相似度矩阵 $\boldsymbol{S}$，其中的矩阵元素定义如下：

$$\boldsymbol{S}(i,j)=\exp\left(-\frac{\left\|\boldsymbol{x}_i-\boldsymbol{x}_j\right\|^2}{2\sigma^2}\right) \tag{9.52}$$

其中，σ 为一个可调节的参量。

(2) 构造拉普拉斯矩阵：

$$\boldsymbol{L}=\boldsymbol{D}-\boldsymbol{S} \tag{9.53}$$

其中，$\boldsymbol{D}$ 为对角矩阵，其对角元素的取值为

$$\boldsymbol{D}(i,i)=\sum_{k=1}^{N}\boldsymbol{S}(i,k) \tag{9.54}$$

(3) 计算标准化拉普拉斯矩阵：

$$\overline{\boldsymbol{L}}=\boldsymbol{D}^{1/2}\boldsymbol{L}\boldsymbol{D}^{1/2} \tag{9.55}$$

(4) 求拉普拉斯矩阵的特征值 $\{\lambda_1,\lambda_2,\cdots,\lambda_N\}$，并对特征值按照升序排序。

(5) 计算特征值之间的差值：

$$\Delta\lambda_i=\lambda_i-\lambda_{i+1} \tag{9.56}$$

(6) 取 $\{\Delta\lambda_1,\Delta\lambda_2,\cdots,\Delta\lambda_{N-1}\}$ 中最大值对应的下标作为最佳聚类数。

3. 基于图像处理方法的聚类数估计算法

基于图像处理的聚类数估计算法是利用图像处理和数据处理的方法将聚类数估计问题转换为一维信号峰值个数的检测问题[11,12]。其原理为：首先将数据集的分布信息利用相异度矩阵表示，然后根据最小支撑树剪枝原理对相异度矩阵进行重排序，使得具有最小相异度(或最大相似度)的数据样本被分配到相对邻近的索引区域，再将其元素值转换成灰度图像，然后利用图像处理和数据处理的方法获得一维信号数据，通过检测一维信号峰值的个数得到数据集的最佳聚类数。图 9.5 给出了该算法的处理流程。

以下利用仿真产生的数据集对该算法进行具体描述。图 9.6 为仿真数据集的二维特征视图，其中包含的辐射源个数为 5 个，每个辐射源的样本数为 600 个，特征维数为 2，各类的均值为 $\boldsymbol{\mu}_1=(0,\ 7)^{\mathrm{T}}$，$\boldsymbol{\mu}_2=(0,\ 0)^{\mathrm{T}}$，$\boldsymbol{\mu}_3=(4,\ 3)^{\mathrm{T}}$，$\boldsymbol{\mu}_4=(5,\ -2)^{\mathrm{T}}$，$\boldsymbol{\mu}_5=(-4,\ 7)^{\mathrm{T}}$，协方差矩阵为 $\boldsymbol{\Sigma}=[0.6,\ 0;\ 0,\ 0.6]$。

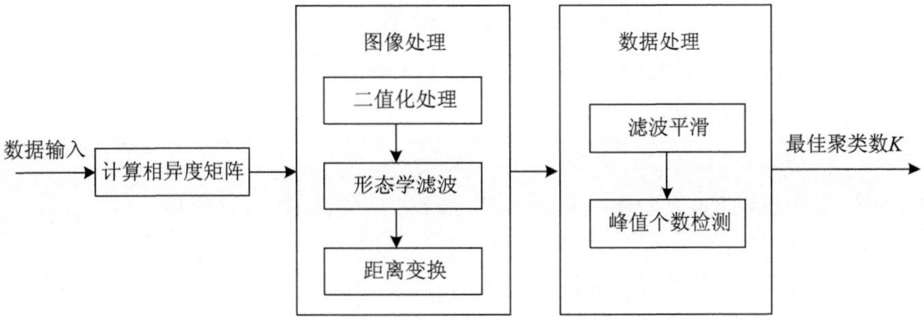

图 9.5　基于图像处理方法的聚类数估计算法流程图

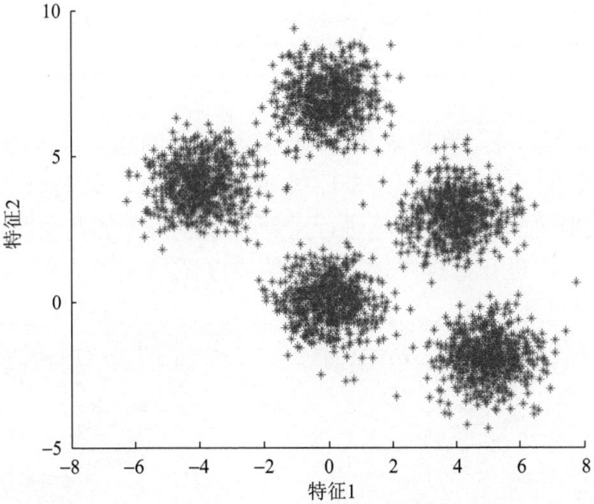

图 9.6　数据集 5 个目标的可视化示意图

1) 构造相异度矩阵

对于给定的数据集 $\boldsymbol{X}=(\boldsymbol{x}_1,\boldsymbol{x}_2,\cdots,\boldsymbol{x}_N)^{\mathrm{T}}$，采用高斯核函数构造数据样本之间的相异度矩阵 $\boldsymbol{S}$，该矩阵中的元素的计算表达式如下：

$$\boldsymbol{S}(i,j)=1-\exp\left(-\frac{d_{ij}^2}{2\sigma^2}\right) \tag{9.57}$$

其中，d_{ij} 表示样本 i 和样本 j 的欧氏距离；σ 为一个可调节的参量。

对该相异度矩阵，采用 VAT 算法[13] (算法 9.1) 进行排序重组，使得具有最小相异度(或最大相似度)的数据样本被分配到相对邻近的索引区域。

算法 9.1　VAT 算法

输入：数据集 $\boldsymbol{X}=(\boldsymbol{x}_1,\boldsymbol{x}_2,\cdots,\boldsymbol{x}_N)^{\mathrm{T}}$ ，归一化的相异度矩阵 $\boldsymbol{S}$ ；

输出：重新排序得到的相异度矩阵 $\boldsymbol{D}$ 。

1. 初始化：I 为空集，$J=\{1,2,\cdots,N\}$，P 为包含 N 个 0 的数字集
2. 找出相异度矩阵中最大值对应的矩阵元素位置 (i,j)，并令 $P(1)=i$，$I=\{i\}$，$J=J-\{j\}$
3. For $m=2,3,\cdots,N$

　　寻找矩阵元素位置 (i,j) 使其满足

$$(i,j)=\arg\min_{p,q}\left\{S(p,q)\,\middle|\,p\in I,q\in J\right\} \tag{9.58}$$

　　再令 $P(m)=j$，更新 $I=I\cup\{i\}$，$J=J-\{j\}$

　end

4. 构造重新排序的归一化相异度矩阵 $\boldsymbol{Q}$ ，其元素为 $\boldsymbol{Q}(i,j)=\boldsymbol{S}\big(P(i),P(j)\big)$

对于图 9.6 的数据集，利用式(9.57)计算数据集的相异度矩阵，并将其转化为灰度图像进行显示。图 9.7(a)为未经排序的相异度矩阵转换得到的灰度图；图 9.7(b)为对数据集的相异度矩阵进行重新排序后得到的灰度图。由图可知，对数据集的相异度矩阵进行重排序之后所得的灰度图呈现了数据集的聚类数信息。

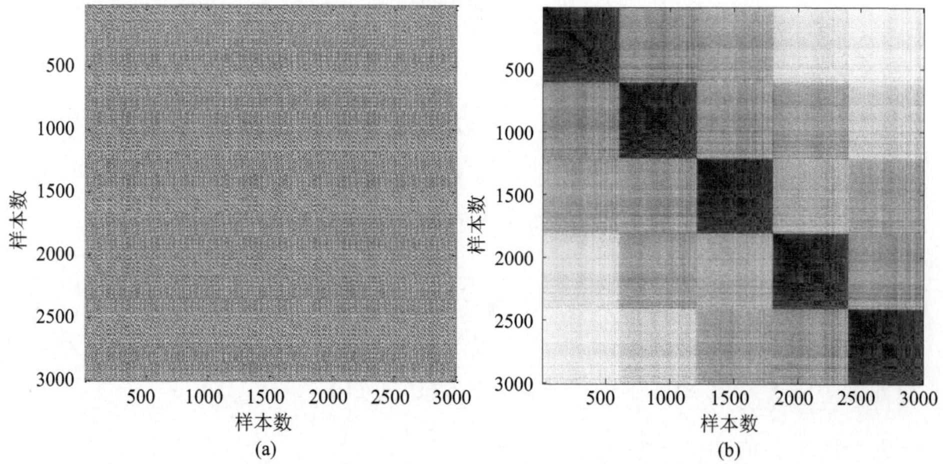

图 9.7　相似度矩阵对应的灰度图像示意图

2) 图像分割

为了从重排序后的相异度矩阵对应的灰度图中提取聚类数信息，可进一步对其进行图像分割处理。图像分割是根据图像的像素将图像划分为目标区域和背景区域的过程，其目的是把感兴趣的目标从图像中提取出来，以便做进一步的分析和处理。

基于阈值的分割方法是一种简单有效的图像分割方法。该方法将给定的灰度图像划为两个区域，对应的灰度值分别为 1 或 0，使得图像显示只有白和黑两种颜色，其具体操作原则如下：

$$g(x,y)=\begin{cases}1, & f(x,y)\geqslant\delta \\ 0, & f(x,y)<\delta\end{cases} \tag{9.59}$$

其中，$f(x,y)$ 表示图像上坐标为 (x,y) 的像素点的灰度值；门限 δ 的值可由 Otsu 算法给出[14]，其基本原理是基于图像的灰度直方图，以目标和背景的类内方差最小或者类间方差最大作为阈值的选取准则。

对图 9.7(b) 进行二值化处理的结果如图 9.8 所示。从图中可以看出，经图像分割处理后，背景区域和目标区域出现了更为明显的界限，突出了所关注的目标区域。

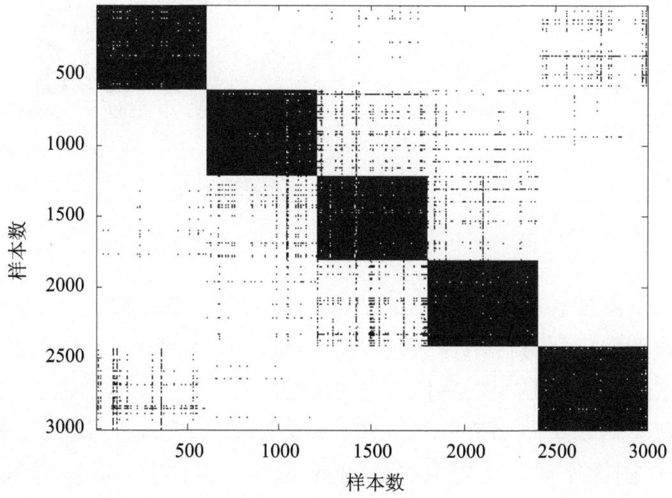

图 9.8　二值化图像示意图

3) 形态学滤波

为了使得二值图像中所关注的目标区域更加清晰，利用形态学滤波对二值图像进行处理。形态学滤波是一种常用的图像处理方法，其原理是根据图像的几何结构特征定义合适的结构，然后利用该结构对图像进行运算处理，以达到对二值图像中所关注的目标区域匹配或局部修正的目的。

腐蚀和膨胀是形态学滤波中的两个基本运算。其中，腐蚀的作用是消除小于结构元素的噪声点；膨胀主要是平滑目标区域边界避免图像中的细小空洞对后续操作的影响。MATLAB 中的 Imerode 和 Imdilate 函数可以完成腐蚀和膨胀操作。在实际的应用中，为了避免两个类膨胀成一个类以及一个类被腐蚀成两个类，可采用自适应形态滤波的方法对图像进行形态学滤波[15]，即根据图像的不同位置自适应地调整结构元素的大小。

对图 9.8 所示数据进行形态学滤波之后所得的图像如图 9.9 所示。

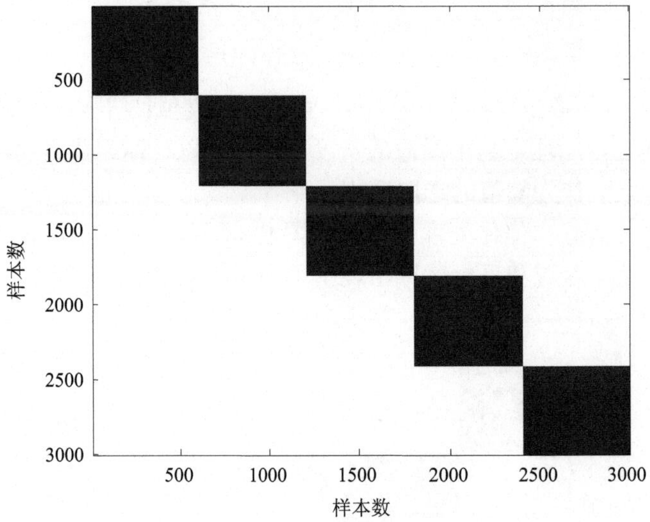

图 9.9　二值图像形态学滤波结果

4) 距离变换

为了将二值图像转换为可检测的信息，采用距离变换做进一步处理。距离变换是指将二值图像中目标区域像素值转化为该点到最近背景点的距离，离区域边界越近的像素点距离值越小，离区域核心越近的像素点距离值越大，转化结果是将二值图像转化为表示距离值的灰度图，那么离边界越远的点越亮，相反则越暗。

MATLAB 图像处理工具箱中的 bwdist 函数可以计算 0 像素与最近的非 0 像素之间的距离。将图 9.9 进行距离变换得到的灰度图像如图 9.10 所示。

5) 峰值检测

为了从经过距离变化得到的灰度图像中自动估计数据集的聚类数，将得到的距离变换像素矩阵沿主对角线映射取值得到一维数组(在本算法中称为一维信号)，结果如图 9.11 所示。通过检测峰值的个数，得到数据集的聚类数。

当数据集各类之间的边界存在交集时，得到的曲线会出现毛刺，如图 9.11(a) 所示。因此，为了能够准确估计峰值的个数，可对曲线以合适的窗长进行平滑滤波。

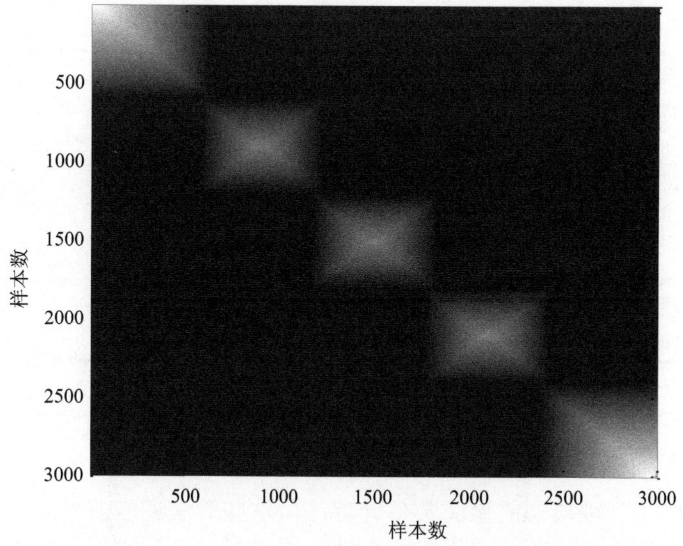

图 9.10　距离变化得到的灰度图像

根据图 9.11(b)检测出信号峰值的个数为 5 个，即数据集的类别数为 5 个，与数据集的真实聚类数相符。

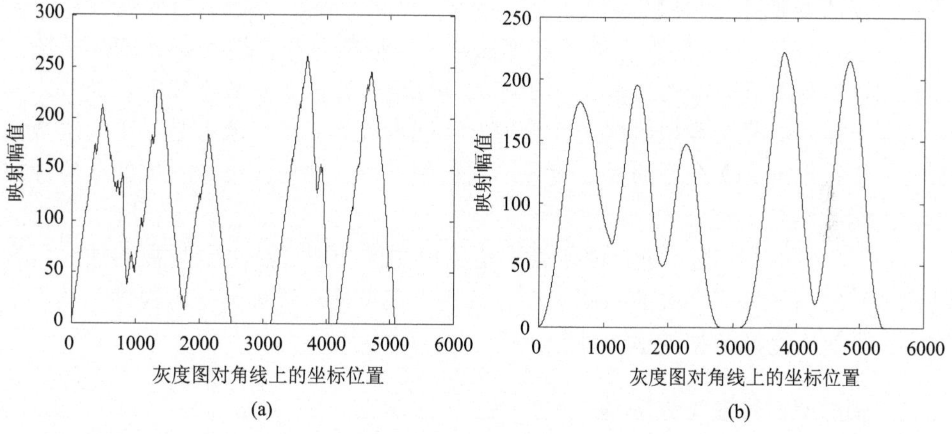

图 9.11　一维信号示意图

综上所述，算法 9.2 给出了基于图像处理方法的最佳聚类数估计算法的实现步骤。

算法 9.2 基于图像处理方法的聚类数估计算法

输入：数据集 $\boldsymbol{X}=(\boldsymbol{x}_1,\boldsymbol{x}_2,\cdots,\boldsymbol{x}_N)^{\mathrm{T}}$；

输出：最优聚类数 K。

1. 计算数据集的相异度矩阵；
2. 利用 VAT 算法[13]对相异度矩阵重新排序，并将其化为灰度图像；
3. 对图像进行二值化处理得到二值图像；
4. 对二值化图像进行形态学滤波；
5. 对滤波后图像做距离变换；
6. 对距离变换后图像提取主对角线像素得到一维信号；
7. 对一维信号进行平滑滤波，检测滤波后信号峰值的个数，即为聚类数 K。

4. 聚类数估计算法小结

以上介绍了几种典型的聚类数估计算法，这些算法适应的场景各有不同。但总的来说，对聚类数的估计很大程度上取决于提取的特征是否能够有效地表征数据集所包含的类别数信息。同时需要指出的是聚类数的估计是一种无监督的学习，应尽可能在低维的特征空间进行。以下总结了三种聚类数估计算法的特性。

(1) 基于聚类有效性指标的估计算法是对聚类结果评价以确定数据集的聚类数。该方法优点在于简单且易于实现。缺点是依赖具体的聚类算法，且需要遍历搜索，算法运算量大。

(2) 基于图谱理论的聚类数估计算法是将数据的分布情况利用无向加权图进行表示，然后对其对应的拉普拉斯矩阵的特征值分析以确定数据集的聚类数。其优点在于能够对复杂类型数据进行处理，实现也较为简单。缺点是对于高维数据而言，往往很难定义合理的权值度量，这就使得该方法对高维数据集的适应性较差，准确度不高。

(3) 基于图像处理方法的估计算法是利用图像处理方法将聚类数的估计问题转化为一维信号峰值个数的检测问题。其优点在于处理过程具有可视性，其不足同样在于对于高维数据的适应性较差。

9.3.2 辐射源信号聚类算法

目前，没有任何一种聚类算法对所有数据类型都能够表现出较好的适应性。在实际的应用中，应根据不同的数据集的特点及多次实验的结果选取合适的聚类算法。以下介绍几种常用的聚类算法。

1. *k*-均值聚类算法

k-均值聚类算法是一种经典的聚类算法。由于该算法的效率高，在很多领域得到

了广泛应用。该算法的核心思想是找出 k 个聚类中心，使得每个数据点与其最近的聚类中心的距离和最小。该算法采用平方误差准则作为优化函数，其定义如下：

$$E=\sum_{i=1}^{K}\sum_{p\in C_i}\left\|\boldsymbol{p}-\boldsymbol{m}_i\right\|^2 \tag{9.60}$$

其中，$\boldsymbol{m}_i$ 是类 C_i 的样本均值。在样本的相似度量上通常采用欧氏距离。该算法的流程如算法 9.3 所示。

算法 9.3　k-均值聚类算法

输入：数据集 $\boldsymbol{X}=(\boldsymbol{x}_1,\boldsymbol{x}_2,\cdots,\boldsymbol{x}_N)^{\mathrm{T}}$，聚类数 k；
输出：使平方误差准则最小的聚类划分结果。

1. 任意选择数据集中 k 个对象作为聚类中心；
2. Do
    按照最近邻的准则对所有数据样本分类；
    对各类分别计算样本均值，并作为新的聚类中心；
  Until 聚类中心不再发生改变

2. 层次聚类算法

层次聚类算法按照样本的相似度或距离将数据组织成树状图来进行聚类。层次聚类算法包含两类：自底向上的合并层次聚类和自顶向下的分解层次聚类。合并聚类的策略是先将每个对象各自作为一个原子聚类，然后对这些原子聚类逐层进行聚合，直至满足一定的终止条件为止；后者则与前者相反，即先将所有的对象都看成一个聚类，然后将其不断分解直至满足终止条件为止。

合并层次聚类算法流程描述如算法 9.4 所示。

算法 9.4　合并层次聚类算法

输入：数据集 $\boldsymbol{X}=(\boldsymbol{x}_1,\boldsymbol{x}_2,\cdots,\boldsymbol{x}_N)^{\mathrm{T}}$；
输出：聚类划分 $C=(C_1,C_2,\cdots,C_K)$，其中 C_i 表示第 i 类样本集合

1. 初始设定聚类个数为 $K=N$ 个，并令 $C_i=\{\boldsymbol{x}_i\}$，$i=1,2,\cdots,n$；
2. Do
    $K=K-1$；
    计算各聚类中心之间的相似度；
    合并相似度最大的两个类，构成新的类集；
  Until 满足给定的停止条件或达到预定的聚类数

在该算法中，必须确定度量样本间相似度函数以及聚类的优化函数。四种常用的相似度函数如下。

(1)余弦函数：

$$\cos\left(\boldsymbol{x}_i, \boldsymbol{x}_j\right)=\frac{\boldsymbol{x}_i^{\mathrm{T}} \boldsymbol{x}_j}{\left\|\boldsymbol{x}_i\right\|\left\|\boldsymbol{x}_j\right\|} \tag{9.61}$$

(2)相关系数：

$$\operatorname{corc}\left(\boldsymbol{x}_i, \boldsymbol{x}_j\right)=\frac{\boldsymbol{x}_i^{\mathrm{T}} \boldsymbol{x}_j}{\left\|\boldsymbol{x}_i\right\|^2+\left\|\boldsymbol{x}_j\right\|^2} \tag{9.62}$$

(3)欧氏距离相似度：

$$\operatorname{eu}\left(\boldsymbol{x}_i, \boldsymbol{x}_j\right)=1-\frac{\left\|\boldsymbol{x}_i-\boldsymbol{x}_j\right\|^2}{1.0+d_{\max}} \tag{9.63}$$

其中，$d_{\max}$为样本间的最大欧氏距离。

(4)扩展 Jacard 系数：

$$\operatorname{EJacc}\left(\boldsymbol{x}_i, \boldsymbol{x}_j\right)=\frac{\boldsymbol{x}_i^{\mathrm{T}} \boldsymbol{x}_j}{\left\|\boldsymbol{x}_i\right\|+\left\|\boldsymbol{x}_j\right\|-\boldsymbol{x}_i^{\mathrm{T}} \boldsymbol{x}_j} \tag{9.64}$$

在辐射源信号聚类中，可利用不同相似度函数进行聚类尝试，通过观察其聚类效果选择一个能较好适应当前数据分布的相似度函数。

聚类优化准则函数对最终的聚类效果也有重要的影响。存在着多种优化准则函数可供选用，推荐在辐射源目标聚类中采用以下准则函数：

$$I\left(\left\{C_k\right\}\right)=\sum_{k=1}^K \frac{1}{n_k}\left(\sum_{x_i, x_j \in C_k} \operatorname{sim}\left(\boldsymbol{x}_i, \boldsymbol{x}_j\right)\right) \tag{9.65}$$

其中，$\operatorname{sim}(\boldsymbol{x}_i, \boldsymbol{x}_j)$为相似度函数；$n_k$为第$k$个聚类中的样本个数。对于某个聚类划分$\{C_k\}$，计算对应的聚类优化准则函数，当该函数大于一定门限或不再增加时，聚类算法停止。

3. 高斯混合聚类算法

高斯混合模型(Gaussian mixed model，GMM)采用加权高斯分布和来拟合样本的概率密度分布。对于聚类算法而言，每个高斯分布就代表了聚类的样本分布，因此，聚类的过程就是将数据样本分别在几个高斯模型上投影，计算样本在各个类上的概率，然后选取概率最大的类为样本的聚类结果。

高斯混合模型的定义如下：

$$p(\boldsymbol{x})=\sum_{k=1}^K \boldsymbol{\pi}_k p(\boldsymbol{x} \mid k) \tag{9.66}$$

其中，K为模型的个数；$\boldsymbol{\pi}_k$为第k个高斯分布的权重；$p(\boldsymbol{x}|k)$为第k个高斯分布

的概率密度函数，其均值为 $\boldsymbol{\mu}_k$，方差为 $\boldsymbol{\Sigma}_k$。

在该聚类算法中，求解对应的权重 $\boldsymbol{\pi}_k$、均值 $\boldsymbol{\mu}_k$ 以及方差 $\boldsymbol{\Sigma}_k$ 变量，便可以得到对应的概率密度函数的估计。对于给定的数据集 $\boldsymbol{X}=(\boldsymbol{x}_1,\boldsymbol{x}_2,\cdots,\boldsymbol{x}_N)^{\mathrm{T}}$，可采用极大似然估计对参数进行求解，即最大化以下对数似然函数：

$$L(\boldsymbol{\pi}_1,\boldsymbol{\pi}_2,\cdots,\boldsymbol{\pi}_K,\boldsymbol{\mu}_1,\boldsymbol{\mu}_2,\cdots,\boldsymbol{\mu}_K,\boldsymbol{\Sigma}_1,\boldsymbol{\Sigma}_2,\cdots,\boldsymbol{\Sigma}_K)=\sum_{i=1}^{N}\ln\left(\sum_{k=1}^{K}\boldsymbol{\pi}_k p\left(\boldsymbol{x}_i|\boldsymbol{\mu}_k,\boldsymbol{\Sigma}_k\right)\right) \tag{9.67}$$

然后采用最大期望(expectation maximization，EM)算法进行迭代优化求解。求解主要包括以下两步。

(1)初始化各个高斯模型的参数,计算所有样本由各个高斯模型生成的后验概率，其中，任意样本 $\boldsymbol{x}_i$ 由第 k 个高斯模型生成的后验概率为

$$w_i(k)=\frac{\boldsymbol{\pi}_k p\left(\boldsymbol{x}_i|\boldsymbol{\mu}_i,\boldsymbol{\Sigma}_i\right)}{\sum_{j=1}^{K}\boldsymbol{\pi}_j p\left(\boldsymbol{x}_i|\boldsymbol{\mu}_j,\boldsymbol{\Sigma}_j\right)} \tag{9.68}$$

(2)采用最大似然估计方法重新估计各个高斯模型的参数：

$$\boldsymbol{\mu}_k'=\frac{1}{N}\sum_{i}^{N}w_i(k)\boldsymbol{x}_i \tag{9.69}$$

$$\boldsymbol{\Sigma}_k'=\frac{1}{N}\sum_{i}^{N}w_i(k)\left(\boldsymbol{x}_i-\boldsymbol{\mu}_k'\right)\left(\boldsymbol{x}_i-\boldsymbol{\mu}_k'\right)^{\mathrm{T}} \tag{9.70}$$

$$\boldsymbol{\pi}_k'=\frac{1}{N}\sum_{i}^{N}w_i(k) \tag{9.71}$$

重复以上步骤，直到模型参数估计值波动小于一定程度。最后根据式(9.68)计算样本属于各类的概率，选择最大概率对应的高斯模型对应的类别作为样本的聚类结果。该算法的具体描述如算法 9.5 所示。

4. 三种聚类算法的特性小结

在本节中介绍了三种经常用到的聚类算法,不同的聚类方法具备不同的特性,有各自的优缺点,适应不同的应用场合。对以上三种聚类算法的优缺点总结如下。

(1) k-均值聚类算法。

优点：实现难度低，易于理解，在低维数据集上有不错的效果。

算法 9.5　高斯混合聚类算法

输入：数据集 $X=(\boldsymbol{x}_1,\boldsymbol{x}_2,\cdots,\boldsymbol{x}_N)^{\mathrm{T}}$ ，高斯混合成分个数 K;
输出：簇划分 $C=(C_1, C_2,\cdots, C_K)$，其中 C_i 表示第 i 类样本集合。

1. 初始化高斯混合模型参数{ $\boldsymbol{\pi}_k$, $\boldsymbol{\mu}_k$, $\boldsymbol{\Sigma}_k$ }；
2. 迭代计算，直到算法收敛；

```
repeat
  for  i = 1, 2,⋯, N
      根据式(9.68)计算 x_i 由各高斯模型生成的后验概率；
  end
  for  i =1, 2,⋯, K
      根据式(9.69)～式(9.71)计算新的权重系数、均值和方差矩阵；
  end
  更新模型参数{ π_k , μ_k , Σ_k }。
Until 满足停止条件
```

3. 根据式(9.68)确定各样本属于各个高斯模型的概率，并选择最大概率对应的高斯模型所属的类别作为样本的聚类结果。

缺点：对于高维数据计算速度十分慢；需要设定聚类数；算法可能陷入局部收敛。

(2)层次聚类算法。

优点：聚类过程中能够展现数据层次结构，易于理解；可不需要预先设定聚类数，通过聚类过程中对各层聚类结果的分析确定最终的聚类。

缺点：计算复杂度高，奇异值也能产生很大影响。算法很可能聚类成链状(一层包含着一层)。尽管算法不需要预定聚类数，但是选择哪个层次的聚类作为最终的聚类结果，需要按照实际情况以及经验来完成。

(3)基于 GMM 聚类算法。

优点：能够适应多种形状的数据集；聚类结果不是一个硬判决的分类过程，而是得到每个样本属于某个类的概率，可以为最终的类属判定提供参考。

缺点：GMM 每一步迭代的计算量比较大；GMM 的求解基于 EM 算法，有可能陷入局部极值，这和初始值的选取密切相关。

基于合并的层次的聚类方法具备对数据分布不敏感的特性，比较适合在辐射源目标聚类分选中使用。表 9.1 给出了三种聚类算法的特性比较。

表 9.1　三种典型聚类算法的特性比较

比较项	k-均值聚类算法	层次聚类算法	基于高斯混合模型聚类算法
是否预设聚类数	需要预设	可不预设	需要预设
稳定性	可能陷入局部最优	稳定	会陷入局部最优
计算复杂度	最低	最高	介于 k-均值聚类和层次聚类之间

此外，还需要指出的是，由于聚类是一种无监督机器学习方法，这就对特征提出了一定的要求。例如，同一目标的特征不应呈现为多模(多中心)分布，否则将导致同一目标被聚类成多个用户。这实际上对前面所述的特征提取和特征选择提出了一定的要求，即在特征提取时考虑避免产生多中心分布的特征，在特征选择时，则应避免选择多中心分布的特征，或者通过特定的处理来消除特征的多中心分布。

9.4　辐射源识别分类器的工作模式

在辐射源目标识别应用时，应根据应用场景选择合适的分类器完成识别处理。如果确知待判别样本来源于辐射源目标库中某一已知辐射源(但不知其来源于哪个辐射源)，则可采用闭集识别分类器进行闭集识别；如果不知道待识别样本是否来源于辐射源目标库中的已知辐射源，则可进行开集识别，判定其是否为新辐射源的样本；如果因不具备有标签样本而未建立辐射源目标特征库，则可采用盲分选方法，对样本按特征相似度进行聚类处理。

在实际应用时，较常遇到的情况是，已经建立了部分辐射源目标的特征库，但不确定待识别样本是否来自这些辐射源。这时候应先进行开集识别，如果该样本被识别为负类(新辐射源)，则识别完成，可视情况考虑对新辐射源样本进行特征提取并将其加入辐射源目标数据库中；如果该样本被识别为正类，则再进行闭集识别，判定其来自哪个辐射源。这种工作模式如图 9.12 所示。

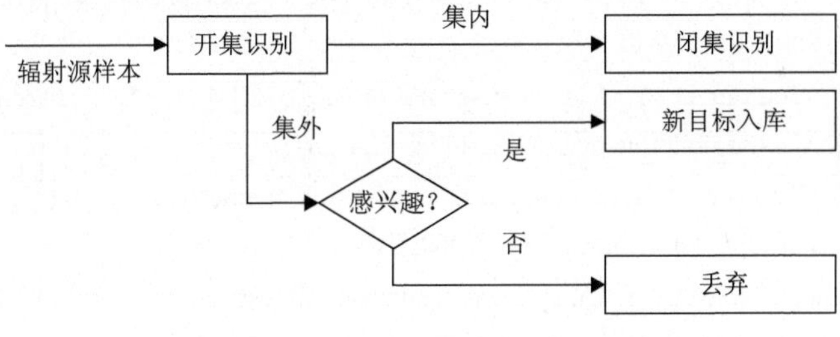

图 9.12　辐射源目标识别的开-闭集工作模式

9.5　本 章 小 结

本章针对辐射源目标识别涉及的开集识别、闭集识别和盲分选三类应用场景，分别阐述了相应的分类器设计方法。这些方法基于机器学习的已有成果，结合辐射源目标识别的限制条件进行算法选择，基本能够满足当前辐射源目标识别的应用需求。当然，辐射源目标识别的分类器设计还面临增量训练等问题，分类器模型应该根据新样本的到来进行快速调整，从而跟踪辐射源目标特征的缓慢漂移，并适应辐射源目标特征库中目标数不断增多的情况。这方面的应对方法可以参考第 11 章介绍。

另外需要指出的是，当前辐射源目标识别的主要瓶颈仍在特征提取处理上，在无法提取出能够有效区分不同辐射源的特征的情况下，单纯通过分类器的设计和优化是很难取得较好的识别效果的。

参 考 文 献

[1] Chang C C, Lin C J. LIBSVM: A library for support vector machines[EB/OL]. http://www.csie.ntu.edu.tw/～cjlin/libsvm[2010-06-30].

[2] Platt J C. Probabilities for SV Machines, in Advances in Large Margin Classifiers[M]. Cambridge: MIT Press, 2000: 61-74.

[3] Tax D M J. One-class classification: Concept learning in the absence of counter-examples[D]. Delft: Universiteit Delft, 2001.

[4] Calinski T, Harabasz J. A dendrite method for cluster analysis[J]. Communications in Statistics, 1974, 3(1): 1-27.

[5] Dimitriadou E, Dolnicar S, Weingessel A. An examination of indexes for determining the number of cluster in binary data sets[J]. Psychometrika, 2002, 67(1): 137-160.

[6] 王开军，李健，张军英，等. 聚类分析中类数估计方法的实验比较[J]. 计算机工程，2008, 34(9): 198-202.

[7] Kapp A V, Tibshirani R. Are clusters found in one dataset present in another dataset?[J]. Biostatistics, 2007, 8(1): 9-31.

[8] Davies D L, Bouldin D W. A cluster separation measure[J]. IEEE Transactions on Pattern Analysis and Machine Intelligence, 1979, 1(2): 224-227.

[9] Dudoit S, Fridlyand J. A prediction-based resampling method for estimating the number of clusters in a dataset[J]. Genome Biology, 2002, 3(7): 1-21.

[10] Ng A Y, Jordan M I, Weiss Y. On spectral clustering analysis and an algorithm[C]. Proceedings of the 14th International Conference on Neural Information Processing Systems, Vancouver, 2001: 849-856.

[11] 甘文迓. 基于信号特征的辐射源目标盲分选技术研究[D]. 成都：盲信号处理重点实验室，2016.

[12] Wang L, Leckie C, Ramamohanarao K, et al. Automatically determining the number of clusters in unlabeled data sets[J]. IEEE Transactions on Knowledge and Data Engineering, 2009, 21(3): 335-349.

[13] Bezdek J C, Pal N R. Some new indexes of cluster validity[J]. IEEE Transactions on Systems, Man and Cybernetics, 1998, 28(3): 301-305.

[14] 张新明, 孙印杰, 郑延斌. 二维直方图准分的 Otsu 图像分割及其快速实现[J]. 电子学报, 2001, 39(8): 52-57.
[15] 袁俊, 吴巍. 图像处理中自适应数学形态学的研究[J]. 武汉理工大学学报, 2007, 29(10): 10-12.

第 10 章　辐射源目标识别的接收机设计

辐射源目标识别接收机设计需要考虑两方面的要求：①固定接收机进行辐射源目标识别对接收机的精度要求；②跨接收机进行辐射源目标识别对接收机一致性的要求。

从系统输入输出的角度而言，接收机可视为发射机的逆系统。接收机的很多处理模块也是由模拟电路构成，因此接收机的非理想特性也会造成接收信号的畸变，从而降低接收信号中辐射源特征的分辨率或稳定性。尤其是对辐射源个体识别而言，辐射源个体特征本身就是细微特征，极易受接收机畸变影响。

接收机的畸变特性可以分为确定性畸变和随机性畸变两类。确定性畸变是将某种线性或非线性函数作用到接收信号：

$$y(t) = f\left(r(t)\right) \tag{10.1}$$

其中，$r(t)$ 为接收信号；$f(\cdot)$ 表示确定性畸变处理函数，其具体形式与特定接收机有关。确定性畸变包括放大器的非线性、接收通路的滤波器畸变、零中频接收机的 IQ 不平衡等。随机性畸变是将含有某种随机因素的变换函数作用到接收信号上：

$$y(t) = g\left(r(t), \xi(t)\right) \tag{10.2}$$

其中，$\xi(t)$ 表示某种随机过程。随机性畸变主要包括天线和放大器的热噪声、变频频率源的相位噪声、ADC 时钟的抖动和量化噪声等。

对于接收机畸变，一般认为需要通过高精度接收机设计来克服其对辐射源个体识别的影响，例如，采用高精度频率源和模数转换器(ADC)，要求接收机通带平坦[1]。但是设计和制造高精度接收机的经济代价较高，而且何种精度的接收机才能满足辐射源目标识别的要求，也缺乏理论计算依据。另一种思路则希望通过对接收机畸变进行数字化校正来减小其影响，例如，根据标准参考信号通过接收机处理以后发生的畸变来设计算法校正畸变，但这种校正又无法解决频率源相位噪声、ADC 采样和量化误差等随机性畸变带来的影响。

在采用固定接收机进行辐射源个体识别的场景下，确定性畸变对所有辐射源信号的畸变作用相同，因此，确定性畸变对于固定接收机目标识别性能的影响不大，主要需要考虑的是随机性畸变对固定接收机的辐射源目标识别性能的影响，并由此给出固定接收机的设计指标，从而达到既能够保证识别性能又可有效降低接收机制造成本的设计要求。当多台接收机协同工作时，不同接收机确定性畸变的差异将造成辐射源目标特征库在不同接收机之间不能通用，从而无法进行协同识别。因此，对于多台接收机协同识别的应用场景，既需要保证单台接收机的精度满足设计要求，又要保证不同接收机之间的一致性满足要求。

本章试图通过理论分析来指导接收机设计和校正，解决上述问题。对于固定接收机的辐射源个体识别，本章将通过理论分析给出其所需要的设计指标，即利用 4.2 节中对辐射源目标识别的理论性能分析结果，探讨何种精度的接收机才能满足辐射源目标识别在实际应用中的需求；对于跨接收机的辐射源个体识别，本章将阐述提高接收机一致性的接收机畸变校正方法。

10.1　发射机/接收机畸变校正的研究现状

目前国内外对发射机、接收机校正的问题已经有部分研究。为解决高阶调制信号通过功放时产生失真、影响通信质量的问题，人们在发射机功放线性化方面开展了深入的研究；定位中广泛应用的时频同步技术为接收机频率源校准提供了参考；移动手机终端中广泛采用的滤波器补偿措施也为接收机滤波器校准提供了可行的思路。虽然上述研究均不是针对辐射源个体识别，但其研究成果对辐射源个体识别的接收机设计具有一定借鉴意义，因此，本节首先简要介绍现有关于发射机/接收机校准方面的研究成果。

滤波器校准可以分别在模拟域或数字域进行。模拟域的滤波器校准通过在模拟域添加一个补偿滤波器来实现对畸变特性的滤波器幅频和相频响应补偿[2]。该类方法存在补偿精度不高，适用范围较窄等问题。一般而言，模拟域方法对恶劣的群延时情况难以有效补偿，如声表面波(SAW)滤波器的群延时特性表现为三角函数形式，模拟域校准的方法往往无能为力。数字域校准方法更为便捷且精度更高，适用范围也较广。数字域校准可以从时域和频域分别进行，频域校准首先需要获得待校准滤波器的传输函数 $H(f)$，然后构造其逆滤波器 $1/H(f)$。校准过程一般采用大规模快速傅里叶变换(FFT)和快速傅里叶逆变换(inverse fast Fourier transform，IFFT)以保证系统的实时性[3]。时域校准则是测量待校准滤波器的冲激响应，并根据冲激响应函数计算时域的校准滤波器[4]。

功放的校正又称功放线性化技术。传统功放线性化方法是功率回退，即把输入功率从 1dB 压缩点减小几个 dB，从而保证功放工作在线性放大区，这种方法最大的问题是降低了电源利用效率，增大了热耗散。为解决这一问题，人们提出了一系列功放线性化技术，主要包括：负反馈技术[5]、前馈技术[6]、CALLUM (combined analogue locked loop universal modulator)技术[7]、LINC(linear amplification with nonlinear components)技术[8,9]、包络跟踪(envelope tracking)技术[10,11]、Doherty 技术[12]、预失真技术、包络消除与恢复技术[13,14]等。上述功放线性化技术各有其优缺点，其中受到关注较多的主要是 Doherty 技术、数字预失真技术、包络跟踪技术，而数字预失真技术已成为目前主流的功放线性化技术。

数字预失真技术的原理是在功放前的数字信号上插入一个预失真器，该预失真器与功放的特性相逆，从而使得整个系统的综合作用表现为一个线性系统。数字预失真技术的实现形式多种多样，较早期的如查找表(look-up table，LUT)法，该方法将对应功放输入信号的预失真操作存为预失真表，通过查表获得当前输入信号对应的预失真操作；由于 LUT 存在收敛速度慢，需要大的存储空间等问题，人们进一步提出了基于功放多项式模型的预失真方法，其思路是利用有记忆或无记忆的多项式模型对功放进行建模，并构造其逆系统实现对功放的校正。数字预失真技术的关键在于参数获取，即查找表中的值或多项式逆系统的模型参数，这些参数一般通过学习的方法获得。代表性的学习结构包括直接学习结构和间接学习结构如图 10.1 所示。

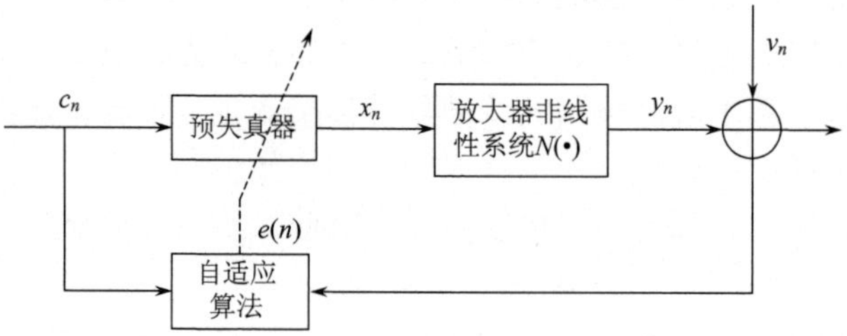

(a) 直接学习结构

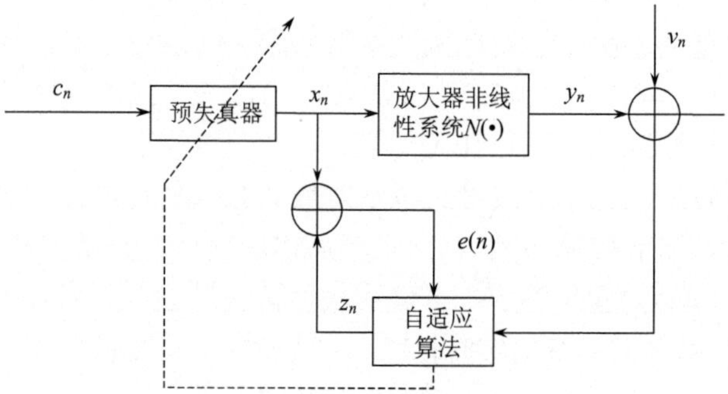

(b) 间接学习结构

图 10.1　功放预失真的两种学习结构

IQ 不平衡校准近几年也受到了一定程度关注。传统的 IQ 不平衡校准在模拟域进行，主要包括优化电路拓扑，优化布局布线等一系列手段。这种方式一方面会增加成本、增大电路尺寸，另一方面校正效果有限，难以满足实际系统需求，相比之下数字域校准的方法是更优的选择。数字域 IQ 不平衡校准根据是否需要训练序列可以分为两种：盲校准方法和基于训练序列的校准方法[15]。基于训练序列的方法通常只考虑接收端 IQ 不平衡校准，而一些盲校准方法则能够同时校准收发双方综合的 IQ 不平衡特性[16-18]。此外，根据 IQ 不平衡特性是否与频率相关，又可分为：频率独立的 IQ 不平衡特性校准和频率相关的 IQ 不平衡特性校准[19-21]。其中频率相关的 IQ 不平衡特性校准，是指 IQ 不平衡特性在整个接收机带宽内不是个常数，而是跟频率有关的变量，这在宽带通信系统中更加符合实际情况。

10.2　接收机畸变的机理和形式

如前所述，接收机畸变将对辐射源个体指纹特征造成一定程度的影响，其影响形式和影响程度决定了接收机的设计和校正方法。本节将给出接收机畸变对接收信号指纹特征的影响机理，并进行影响程度分析。

目前主流的接收机架构分为非零中频结构和零中频结构两种，其系统框图如图 10.2 所示。图中 LNA 为低噪声放大器(low noise amplifier)。由图 10.2 可知，非零中频结构接收机与零中频结构接收机主要差别为：非零中频结构可能存在多

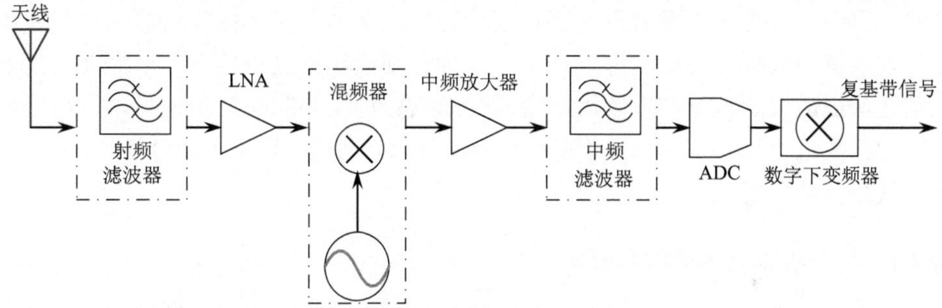

(a) 非零中频接收机

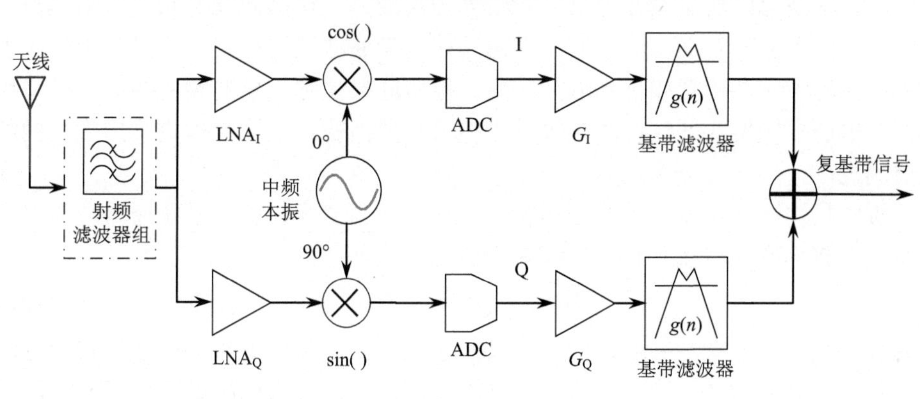

(b) 零中频接收机

图 10.2　非零中频接收机及零中频接收机系统框图

级变频、滤波和放大，最后变频到一个固定的非零频点进行信号采集，零中频结构通常只存在一级变频，直接变频到零频后进行 IQ 两路的信号采集；非零中频接收机的模数转换在中频进行，只需要一路 ADC，零中频接收机的模数转换在基带进行，需要两路 ADC。结构上的差异使得两种不同接收机对辐射源指纹特征的影响存在一定差异。

根据 6.8 节对发射机指纹机理模型的分析，考虑相位噪声、载波泄漏、寄生谐波、调制畸变、功放非线性和滤波器畸变等发射机畸变要素同时存在，则在加性高斯白噪声信道下，接收方接收信号变频到基带后可表示为

$$y_n = \mathrm{e}^{\mathrm{j}(2\pi f_\mathrm{o} n+\varphi_n+\theta)}\left(\sum_{m=0}^{(M-1)/2}\frac{C_{2m+1}^{m}\lambda_{2m+1}}{2^{2m}}\tilde{\rho}_{2m+1}(n)+\varepsilon_n+\xi\right)+v_n,\quad n=0,\cdots,(N-1)P \tag{10.3}$$

该信号模型中的具体参数含义可参见 6.8 节，其中功放非线性采用的是窄带功放模型输出的基波成分。该模型中的发射机畸变特性是构成辐射源指纹的主要因素，因此，下面分别分析接收机对该模型中的发射机畸变的影响。

由于接收机各环节相互影响相互耦合，联合考虑所有环节对发射机特征的影响较为困难，本节在考虑各个环节对发射机畸变特征的影响时忽略其他环节因素影响，只考虑对相应的发射机畸变特征的影响，例如，对于接收机放大器只考虑其对发射机功放畸变特征的影响。此外，为直观说明接收机各个环节畸变对发射机畸变特征造成的影响，本章用一台信号源安捷伦 E4438C 产生信号，利用两台不同的接收机进行接收，然后分别提取其滤波器、功放、频率源、IQ 不平衡特性，测量其特征畸变情况。

10.2.1 接收机滤波畸变影响分析

与发射机类似，在接收机整个接收通路上，存在中频带通滤波器和射频带通滤波器，这些滤波器被设计用来滤除带外干扰成分。这些滤波器如果采用模拟电路实现，则可能产生细微的畸变。理想的接收带通滤波器在整个接收频带内应表现为：频率响应的幅度和群延迟为常数。但实际模拟滤波器的频率响应幅度却可能在带内产生倾斜或波纹，其群延迟也随着频率而变化，这就构成了接收机的滤波器畸变。

接收机滤波器对发射机滤波器特征的影响较为直观，整个系统通路滤波器可以看作发射机滤波器 $g_\mathrm{s}(n)$和接收机滤波器 $g_\mathrm{r}(n)$的级联，即

$$g(n)=g_\mathrm{s}(n)\otimes g_\mathrm{r}(n) \tag{10.4}$$

滤波处理为输入信号与滤波器冲激响应函数的卷积，根据卷积的可交换性，在整个通路滤波器的等效结构中发射机滤波器和接收机滤波器的位置可以互换，即

$$g(n)=g_\mathrm{r}(n)\otimes g_\mathrm{s}(n) \tag{10.5}$$

这意味着发射机滤波器和接收机滤波器对于接收信号整体的滤波器畸变影响是等价的，二者地位相同，作用等效。

为了实际测试不同接收机滤波器对接收信号滤波器畸变特征的影响，本章用一台 E4438C 产生符号速率为 1MHz、载频为 1GHz 的 QPSK 调制信号，利用两台接收机分别接收其信号。利用 6.8 节中基于机理模型的方法估计整个发射接收通路的滤波器畸变特性，并将其作为辐射源指纹特征，送入 SVM 分类器进行个体识别，识别结果如图 10.3 所示。从图中可以看出，同一台发射机产生的信号，在通过两部接收机接收处理后，接收信号中蕴含的滤波器畸变特性能够将两台接收机完全区分开来。这一方面是因为实验室的信号环境较为理想，另一方面也说明接收机滤波器畸变对发射机滤波器畸变特性的影响较大。

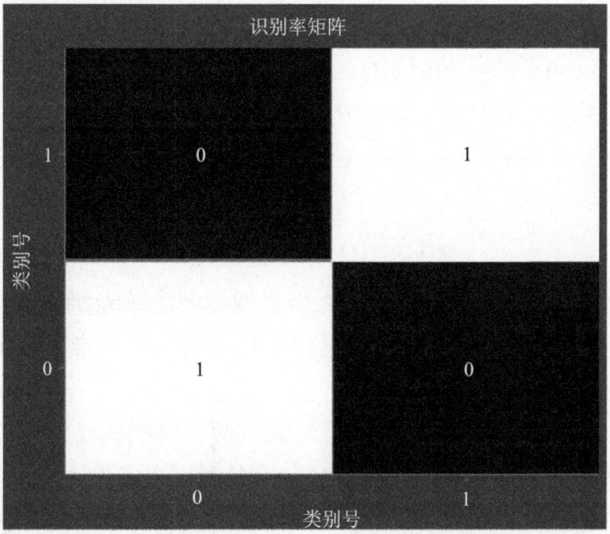

图 10.3　两台不同接收机的滤波器畸变的区分度

10.2.2　接收机放大器畸变影响分析

对接收机放大器畸变的影响分析同样简化为发射机功放和接收机放大器的级联模型，如图 10.4 所示。

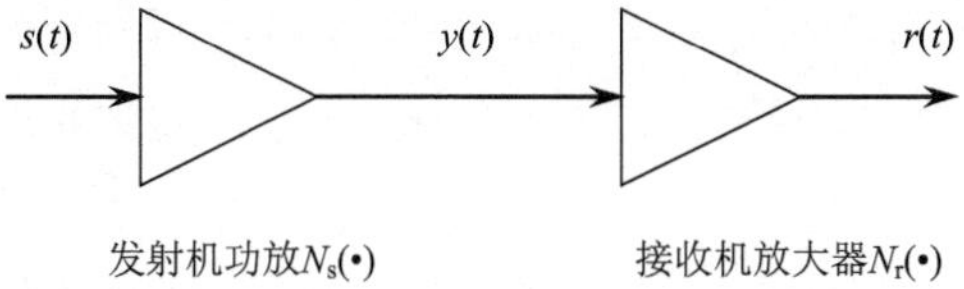

图 10.4　发射机功放-接收机放大器级联模型

采用泰勒级数模型描述功放非线性，则发射机功放的输入输出信号关系为

$$y(t) = N_{\mathrm{s}}(s(t)) = \sum_{k=0}^{\infty} \lambda_k s(t)^k \tag{10.6}$$

接收机放大器同样可以用泰勒级数模型描述，其输入输出信号的关系为

$$r(t) = N_{\mathrm{r}}(y(t)) = \sum_{k=0}^{\infty} \theta_k y(t)^k \tag{10.7}$$

将式(10.6)代入式(10.7)，可得非线性系统的输入输出信号整体关系为

$$r(t) = N_{\mathrm{r}}(N_{\mathrm{s}}(s(t))) = \sum_{k=0}^{\infty} \theta_k (N_{\mathrm{s}}(s(t)))^k \tag{10.8}$$

由于高次非线性效应较为微弱，这里只考虑三次非线性，则有

$$\begin{aligned} r(t) &= \theta_1 N_{\mathrm{s}}(s(t)) + \theta_3 N_{\mathrm{s}}(s(t)) \\ &= \theta_1(\lambda_1 s(t) + \lambda_3 s(t)^3) + \theta_3(\lambda_1 s(t) + \lambda_3 s(t)^3)^3 \\ &= \theta_1\lambda_1 s(t) + (\theta_1\lambda_3 + \theta_3\lambda_1)s(t)^3 + 3\theta_3\lambda_1^2\lambda_3 s(t)^5 + 3\theta_3\lambda_1\lambda_3^2 s(t)^7 + \theta_3\lambda_3^3 s(t)^9 \end{aligned} \tag{10.9}$$

将其中 θ_1、λ_1 归一化为 1，由于 $\lambda_3 \ll 1$，$\theta_3 \ll 1$，可以忽略超过三次的高次非线性项，从而

$$r(t) \approx s(t) + (\lambda_3 + \theta_3)s(t)^3 \tag{10.10}$$

由式(10.10)可知，两个放大器的级联近似表现为两个放大器非线性效应的叠加。同样地，这意味着发射机功放和接收机放大器对接收信号的功放畸变特征的影响近似等价，二者地位相同，作用相当。

采用与 10.2.1 节中相同的参数设置，测试两台接收机放大器对信号功放畸变特征的影响程度，并利用估计出的功放畸变特征进行识别性能测试，其结果如图 10.5 所示。从图中可以看到，由于两部接收机的放大器特性存在差异，同一个发射机的信号经过两台不同接收机后其功放畸变特征存在明显不同。

以上单独考虑了接收滤波器畸变和接收放大器畸变的影响。实际上，在畸变机理模型中，滤波器畸变和放大器畸变是相互耦合的。在前述实验中，如果本章联合提取功放畸变和滤波器畸变特征，并综合这两类特征构建特征向量，然后对特征向量降维，则对应两部接收机的降维后特征如图 10.6 所示(图中 0 和 1 分别表示接收机标签)。这里降维采用 LDA 算法，降维后特征维度为 1。从图中可以看出，采用不同接收机接收处理后提取的同一辐射源的滤波器和功放联合畸变特征存在明显差异，如果要进行跨接收机辐射源个体识别，则必须对接收机进行校准。

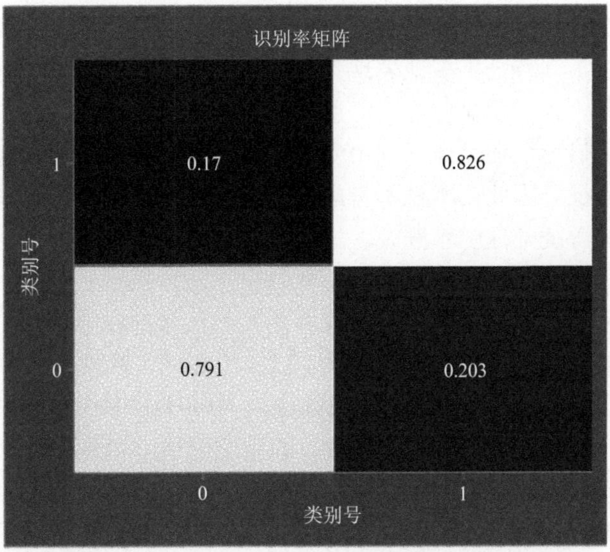

图 10.5　两台不同接收机的放大器畸变的可分性

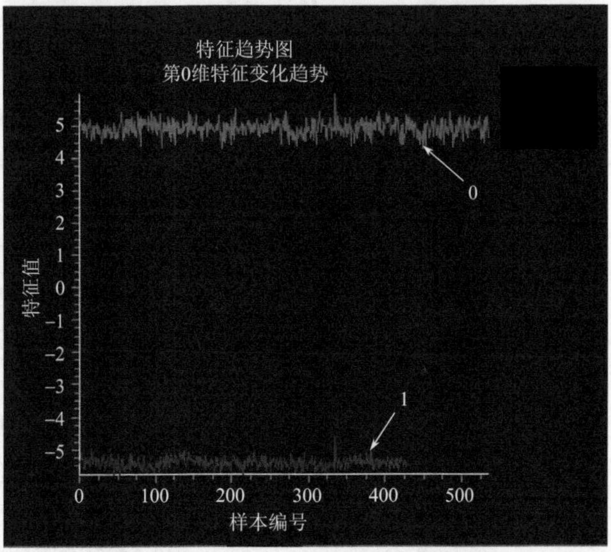

图 10.6　同一辐射源经两台接收机处理后的滤波器和功放畸变联合特征

10.2.3　接收机频率源畸变影响分析

接收机在接收射频信号的过程中，必须采用本地频率源产生载波信号对射频信号进行变频处理。与发射机一样，接收机的频率源一样存在各种畸变。

频率源畸变对接收信号造成的影响主要有两种：相位噪声和频率偏移。相位噪声是随机过程，其特征更多地表现为统计特性。在实际测量中可以发现，不同接收机的相位噪声存在明显差异，但遗憾的是相位噪声这一随机畸变量难以进行有效的校准，且该特征在个体识别中受信噪比影响较大，不具有稳定性，识别中往往不采用该特征。因此，本章不考虑对其进行校准，而是通过采用具有低相位噪声特性的频率源绕开这一难题。

频率偏移是频率源的另一项重要畸变。采用两台接收机对同一个发射机信号接收，接收机频率源的频率偏移将导致两路接收信号的载频存在差异。设计与前述各小节类似的实验，其中信号参数与 10.2.1 节相同，接收机中频 70MHz，采样率 100MHz，按照标称值采样信号的载频应为 30MHz，然而两台接收机对信号载频的实际测量结果分别有 35Hz 和 223Hz 的频率偏移，如图 10.7 所示。实际上该频率偏移并不是固定值，它会随着温度及其他外部工作环境的变化而变化，同样难以通过校准的方法消除其影响。

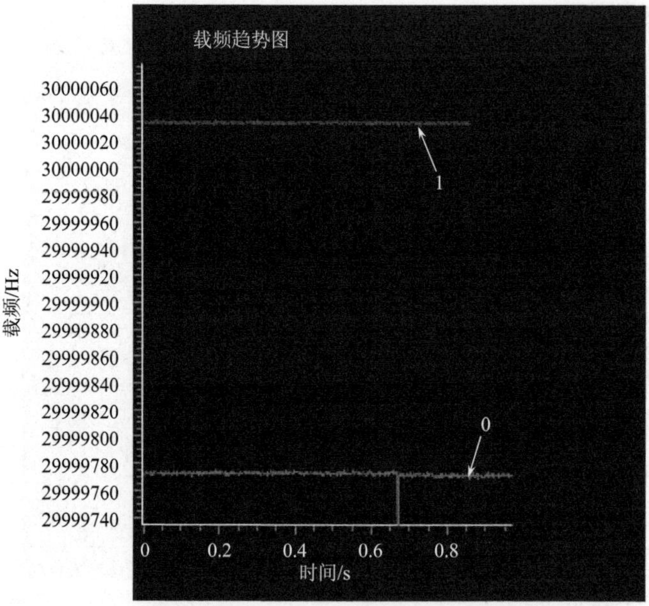

图 10.7　两台不同接收机的频率偏移情况

10.2.4　模数转换器畸变影响分析

ADC 模块引入的畸变包括四类：直流偏置、增益误差、量化噪声以及时钟偏差。

直流偏置表现为量化后的信号上存在直流分量，在非零中频结构的接收机中，直流分量落在有用信号的带外，该分量对辐射源个体识别不产生显著影响；但在零中频结构的接收机中，直流分量落在有用信号的带内，将会影响对调制畸变中直流偏置特性估计的结果。增益误差体现为量化后信号整体幅度的误差，一般不对辐射源个体识别造成直接影响。量化噪声对信号采集的影响体现为随机噪声，理论上会造成辐射源指纹特征估计的均方误差增大，降低辐射源个体识别性能，但对特征中心影响不大；另外由于其为随机性畸变，也就无法对齐进行校正。时钟偏差对发射机畸变特征最直接的影响在于其将改变接收信号载频和符号速率的估计值。

因此，在非零中频结构的接收机中，ADC 模块需要校正的畸变只有时钟偏差一项，在零中频结构接收机中 ADC 模块需要校正时钟偏差以及直流偏置。

10.2.5　接收机 IQ 不平衡影响分析

当接收机采用零中频结构时，就可能对接收信号产生 IQ 不平衡畸变。

根据 3.2.1 节推导，当只存在发射机 IQ 正交调制畸变时，接收信号复基带表达式为

$$z(t)=\mu_1\rho(t)+\mu_2\rho^*(t) \tag{10.11}$$

其中

$$\mu_1=0.5\left(G_{\mathrm{IQ}}+1\right)\cos\left(\varsigma/2\right)+0.5\mathrm{j}\left(G_{\mathrm{IQ}}-1\right)\sin\left(\varsigma/2\right) \tag{10.12}$$

$$\mu_2=0.5\left(G_{\mathrm{IQ}}-1\right)\cos\left(\varsigma/2\right)+0.5\mathrm{j}\left(G_{\mathrm{IQ}}+1\right)\sin\left(\varsigma/2\right) \tag{10.13}$$

在发射端，将 $z(t)$ 调制到载频 f_{c}，则有

$$s(t)=z(t)\mathrm{e}^{\mathrm{j}2\pi f_{\mathrm{c}}t} \tag{10.14}$$

这里设接收机 I 路和 Q 路的增益分别为 $\tilde{G}_{\mathrm{I}}$ 和 $\tilde{G}_{\mathrm{Q}}$，正交错误为 γ，收发端频率差为 f_0，相位差为 θ，则接收机采集到的复基带信号为

$$\begin{aligned}r(t)=&\tilde{G}_{\mathrm{I}}\mathrm{LPF}\{\mathrm{real}(s(t))\cos(2\pi(f_{\mathrm{c}}+f_0)t+\theta+\gamma/2)\}\\&+\mathrm{j}\tilde{G}_{\mathrm{Q}}\mathrm{LPF}\{\mathrm{real}(s(t))\sin(2\pi(f_{\mathrm{c}}+f_0)t+\theta-\gamma/2)\}\end{aligned} \tag{10.15}$$

其中，$\mathrm{LPF}\{\cdot\}$ 表示低通滤波。进一步整理得

$$\begin{aligned}r(t)=&\tilde{G}_{\mathrm{I}}\frac{s(t)\mathrm{e}^{-\mathrm{j}(2\pi(f_{\mathrm{c}}+f_0)t+\theta+\gamma/2)}+s^*(t)\mathrm{e}^{\mathrm{j}(2\pi(f_{\mathrm{c}}+f_0)t+\theta+\gamma/2)}}{4}\\&+\mathrm{j}\tilde{G}_{\mathrm{Q}}\frac{-s(t)\mathrm{e}^{-\mathrm{j}(2\pi(f_{\mathrm{c}}+f_0)t+\theta+\gamma/2)}+s^*(t)\mathrm{e}^{\mathrm{j}(2\pi(f_{\mathrm{c}}+f_0)t+\theta+\gamma/2)}}{4}\end{aligned} \tag{10.16}$$

令

$$\tilde{G}_{\mathrm{IQ}} = \tilde{G}_{\mathrm{I}} / \tilde{G}_{\mathrm{Q}} \tag{10.17}$$

$$y(t) = s(t)\mathrm{e}^{-\mathrm{j}2\pi(f_\mathrm{c}+f_0)t+\theta} = z(t)\mathrm{e}^{-\mathrm{j}2\pi f_0 t+\theta} \tag{10.18}$$

$$\tilde{\mu}_1 = 0.5\left(\tilde{G}_{\mathrm{IQ}}+1\right)\cos\left(\gamma/2\right) + 0.5\mathrm{j}\left(\tilde{G}_{\mathrm{IQ}}-1\right)\sin\left(\gamma/2\right) \tag{10.19}$$

$$\tilde{\mu}_2 = 0.5\left(\tilde{G}_{\mathrm{IQ}}-1\right)\cos\left(\gamma/2\right) + 0.5\mathrm{j}\left(\tilde{G}_{\mathrm{IQ}}+1\right)\sin\left(\gamma/2\right) \tag{10.20}$$

利用与 3.2.1 节中类似的推导方法可得

$$r(t) = \tilde{\mu}_1 y(t) + \tilde{\mu}_2 y^*(t) = \tilde{\mu}_1(z(t)\mathrm{e}^{-\mathrm{j}2\pi f_0 t+\theta}) + \tilde{\mu}_2^*(z(t)\mathrm{e}^{-\mathrm{j}2\pi f_0 t+\theta}) \tag{10.21}$$

整理得

$$r(t) = \tilde{\mu}_1(z(t)\mathrm{e}^{-\mathrm{j}2\pi f_0 t+\theta}) + \tilde{\mu}_2^*(z(t)\mathrm{e}^{-\mathrm{j}2\pi f_0 t+\theta}) \tag{10.22}$$

将式(10.11)代入式(10.22)得

$$\begin{aligned} r(t) = {} & (\tilde{\mu}_1\mu_1\mathrm{e}^{-\mathrm{j}2\pi f_0 t+\theta} + \tilde{\mu}_2\mu_2\mathrm{e}^{\mathrm{j}2\pi f_0 t-\theta})\rho(t) \\ & + (\tilde{\mu}_1\mu_2\mathrm{e}^{-\mathrm{j}2\pi f_0 t+\theta} + \tilde{\mu}_2\mu_1\mathrm{e}^{\mathrm{j}2\pi f_0 t-\theta})\rho^*(t) \end{aligned} \tag{10.23}$$

即接收机 IQ 不平衡和发射机 IQ 调制畸变耦合效应为

$$\mu_1' = (\tilde{\mu}_1\mu_1\mathrm{e}^{-\mathrm{j}2\pi f_0 t+\theta} + \tilde{\mu}_2\mu_2\mathrm{e}^{\mathrm{j}2\pi f_0 t-\theta}) \tag{10.24}$$

$$\mu_2' = (\tilde{\mu}_1\mu_2\mathrm{e}^{-\mathrm{j}2\pi f_0 t+\theta} + \tilde{\mu}_2\mu_1\mathrm{e}^{\mathrm{j}2\pi f_0 t-\theta}) \tag{10.25}$$

当收发两端相位频率完全同步时，$\mu_1' = \tilde{\mu}_1\mu_1 + \tilde{\mu}_2\mu_2$，$\mu_2' = \tilde{\mu}_1\mu_2 + \tilde{\mu}_2\mu_1$。由式(10.24)和式(10.25)可知，收发两端 IQ 不平衡对接收信号 IQ 不平衡特性的影响地位相同，作用相当。

需要注意的是，非零中频结构和零中频结构 IQ 不平衡的影响是完全不同的。非零中频结构接收机 ADC 在中频进行，采集的信号为中频实信号，对该中频实信号进行数字下变频(DDC)以后得到复基带信号，由于 DDC 是在数字域进行，可以有效保证 IQ 两路的特性完全一致，即式(10.24)和式(10.25)中 $\tilde{\mu}_1$=1，$\tilde{\mu}_2$=0，即不存在 IQ 调制畸变。零中频结构由于 IQ 两路变频、放大器、滤波器以及 ADC 特性存在差异，使得 $\tilde{\mu}_1 \neq 1$，$\tilde{\mu}_2 \neq 0$，存在 IQ 不平衡。

采用与 10.2.1 节中相同的参数设置，测试两台非零中频接收机 IQ 不平衡对接收信号 IQ 调制畸变特征的影响程度，并利用估计出的 IQ 调制畸变特征进行识别性能测试，其结果如图 10.8 所示。从图 10.8 中可以看到，非零中频接收机带来的 IQ 不平衡特性区分能力极差，识别率在 50%左右，两台设备识别率接近 50%意味着该特性不具备区分能力。这与前面分析结果相一致，即非零中频接收机不存在 IQ 不平衡。

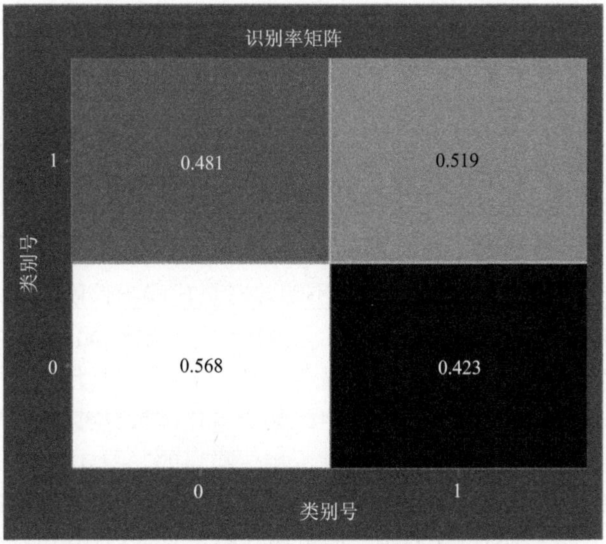

图 10.8　两台非零中频接收机的 IQ 不平衡的区分性

10.3　固定接收机辐射源个体识别的接收机设计

本节针对采用固定接收机进行辐射源个体识别的场景，分析辐射源个体识别对接收机精度的设计要求。如前所述，固定接收机的确定性畸变对所有辐射源信号都产生相同的畸变影响，其对辐射源个体识别的性能影响不显著，而随机性畸变会降低辐射源个体识别的性能，而且通常无法校正。因此，本节将讨论辐射源个体识别对接收机热噪声、变频频率源的相位噪声、ADC 时钟的抖动和量化噪声等随机性畸变的精度要求。4.2.1 节指出，ADC 时钟的采样抖动可以等效为相位噪声，而热噪声是加性高斯信道噪声的主要来源之一，因此以下主要讨论辐射源个体识别对热噪声、频率源的相位噪声以及 ADC 的量化位数的设计要求。

10.3.1　固定接收机设计的理论分析

回顾 4.2 节中对辐射源目标识别的理论性能分析可知，对式(4.53)～式(4.55)进行反演，即可以获得给定识别率对相位噪声和 ADC 量化位数的设计要求。但式(4.53)～式(4.55)的计算要求了解特征波形 $\bar{\boldsymbol{u}}_{\mathrm{c}}$，这在很多情况下是不可能的。因此基于似然比的理论性能计算公式尽管能够从理论上指导接收机的设计，但实际上却很难实施。为此本章从各种畸变要素的相对影响力出发来考虑必要的接收机设计精度。

根据基于似然比的理论性能计算公式，辐射源目标识别的性能由 $\mu(z_{l:k})/\sigma(z_{l:k})$ 决定，考察 $\mu(z_{l:k})/\sigma(z_{l:k})$ 的表达式，即可对接收机设计导出以下结论。

(1) 当量化噪声的信噪比与 AWGN 信噪比相当或更低时，量化对识别性能的影响才会比较明显。因此，量化位数的一个合理选择是

$$M = \left\lceil \log_2\left(mS_{\mathrm{v}}R^2/3\right)/2 \right\rceil \tag{10.26}$$

其中，$\lceil\cdot\rceil$ 表示向上取整操作；S_{v} 为 AWGN 信噪比；$R=V/A$ 为量化范围与信号强度的比值；m 表示量化对识别性能影响不明显时量化噪声信噪比与 AWGN 信噪比的比值，可取 5～10 的数值。如令 $R=4$，$m=10$，则当 S_{v}=14dB 时，M=6；S_{v}=23dB 时，M=7；S_{v}=40dB 时，M=10。更多量化位数所获得的性能改善十分微小。

(2) 相位噪声的影响体现在 $a+b$ 中，如果量化位数足够，则只有当相位噪声的影响与 AWGN 的影响相当或更大时，相位噪声的影响才会比较明显。但相位噪声的影响与相位噪声的方差及其特性参数 β 有关，还与特征波形 $\bar{\boldsymbol{u}}_{\mathrm{c}}$ 有关，因此无法直接给出相位噪声的设计准则。如果用白噪声来近似相位噪声，且 $\bar{\boldsymbol{u}}_{\mathrm{c}}$ 为实数波形，则可得

$$(a+b) = (1-\mathrm{e}^{-\sigma_\theta^2})^2 \|\bar{\boldsymbol{u}}_l - \bar{\boldsymbol{u}}_k\|^2 \tag{10.27}$$

$$\mu(z_{l:k})/\sigma(z_{l:k}) = \|\bar{\boldsymbol{u}}_l - \bar{\boldsymbol{u}}_k\| \Big/ \sqrt{2\left(\bar{\sigma}_\Delta^{\,2} + \bar{\sigma}_v^{\,2}\right) + 2(1-\mathrm{e}^{-\sigma_\theta^2})^2} \tag{10.28}$$

由此，可以得到相位噪声方差设计的准则为

$$\sigma_\theta^2 \leqslant -\ln\left(1 - \frac{1}{\sqrt{mS_{\mathrm{v}}}}\right) \tag{10.29}$$

m 取 5～10。如果 SNR 为 40dB，m=10，则 $\sigma_\theta \leqslant 0.0563$。

实际频率源给出的相位噪声指标往往是

$$L(f) = 10\lg(P_{\mathrm{SSB}}/P_{\mathrm{c}}) \tag{10.30}$$

其中，P_{SSB} 为 1Hz 带宽内相位调制边带的功率；P_{c} 为载波功率。如果按照自由振荡器模型，则当 $f \gg \beta$ 时

$$S_\alpha(f) = 1/(\pi\beta(1+(f/\beta)^2)) \approx \beta/(\pi f^2) \tag{10.31}$$

由于

$$\sigma_\theta^2(T_s) = 4\pi\beta T_s \approx 4\pi^2 f^2 S_\theta(f) T_s \tag{10.32}$$

因此，可以得到相位噪声抖动方差与相位噪声谱的关系，即

$$S_\theta(f) = \sigma_\theta^{\,2}(T_s) \Big/ \left(4\pi^2 f^2 T_s\right) \tag{10.33}$$

对 $\sigma_\theta \leqslant 0.0563$ 的设计要求，如果采样频率为 1MHz，则意味着晶振指标必须满足 −40.95dBc/Hz@1kHz；如果采样频率为 10kHz，则晶振必须满足−60.95dBc/Hz @1kHz。

由以上结论可见，传统上认为辐射源个体识别接收机精度越高越好的观点并不完全正确。由于实际条件下信道噪声的影响可能远大于接收机精度不足造成的随机性畸变影响，在接收机精度达到一定门限后，再改善接收机精度将无助于识别性能的提升。需要注意的是，这些设计原则是从相对影响的角度对接收机精度提出经济的设计指标，但这并不意味着满足所提出的接收机精度要求就一定可以实现辐射源目标识别，识别的可行性仍然由发射机差异的大小和形式、信道和接收条件综合决定。

10.3.2　固定接收机设计的仿真验证

采用 4.2.3 节所产生的仿真信号和仿真设置，对辐射源个体识别性能与 ADC 量化位数和频率源相位噪声的关系进行仿真。

图 10.9 给出了对 2 个和 5 个辐射源进行个体识别的性能与 ADC 位数的关系以及与理论性能计算结果的对比。图中 Txs 为辐射源，2Txs 表示有两个辐射源。从图中可以看到，14dB 信噪比情况下，ADC 位数对于性能的改善在 6bit 以后即不明显；而在 23dB 情况下，ADC 位数对性能的改善在 7bit 以后即不明显。这符合 10.3.1 节中的理论分析。

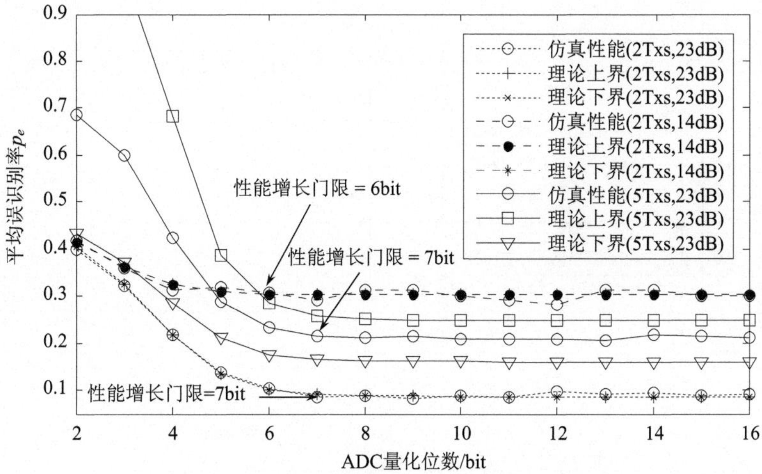

图 10.9　辐射源识别性能与 ADC 位数的关系

采用锁相频率合成器的相位噪声模型，图 10.10 和图 10.11 分别给出了对 2 个和 5 个辐射源进行识别的性能与高斯相位噪声的关系以及与理论性能计算结果的对比；图 10.12 和图 10.13 中相位噪声改用自由振荡器模型，即维纳相位噪声模型。这些图所给出的性能曲线中同样可以观察到门限现象，即当相位噪声均方根抖动下降到一定门限时，再降低对性能的改善极为微小，而且此门限与信噪比有关。这同样验证了前面的理论分析结果。

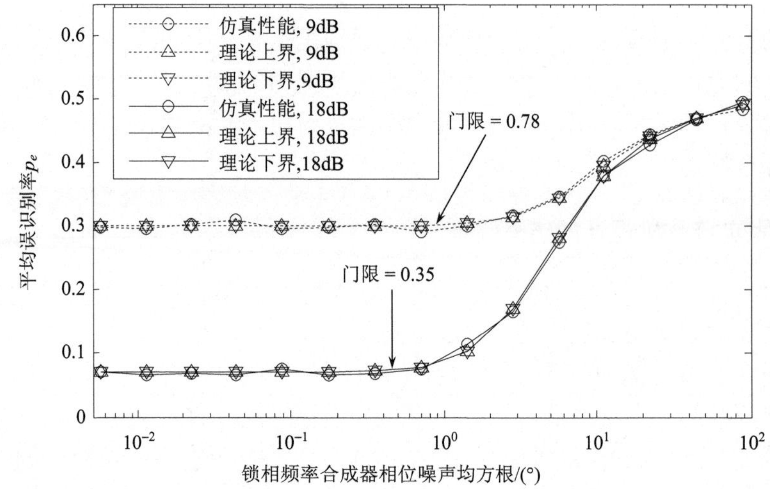

图 10.10　对 2 个辐射源的个体识别的性能与锁相频率合成器相位噪声的关系

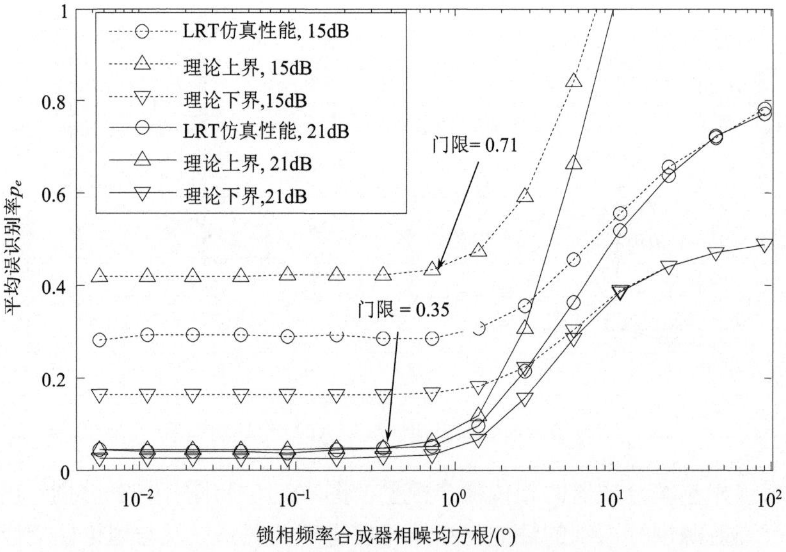

图 10.11　对 5 个辐射源的个体识别性能与锁相频率合成器相位噪声的关系

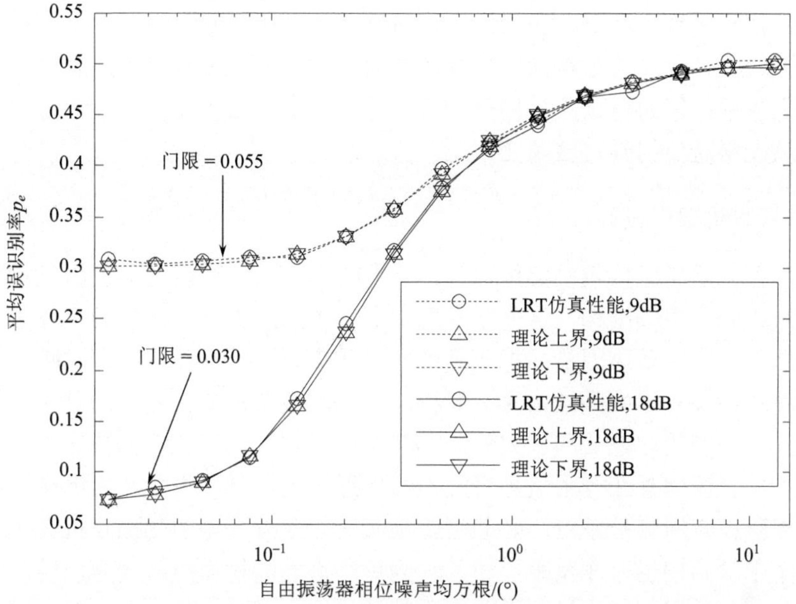

图 10.12　对 2 个辐射源的个体识别性能与自由振荡器相位噪声的关系

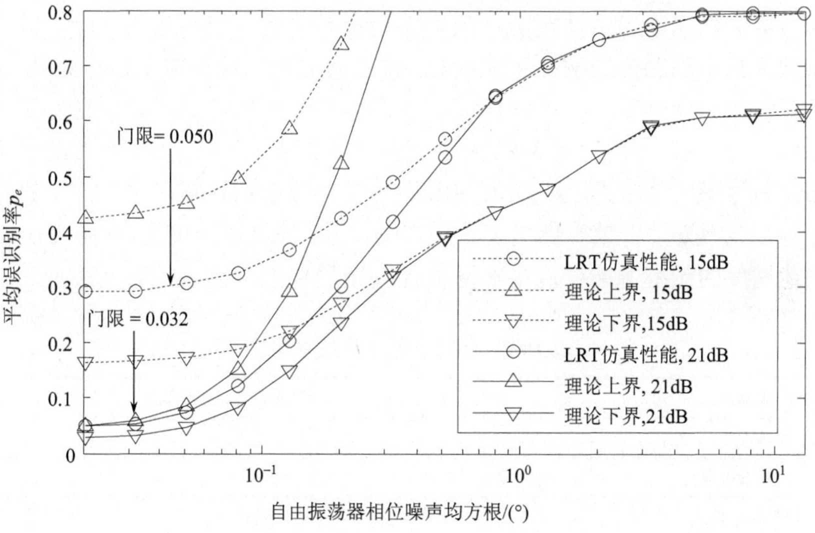

图 10.13　对 5 个辐射源的个体识别性能与自由振荡器相位噪声的关系

10.4　跨接收机辐射源个体识别的接收机校正

对于跨接收机辐射源个体识别的应用场景，接收机畸变将造成不同接收机对同一辐射源信号接收后得到的辐射源特征不一致，因此必须考虑接收机校正。在

10.2 节对接收机各个环节畸变对发射机特征影响分析的基础上，本节考虑通过接收机的系统设计以及校正来减轻接收畸变对辐射源个体识别性能的影响。主要从两个方面入手：①通过顶层架构设计避开无法校正的随机畸变；②通过算法设计校正部分无法避免的确定性畸变。

10.4.1　接收机架构设计

设计首先需考虑接收机架构选择。由 10.2 节可知，主流的接收机架构包括非零中频结构和零中频结构，这里本书选用非零中频结构作为辐射源个体识别接收机的基本架构，主要原因是：①非零中频架构接收机不存在 IQ 调制畸变，零中频结构存在；②非零中频结构只需要校准一路滤波器和放大器，而零中频结构需要校准 IQ 两路的滤波器和放大器；③非零中频结构不受直流偏置的影响，非零中频结构的直流偏置在有用信号带外，可以通过滤波直接去除，而零中频结构的直流偏置落在有用信号带内，必须消除其影响。此外，零中频接收机在接收性能上同非零中频结构也存在差距，如其受到更严重的散粒噪声影响等。综合上述因素，辐射源个体识别接收机采用非零中频结构。

接收机中频率源畸变中的频率偏移、相位噪声以及 ADC 的采样时钟偏差、量化噪声等因素属于随机性畸变，随机性畸变难以通过校准方式去除，因此本章采用高精度频率源的方案解决上述问题。目前常见的高精度频率源多采用 GPS 卫星信号对铷钟进行驯服，这种设计能够使得频率源达到较高的频率稳定度和较低的相位噪声，一款高精度频率源的主要技术指标如表 10.1 所示。设采样率为 10MSps，辐射源信号的符号速率 2MBaud，符号速率估计精度 1×10^{-6}，则符号速率估计到 2Hz 精度，设频率稳定度 5×10^{-11}/s，则采样时钟精度为 $5\times10^{-4}\text{Hz}\ll 2\text{Hz}$，因此上述精度的频率源能够满足实际估计精度的要求。

表 10.1　高精度频率源技术指标

频率源	10MHz、100MHz 铷原子振荡器
频率稳定度	$\leqslant 5\times10^{-11}$/s
频率准确度	$\leqslant 5\times10^{-11}$/s
频率输出格式	正弦波
输出功率	0～+10dBm 功率可调、0±1dBm
相位噪声	10MHz $\leqslant$ −145dBc/Hz@1kHz 100MHz $\leqslant$ −120dBc/Hz@1kHz
谐波抑制	70dBc
杂散抑制	90dBc

对于确定性接收机畸变，必须设计补偿算法进行校正处理。辐射源个体识别接收机的框架结构及补偿方案如图 10.14 所示，利用非零中频结构消除 IQ 调制畸变及直流偏置的影响；利用高精度频率源消除频率源及 ADC 畸变；这样整个接收通路中影响接收信号携带的发射机畸变特征的环节只剩下放大器和滤波器，对于放大器和滤波器畸变考虑在 ADC 后的数字域进行补偿。

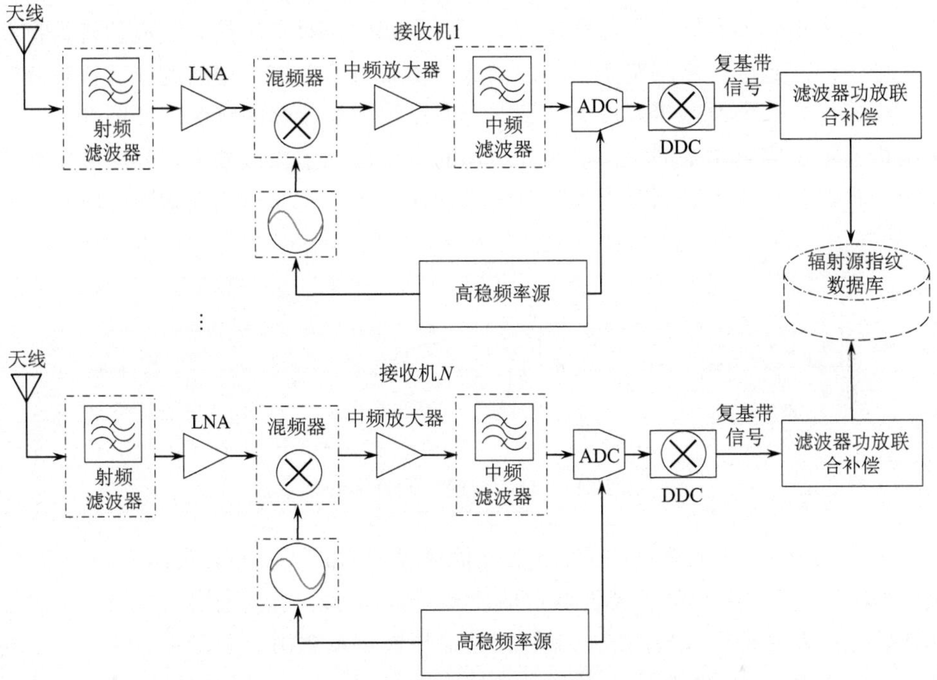

图 10.14 个体识别接收机框架结构及其补偿方案

10.4.2 滤波器和放大器畸变的联合校正

如 10.4.1 节所述，经过系统设计的辐射源个体识别接收机需要进行数字域校正的畸变主要是放大器畸变和滤波器畸变。接收机滤波器及放大器畸变的消除可从两个方向着手：①对接收机非理想特性进行补偿，降低接收机畸变对辐射源指纹特征的影响；②对辐射源指纹特征进行修正，直接在特征层面上消除接收机畸变的影响。发射机指纹特征提取过程中存在较多非线性因素，直接进行特征级校准存在较大难度，因此本章主要考虑第一种方法。本章设计的接收机放大器和滤波器畸变校正过程分为两步：①畸变特性测量；②畸变特性补偿。

1. 滤波器和放大器畸变特性的联合测量

从图 10.2 中可知非零中频接收机架构存在多级放大多级滤波，这里本章假设变频器具有理想变频特性，不对放大器和滤波器特性产生影响，从而忽略变频器，这样待校准接收机变为多级放大滤波的级联模型，如图 10.15 左侧结构。两个放大器的级联，可以等效为一个放大器，考虑到射频滤波器起到滤除干扰信号的作用，其带宽相较于有用信号往往比较宽，射频滤波器对有用信号造成的带内抖动相对较小，因此进一步忽略其影响，由此，本章将整个接收通路的放大器和滤波器效应简化为一个通路等效放大器和一个通路等效滤波器的级联，如图 10.15 右侧结构所示。值得说明的是，该等效结构的合理性除了在接收机射频滤波器通带平坦、带内衰减较小时成立以外，对于只存在中频结构的采集设备同样成立。

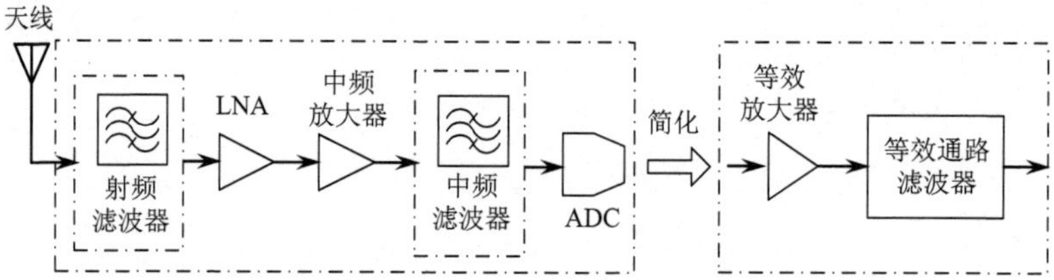

图 10.15　待校准接收机简化结构

至此，问题简化为测量图 10.15 右侧简化模型的滤波器和放大器的畸变特性，该模型跟 6.8 节发射机畸变特性联合估计模型 III 类似，可以采用类似的方法进行参数估计。为测量接收机的放大器和滤波器特性，本章用一个信号源作为信号发生器，假设信号源精度较高，各类畸变均不明显。信号经过接收机的放大和滤波以后便携带了接收机的放大器和滤波器畸变特征，从而式(10.3)中的基带信号可写为

$$\tilde{\rho}_{2m+1}(n)=\left(\left|\rho(n)\right|^{2m}\rho(n)\right)\otimes h(n) \tag{10.34}$$

其中，$h(n)$ 为等效通路滤波器；$\rho(n)$ 为信号源产生的基带信号，这里 $\rho(n)$ 采用滚降因子 $\alpha=0.35$ 的根升余弦成形滤波器；$\otimes$ 为卷积运算符；接收端收到的复基带信号可写为

$$\tilde{\boldsymbol{\rho}}=\sum_{m=0}^{\lfloor (M-1)/2\rfloor}\tilde{\lambda}_m\boldsymbol{C}_m\boldsymbol{h} \tag{10.35}$$

其中，$\boldsymbol{h}=\left[h_0,\cdots,h_{2LP}\right]^{\mathrm{T}}$；$\boldsymbol{C}_m=\left|\boldsymbol{C}\right|^{2m}\bullet\boldsymbol{C}$，$|\bullet|$、幂次以及“ • ”运算都是逐元素计算，而不是矩阵运算，$\boldsymbol{C}$ 中第 i 行元素为

$$\boldsymbol{\rho}_i=[\rho_{i+LP},\rho_{i+LP-1},\cdots,\rho_{i-LP}] \tag{10.36}$$

当$i<0$或$i\geqslant NP$时，$\rho_i=0$；N为接收信号符号个数；L为滤波器符号长度；P为过采倍数。

完成时间同步和相位同步后，式(10.3)可整理为

$$\boldsymbol{U}^{\mathrm{H}}(f_{\mathrm{o}})\boldsymbol{y}=\sum_{m=0}^{\lfloor (M-1)/2\rfloor}\tilde{\lambda}_m\boldsymbol{C}_m\boldsymbol{h}+\boldsymbol{\varepsilon}+\mathbf{1}\xi+\boldsymbol{v}_U=\tilde{\boldsymbol{C}}\boldsymbol{h}_{\tilde{\lambda},\xi}+\boldsymbol{\varepsilon}+\boldsymbol{v}_U \tag{10.37}$$

由于测量信号为标准信号源产生，认为其精度较高，非零中频结构接收机经过设计可以让载波泄漏及寄生谐波落于有用信号带外，因此，对于式(10.37)忽略载波泄漏及寄生谐波，有

$$\boldsymbol{U}^{\mathrm{H}}(f_{\mathrm{o}})\boldsymbol{y}=\tilde{\boldsymbol{C}}\boldsymbol{h}_{\tilde{\lambda}}+\boldsymbol{v}_U \tag{10.38}$$

其中，$\tilde{\boldsymbol{C}}=[\boldsymbol{C}_0,\boldsymbol{C}_1,\cdots,\boldsymbol{C}_{\lfloor (M-1)/2\rfloor}]$；$\boldsymbol{h}_{\tilde{\lambda}}=[\boldsymbol{h}\tilde{\lambda}_0;\boldsymbol{h}\tilde{\lambda}_1;\cdots;\boldsymbol{h}\tilde{\lambda}_{\lfloor (M-1)/2\rfloor}]$；其他参数定义同式(10.3)，显然，$\boldsymbol{h}_{\tilde{\lambda}}$即为滤波器和放大器的联合效应矢量。对滤波器及放大器的非理想特性测量即对上述模型估计$\boldsymbol{h}_{\tilde{\lambda}}$，可以采用最大似然算法进行。

接收信号$\boldsymbol{y}$服从如下高斯分布：

$$p(\boldsymbol{y}|\boldsymbol{h}_{\tilde{\lambda}})=\frac{1}{(\pi\sigma_v^2)^N}\exp\left\{\frac{1}{\sigma_v^2}\left\|\boldsymbol{U}^{\mathrm{H}}(f_{\mathrm{o}})\boldsymbol{y}-\tilde{\boldsymbol{C}}\boldsymbol{h}_{\tilde{\lambda}}\right\|^2\right\} \tag{10.39}$$

最大化该似然函数可得$\boldsymbol{h}_{\lambda}$的最大似然估计：

$$\hat{\boldsymbol{h}}_{\tilde{\lambda}}=\arg\min_{\boldsymbol{h}_{\tilde{\lambda}}}\left\{\Lambda(\boldsymbol{h}_{\tilde{\lambda}})\right\}=\arg\min_{\boldsymbol{h}_{\tilde{\lambda}}}\left\{\left\|\boldsymbol{U}^{\mathrm{H}}(f_{\mathrm{o}})\boldsymbol{y}-\tilde{\boldsymbol{C}}\boldsymbol{h}_{\tilde{\lambda}}\right\|^2\right\} \tag{10.40}$$

解方程$\partial\Lambda(\boldsymbol{h}_{\tilde{\lambda}})/\partial\boldsymbol{h}_{\tilde{\lambda}}=0$，可得

$$\hat{\boldsymbol{h}}_{\tilde{\lambda}}=(\tilde{\boldsymbol{C}}^{\mathrm{H}}\tilde{\boldsymbol{C}})^{-1}\tilde{\boldsymbol{C}}^{\mathrm{H}}(\boldsymbol{U}(\hat{f}_{\mathrm{o}})^{\mathrm{H}}\boldsymbol{y}) \tag{10.41}$$

令

$$\hat{\boldsymbol{h}}_i=\hat{\boldsymbol{h}}_{\tilde{\lambda}}\big((2LP+1)i:(2LP+1)(i+1)\big) \tag{10.42}$$

则$\hat{\boldsymbol{h}}_i$即为$\boldsymbol{h}_{\tilde{\lambda}_i}$的估计值，实际上这里任取一个$\hat{\boldsymbol{h}}_i$即可作为$\boldsymbol{h}$的估计值，因为它与真正的$\boldsymbol{h}$只相差一个常系数，而常系数不影响滤波器特性，但对于放大器真实特性的估计相对复杂，根据$\tilde{\lambda}_m=A^{2m}\mathrm{e}^{\mathrm{j}\phi}C_{2m+1}^m\lambda_m/2^{2m}$，这里$\lambda_m$才是放大器真实特性的反映，而$\tilde{\lambda}_m$中引入了输入信号功率及初相的影响，为消除输入信号功率和初相的影响，本章改变输入信号功率，来对接收机放大器进行多次测量，这里以非线性系数λ_1的测量为例说明，设输入信号幅度为A，则

$$\tilde{\lambda}_0^1=\lambda_0\mathrm{e}^{\mathrm{j}\phi} \tag{10.43}$$

$$\tilde{\lambda}_1^1=A^2 3\lambda_1\mathrm{e}^{\mathrm{j}\phi}/4 \tag{10.44}$$

从而

$$\frac{\tilde{\lambda}_1^1}{\tilde{\lambda}_0^1}=\frac{A^2 3\lambda_1}{4\lambda_0} \tag{10.45}$$

改变输入信号幅度为$\sqrt{A}$，同样可得

$$\frac{\tilde{\lambda}_1^2}{\tilde{\lambda}_0^2}=\frac{A 3\lambda_1}{4\lambda_0} \tag{10.46}$$

联立式(10.46)和式(10.45)可得

$$A=\frac{\tilde{\lambda}_1^1\tilde{\lambda}_0^2}{\tilde{\lambda}_0^1\tilde{\lambda}_1^2} \tag{10.47}$$

代入式(10.46)，有

$$\frac{\lambda_1}{\lambda_0}=\frac{4\tilde{\lambda}_1^2\tilde{\lambda}_0^1\tilde{\lambda}_1^2}{3\tilde{\lambda}_0^2\tilde{\lambda}_1^1\tilde{\lambda}_0^2} \tag{10.48}$$

式(10.48)即为接收机放大器的真实特性。至此本章准确测量了接收机的等效滤波器和等效放大器的非理想特性。进一步地，为保证测量结果有效性，可以用多组A的取值对放大器效应进行多次测量，取测量均值为$\boldsymbol{\lambda}$的估计值。需要说明的是，这里的测量结果是相对λ_0的归一化值，整个非线性系统相对于常数λ_0归一化不改变系统特性。

2. 滤波器和放大器畸变的联合数字校准

在对放大器和滤波器畸变参数进行联合估计后，可以利用估计结果对其进行联合数字校准。校准的基本思路是：首先利用一个逆滤波器对等效滤波器$\boldsymbol{h}$进行校准，再利用一个非线性系统对等效放大器$\boldsymbol{\lambda}$进行校准，校准方案如图10.16所示。

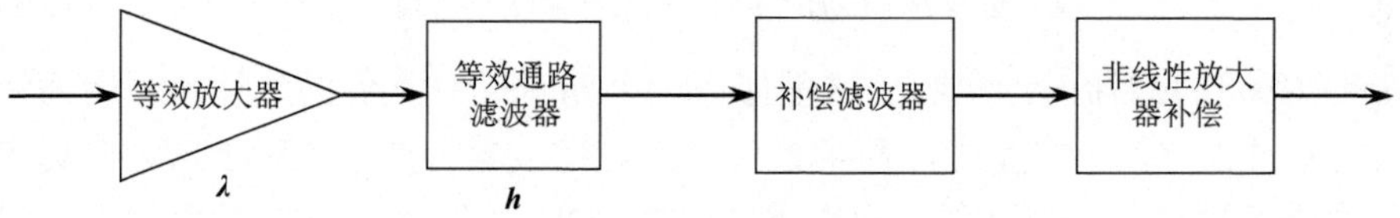

图 10.16　滤波器和放大器的联合数字补偿

在已知等效滤波器冲击响应$\boldsymbol{h}$的情况下对其校准只需设计$\boldsymbol{h}$的逆滤波器即可，这里考虑采用频域补偿的方法，通过对$\boldsymbol{h}$进行 FFT 计算其传递函数$H(z)$，期望响应为成形因子$\alpha=0.35$的根升余弦成形滤波器$H_{\text{RRC}}(z)$，从而补偿滤波器的传递函数为

$$H_{\text{comp}}(z)=\frac{H_{\text{RRC}}(z)}{H(z)} \tag{10.49}$$

经过补偿滤波器后整个收发通路的总体频响相当于根升余弦成形滤波，即只保留了发射机滤波器特性，消除了接受通路等效滤波器的畸变影响。

进一步地，对放大器 $\boldsymbol{\lambda}$ 的校准考虑用一个多项式设计 $\boldsymbol{\lambda}$ 的逆系统 $\boldsymbol{\theta}$ ，对于两个级联的多项式非线性系统如图 10.17 所示。对于放大器非线性，其高阶项系数极小，这里只取到三阶非线性，设

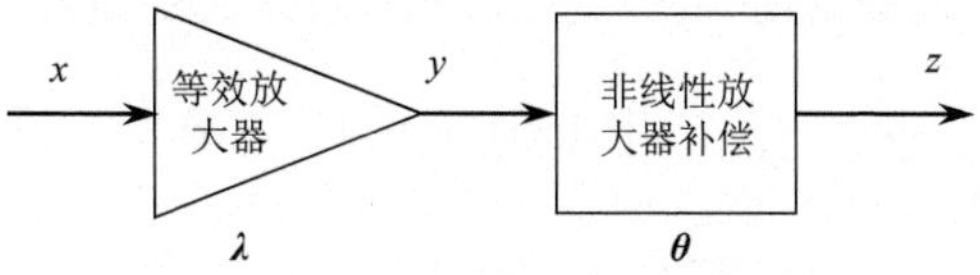

图 10.17　放大器非线性系统补偿

$$y = \boldsymbol{\lambda}(x) = \lambda_0 x + \lambda_1 x^3 \tag{10.50}$$

$$z = \boldsymbol{\theta}(y) = \theta_0 y + \theta_1 y^3 \tag{10.51}$$

将式(10.50)代入式(10.51)，可得

$$\begin{aligned} z &= \theta_0 y + \theta_1 y^3 \\ &= \theta_0(\lambda_0 x + \lambda_1 x^3) + \theta_1(\lambda_0 x + \lambda_1 x^3)^3 \\ &= \theta_0\lambda_0 x + (\theta_0\lambda_1 + \theta_1\lambda_0^3)x^3 + 2\theta_1\lambda_0^2\lambda_1 x^5 + 2\theta_1\lambda_0\lambda_1^2 x^7 + \theta_1\lambda_1^3 x^9 \end{aligned} \tag{10.52}$$

要能够实现对 $\boldsymbol{\lambda}$ 的校准，则要求 $z = x$ ，从而有

$$\begin{cases} \theta_0\lambda_0 = 1 \\ \theta_0\lambda_1 + \theta_1\lambda_0^3 = 0 \\ 2\theta_1\lambda_0^2\lambda_1 = 0 \\ 2\theta_1\lambda_0\lambda_1^2 = 0 \\ \theta_1\lambda_1^3 = 0 \end{cases} \tag{10.53}$$

显然式(10.53)无解，但考虑到 $\lambda_1 \ll \lambda_0 \approx 1$ ， $\theta_1 \ll \theta_0 \approx 1$ ，则可以将式(10.53)近似为

$$\begin{cases} \theta_0\lambda_0 = 1 \\ \theta_0\lambda_1 + \theta_1\lambda_0^3 = 0 \end{cases} \tag{10.54}$$

此时，有

$$\begin{cases} 2\theta_1\lambda_0^2\lambda_1 \approx 0 \\ 2\theta_1\lambda_0\lambda_1^2 \approx 0 \\ \theta_1\lambda_1^3 \approx 0 \end{cases} \tag{10.55}$$

解式(10.54)可得

$$\begin{cases} \theta_0 = \dfrac{1}{\lambda_0} \\ \theta_1 = -\dfrac{\lambda_1}{\lambda_0^4} \end{cases} \tag{10.56}$$

由此，本章求出了逆系统$\boldsymbol{\theta}$的参量取值。考虑到信号经过逆系统$\boldsymbol{\theta}$后同样会产生倍频分量，这里本书只保留逆系统产生的基波成分，从而有

$$z(n) = \sum_{m=0}^{(M-1)/2} \frac{1}{2^{2m}} C_{2m+1}^{m} \theta_m \left|\text{Hilbert}(y(n))\right|^{2m} y(n), \quad n = 0, \cdots, N-1 \tag{10.57}$$

其中，$\text{Hilbert}(y(n))$表示$y(n)$的希尔伯特变换。至此完成了对接收机放大器和滤波器非理想特性的联合校准。

10.4.3　实验验证

为验证本章接收机畸变校正算法性能，本节利用实际接收机进行测试，测试仪器包括两台辐射源个体识别接收机、两台信号源、两台噪声源以及两台高精度时频源设备，各设备的型号及编号如表 10.2 所示。

表 10.2　测试仪器及编号

仪器	编号
E4438C 信号源	A
E4438C 信号源	B
辐射源个体识别接收机	O
辐射源个体识别接收机	N
TGTF900 高精度时频源设备	1
TGTF900 高精度时频源设备	2
Noisecom 噪声源	X
Noisecom 噪声源	Y
GPS 天线	3
GPS 天线	4

实验中信号源产生载频为 1GHz、符号速率为 1MHz 的 QPSK 测试信号。高精度时频源产生 10MHz 外参考频率源以及 100MHz 的外参考采样时钟提供给辐射源个体识别接收机作为参考频率和采样时钟，设备的连接关系如图 10.18 所示。个体识别接收机接收信号通过下变频组件将载频为 1GHz 的射频信号变频到 70MHz 中频，随后用 100MHz 采样率对信号进行采集。由于是连续信号，可用的符号数较多，本章每 3000 个符号构造一个信号样本，用于参数估计及个体识别。

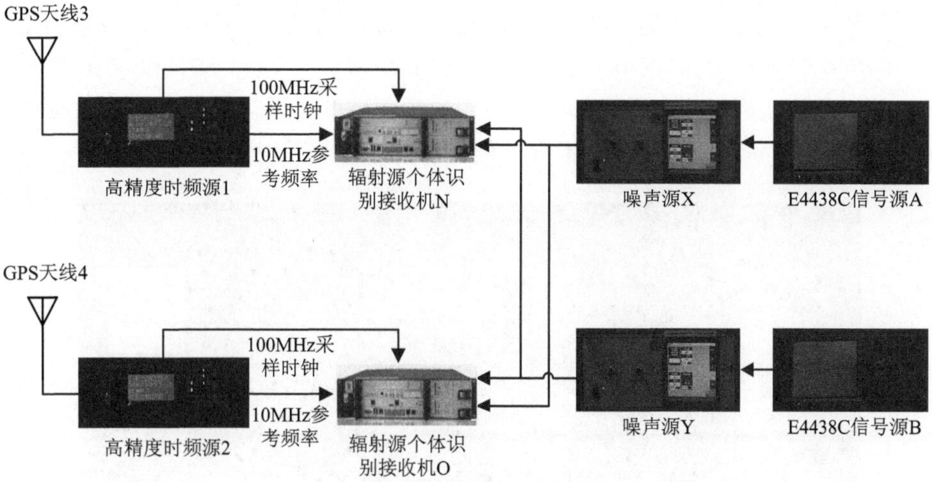

图 10.18　测试设备的连接关系

首先进行频率源校准的性能对比，图 10.19 给出了参考频率和采样时钟未校准时，辐射源个体识别接收机对接收信号的载频估计结果，图中曲线图例由两个字母组成，首字母表示个体识别接收机编号，末字母为信号源编号，如 NA 表示用个体识别接收机 N 采集信号源 A 的信号。从图中可以看出，未进行频率源校准时四种不同的发射接收条件下估计出的信号载频存在明显差异。由采样定理可知，100MHz 采样率采集 70MHz 中频信号，其标称频率为 30MHz，实际估计值距离

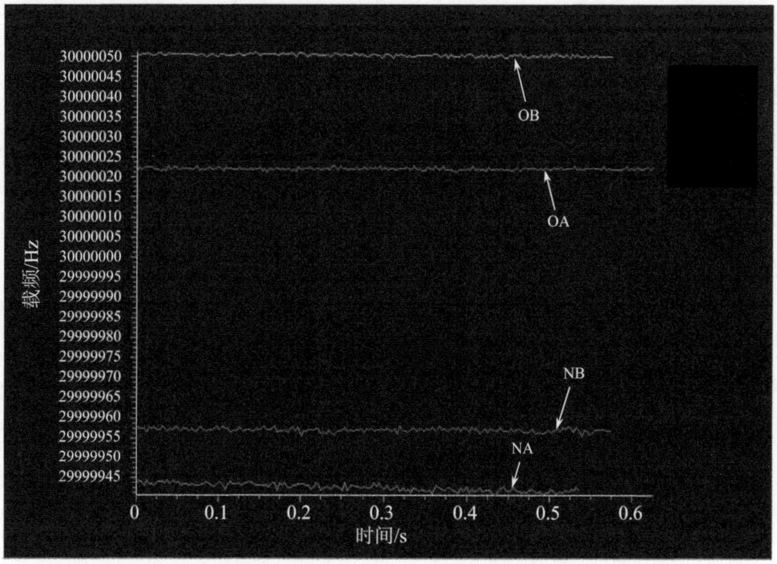

图 10.19　个体识别接收机频率未校准的载频估计结果

该标称值偏差为 20～55Hz。图 10.20 给出了校准后的载频估计结果，图中 NA 和 OA 的频率稳定在 299999985Hz，距离标称频率偏差 15Hz，NB 和 OB 的频率 30MHz，这说明经过频率校准后接收设备的频率精度已经超过了信号源的频率精度，15Hz 的频率偏差是信号源本身的偏差，能够反映发射机差异。

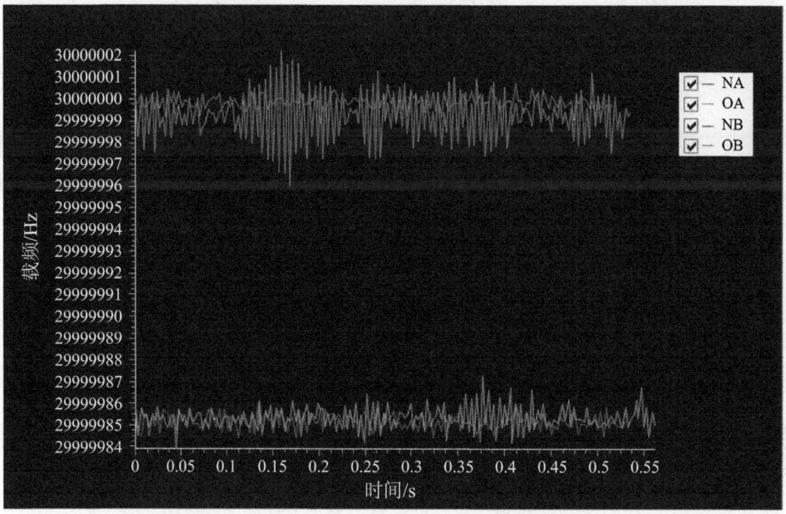

图 10.20　个体识别接收机频率校准后的载频估计结果(见彩图)

其次，图 10.8 已经给出了本节所采用的非零中频结构接收机的 IQ 不均衡校准情况，从图中可以看出对于本节的接收机架构，不同接收机之间不存在 IQ 畸变差异。

最后，本章进行校准前后识别性能的对比。为了说明校准效果，本章利用个体识别接收机 N 采集信号源 A、B 的信号作为训练样本，利用接收机 O 采集信号源 A、B 的信号样本进行测试，测试中分类器使用先开集后闭集的方式。图 10.21 给出了四种不同情况下的识别性能。图 10.21(a)给出不进行接收机校准时的识别性能，此时识别率为 0，即所有的测试样本均被识别为新目标，这跟 10.2 节的分析是一致的，更换接收机造成目标信号畸变特征发生偏移，无法进行个体识别。图 10.21(b)给出了利用 10.4.2 节算法进行接收机校正后，识别率约为 66%，相比未校正情况下已经有了明显的提高。图 10.21(c)给出了信号源信号直接接入接收机中频处理模块，两台接收机只存在中频模块差异时，对中频模块进行校准的识别性能，此时平均识别率 78.5%。图 10.21(d)给出了用同一台接收机采集信号进行训练测试时的识别性能，此时识别率均高于 98%。

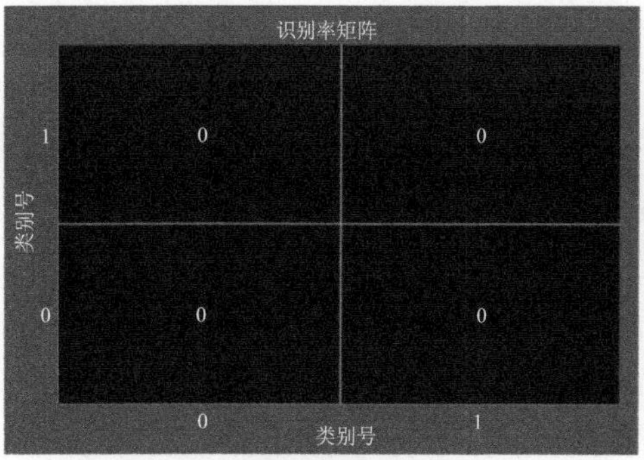

(a) 未校准识别性能

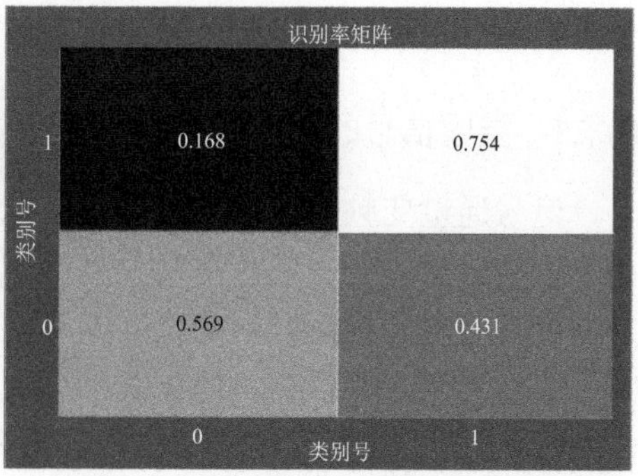

(b) 射频校准后识别性能

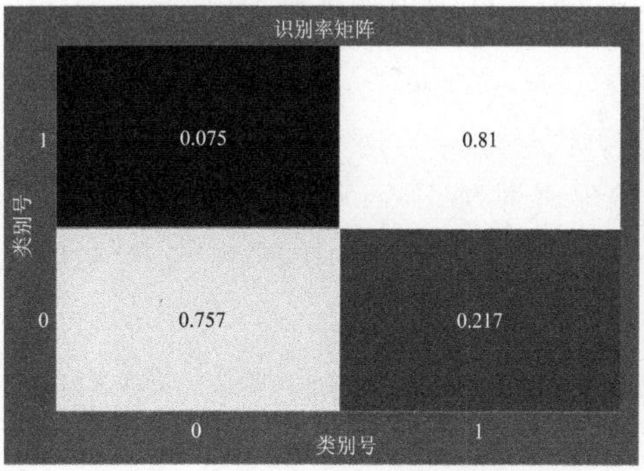

(c) 中频校准识别性能

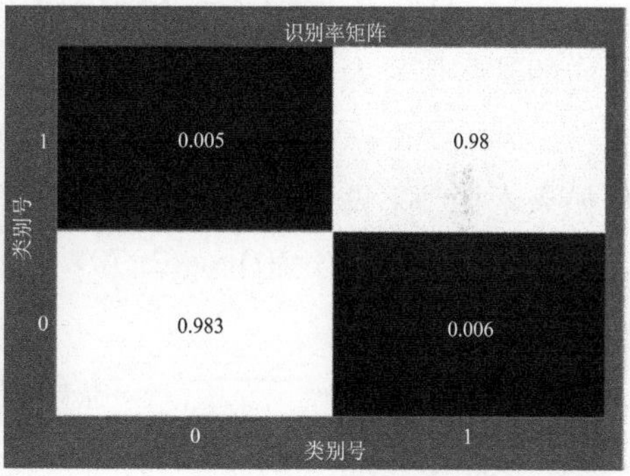

(d) 不更换采集设备识别性能

图 10.21　个体识别接收机频率校准后的载频估计结果

由实验结果可知，本节的接收机畸变校正技术具备一定的有效性，且对于只存在中频差异的接收机校准效果更好，这是因为将整个接收通路级联的放大器和滤波器等效为图 10.15 所示模型时，存在模型误差，该模型对于只存在中频结构的接收机其模型符合度更高。虽然对接收机进行校准后识别性能相对于未校准情况有一定的提高，但相对于不更换接收机的理想情况仍存在一定的识别性能损失，这表示校准算法性能仍存在提升空间。此外，实验中产生校准信号的信号源难以做到不存在任何畸变，这也会引入信号源误差，实际应用中最好固定一台信号源用于校准。

10.5　辐射源目标识别的信号接收操作

辐射源指纹特征通常极其细微，因此不仅需要采用合适的接收机，而且需要对接收机进行合理的参数设置，以尽可能减小接收机对信号中蕴含的辐射源差异特征的模糊和削弱。以下通过分析信号接收参数对接收信号的影响，总结辐射源个体识别所要求的信号接收的操作原则和注意事项。

10.5.1　接收信号的正/倒谱特性分析

信号通过变频器从射频变到中频或基带以及经过 ADC 转化为数字信号的过程都可能使得信号在正谱信号和倒谱信号之间发生变化。

变频处理中本振频率的设置有可能导致信号谱为倒谱。以变频器输出 70MHz 中频信号为例，假设信号射频载频为 f_r，则射频信号可表示为

$$r(t)=I(t)\cos(2\pi f_r t+\phi)+Q(t)\sin(2\pi f_r t+\phi) \tag{10.58}$$

如果本振频率设为 $f_r=-70\text{MHz}$，则变频器输出信号为

$$s_{IF}(t)=I(t)\cos(2\pi 70\times 10^6 t+\phi)+Q(t)\sin(2\pi 70\times 10^6 t+\phi) \tag{10.59}$$

对应的基带信号为

$$s_b(t)=I(t)+jQ(t) \tag{10.60}$$

但如果本振频率设为 $f_r=70\text{MHz}$，则变频输出信号为

$$s_{IFInv}(t)=I(t)\cos(2\pi 70\times 10^6 t+\phi)-Q(t)\sin(2\pi 70\times 10^6 t+\phi) \tag{10.61}$$

对应的基带信号为

$$s_{bInv}(t)=I(t)-jQ(t) \tag{10.62}$$

因此，$s_{bInv}(t)$ 和 $s_b(t)$ 存在以下关系：

$$s_{bInv}(t)=s_b^*(t) \tag{10.63}$$

如果对 $s_b(t)$ 和 $s_{bInv}(t)$ 进行傅里叶变换，则其频谱关系为

$$S_{bInv}(\omega)=S_b^*(-\omega) \tag{10.64}$$

可见 $S_{bInv}(\omega)$ 与 $S_b(\omega)$ 存在对称翻转关系，因此称 $S_{bInv}(\omega)$ 为倒谱，$S_b(\omega)$ 为正谱，相应的 $s_{bInv}(t)$ 为倒谱信号，$s_b(t)$ 为正谱信号。

除了变频处理可能产生倒谱外，中频带通采样也可能造成倒谱。例如，如果采用 60MSps 采样率对变频器输出的 70MHz 中频信号采样，则得到的离散信号为

$$s_{IF}(n)=I(n)\cos(2\pi 10n/60+\phi)+Q(n)\sin(2\pi 10n/60+\phi) \tag{10.65}$$

等效到基带信号为 $I(n)+jQ(n)$，此时为正谱信号；但如果采用 40MSps 采样率进行采样，得到的离散信号为

$$s_{IFInv}(n)=I(n)\cos(2\pi 10n/40+\phi)-Q(n)\sin(2\pi 10n/40+\phi) \tag{10.66}$$

等效到复基带信号为 $I(n)-jQ(n)$，即产生倒谱信号。

在进行发射机畸变特征提取时，滤波器畸变等特性会随着正/倒谱的变化而发生变化。如果训练和识别或多次识别的正/倒谱性质不一致，则会导致错误识别，因此应保证对某个识别集的信号正/倒谱的一致性(即要么一直为正谱，要么一直为倒谱)。

10.5.2　滤波采集参数对信号信噪比的影响分析

ADC 前的模拟滤波带宽、放大器或衰减器的增益、ADC 采样率、ADC 量化量程等接收参数的设置也会对辐射源个体识别的性能造成一定的影响。下面通过分析目标频段信号对带内信道噪声(热噪声)与量化噪声之和的信噪比来衡量各个参数的影响。

假设 ADC 前的模拟滤波带宽为 B，经过滤波后信号总功率为 S^2，目标频段信号(含带内噪声)功率在总功率中的比例为 $a(B)$，其中 $a(B)$是 B 的函数，B 越大，则 $a(B)$越小。再令采样率为 f_s，目标频段信号的有效带宽为 R_s，ADC 量化量程为 V。如果目标频带信号对信道噪声的信噪比(即 ADC 前的模拟信号的信噪比)为 $\mathrm{SNR_v}$，则频带内信号功率为

$$P_b=\frac{S^2a(B)\mathrm{SNR_v}}{1+\mathrm{SNR_v}} \tag{10.67}$$

频带内信道噪声和量化噪声的功率之和为

$$P_N=\frac{S^2a(B)}{1+\mathrm{SNR_v}}+\sigma_\Delta^2\frac{R_s}{F_s}=\frac{S^2a(B)}{1+\mathrm{SNR_v}}+\frac{V^2 2^{-2M}R_s}{3F_s} \tag{10.68}$$

其中，F_s 为采样率；σ_Δ^2 表示 ADC 的量化噪声。因此，目标频带信号对频带内噪声(含信道噪声和量化噪声)的信噪比为

$$\mathrm{SNR}=\frac{P_b}{P_N}=\frac{\dfrac{S^2a(B)\mathrm{SNR_v}}{1+\mathrm{SNR_v}}}{\dfrac{S^2a(B)}{1+\mathrm{SNR_v}}+\dfrac{V^2 2^{-2M}R_s}{3F_s}}\approx\frac{1}{\dfrac{1}{\mathrm{SNR_v}}+\dfrac{1}{3\times 2^{2M}P\beta a(B)}} \tag{10.69}$$

其中，$\beta=S^2/V^2$ 为 ADC 输入信号功率与量程平方的比值；$P=F_s/R_s$ 为过采样倍数。对电平为 S 的信号，采用量程 V 进行均匀量化时，其量化值为

$$D_s=\left\lfloor S^2V\times 2^{M-1}+0.5\right\rfloor \tag{10.70}$$

因此，式(10.69)可写为

$$\mathrm{SNR}=\frac{P_b}{P_N}\approx\frac{1}{\dfrac{1}{\mathrm{SNR_v}}+\dfrac{1}{3P(2D_s^2)a(B)}} \tag{10.71}$$

由于目标频段信号对频带内量化噪声的信噪比为

$$\mathrm{SNR}_\Delta=\frac{\dfrac{S^2a(B)\mathrm{SNR_v}}{1+\mathrm{SNR_v}}}{\sigma_\Delta^2R_s/F_s}\approx 3\times 2^{2M}P\beta a(B)\approx 3\times P(2D_s)^2a(B) \tag{10.72}$$

因此，式(10.71)可写成

$$\mathrm{SNR}=\frac{P_{\mathrm{b}}}{P_{\mathrm{N}}}\approx\frac{1}{\dfrac{1}{\mathrm{SNR_v}}+\dfrac{1}{\mathrm{SNR}_{\Delta}}} \tag{10.73}$$

从式(10.73)可以看到，接收机参数对信号质量的影响程度取决于 SNR_{Δ} 与 $\mathrm{SNR_v}$ 的相对大小。在信噪比 $\mathrm{SNR_v}$ 较小的情况下，如果满足 $\mathrm{SNR}_{\Delta}\gg\mathrm{SNR_v}$，则 SNR_{Δ} 的数值变化对整体信噪比 SNR 的影响甚微，可以忽略不计。如果认为当 $\mathrm{SNR}_{\Delta}>10\mathrm{SNR_v}$ 时，即

$$3\times2^{2M}P\beta a(B)\approx3P(2D_{\mathrm{s}})^2a(B)>10\mathrm{SNR_v} \tag{10.74}$$

SNR_{Δ} 的数值变化对整体信噪比 SNR 的影响可以忽略，则根据式(10.74)，可以获得接收采集参数设置的指导准则。

10.5.3　接收机的设置和操作

式(10.69)表明，理想情况下，接收机参数设置的理想原则为：①模拟滤波保留带宽应该设为有效信号带宽；②ADC 输入信号电平应在确保不出现饱和的情况下，尽可能接近 ADC 量程；③令 ADC 量程等于输入信号的最大电平；④ADC 量化位数越高越好；⑤采样率越高越好。另外，式(10.69)也表明，只要满足式(10.74)，接收采集对辐射源识别性能的影响可以忽略。

另外，在实际应用中，对于一个设计和制造完成的接收机，参数的可设范围是有限制的。例如，模拟滤波保留带宽可能不是连续可调的，而只能选择几个带宽挡位，很难恰好使其等于有效信号带宽；ADC 的量化位数是固定的，量程通常是固定的或分为几个挡位，无法随意设置使其等于输入信号的最大电平；而信号电平需要通过调节 ADC 前的放大器增益才能使其接近量程，但放大器也有限定的增益工作范围(在此范围内线性度较好，噪声系数较小)，在工作范围内的增益有可能难以使信号电平接近量程；采样率通常也只能在一定范围内设置，而且过高的采样率将导致过大的存储负担和计算量。此外，如果需要对宽带内多个频点的信号进行处理，则必须进行宽带采集，这进一步导致模拟滤波保留带宽不能设置为目标频带信号的有效信号带宽。

基于以上考虑，应依据当前接收机的软硬件参数设置约束先固定部分参数，然后确定其他可调节的参数。一般采集设备中，接收机的 ADC 的量化位数 M 通常是固定的，可先确定，然后考虑其他参数设置。

对于模拟滤波保留带宽应参考当前信号的有效带宽 R_{s} 和旁带信号分布情况进行设置。信号的有效带宽 R_{s} 与所要提取的辐射源特性有关：如果不需要提取功放非线性和暂态特性，则信号的有效带宽 R_{s} 等于信号的原始带宽；如果需要提取

功放的 Q 阶非线性特性，则信号的有效带宽 R_s 通常为信号原始带宽的 Q 倍；如果需要提取暂态特性、频率调制或相位调制(如 MFSK、GMSK、MSK、Mh-CPM 等调制信号)的符号调制过渡特性，则信号的有效带宽 R_s 通常为原始信号带宽的 10 倍以上(因暂态含有高频成分)。对于旁带信号分布情况，设目标载波的无旁带干扰带宽为 B_n(即目标载波左边第一个旁带信号的上边带截止频率到目标载波右边第一个载波的下边带截止频率的距离)。在不需要进行多载波宽带信号处理的情况下，模拟滤波保留带宽 B_f 可设置为最接近 B_r 但大于 B_r 的挡位，其中 B_r 为

$$B_r = \min(R_s, B_n) \tag{10.75}$$

如果需要进行多载波宽带信号处理，设处理带宽为 B_w，则模拟滤波保留带宽只能选择最接近 B_w 但大于 B_w 的挡位，此时 $a(B)$ 较小，需要通过调节其他参数设置使其满足式(10.74)的要求。

对 ADC 输入信号电平，应在前端放大器的有效工作范围内设置增益或选择 ADC 量程的挡位，使信号电平在不发生饱和的前提下，尽可能接近 ADC 量程。这种设置可以极大地减小量化噪声的影响，特别是在宽带信号处理时，有利于缓解模拟滤波保留带宽过大(则 $a(B)$ 较小)导致的对量化噪声信噪比较低的问题。

对 ADC 的采样率：按照低通采样或带通采样要求，应设置大于滤波保留带宽 B 的采样率；从数据存储和计算效率的角度而言，应设置较小的采样率。对此，可在确定滤波保留带宽、放大器增益、ADC 量程和量化位数以后，计算满足式(10.74)的最小的 P 值，由此获得相应的采样率下限 $f_l=P\times R_s$，然后设置采样率为

$$f_s = \max(f_l, B) \tag{10.76}$$

此种情况下，既满足采样信号无失真要求，也使得量化噪声的影响可以忽略，同时采样率也已经尽可能取满足要求的最小值。

以上参数配置步骤并无绝对的先后顺序，可以根据接收采集设备的实际约束进行顺序调整，例如，先配置采样率，再决定滤波保留带宽和放大器增益等参数的配置。总的来说，接收采集参数要根据信号情况和当前接收采集设备的配置，以不造成信号质量显著下降(即满足式(10.74))为基本原则进行设置。值得注意的是，式(10.74)中第二个表达式实际上意味着对比值 β 的设置可通过对采样量化后信号的强度 D_s 的设置来替代，这就意味着，可以采用后验的方式观测采样量化后信号的强度，并计算其是否满足式(10.74)来确定放大器或衰减器和量程的设置是否合理。

当信噪比较低时，对接收采集参数设置的要求较为宽松。以信噪比为 16dB 为例，则 $\mathrm{SNR_v} \approx 40$。如果量化位数限定为 16 位，量化后信号强度为 100，则根据式(10.74)，应满足 $(40000\times P\times 3\times a(B)>400)$ 即 $Pa(B)>1/300$。如果为了满足对辐射源目标信号有效频带采样无混叠的要求，P 设置为 10，如果 $a(B)>1/3000$，

则相应的滤波器带宽设置即满足要求。如果量化后信号强度为 10，则应满足 $Pa(B)>1/3$，此时对采样率和滤波保留带宽的要求更严，若 P 设置为 10，则必须满足 $a(B)>1/30$。如果事先设置滤波器保留带宽使得 $a(B)=0.1$，则在 P 设置为 10 的情况下，可以确定 β 或 D_s 的设置，即应调整放大器或衰减器和量程的设置使得 $\beta>3.1\times10^{-9}$ 或 $D_s>5.7735$。

当信噪比较高时，对接收采集参数的设置要求更为严格。以信噪比 56dB 为例，则 $SNR_v\approx400000$。如果量化位数限定为 16 位，量化后信号强度为 100，则根据式(10.74)，应满足 $Pa(B)>100/3$。如果为了满足对辐射源目标信号有效频带采样无混叠的要求，P 设置为 10，则必须满足 $a(B)>10/3$，显然不能实现。此时，只能通过调整放大器或衰减器增益或量化量程来提高 ADC 输入信号的电平。如果设置滤波器保留带宽使 $a(B)=0.1$，则要求 $(2D_s)^2\times10\times3\times0.1>4000000$，即 $D_s>577$，才能使得量化对辐射源识别性能的影响可以忽略，此时可以一边调节放大器或衰减器的增益或量化量程，一边观察采样后信号强度，当信号强度大于 577 时，即认为对放大器或衰减器以及量程的设置已经满足要求。

综合以上分析，对接收采集的操作有以下注意事项。

(1) 变频操作。

为了减小变频设备对信号质量的影响，应注意：①对目标载波，尽可能使其变频后的载频位于变频器输出的中心频率上，以减小滤波器带内倾斜或波纹对信号造成的畸变，同时应固定变频频率，保持正/倒谱特性始终一致；②调节变频器的信号增益，使之处于较好的低噪声水平并减小杂散信号，同时与 ADC 量程配合满足前述参数设置原则，并尽可能在一次识别过程中设置为固定增益，以避免自动增益控制对暂态特性的影响；③对高频段射频信号，可变频到 70MHz 的中频，再进行中频采集处理，对低频段信号，也可直接变频到基带，进行基带采集处理，总的原则是尽可能减少变频处理环节。

(2) 模拟滤波操作。

根据前述原则设置模拟滤波带宽，尽可能选择带内平坦的模拟滤波器。

(3) 采集操作。

采集操作需要注意以下几点：①按照前述原则设置采样率、量程和量化位数；②应采集足够长度和足够数量的信号以满足训练建库需要，对于训练而言，每个目标的样本最好在 200 个以上，但超过 1000 个后通常无必要；③应注意采样率的设置导致正/倒谱性质的变化，如需要改变采样率，应使采样信号的正/倒谱特性始终一致。

最后需要说明的是，如果可能，在辐射源识别的整个处理过程中，尽可能不要改变变频采集参数设置，以防止参数设置变更引起特征不稳定。

10.6 本 章 小 结

本章对于辐射源目标识别所需的接收机进行设计，不同应用场景对接收机的设计要求是不一样的。固定接收机辐射源个体识别主要对接收机的随机性畸变提出了要求。由于随机性畸变无法校正，只能靠提高接收机设计精度来减轻其影响，因此需要分析辐射源识别对接收机精度的设计要求。正是在似然比检验理论性能分析的基础上，根据识别性能与接收机精度关系的“门限现象”，对辐射源目标识别的接收机提出了经济的设计准则。这些设计准则在一定程度上突破了认为接收机精度越高越好和接收机精度是辐射源个体识别瓶颈的传统观点，将有助于设计经济且同时不对识别性能构成瓶颈的接收机。而跨接收机辐射源个体识别则不仅需要考虑随机性畸变，还需要考虑确定性畸变的校正。对于确定性畸变，通过分析其机理和形式，设计了相应的接收机校正方法，可减轻接收畸变对辐射源识别性能的影响。最后，在采用接收机进行信号接收时，也应遵循一定的操作原则，本章给出了接收机操作的参数设置方法和注意事项，对于辐射源目标识别实际应用具有一定的指导意义。

参 考 文 献

[1] 许海龙, 周水楼. 雷达辐射源个体识别设备的框架研究[J]. 电子信息对抗技术, 2008, 23(6): 9-11.

[2] 李鹏, 马红梅. 群时延内均衡的模拟滤波器优化设计[J]. 电讯技术, 2001, 51(5): 99-103.

[3] 王峰, 傅有光, 孟兵, 等. 基于傅里叶变换的雷达通道均衡算法性能分析及改进[J]. 电子学报, 2006, 34(9): 1677-1680.

[4] Keegan R G, Estates P V, Knight J E, et al. Signal receiver with group delay and amplitude distortion compensation: EP2859660B1[P]. 2018-11-21.

[5] Johansson M, Mattsson T. Linearised high-efficiency power amplifier for PCN[J]. Electronics Letters, 1991, 27(9): 762-764.

[6] Youngoo T, Young W, Bumman K. Optimization for error-canceling loop of the feedforward amplifier using a new system-level mathematical model[J]. IEEE Transactions on Microwave Theory and Techniques, 2003, 51(2): 475-482.

[7] Strandberg R, Andreani P, Sundstrom L. Spectrum emission considerations baseband-modeled CALLUM architectures[J]. IEEE Transactions on Microwave Theory Techniques, 2005, 53(2): 660-669.

[8] Zhou Y, Chia Y W. A novel alternating and outphasing modulator for wireless transmitter[J]. IEEE Transactions on Microwave Theory and Techniques, 2010, 58(2): 324-330.

[9] Birafane A, El-Asmar M, Kouki A B, et al. Analyzing LILAC systems[J]. IEEE Microwave

Magazine, 2010, 11(5): 59-71.

[10] Yan J J, Presti C, Kimball D F, et al. Efficiency enhancement of mm-wave power amplifiers using envelope tracking[J]. IEEE Microwave and Wireless Components Letters, 2011, 21(3): 157-159.

[11] Jeong J, Kimball D F, Kwak M, et al. Wideband envelope tracking power amplifiers with reduced bandwidth power supply waveforms and adaptive digital predistortion techniques[J]. IEEE Transactions on Microwave Theory and Techniques, 2009, 57(12): 3307-3314.

[12] Yong-Sub L, Mun-Woo L, Yoon-Ha J. High-power amplifier linearization using the Doherty amplifier as a predistortion circuit[J]. IEEE Microwave and Wireless Components Letters, 2008, 18(9): 611-613.

[13] Chen J H, Yang H S, Chen Y J. A technique for implementing wide dynamic-range polar transmitters[J]. IEEE Transactions on Microwave Theory and Techniques, 2010, 58(9): 2368-2374.

[14] 刘静蕾. 60GHz 通信系统中 IQ 不平衡的影响分析与补偿算法研究[D]. 成都: 电子科技大学, 2014.

[15] Horlin F, Bourdoux A, Perre L V. Low-complexity EM-based joint acquisition of the carrier frequency offset and IQ imbalance[J]. IEEE Transactions on Wireless Communication, 2008, 7: 2212-2220.

[16] Tarighat A, Sayed A H. Joint compensation of transmitter and receiver impairments in OFDM systems[J]. IEEE Transactions on Wireless Communication, 2007, 6: 240-247.

[17] Chung Y H, Phoong S M. Channel estimation in the presence of transmitter and receiver I/Q mismatches for OFDM systems[J]. IEEE Transactions on Wireless Communication, 2010, 8: 1485-1492.

[18] Hsu C J, Sheen W H. Joint calibration of transmitter and receiver impairments in direct-conversion radio architecture[J]. IEEE Transactions on Wireless Communication, 2012, 11: 832-841.

[19] Lin H, Zhu X, Yamashita K. Low-complexity pilot-aided compensation for carrier frequency offset and I/Q imbalance[J]. IEEE Transactions on Wireless Communication, 2010, 58: 448-452.

[20] Tsai Y, Yen C P, Wang X. Blind frequency-dependent I/Q imbalance compensation for direct-conversion receivers[J]. IEEE Transactions on Wireless Communication, 2010, 9: 1976-1986.

[21] Narasimhan B, Narayanan S, Minn H, et al. Reduced-complexity baseband compensation of joint Tx/Rx I/Q imbalance in mobile MIMO-OFDM[J]. IEEE Transactions on Wireless Communication, 2010, 9: 1720-1728.

第 11 章　辐射源目标识别的系统设计和管理

在辐射源目标识别系统运行过程中，随着时间和环境的变化，辐射源的数目可能会不断增多，辐射源的特征也可能发生缓慢的漂移，还有可能出现信道短暂恶化或干扰短暂出现的情况，这就要求辐射源目标识别系统应该具备相应的适应和调整能力。因此，辐射源目标识别的形态并不仅仅体现为一套算法，还包括算法和算法管理模块、数据库及其管理模块、样本生成和样本管理模块以及接收采集硬件子系统等，其使用过程包含样本构造、样本筛选、算法选择、算法参数配置、特征选择、特征质量监测、特征库初始化训练、特征库管理以及结果输出应用等环节。设计一种模块功能可灵活配置、模块参数可动态调整、目标特征库可增量更新、运行状态可随时监测的辐射源目标识别系统，以及一套具备状态分析能力和自适应调整能力的系统管理策略，对获得良好的辐射源目标识别性能具有重要意义。

11.1　辐射源目标识别系统的设计

本节介绍一种辐射源目标识别系统的设计。该系统由变频采集模块、信号检测估计模块、辐射源特征提取和识别子系统以及任务管理子系统构成，如图 11.1 所示。该系统可在宽带多载波辐射源识别和窄带单载波辐射源识别两种模式中灵活切换。

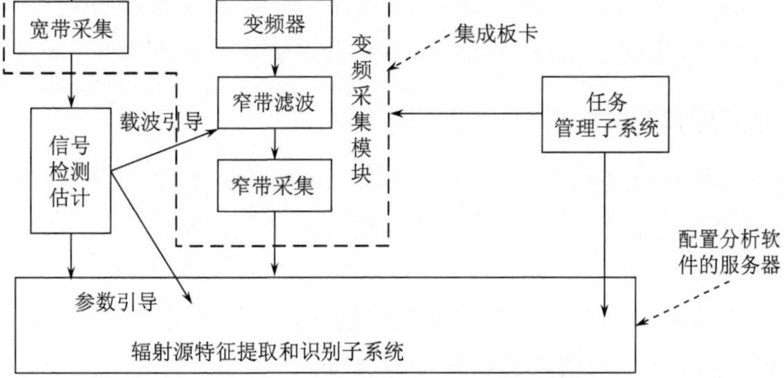

图 11.1　辐射源目标识别系统构成

任务管理子系统是辐射源目标识别系统的运行控制和管理模块。该子系统负责控制变频采集模块、信号检测估计模块以及辐射源特征提取和识别子系统的协同工作。该子系统根据用户指定的识别任务，指导变频采集模块以合适的参数进行变频处理和信号采集，并控制辐射源特征提取与识别子系统对单个载波信号进行识别或对多个载波信号进行并行或轮替识别，并将识别结果推送给任务发起方。

变频采集模块是辐射源目标识别系统最主要的硬件构成，实现时通常以集成板卡的形式出现。变频采集模块在任务管理子系统的指导下工作，主要完成对射频信号的变频、滤波和采集处理工作。按照任务需要，变频采集包含宽带采集和窄带采集两种模式，其中窄带采集可在信号检测估计模块的引导下工作。信号检测估计模块主要实现宽带内载波信号检测、信号调制识别以及调制参数估计，一方面引导窄带处理支路根据任务管理子系统的指令和宽带检测结果调整变频器频率，对指定的载波信号进行窄带采集，并送入辐射源特征提取和识别处理子系统进行识别处理；另一方面将调制识别和调制参数估计结果送入识别处理子系统，引导其按照合适的参数进行处理。以上模式是针对单个载波进行识别处理，如果需要进行宽带内多载波信号的辐射源识别，也可以直接将宽带采集信号送入辐射源特征提取和识别子系统，按照宽带检测结果引导对多个载波进行轮替或并行的识别处理。

辐射源特征提取和识别子系统是系统的核心模块，以加载有算法软件的服务器的形态出现。该子系统在信号检测估计模块给出的参数的指引下，对指定的载波或载波集进行特征提取和识别处理。该子系统配备有辐射源目标特征库以及相应的数据库管理模块，可实现对辐射源目标特征库的查询、修改、更新和关联等处理。

11.2 算法配置和样本管理

算法配置和样本管理主要关注不同应用场合下的算法选择及其参数配置、样本的筛选、样本的更新以及样本更新所带来的增量训练问题。

11.2.1 算法选择和参数配置

算法选择和参数配置主要是指对特征提取器和分类器的算法选择和算法参数配置。辐射源特征提取和识别算法的选择应综合考虑识别需求、先验知识、信号类型、样本规模和处理实时性的要求。一般而言，有以下几种。

(1) 对突发信号，可以同时采用暂态和稳态特征提取算法构成综合的特征集，但对连续信号，仅可以利用稳态特征提取算法。

(2) 如果确知未知信号属于目标库中某一目标，则进行闭集识别，此时特征降维既可通过人工选择实现，也可以通过线性鉴别分析等有监督机器学习方法实现，而分类器可以选择支持向量机等有监督分类器算法。

(3) 如果未知信号可能为新目标，则需先进行开集识别，此种情况下特征降维可以采用人工选择方法或无监督机器学习方法(如主成分分析)，而分类器应选择 SVDD、KNN 等半监督的分类器。

(4) 如果不具备先验知识而未建立初始的目标信号特征库，则只能对未知信号进行聚类分析，此时特征降维不能采用有监督的机器学习方法，而必须采用人工选择方法或基于无监督机器学习的特征降维方法，同时分类器必须采用无监督聚类算法。

(5) 如果样本规模大，对实时性要求高时，应选择低复杂度的特征提取和分类器算法，例如，分类器可以采用模板匹配方法；如果对实时性要求相对较低，而追求较高的识别性能，则可选择高复杂度的机器学习算法。

通常而言，有监督学习的识别准确度高于无监督聚类处理，而且其识别结果能给出以标签表示的目标身份。因此，在条件具备的情况下，应该尽可能收集有标签信号样本，采用有监督降维器和分类器进行训练和识别处理。

在算法参数配置方面，预处理、特征提取器和分类器都需要配置参数以控制不同的计算复杂度和性能，同样应根据具体应用需要完成优化配置。其中，对特征提取的参数优化和对分类器的参数优化已经分别在第 8 章和第 9 章中介绍过，这些配置方法通常会集成到算法模块中，实现自适应优化。对于预处理参数的配置，一般采用自评估测试来完成。

自评估测试是将有标签的信号样本分为训练样本和测试样本两个集合，采用训练样本进行训练，采用测试样本进行识别，并将识别结果与标签进行比对统计，得到平均正确识别率，以评估当前辐射源目标识别算法的可行性和相应的参数配置的优劣。

对于预处理，滤波保留带宽的设置对辐射源识别性能可能产生重要影响。在 10.4 节中已经分析了 ADC 前的模拟滤波保留带宽对辐射源目标识别的影响。在辐射源特征提取的预处理中，通常会进一步对信号进行滤波，以减小噪声和旁带信号的影响。此时，滤波保留带宽的设置仍然可能面临两难，即过窄可能损失目标信号的高频细节信息，过宽可能包含过多的旁带噪声和干扰信号。对此，可以通过自评估测试来选定对应最优正确识别率的滤波保留带宽。除此之外，对于暂态信号(假设存在同步码并依据同步码来进行暂态检测和截取)，从同步码往前截取多长的数据构成暂态信号(截取过长将包含过长的噪声段或前一个样本的信号，截取过短则可能丢失一部分暂态信号)更有利于辐射源识别，也需要通过自评估测试来确定最优的配置参数。

11.2.2 特征选择的稳定性考量

前面章节已经指出，闭集识别属于有监督学习，开集识别属于半监督学习，而盲分选属于无监督学习，这不仅意味着不同的场合应该选择不同的算法，而且还对特征域的选择提出了要求。

在实际应用中，闭集识别和开集识别的处理周期一般是长期的，因此对特征的长期稳定性有较高的要求。因此，如信噪比、信号功率、载频、来波方向、到达角等在长时间内会发生变化的特征以及与这些特征关联的其他特征，都不可用于闭集识别和开集识别，而具备长期稳定性的发射机畸变特征，则较适合闭集识别和开集识别。

盲分选的处理周期通常是短期的，例如，需要判证某一较短时长内采集的信号中包含几个辐射源目标。因此，在处理周期内短时平稳的特征可与长时稳定特征一起构成用于盲分选的辐射源特征。短时平稳特征可能包括信噪比、信号功率、载频、来波方向、到达角、到达时间和信号时长等，但仍应注意分析这些特征在处理周期内是否平稳。此外，还应观测特征是否具有多模分布，如为多模分布，也不能用于盲分选。

11.2.3 样本的筛选

样本的筛选主要关注样本的可用性问题。信道短暂恶化或短暂干扰的出现都可能造成质量不佳的样本，这些样本用于训练会造成识别性能的恶化，用于识别则会带来低可信度的识别结果，因此，应依据一定的准则对样本进行筛选。

考虑到信道的恶化、干扰的出现以及信噪比的恶化都会体现在解调误差上，可以将解调结果与判决量的距离作为筛选标准，即

$$S_i = \|\boldsymbol{s}_i - \hat{\boldsymbol{s}}_i\|^2 \tag{11.1}$$

其中，$\boldsymbol{s}_i$ 为第 i 个样本的解调判决向量；$\hat{\boldsymbol{s}}_i$ 为相应的判决(硬判决)结果向量。当该距离大于一定门限时，认为相应的样本不符合辐射源识别处理要求，将其剔除。

此外，还可以采用信噪比、信号长度等来衡量样本的质量。

11.3 辐射源目标特征库的管理

辐射源目标特征库的管理主要包括特征库的初始化和更新管理。辐射源目标特征库的初始化是有监督辐射源识别的前提，只有采用有标签样本完成特征降维和分类器的模型训练，并建立初始辐射源特征库，才能对未知信号实现身份判证。此外，在系统运行过程中，辐射源目标的数目可能会不断增加，同一辐

射源的特征也可能随着时间的推移而发生缓慢变化，因此，还需要考虑辐射源特征库的更新。

11.3.1　辐射源目标特征库的初始化

辐射源目标特征库的初始化是对初始采集的信号样本打上目标身份标签，依据已标识样本进行有监督训练，并将训练结果和辐射源特征存入数据库的过程。通常，这是一个离线学习的过程，也是辐射源目标识别系统在线运行的前提工作。

获得信号样本的标签，通常有以下几个途径：

(1) 利用传输业务内容信息中的目标指示，对接收信号样本进行目标标识；

(2) 通过对接收信号进行测向定位，根据方向和位置确定信号样本的标签；

(3) 采集指定的辐射源，获得可标记的信号样本；

(4) 对 SCPC/FDMA 信号，一般情况下同时出现的不同载波的信号分属于不同的辐射源，利用此特性可为不同载波的信号打上不同的标签；

(5) 通过信号聚类分选也可以建立初始的目标信号特征库，对可能存在多个目标的信号进行辐射源特征提取后，采用聚类分选方法实现同源信号样本归类，对每个聚类分别打上不同的编号标签。

在完成采集信号样本的标记以后，将标签相同的信号样本归并到相应辐射源的样本集中，所有辐射源的样本集构成训练样本集。如果某一辐射源的样本集中的样本数目小于一定门限(如 10 个)，则认为其样本数不充分，可暂时不纳入训练集，待以后累积足够数量的样本后再纳入。采用训练样本集进行特征降维训练以及分类器的训练，并存储各个辐射源的特征以及降维器和分类器的训练结果，即完成了辐射源目标特征库的初始化工作。

11.3.2　辐射源目标特征库的更新

在辐射源目标识别系统在线运行过程中，由于辐射源工作环境的变化以及器件的逐步老化，辐射源的特性也可能发生缓慢的变化，从而导致辐射源特征随着时间的推移发生缓慢的漂移，这就需要对辐射源目标特征库进行更新。另外，辐射源的数目可能不断增加，需要将新出现的辐射源的特征纳入辐射源目标特征库中，以不断丰富辐射源特征库。

在完成辐射源目标特征库的初始化以后，一方面可以继续通过 11.3.1 小节所述的途径继续获得新的可标记的辐射源样本，另一方面也可以通过在线识别来获得新的样本，如图 11.2 所示。在线识别获得的新样本，可能是目标库中已有辐射源的样本，也可能是新的辐射源的样本，这可以通过图 11.2 所示的先开集识别再闭集识别的步骤来确定。开集识别确定新样本是否为新辐射源的样本。如果被判定为新辐射源的样本，则选择判别置信度大于一定门限且确定属于同一个新目标的样本构成新辐射源的样本集，并对新样本按暂定标签进行标记。如果被开集识别判定为已有辐射源的样本，则再进一步进行闭集识别，并筛选出识别置信度大于一定门限的样本构成相应辐射源(即其闭集识别结果)的新样本。

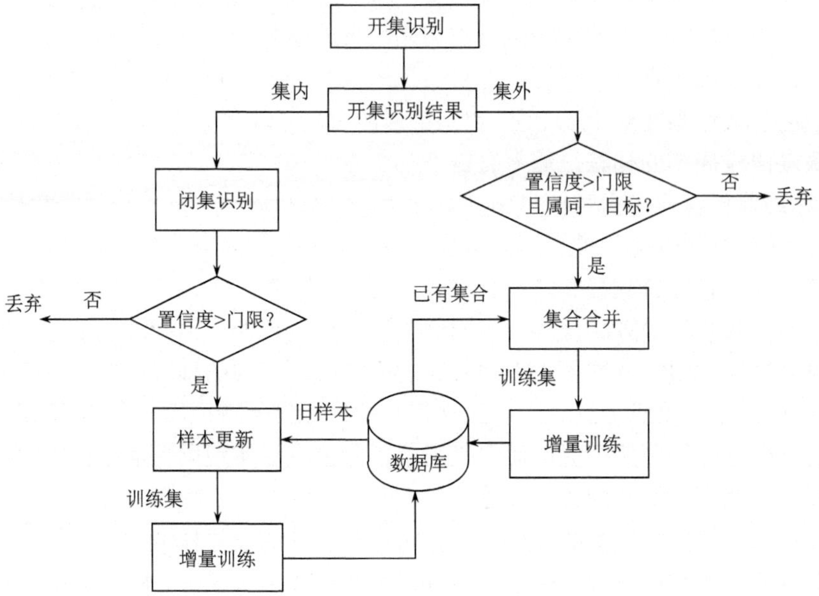

图 11.2　辐射源目标特征库的在线更新

无论新辐射源的样本还是已有辐射源的新样本，都需要更新到训练样本集，即将新样本与旧样本相结合构建新的训练样本集。结合的原则是既应体现出辐射源特征的局部波动特性，也应跟踪辐射源特征的长期漂移。

对于新辐射源的样本，只需要将其与已有辐射源的样本构成更大的训练样本集即可。对于已有辐射源的新样本，一种更新策略是将所有旧样本和新样本结合构成新的训练集，再对特征提取器和分类器重新训练。此种策略的优点在于识别对于特征的局部波动具备较好的鲁棒性，但重新训练的复杂度也较高，同时对辐射源特征漂移的跟踪能力不强，将导致正确识别率下降。另一种更新策略是进行窗口滑动，即对每个辐射源的样本集设定一个一定长度的窗口，当新样本到来时，将对应的辐射源样本集的窗口滑动到包含最新样本的地方，移出窗口的旧样本将被舍弃，而仍在窗内的旧样本和新样本一起构成新的训练样本集，然后对特征提取器和分类器重新训练或增量训练。此种策略可较好地跟踪特征的漂移，训练复杂度也相对较低。为了减小重新训练带来的复杂度，特征提取器和分类器都应设计增量训练方法，充分利用旧数据的已有训练结果，只对新数据进行训练处理。关于增量训练的算法可参考文献[1]～[6]，此处不再讨论。

以上更新过程可以不断重复，从而不断丰富数据库中的辐射源目标，并实现对辐射源特征缓慢漂移的跟踪。

11.4　辐射源特征质量的监测

尽管在设计辐射源特征参数时，已经考虑到应依据特征的稳定性来构造特征集，但由于辐射源发射机设备的老化、工作环境的变化、信道的偶发性突变以及辐射源工作模式的变化，所构造的特征集中仍然可能存在一些不够稳定的特征或区分力较差的特征。为此，有必要对特征的质量进行监测，为特征选择和样本筛选提供依据。这实际上是一种反馈处理的过程，即在辐射源特征提取完成后，再对特征的性质进行分析，并指导样本筛选和特征选择，重新进行训练或识别处理。

特征质量监测应该包括以下两种视图。

(1)组合特征视图。组合特征视图通过将多个辐射源的多个样本的特征绘制在一张图上，不同辐射源的特征样本用不同的颜色进行标识。特征视图主要用于观察特征的区分能力。由于人类一般只对二维图形具备较好的观察能力，而特征集中却包括多维特征，因此，有必要对特征集中的特征进行二维组合，构造特征视图用以观察特征的区分能力，并据此剔除区分能力差的特征。图 11.3 给出了对 8 个辐射源所提取的第 0 维和第 2 维特征组合构成的特征视图，从该图可以观察这

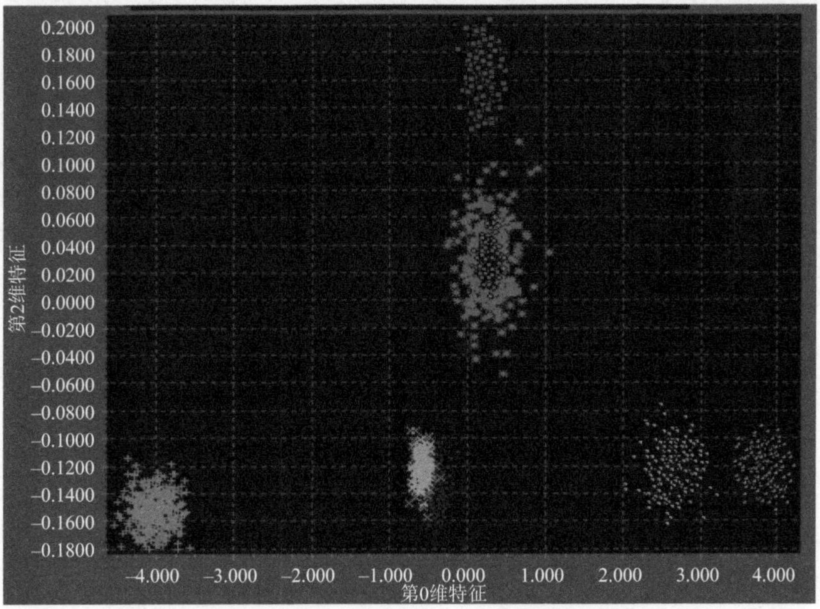

图 11.3　第 0 维和第 2 维特征组合构成的特征视图(见彩图)

两维特征对不同目标的区分能力。图中部分目标的特征存在重叠现象，这意味着该两维特征对这些目标的区分效果较差，可以观测其他维组合的特征视图来进一步确定这些辐射源是否可被区分。特征视图也是人工特征选择的依据。

(2) 特征趋势图。尽管组合特征视图反映了特征的区分能力，但无法观察特征随时间变化的趋势。特征趋势图将一个或多个辐射源的某一维特征随时间变化的趋势绘制到一张图上。特征趋势图可用以判定特征是否具备稳定性(参考 2.1 节所述定义和判别标准)，同时特征趋势图还可用于判定少量的异常样本(即将远离特征趋势曲线的点判为异常点)，从而通过样本筛选实现对异常样本的排除或拒识。此外，对于周期平稳的特征，特征趋势图也能够反映其变化的周期特性，从而可指导筛选具备典型代表性的样本构造训练集。图 11.4 给出了 8 个辐射源的第 0 维特征随时间变化的趋势图。从该图可判定第 0 维特征具备较好的稳定性。

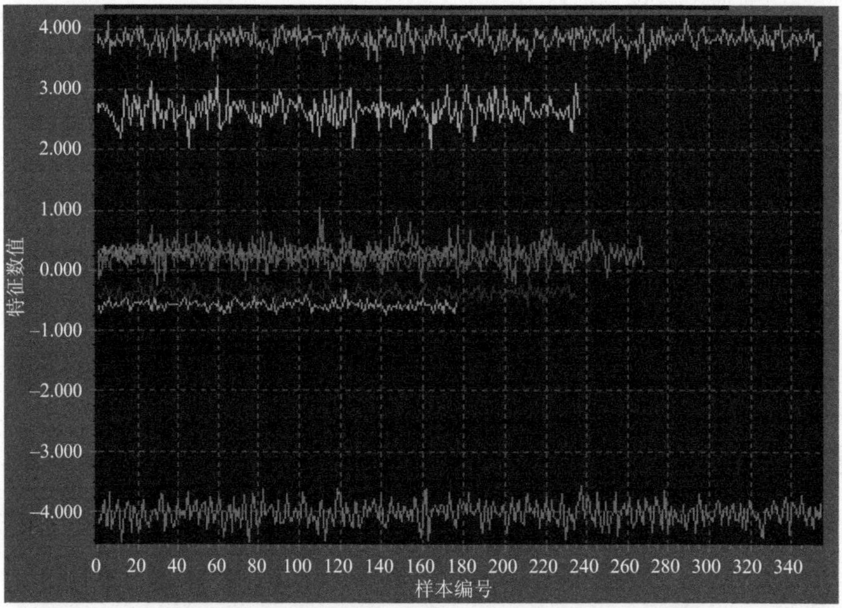

图 11.4　8 个辐射源第 0 维特征的变化趋势图(见彩图)

11.5　本 章 小 结

本章介绍辐射源目标识别的系统设计和管理，包含辐射源目标识别系统的典型组成和基本处理流程、算法配置和样本管理、特征库的初始化和更新管理以及特征质量的监测。在实际应用中，辐射源目标识别的应用效能不仅仅取决于辐射源目标识别算法的优劣，还与算法配置、流程优化、样本构造、数据库管理以及自适应调整策略有密切关系，对这些问题应予以足够重视。

参考文献

[1] 刘建. 基于机器学习的辐射源指纹特征提取与识别技术研究[D]. 成都: 盲信号处理重点实验室, 2013.

[2] Xiao X, Hu G. An incremental support vector machine based speech activity detection algorithm[C]. Annual International Conference of the IEEE Engineering in Medicine and Biology Society, Shanghai, 2005: 4224-4226.

[3] Yamasaki T, Ikeda K, Nomura Y. An approach of the learning curves of an incremental support vector machines[C]. Proceedings of the 2007 IEEE Symposium on Foundations of Computational Intelligence, Honolulu, 2007: 466-469.

[4] Tax D M J, Laskov P. Online SVM learning: From classification to data description and back[C]. IEEE XIII Workshop on Neural Networks for Signal Processing, Toulouse, 2003: 499-508.

[5] Kim T K, Wong S F, Stenger B, et al. Incremental linear discriminant analysis using sufficient spanning set approximations[C]. IEEE Conference on Computer Vision and Pattern Recognition, Minneapolis, 2007: 1-8.

[6] Ye J, Li Q, Xiong H, et al. IDR/QR: An incremental dimension reduction algorithm via QR decomposition[J]. IEEE Transactions on Knowledge and Data Engineering, 2005, 17(9): 1208-1222.

第 12 章　辐射源目标识别实例

本章通过对几类典型辐射源信号的目标识别实例介绍辐射源目标识别的应用模式和实践步骤。按照信号类型划分，主要介绍对典型超短波突发信号、典型卫星时分多址(TDMA)信号、典型连续信号以及典型电子脉冲信号的辐射源目标识别。

12.1　典型超短波突发信号辐射源目标识别实例

对辐射源目标识别而言，超短波信号具有以下典型特点：①通常为短突发信号；②存在较为明显的暂态；③超短波信号通常采用模拟调制或数字频率调制(FSK)。超短波信号以上特点意味着，对其进行辐射源识别可充分利用暂态特性和频率调制畸变特性，另外，短突发意味着对稳态辐射源特征的估计精度不高。

以船舶自动识别系统(automatic identification system，AIS)信号为例说明对超短波信号目标个体识别的实现步骤和操作方法。AIS 是搭载在舰船上的海上导航通信系统，其工作频率为 161.975MHz 和 162.025MHz，信息传输速率为 9600bit/s，调制方式为 GMSK+FM 的二次调制。AIS 的突发前部和突发尾部存在明显的暂态过程，每一个突发都采用了 01 交替序列做训练序列，具备时短信号辐射源的典型特征。因此，对 AIS 的试验具备典型意义。本次试验数据在实际渔港环境下采集，共累积 31 个 AIS 辐射源的数据，其设定的工作频点和调制参数均相同，电台型号也相同，因此，属于同类型辐射源，需要完成同类型辐射源的个体识别。

在训练阶段，需要构建有目标身份标签的信号样本来进行辐射源目标特征库的初始化并完成对降维器和分类器的训练。对 AIS 信号而言，由于其传输数据中包含可对船舶进行身份识别的水上移动通信业务识别码(maritime mobile service identify，MMSI)，可以 MMSI 作为信号样本的标签。训练阶段步骤如下。

(1) 采用 VHF/UHF 接收机对 AIS 信号进行接收采集，采样率为 1.6MHz，中频滤波带宽为 250kHz，AD 量化位数为 16bit。

(2) 对采样信号下变频到基带，按照 2.2 倍符号速率进行滤波，以剔除带外信号和噪声，并抽取到 10 倍符号速率。

(3) 对 AIS 信号进行突发检测和解调，提取其中包含的 MMSI 码，并按照 MMSI 码将同一辐射源的突发集中放置，从而构成带辐射源身份标签的训练样本集。

(4) 对每一个辐射源的所有训练样本：①采用滑动相关方法进行 AIS 突发检测和精确同步，截取 AIS 突发信号样本；②根据精确同步结果划分信号暂态和稳态信号段，分别提取暂态特征和稳态特征；③将暂态特征和稳态特征联合构建新的特征向量。

(5) 选择合适的降维算法，对训练样本集中的特征样本进行降维训练，并存储降维后特征和训练好的降维器。

(6) 选择合适的分类器(开集识别或闭集识别)，采用训练样本集中的降维特征对分类器进行训练，存储训练好的分类器。

识别阶段步骤如下：

(1) 同训练步骤(1)；

(2) 同训练步骤(2)；

(3) 同训练步骤(4)；

(4) 采用已经训练好的降维器对待识别样本的特征向量降维，得到低维特征向量；

(5) 采用已经训练好的分类器对待识别样本的低维特征向量完成识别。

图 12.1 给出了对 31 艘船舶的 AIS 信号进行特征提取并降维后得到的特征向量的前两维特征的组合视图。该图可在一定程度上反映特征的区分能力。由于二维特征的局限性，在二维平面上各类样本存在一定程度的重叠，但考虑到剩余特征维度，在多维空间中，这种重叠有可能减弱或消除。

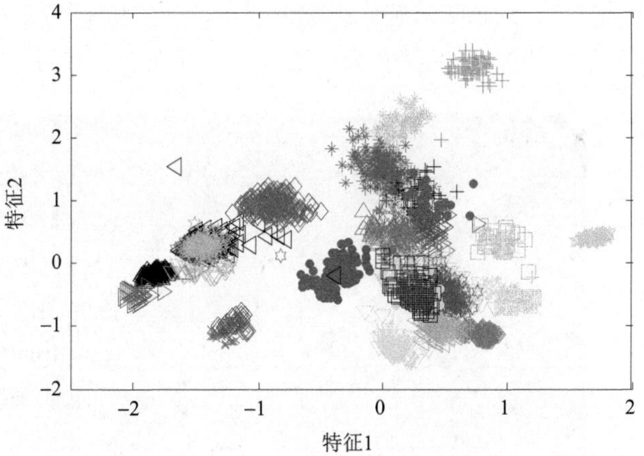

图 12.1　AIS 信号特征降维后的前两维特征展示(见彩图)

为了考察辐射源目标识别的正确率，采用已标定的 AIS 信号样本构建测试集进行闭集识别性能测试。为了比较，表 12.1 列出了以下特征提取方法的识别性能：①基于前导和暂态的机器学习特征提取方法(LDA 和 SDA)；②基于暂态机理的特征提取方法(见 6.3 节)；③基于分形的暂态特征提取方法[1,2]；④基于瞬时统计量的暂态特征提取方法[3]；⑤基于离散小波变换(DWT)的特征提取方法[3]。从该表可见，对于 AIS 暂态特性提取，基于机器学习的 SDA 方法取得了最优的效果，其次为基于机器学习的 LDA 方法和基于暂态机理的特征提取方法。这是因为，机器学习充分提取了不同辐射源暂态特性的差异；暂态机理从数学模型上描述了暂态的产生过程，但可能存在少量的模型误差；其他方法存在相对较大的辐射源差异信息损失。

表 12.1　对 31 个 AIS 辐射源识别的性能比较

方法	平均正确识别率/%
LDA	93.7
SDA	94.8
暂态机理	92.1
Klein 方法[3]	89.4
分形[1]	83.1
DWT[3]	82.6

图 12.2 给出了 SDA 特征提取方法对应的正确识别率矩阵。正确识别率矩阵可以形象地展示对各个辐射源的信号样本的正确识别率和识别混淆情况。在正确识别率矩阵中，第(i,j)个格点表示将第 i 类样本识别为第 j 类的比率，因此，对角线上的数值越大(格点越亮)，则意味着整体正确识别率越高。从图 12.2 可以观察到部分辐射源之间识别混淆的情况，如第 30 类有较大一部分被误识别为第 22 类。

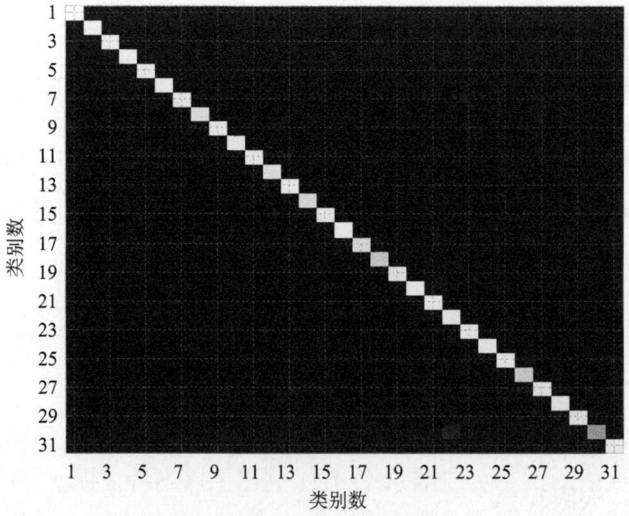

图 12.2　对 AIS 辐射源识别的正确识别率的矩阵表示

为检验识别结果的稳定性，以某天采集的 10 个 AIS 辐射源的信号构建训练样本集(样本数分别为 132、137、129、130、132、127、60 、134、135、133)，然后根据训练结果对两天后再次出现的其中 7 个辐射源的数据(样本数分别为 77、706、704、694、707、705、654)进行闭集识别，测定其识别率。图 12.3 给出了该测试的正确识别率矩阵。注意第 6、7、8 三个辐射源在测试样本中并没有出现，其正确识别率为 0。该试验中对测试样本的平均正确识别率为 95.4%。这表明所提取的特征具备稳定识别 AIS 辐射源的能力。

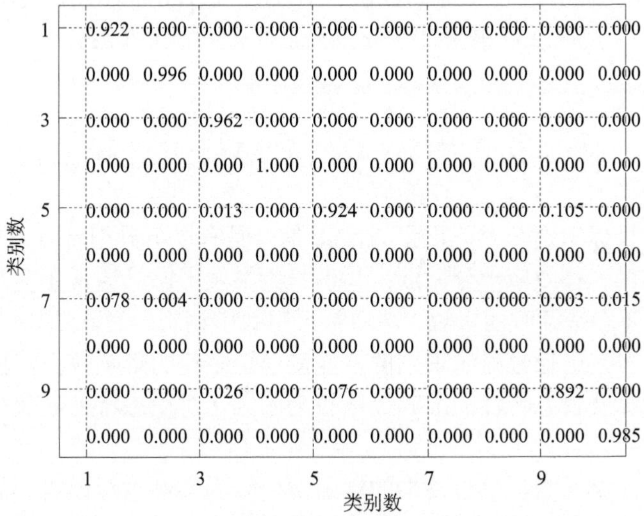

图 12.3 对 AIS 辐射源识别稳定性测试的正确识别率矩阵

为检验对新目标的识别能力，将前述 10 个辐射源中的前 5 个辐射源视为已知辐射源(正类)，将后 5 个辐射源视为新目标(负类)，以已知辐射源的一半信号样本构建训练样本集，并进行开集识别训练，以已知辐射源剩下的另一半信号样本以及新目标的信号样本构成测试样本集，并进行开集识别测试。

图 12.4 给出了识别试验结果。图 12.4(a)中标记圈起来的曲线为判别线，圈内的样本被判定为已知辐射源(正类)的样本，圈外的样本被判定为新辐射源(负类)的样本。判别线紧包目标样本，因而可以正确识别集外样本。图 12.4(b)中给出了识别率矩阵，由图可知对正类样本的正确识别率达到 95.8%，而对负类样本的正确识别率为 97.7%。

总体上而言，AIS 信号表现出了很明显的暂态特征差别。但也存在部分辐射源个体在信号波形上表现得非常近似，体现在特征视图上即出现特征重叠现象。对这些辐射源，人眼观察已经不容易分辨，但是联合多维特征，仍能较好地完成对多数辐射源的个体识别。

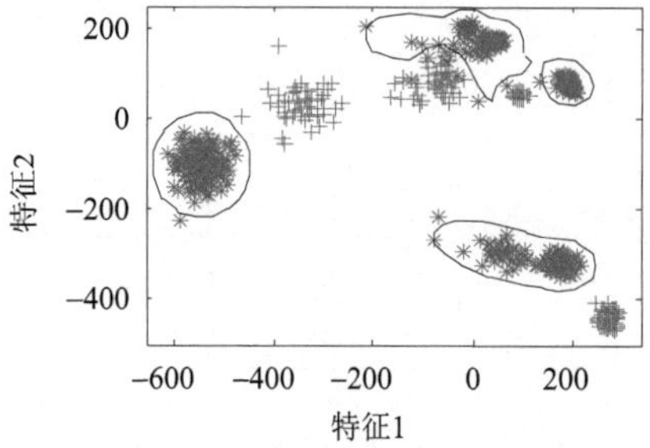

(a) 开集识别的二维特征表示

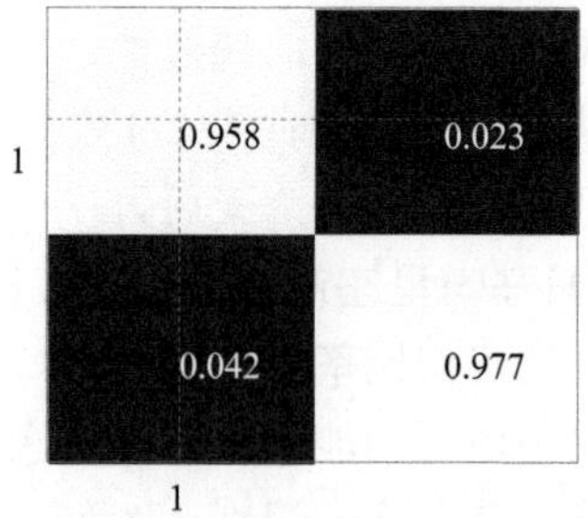

(b) 识别率矩阵结果图示

图 12.4　开集识别的二维特征表示和识别结果图示

12.2　典型卫星 TDMA 信号辐射源目标识别实例

对辐射源目标识别而言，卫星 TDMA 信号具有以下典型特点：①信道通常为平坦衰落信道，多径效应十分微弱；②信号为突发形态，通常在突发起始位置存在同步头，但暂态持续时间极短；③通常采用数字调制。卫星 TDMA 信号的以上特点意味着，对其进行辐射源识别的性能受信道多径的影响较小，另外，暂态持续时间较短意味着暂态特性的准确提取较为困难，对稳态特征提取精度的要求就更高。

以来源于 7 个同类型卫星终端的辐射源信号为实例进行说明。信号调制方式为 QPSK，调制速率为 1MBaud。对该信号采用 20MSps 的采样率进行中频采集，获得训练和识别测试所需的样本。在训练阶段采用具有目标属性标签的样本来构成训练样本集，并按照突发检测、特征提取、特征降维训练、识别器训练的步骤进行训练处理。训练完成后，即可对待识别的信号进行识别，识别过程同样经历突发检测、特征提取、特征降维和分类识别的步骤。

采用已标定的信号样本构建测试集进行闭集识别性能测试。由于该信号的信号质量不高(载噪比在 10dB 左右)，单帧识别的正确率较低，此时可以采用多帧识别方案，即累积多帧才做一次判决，当然这意味着必须首先确认这些帧来自同一个辐射源。采用联合最大似然估计(JMLE)方法从稳态信号段提取发射机畸变机理特征，图 12.5 给出了所提取得到的特征向量中的前两维特征的视图，由图可见特征对不同辐射源的区分能力。

图 12.6 给出了基于前导+暂态的 Klein 方法[3]、Brik 调制域特征提取方法[4]、基于联合最大似然估计的机理特征提取方法(见 6.8 节)、基于星座误差信号的 LDA 方法和基于星座误差信号的 SDA 方法(见 8.4.2 节)的识别性能与识别所用帧个数的关系。由图可见，基于联合最大似然估计的机理特征提取方法较其他方法

具备较大的性能优势，在单帧识别时识别率为 0.83，而 2 帧识别时可达到 0.921；但是当帧个数大于 4 时，继续增加帧个数对于识别性能的改善甚为细微。基于前导+暂态的 Klein 方法的性能最差，这是因为暂态和前导部分过短，不具备足够的区分能力。基于星座误差信号的 LDA 方法和 SDA 方法性能优于 Klein 方法和 Brik 调制域方法，但比基于联合最大似然估计的机理特征提取方法性能要差，这是因为星座误差信号只能反映部分辐射源畸变特性。

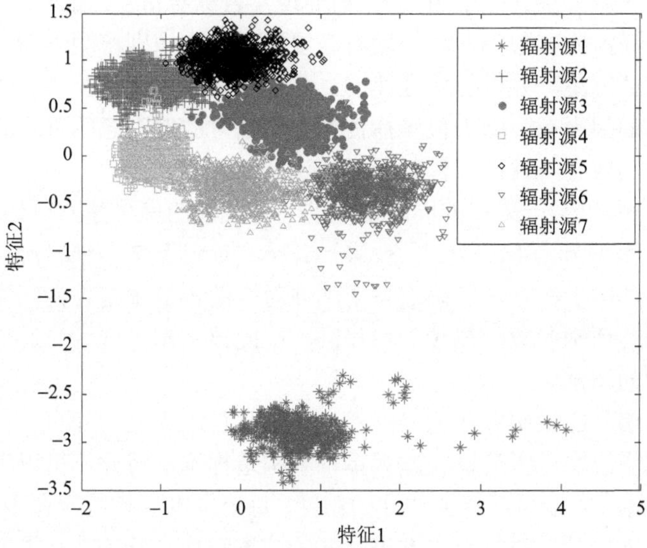

图 12.5　对 7 个卫星终端进行机理参数特征提取所获得的特征视图

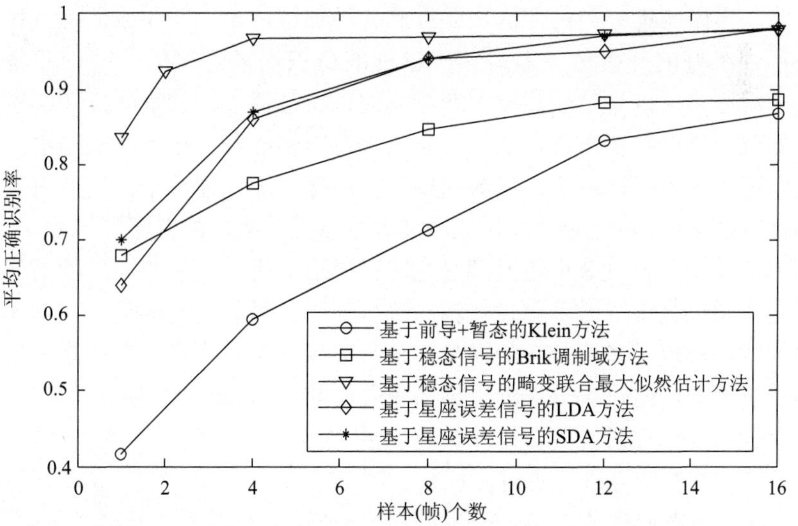

图 12.6　对典型卫星 TDMA 信号的辐射源识别性能比较

12.3　典型连续信号的辐射源目标识别实例

连续信号具有信号持续时间长的特点，这为对辐射源的发射机畸变特性进行高精度估计提供了良好的条件。此外，对连续信号而言，同时出现的载波信号通常属于不同的辐射源，因此，不依赖其他信息即可建立起多个辐射源的训练样本库，只是此时样本标签只能采用编号(而非现实目标身份)。如果某一时刻同时出现的载波并不涵盖所有的辐射源，则有必要通过开集识别检测出新辐射源，再将新辐射源加入训练集，并进行增量建库，从而逐步建立起涵盖所有辐射源的目标特征库。不利的因素是，因为很难捕捉到连续信号的发射起始阶段和结束阶段，所以难以利用其暂态特性进行辐射源目标识别。

本节实例中，以某天采集的同时出现的 7 个载波的信号建立初始训练样本集，将 7 个载波分别编号为 0、1、2、3、4、5、6，对应于 7 个辐射源目标。由于该实例在非协作环境下实施，不确定各个载波对应的辐射源是否为同型号辐射源，但各个辐射源的调制参数除载频外均相同，因此该实例可视为对通信参数相同的同类型辐射源的识别。

该实例中信号的调制方式为 QPSK。与前述 TDMA 信号不同，由于连续信号通常不存在同步码字，无法以突发为单位来构造样本。对此，可以采用定长截取的方式构造样本。为了保证特征估计的精度，每个样本的长度应在 1000 个符号以上。在构造样本以后，对每个样本进行变频滤波和稳态畸变特征提取，再采用所有辐射源的特征样本对降维器进行降维训练，然后利用降维特征样本先做开集分类器训练，再做闭集分类器训练，并存储各种训练结果，即完成训练过程。

采用训练好的开集分类器对某天出现的待识别辐射源信号进行开集识别处理，处理流程包括信号定长截取、变频滤波、特征提取、特征降维和判别。由于是开集处理，可以判别出待识别信号是否来自新辐射源。在本次试验中，通过开集识别发现了一个新辐射源。将此新辐射源的样本加入训练集，构造得到 8 个辐射源的训练样本集，并重新进行特征降维训练以及分类器的开集训练和闭集训练。

图 12.7 给出了对此 8 个辐射源进行特征提取后得到的特征向量的前两维特征视图。由该图可见特征对不同辐射源的区分能力。需要说明的是，在本实例中，辐射源的特征出现了多模分布的现象，这种多模分布对于辐射源闭集识别和开集识别的影响不大，但对盲分选处理会有重要影响(导致辐射源数目判定错误)。

在完成对 8 个辐射源的特征库构建以后，对隔天出现的 5 个载波(载波编号为 0、3、4、5、7)的信号进行辐射源识别。图 12.8 给出了相应的识别率矩阵图。由图可见，该天出现在载波 3、4、5 上的信号仍被识别为训练当天出现在载波 3、4、5 上的辐射源。但左下角的亮格(对应第 0 个载波)没有出现在对角线上，该天出现在载波 0 上的信号被识别为训练当天出现在载波 1 上的辐射源，这实际上意味着该辐射源在这段时间内从载波 1 切换到载波 0 上。该实例体现了辐射源目标识别跟踪辐射源工作载波变化的能力。

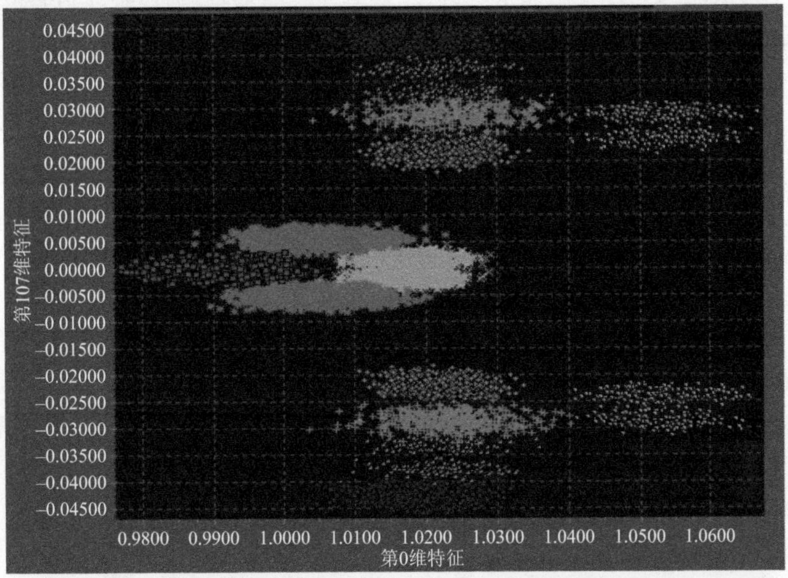

图 12.7　对 8 个连续信号辐射源进行特征提取获得的特征视图(见彩图)

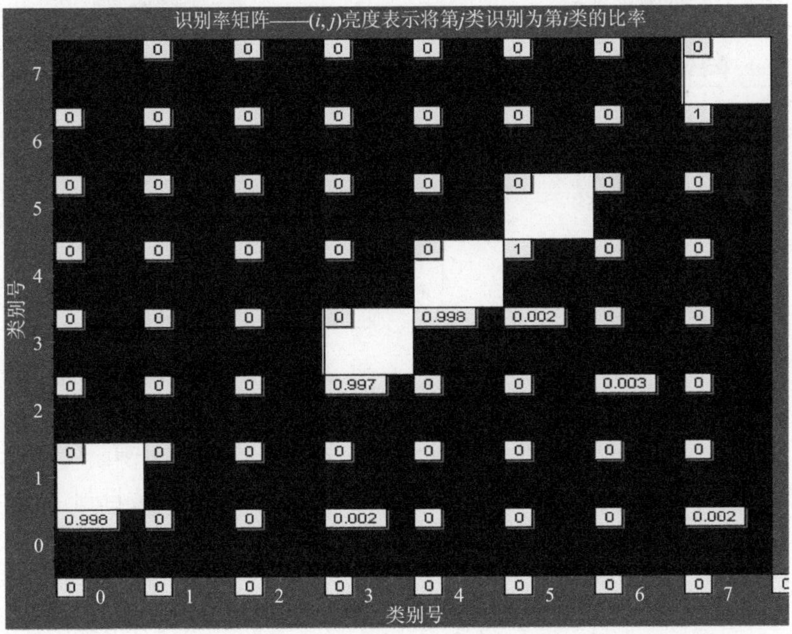

图 12.8　对隔天出现的 5 个载波信号进行辐射源识别的识别率矩阵

12.4　典型电子信号的辐射源目标识别实例

电子辐射源信号具有脉冲短、脉内无调制或固定调制(现代雷达也有变参数调制情况)等特点，其中短脉冲意味着可以提取脉冲信号的暂态特征，同时也意味着脉内稳态信号比较短，对稳态特征提取不利；脉内无调制或固定调制有利于避免通信辐射源的随机数据调制淹没辐射源特征的问题。此外，电子脉冲信号还可能遇到多径衰落或多普勒频移等信道问题。以下将以一些单频脉冲雷达、线性调频(LFM)雷达以及民航二次雷达辐射源信号为例说明对电子辐射源目标识别的处理。

12.4.1　单频脉冲雷达

采用美国海军研究实验室(United States Naval Research Laboratory，NRL)公开提供的 4 个雷达的信号数据进行辐射源识别试验[5]。由于该信号为第三方提供，不确定 4 个雷达是否为同型号雷达，但所有脉冲的频率和脉宽均十分接近。该信号为单频波脉冲，脉内不存在有意调制。雷达实信号波形如图 12.9 所示。

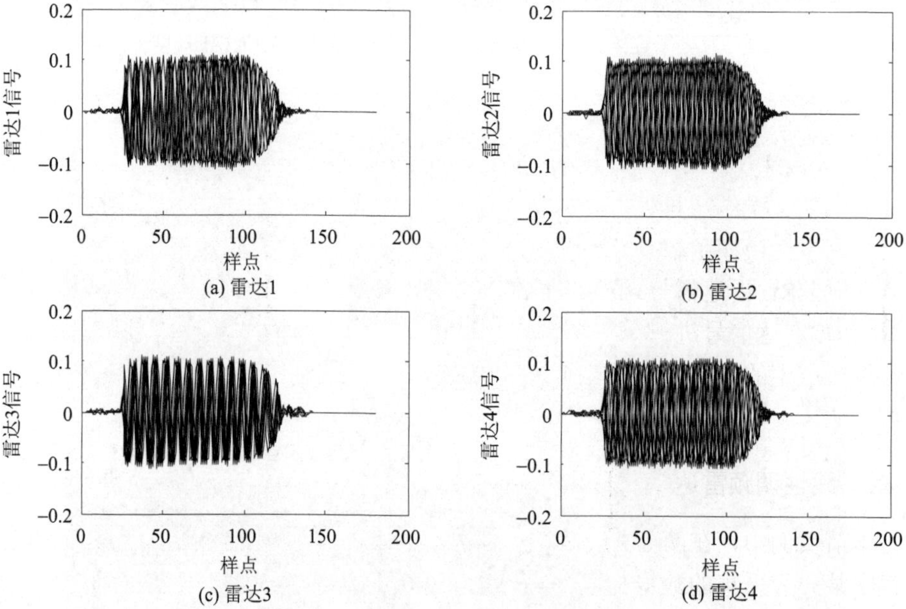

图 12.9　4 个雷达辐射源的实信号波形

由于这些信号数据为高信噪比的数据，为了检验算法在低信噪比情况下的性能，人为添加高斯白噪声到信号上，构成不同信噪比的试验环境。由于脉内无调制，可以采用基于机器学习的特征提取方法。本节实例采用 SDA 特征提取方法。在特征提取之前，采用预处理技术消除了时间、功率、频率和初相的差异。该实例中，同时对比测试了文献[1]所提出的"模糊函数+FDR(Fisher 鉴别率)"特征提取方法的性能。对比结果如图 12.10 所示。其中，SDA 特征提取方法提取的特征维度为 7 维，"模糊函数+FDR"(Fisher 鉴别率)特征提取方法提取的特征维度为 20 维。

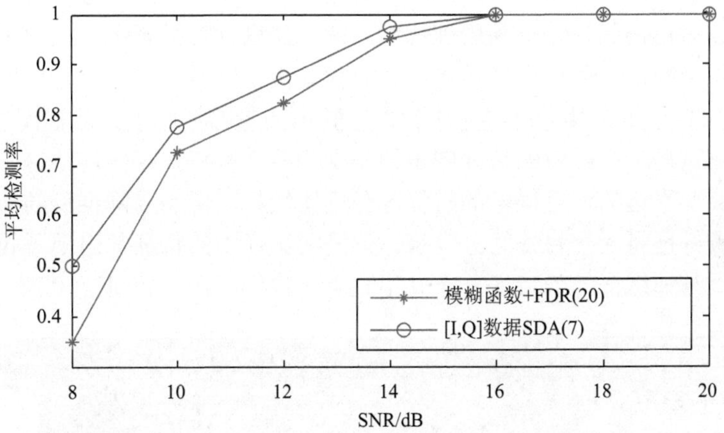

图 12.10　不同信噪比下雷达辐射源识别的性能

从以上试验结果可以看出：①"预处理+SDA 特征提取+SVM"的识别方法的性能优于"模糊函数+FDR(Fisher 鉴别率)特征提取+SVM"的方法；②所提出的方法对 NRL 雷达信号在信噪比为 14dB 的时候识别率约为 0.98，可以说明该方法对 NRL 雷达信号进行个体识别的有效性。此外，由于 SDA 的预处理比模糊函数计算所产生的样点数据要少得多，因此 SDA 方法在计算复杂度上也远低于模糊函数方法。

12.4.2　线性调频雷达

本节实例中，在两个月时间跨度内采集了 4 部同型号 LFM 雷达的信号数据。以其中某一天采集的数据构建训练样本集进行训练，其他时间采集的数据构建测试样本集进行性能测试。

在训练阶段，需要构建有目标身份标签的信号样本对辐射源目标特征数据库进行初始化并完成对特征降维器和分类器的训练，其步骤如下：

(1)采用触发采集设备对 4 部雷达的辐射源信号进行中频采集，并按雷达编号对信号样本做标注；

(2) 对采集到的信号采用 6.2.1 节所述基于双窗功率比的方法进行信号检测，并做脉冲起始时刻对齐；

(3) 对对齐后的脉冲进行规整，按照脉宽标称长度截断，得到脉宽一致的脉冲信号；

(4) 将规整后的脉冲变频到基带，采用 7.2.3 节所述方法进行多普勒效应消除；

(5) 对预处理后样本进行脉内无意调制特征提取；

(6) 采用所有样本对降维器和分类器进行训练，并存储训练结果。

在测试阶段，对测试样本执行与训练过程相同的检测、信号预处理和特征提取处理，然后对得到的特征利用训练好的降维器进行特征降维，利用训练好的分类器进行识别判证，并将识别结果与先验标签进行比对，统计正确识别率。

图 12.11 给出了从训练样本中提取的特征向量的前两维特征视图，图 12.12 给出了从测试样本中提取的特征向量的第 0 和第 2 维特征视图。从这两幅图中可以看到，4 部雷达的训练样本的特征区分度比较好，仅利用降维后的前两维特征已经能够较好地将 4 个目标区分开来。但是测试样本的特征却出现了较为明显的弥散现象，与训练样本的特征分布并不完全一致。

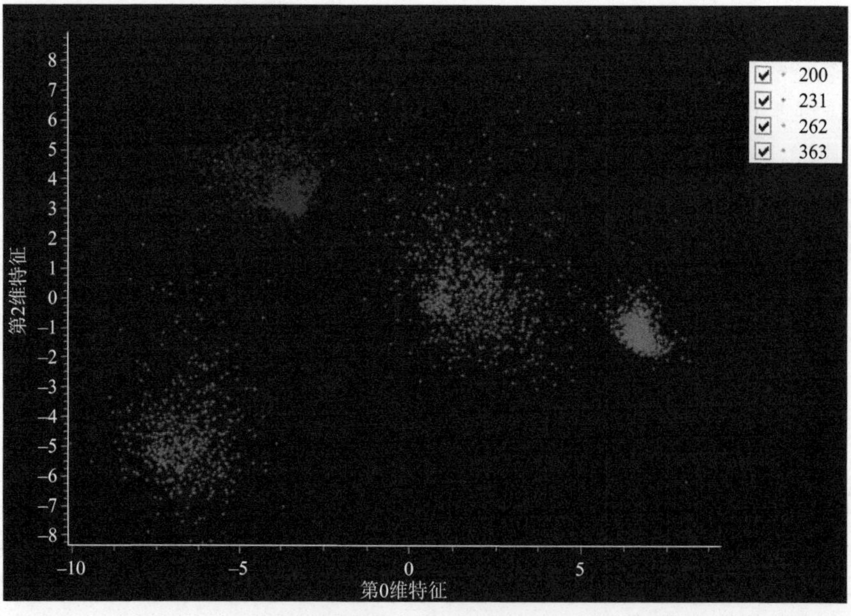

图 12.11　4 部 LFM 雷达训练样本特征对比图(见彩图)

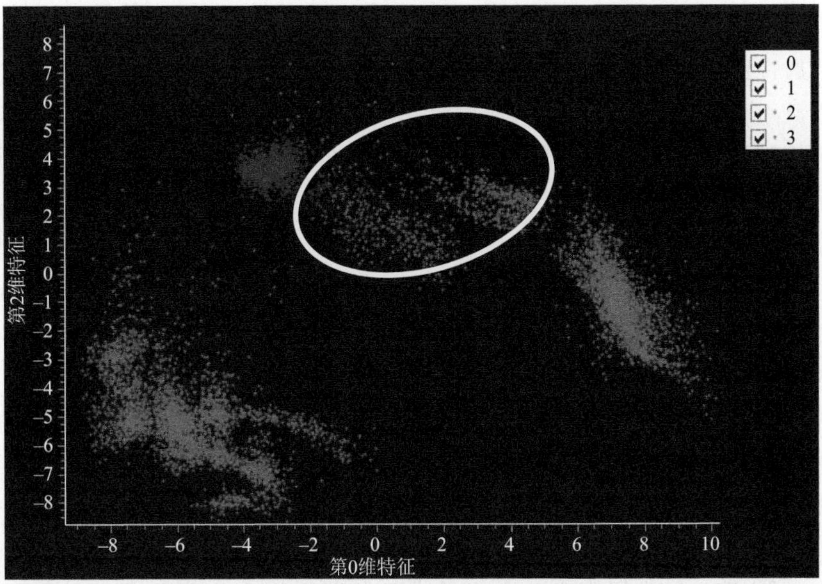

图 12.12　4 部 LFM 雷达测试样本特征对比图(见彩图)

表 12.2 给出了 4 部 LFM 雷达辐射源的识别性能。从识别结果可以看出，用一天的数据做训练样本建库，用长达两个月时间的数据做测试样本，在信道存在多径的情况下，目标特征虽然出现了一定程度的弥散现象，但识别率仍旧较高，基本保持在 95%以上，其中识别率最低的 3 号目标对应图 12.12 中标记圈内的样本点，其弥散现象最为严重，识别率的下降主要是由信道不稳定造成的。

表 12.2　4 部 LFM 雷达目标识别情况

编号	训练样本数	测试样本数	识别率/%
0	566	3402	99.4
1	800	1920	96.4
2	800	2457	96.8
3	800	769	95.6

12.4.3　民航二次雷达

民航二次雷达工作于 L 波段，其询问发射频率为 1030MHz，接收频率为 1090MHz，由于其信号采用脉冲调制，其辐射源个体识别可以采用与前述一次雷达类似的方式实现，但应注意其一次传输包含多个脉冲的特点。目前民航二次雷达主要以 Mark 系列及离散选址系统为主。

离散选址系统为每一飞行器分配唯一的地址，在任何情况下这个地址都不会和别人共用(可提供 224 个地址)。离散选址系统在询问飞行器时将被询问飞行器的地址加载在询问信号中，这样就可达到“点名”询问的效果。这也是系统被称为“离散选址”系统的原因。此外，离散选址系统的询问和应答信号具有足够的编码空位来发送数据。这些数据可以空中交通管制为目的使用，还可作为防撞监视的空对空数据交换作用，或为气象报告、自动信息终端系统(automatic terminal information system，ATIS)等飞机咨询服务之用。

利用 Mark 系列存在飞机代码的特性可以方便地构造训练样本集。本节实例中，在所在城市附近机场采集民航二次雷达信号来构造训练和测试样本，通过解调获得飞机的识别码作为辅助验证信息，测试识别算法的性能。

训练阶段步骤如下：

(1) 采集 1090MHz 上民航飞机应答信号，采样率 200MHz，AD 量化位数 16bit；

(2) 对应答信号进行模式识别，选取有飞机代码的应答信号，解调其飞机代码，作为信号样本标签，并将对应应答脉冲组截取出来构造训练样本集；

(3) 对标注好的样本集采用 6.2.1 节所述基于双窗功率比的方法进行信号检测，同时完成脉冲起始时刻对齐；

(4) 对起始时刻对齐后的脉冲进行规整，按照脉宽标称长度截断，得到脉宽一致的脉冲信号，针对不同脉宽的信号需要分别建库训练；

(5) 将规整后的脉冲变频到基带，利用 7.2.3 节所述方法进行多普勒效应消除；

(6) 对预处理后样本进行脉内无意调制特征提取；

(7) 采用所有样本对降维器和分类器进行训练，并存储训练结果。

在测试阶段，对测试样本同样做步骤(1)～(6)的处理，然后利用训练好的分类器进行分类识别，将识别结果与解调出的飞机代码比对，统计正确识别率。

试验期间共采集 10 架民航飞机的二次雷达信号，目标名称依次为 1503、2004、2754、3157、4005、5106、6202、6427、6743、7023。图 12.13 给出了训练阶段所有辐射源的特征视图，图 12.14 给出了测试的正确识别率矩阵。在本节实例中，采用单个脉冲进行识别，平均正确识别率约为 92%；由于二次雷达信号存在一定的脉冲结构，一次传输包括一组脉冲，可以考虑将多个脉冲联合进行识别，在利用 3 个脉冲的情况下，平均正确识别率可达到 95.8%。

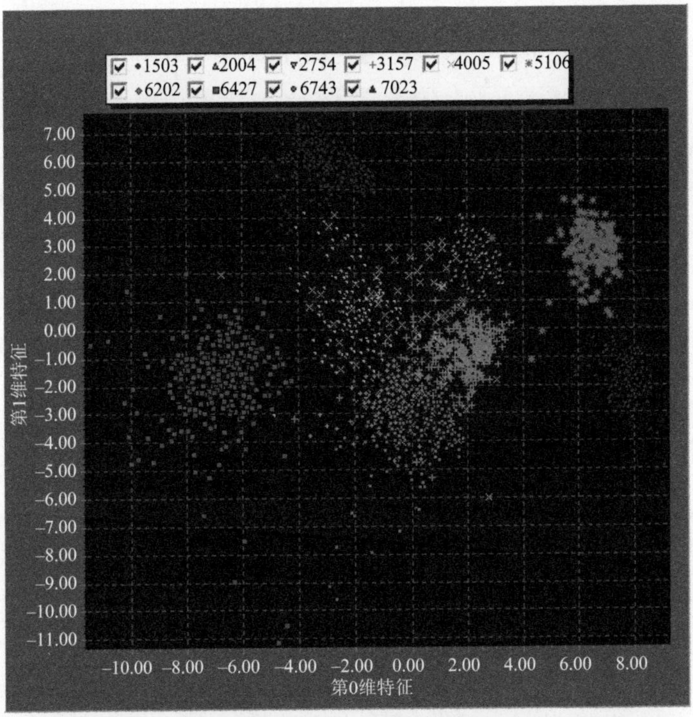

图 12.13　10 部民航二次雷达的辐射源特征视图(见彩图)

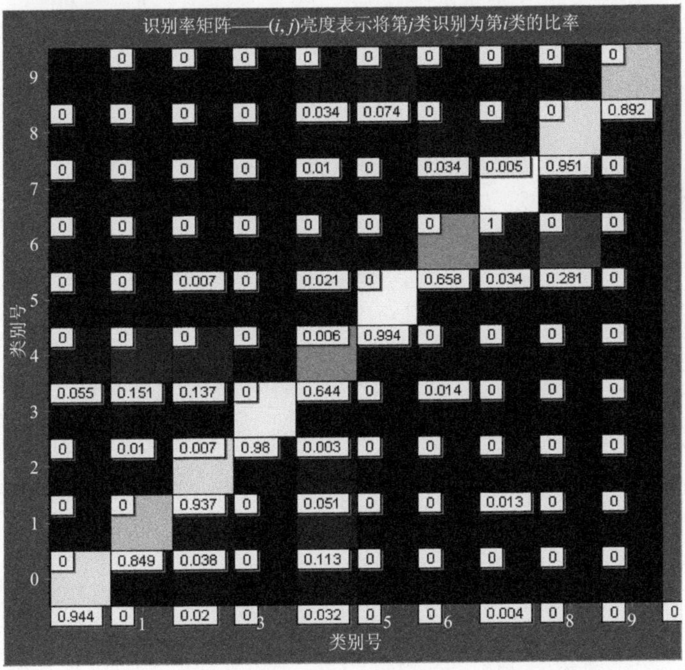

图 12.14　10 部民航二次雷达的正确识别率矩阵

参 考 文 献

[1] Gillespie B W, Atlas L E. Data-driven optimization of time and frequency resolution for radar transmitter identification[C]. Proceedings of the SPIE, San Diego, 1998: 91-98.

[2] Serinken N, Ureten O. Generalised dimension characterization of radio transmitter turn-on transients[J]. Electronics Letters, 2000, 36(12): 1064-1066.

[3] Klein R W. Application of dual-tree complex wavelet transforms to burst detection and RF fingerprint classification[D]. Dayton: Air Force Institute of Technology, 2009.

[4] Brik V, Banerjee S, Gruteser M, et al. Wireless device identification with radiometric signatures[C]. ACM MobiCom, San Francisco, 2008.

[5] Chen V C. Time-frequency/time-scale analysis for radar applications[EB/OL]. http://airborne.nrl.navy.mil/~vchen/tftsa.html[2019-08-01].

彩　图

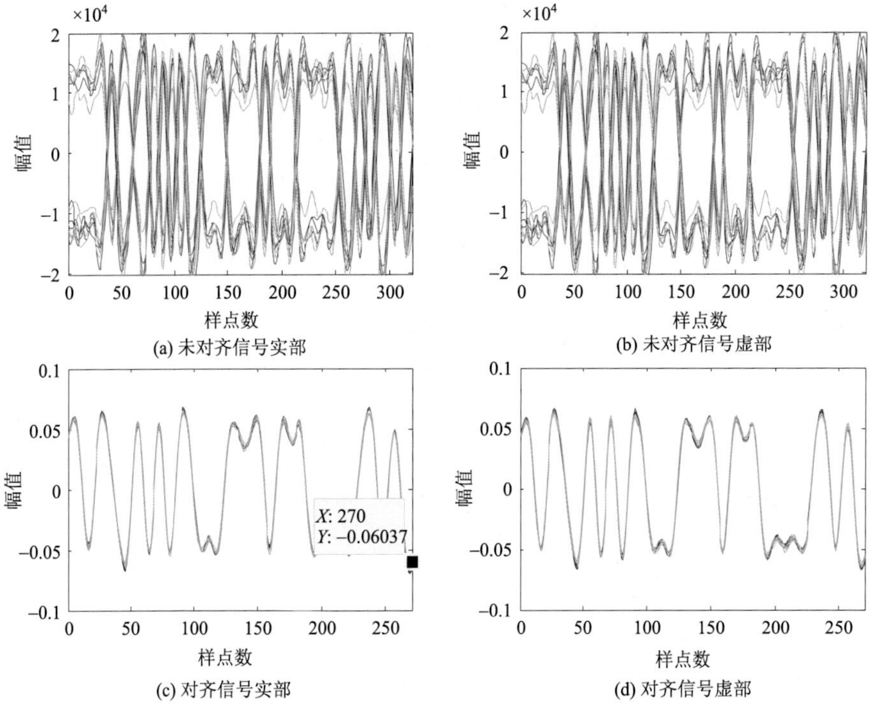

图 8.2　迭代最小二乘算法对“公共波形”的提取

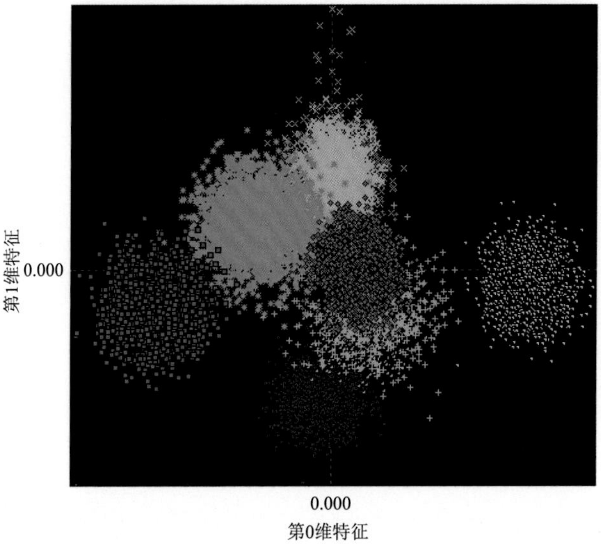

图 8.5　采用原始 SDA 方法降维后的特征视图

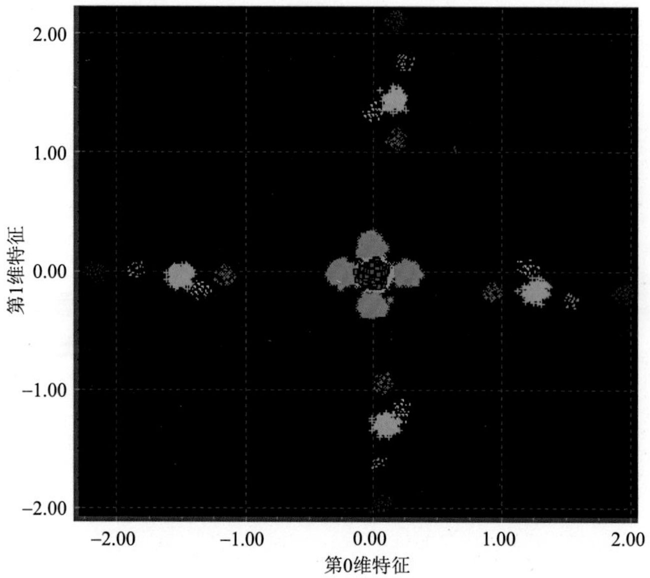

图 8.6　采用 SDA 改进方法降维的特征视图

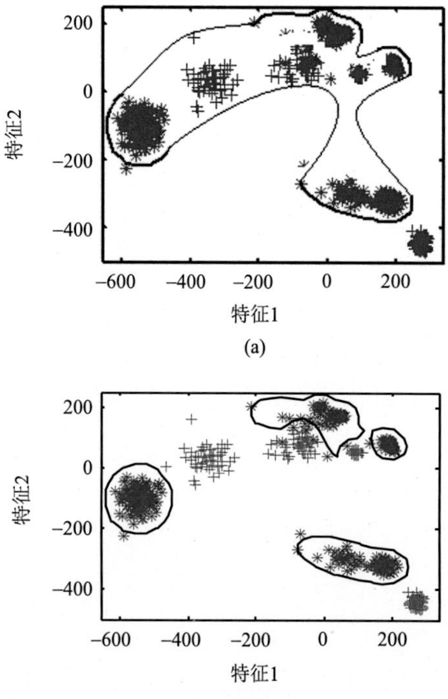

图 9.4　多模数据的开集分类器训练结果(红色为正类，蓝色为负类)

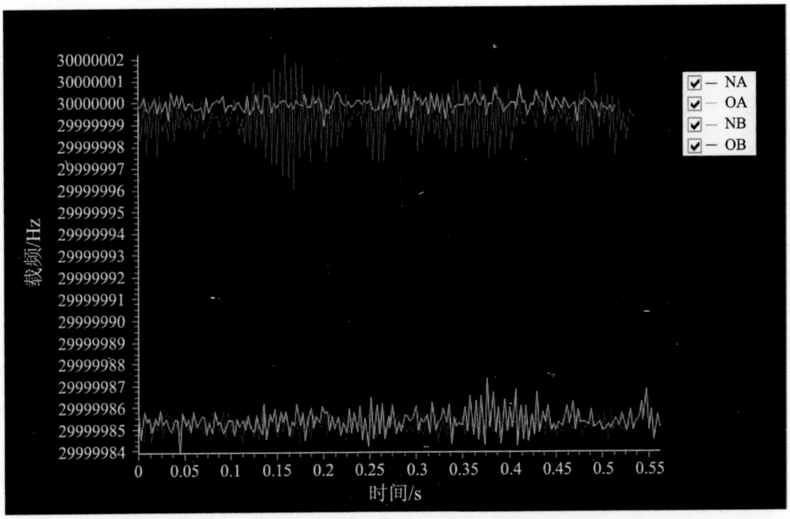

图 10.20　个体识别接收机频率校准后的载频估计结果

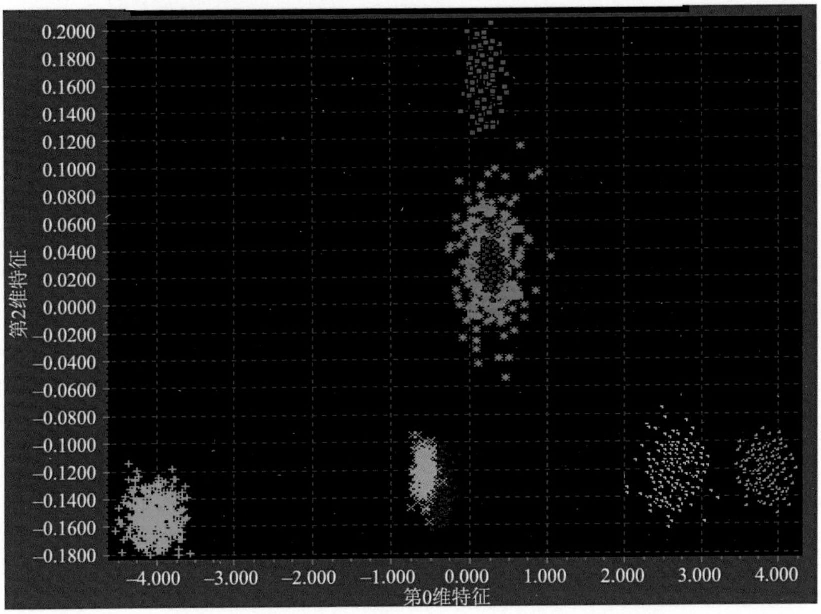

图 11.3　第 0 维和第 2 维特征组合构成的特征视图

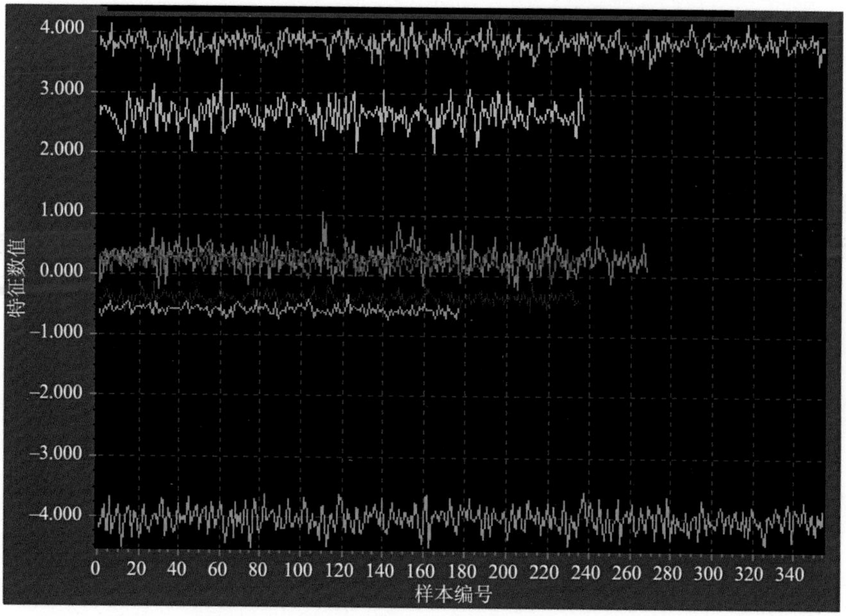

图 11.4　8 个辐射源第 0 维特征的变化趋势图

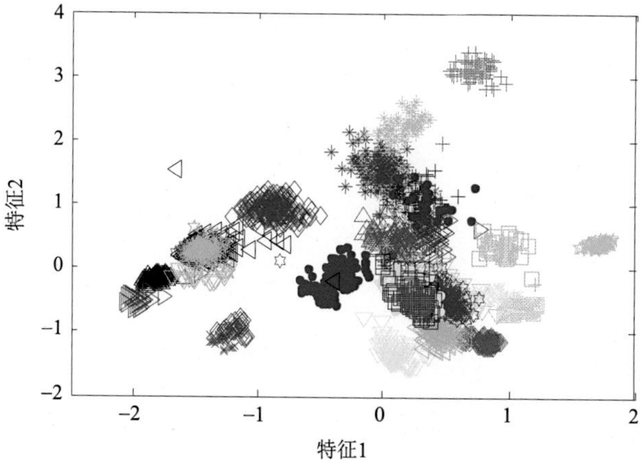

图 12.1　AIS 信号特征降维后的前两维特征展示

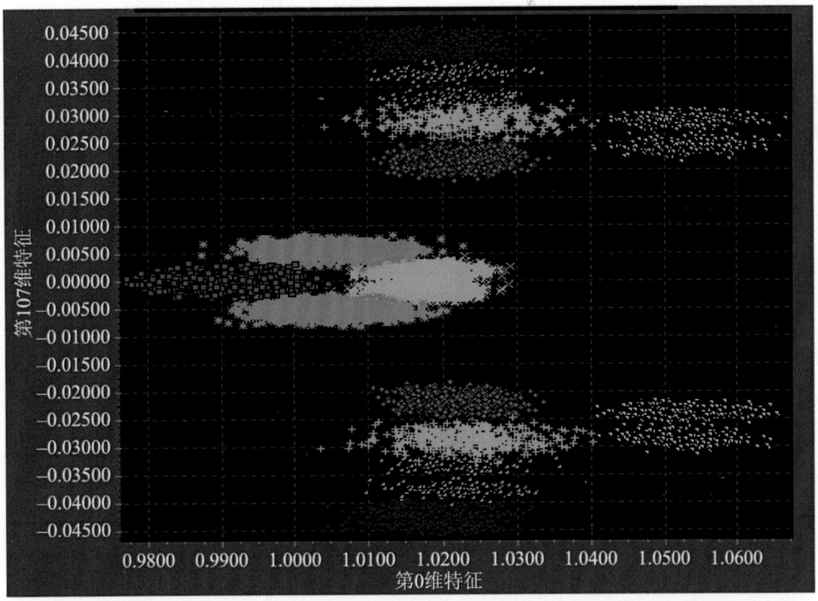

图 12.7　对 8 个连续信号辐射源进行特征提取获得的特征视图

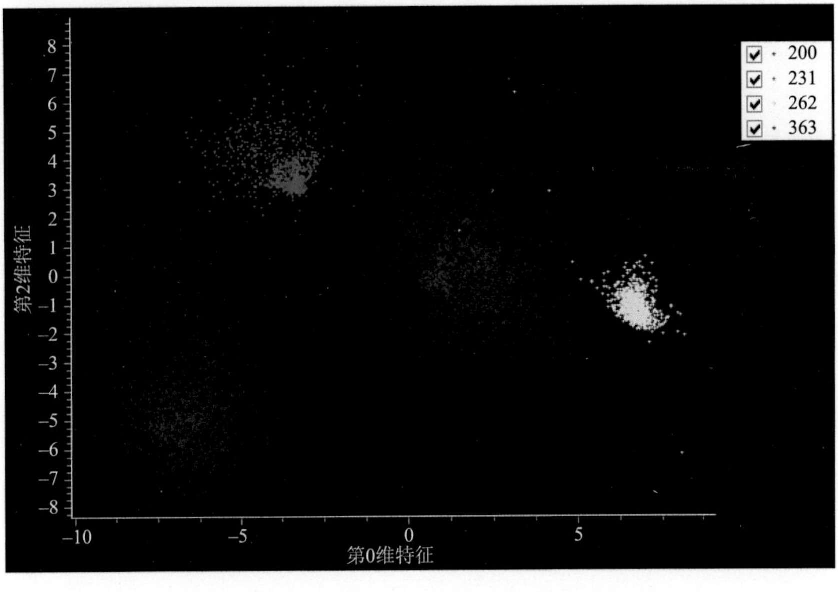

图 12.11　4 部 LFM 雷达训练样本特征对比图

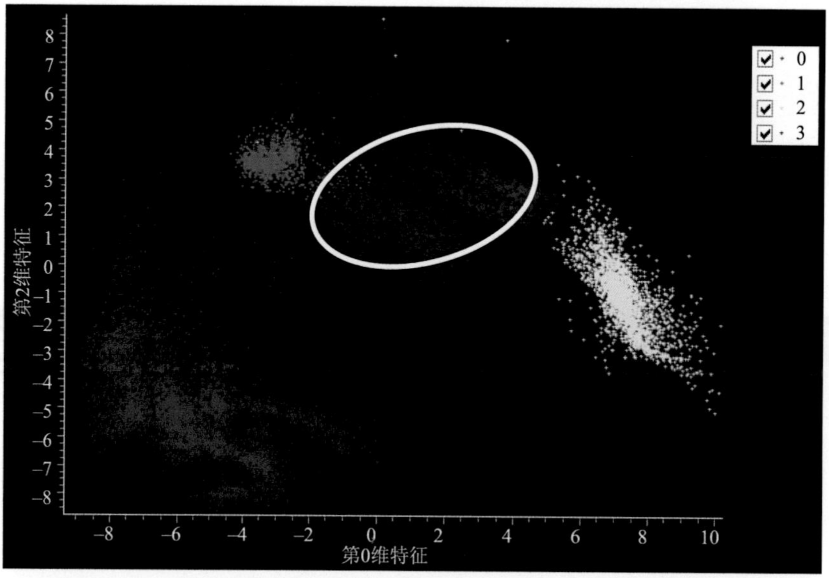

图 12.12　4 部 LFM 雷达测试样本特征对比图

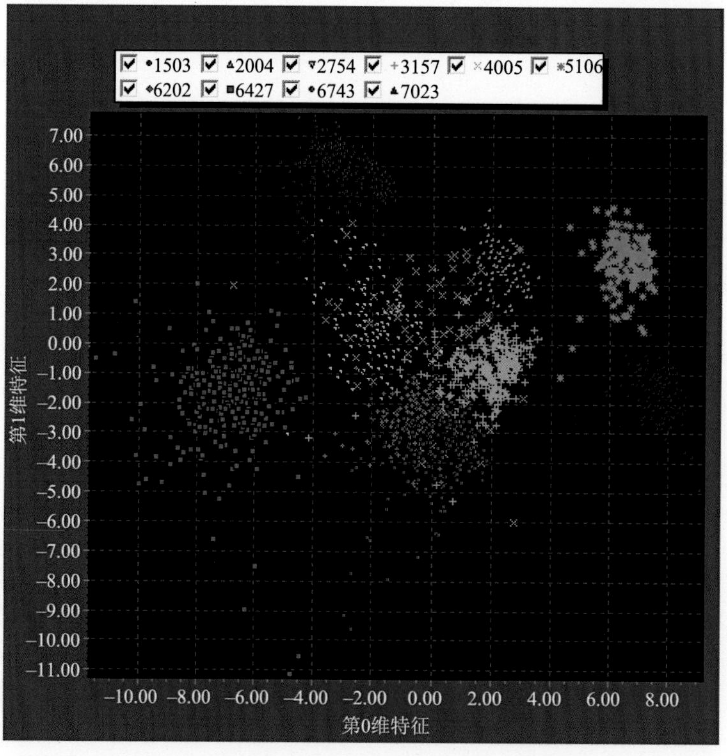

图 12.13　10 部民航二次雷达的辐射源特征视图